# 單晶片 ARM MG32x02z 控制實習

董勝源　編著

U0072875

全華圖書股份有限公司

國家圖書館出版品預行編目資料

單晶片 ARM MG32x02z 控制實習 / 董勝源編著. --
　初版. -- 新北市 : 全華圖書股份有限公司,
　2021.09
　　面 ；　公分
　ISBN 978-986-503-858-8(平裝)
　1.微處理機　2.電腦結構
312.116　　　　　　　　　　　110013728

# 單晶片 ARM MG32x02z 控制實習

作者 / 董勝源

發行人 / 笙泉科技股份有限公司

出版者 / 笙泉科技股份有限公司

地址 / 新竹縣竹北市台元一街 8 號 7F-1

電話 / 03-560-1501

初版一刷 / 2021 年 09 月

定價 / 新台幣 600 元

ISBN / 978-986-503-858-8 (平裝)


經銷商 / 全華圖書股份有限公司 總經銷

地址 / 23671 新北市土城區忠義路 21 號

電話 / (02)2262-5666 傳真 / (02)6637-3696

圖書編號 / 10521

全華網路書店 / www.opentech.com.tw

# 序言

　　ARM(Advanced RISC Machines)公司所研發的高效率、低消耗功率及低成本微處理器,它以技術智慧財產權(IP)的方式,將 ARM 核心提供廠家以 OEM 附加週邊電路來發展各式各樣的系統單晶片(SOC:system-on-chip)微電腦產品。它遍應用於工業控制、網路、通信、無線及消費性等各種電子產品。

　　其中 Megawin(笙泉)科技公司的 MG32x02z 系列將 ARM 嵌入到單晶片微電腦來工作,它使用 Cortex M0 為核心是 16/32-bit 的 RISC 處理器,主要應用於可攜式產品內。

　　它同時是一個高度整合性的單晶片嵌入式(embedded)系統,內含有 Flash ROM、SRAM 及許多的週邊設備,如鎖相迴路(PLL)倍頻、通用輸出入腳(GPIO)、外部中斷輸入、計時器(SysTick、內部計時、捕捉器、PWM、三相互補 PWM、RTC、WDT 等)、串列界面(UART、SPI、$I^2S$、$I^2C$、USB 等)及類比電路(類比比較器、ADC、DAC)等。功能非常的強大、也非常複雜,使得門檻也提高不少。

　　Megawin(笙泉)科技公司提供函數庫及初始化程式產生器,將 Cortex-M 底層硬體都做好,不用再深入研究硬體控制暫存器,使得學習門檻大大降低。

再配合免費的評估版的 KEIL UV5 工具軟體，它最多可使用 32-KByte 程式碼，同時也提供了 C 語言的操作環境及內含各家 ARM 晶片的模擬環境，使學習 ARM 的門檻得以降低，對 ARM 初學者而言是一大福音。

本書應用笙泉公司所生產的 TH223A 主控板及配合 TH222A 實習板，可在 Keil 的 Debug 環境下透過 USB 界面進行各項實驗程式的模擬、偵錯及燒錄功能，使得學習專題製作或研發成品也較為快速及低廉。

感謝 Megawin(笙泉)科技公司-幾位工程師的協助，使得本書得以完成。

本書內容十分紮實而結構分明，敘述清楚而易懂，是一本非常實用的教科書與工具書，相信讀者必能獲益匪淺。

董勝源　　　于 2021 年 5 月

# 目錄

書名：單晶片 ARM MG32x02z 控制實習

(使用 Megawin(笙泉)科技公司 MG32x02z 系列晶片)

CHAPTER

1

# Cortex®-M0 與 MG32x02z 介紹

## 本章單元

- ARM®Cortex®-M0 簡介

- Cortex®-M0 與 MG32x02z 系列介紹

- MG32F02A 系列硬體電路

- MG32F02A 系列主控板

- MG32F02A LCD Demo 板與實習板

　　ARM(Advanced RISC Machines)公司所研發的高效率、低消耗功率及低成本微處理器，它以技術智慧財產權(IP)的方式，將 ARM 核心提供廠家以 OEM 附加周邊電路來發展各式各樣的系統單晶片(SOC:system-on-chip)微電腦產品。它遍應用於工業控制、網路、通信、無線及消費性等各種電子產品。它同時也提供了從 Cortex®-M0~M7 一系列 ARM 核心。

# 1-1　ARM®Cortex®-Mx 簡介

　　ARM 微處理器的核心版本分成 V4、V4T、V5、V6、V7 及 V8。包括 ARM7、ARM9、ARM10、ARM11 及 Cortex 系列，如下表所示：

表 1-1　ARM 微處理器系列

| ARM 版本 | ARM 核心 |
|---|---|
| ARM v4 | ARM7、Strong ARM |
| ARM v4T | ARM7TDMI、ARM920T、SecurCore |
| ARM v5TE | ARM9E、ARM1020E、XScale |
| ARM vTEJ | ARM926EJ、ARM1026EJ-S、ARM1136J-S |
| ARM v6Z | ARM1156T2-S、ARM1176JZF-S |
| ARM v6-M | Cortex®-M0、Cortex®-M0+、Cortex®-M1 |
| ARM v7-M | Cortex®-M3 |
| ARM v7E-M | Cortex®-M4、Cortex®-M7 |
| ARM v8-M | Cortex®-M23、Cortex®-M33、Cortex®-M35P、Cortex®-M55 |
| ARM v7-R | Cortex®-R4、R5、R7、R8 |
| ARM v8-R | Cortex®-R52、R82 |
| ARM v7-A | Cortex®-A5、A7、A8、A9、A12、A15、A17 |
| ARM v8-A | Cortex®-A32、A34、A53、A54、A57、A65、A72、A73、A75、A76 、A77、A78、Cortex-X1、Neoverse N1、Neoverse E1 |

## 1-1.1 ARM 系列微處理器

ARM 微處理器系列依功能細分，如如下表所示：

表 1-2 ARM 微處理器系列功能說明

| CPU 核心 | 說明 |
|---|---|
| ARM7TDMI | ARM7DI Core, Thumb, Integer Multiply |
| ARM7TDMIS | Synthesizable Core |
| ARM720T | Macrocell , 4k cache, MMU |
| ARM9TDMI | Basic ARM9 Core |
| ARM920T | Macrocell, 16k I-cache, 16k d-cache, MMU |
| ARM9E-S | ARM 9 Synthesizable Core |
| ARM966E-S | Synthesizable Core , I&D SRAM config |
| ARM926EJ-S | ARM9 synthesizable core with Jazelle |
| ARM1020E | macrocell, 64k I-cache, 64k d-cache, MMU |
| ARM1176JZ-S | Jazelle,TrustZone,MMU |
| Cortex 系列 | 新一代的 ARM 核心，如 Cortex®-Mx、Rx、Ax |

其中 ARM 後面文字所代表的意義，如下：

1. T(Thumb)：除了有 ARM(手臂)指令模式來執行 32-bit 的指令外，還具有 Thumb(拇指)指令模式來執行 16-bit 的指令。對部份使用 16-bit 記憶體的產品而言，如此可減少程式碼空間、提升執行效率及節省成本。另外 Thumb-2 擴充了受限於 16-bit 的 Thumb 指令集，以額外的 32-bit 指令讓指令集的使用更廣泛。因此 Thumb-2 的預期目標是要達到近乎 Thumb 的編碼密度，但能表現出近乎 ARM 指令集在 32-bit 記憶體下的效能。

2. D(Debug)：支援追蹤除錯(Debug)功能，可進行單步執行及中斷動作。

3. M(Multiplier)：內含 32-bit 的乘法器(Multiplier)，單一狀態週期時間即可完成，可提升其數學運算能力。

4. I(ICE)：線上電路模擬(ICE)功能，可透過 JTAG 或 SWD 界面進行模擬。

5. E(Enhance)：內含增強型 DSP 指令。

6. 在 Cortex 系列各項核心其主要用途如下：

(1) Ax 用於運算(Application)系統：可嵌入 Linux 作業系統，可取代 ARM11。

(2) Rx 用於即時(Real Time)系統：強調高速。

(3) Mx 用於微控制器(Micro Controller)：強調低成本、低功耗，可取代 ARM7。

7. 其中 Cortex®-Mx 微控制器各項比較如下表(a)~(c)所示：

表 1-3(a)　　ARM 微控制器 Cortex®-Mx 系列結構

| ARM Core | M0 | M0+ | M1 | M3 | M4 | M7 | M23 | M33 | M35P |
|---|---|---|---|---|---|---|---|---|---|
| SysTick 24-bit Timer | 有 | 有 | 有 | 有 | 有 | 有 | 選項 | 有 | 有 |
| Single-cycle I/O port | 無 | 選項 | 無 | 無 | 無 | 無 | 選項 | 無 | 無 |
| Bit-Band memory | 無 | 無 | 無 | 選項 | 選項 | 選項 | 無 | 無 | 無 |
| 記憶保護(MPU) | 無 | 選項 | 無 | 選項 | 選項 | 選項 | 選項 | 選項 | 選項 |
| SAU 及 Stack Limits | 無 | 無 | 無 | 無 | 無 | 無 | 選項 | 選項 | 選項 |
| Instruction TCM | 無 | 無 | 選項 | 無 | 無 | 選項 | 無 | 無 | 無 |
| Data TCM | 無 | 無 | 選項 | 無 | 無 | 選項 | 無 | 無 | 無 |
| Instruction Cache | 無 | 無 | 無 | 無 | 無 | 選項 | 無 | 無 | 選項 |
| Data Cache | 無 | 無 | 無 | 無 | 無 | 選項 | 無 | 無 | 無 |
| VTOR | 無 | 選項 | 選項 | 選項 | 選項 | 選項 | 選項 | 有 | 有 |

表 1-3(b) ARM 微處理器 Cortex®-Mx 系列功能

| Arm Core | Cortex M0 | Cortex M0+ | Cortex M1 | Cortex M3 | Cortex M4 | Cortex M7 | Cortex M23 | Cortex M33 | Cortex M35P | Cortex M55 |
|---|---|---|---|---|---|---|---|---|---|---|
| ARM architecture | ARMv6-M | ARMv6-M | ARMv6-M | ARMv7-M | ARMv7E-M | ARMv7E-M | ARMv8-M Baseline | ARMv8-M Mainline | ARMv8-M Mainline | Armv8.1-M |
| Computer architecture | Von Neuman | Von Neumann | Von Neumann | Harvard | Harvard | Harvard | Von Neumann | Harvard | Harvard | Harvard |
| Instruction pipeline | 3 stages | 2 stages | 3 stages | 3 stages | 3 stages | 6 stages | 2 stages | 3 stages | 3 stages | 4 to 5 stages |
| Thumb-1 instructions | Most | Most | Most | Entire | Entire | Entire | Most | Entire | Entire | Entire |
| Thumb-2 instructions | Some | Some | Some | Entire | Entire | Entire | Some | Entire | Entire | Entire |
| Multiply instructions 32x32 = 32-bit result | Yes | Yes | Yes | Yes | Yes | Yes | Yes | Yes | Yes | Yes |
| Multiply instructions 32x32 = 64-bit result | No | No | No | Yes | Yes | Yes | No | Yes | Yes | Yes |
| Divide instructions 32/32 = 32-bit quotient | No | No | No | Yes | Yes | Yes | Yes | Yes | Yes | Yes |
| Saturated instructions | No | No | No | Some | Yes | Yes | No | Yes | Yes | Yes |
| DSP instructions | No | No | No | No | Yes | Yes | No | Optional | Optional | Optional |
| Single-Precision (SP) Floating-point instructions | No | No | No | No | Optional | Optional | No | Optional | Optional | Optional |
| Double-Precision (DP) Floating-point instructions | No | No | No | No | No | Optional | No | No | No | Optional |
| Half-Precisions (HP) | No | No | No | No | No | No | No | No | No | Optional |
| TrustZone instructions | No | No | No | No | No | No | Optional | Optional | Optional | Optional |
| Co-processor instructions | No | No | No | No | No | No | No | Optional | Optional | Optional |
| Helium technology | No | No | No | No | No | No | No | No | No | Optional |
| Interrupt latency (if zero-wait state RAM) | 16 cycles | 15 cycles | 23 for NMI 26 for IRQ | 12 cycles | 12 cycles | 12 cycles | 15 no security ext 27 security ext | TBD | TBD | TBD |

摘自 en.wikipedia.org/wiki/ARM_Cortex

表 1-3(c) 生產 ARM®Cortex®-Mx 核心的 MCU 廠商 (2020 年 04 月資料)

| | |
|---|---|
| M0 | ※Megawin MG32F02A032/A064/U064/A072/A128/U128/A132<br>※Cypress PSoC 4000/4100/4100M/4200/4200DS/4200L/4200M<br>※Infineon XMC1000，※Nordic nRF51，※NXP LPC1100, LPC1200<br>※Nuvoton NuMicro，※Sonix SN32F700，<br>※STMicroelectronics STM32 F0<br>※Toshiba TX00，※Vorago VA108x |
| M0+ | ※Cypress PSoC 4000S/4100S/4100S+/4100PS/4700S/FM0+<br>※Holtek HT32F52000，※Renesas Synergy S1<br>※Microchip (Atmel) SAM C2, D0, D1, D2, DA, L2, R2, R3<br>※NXP LPC800, LPC11E60, LPC11U60 ※Freescale Kinetis E, EA, L, M, V1,W0 |

| | |
|---|---|
| | ※Silicon Labs (Energy Micro) EFM32 Zero, Happy<br><br>※STMicroelectronics STM32 L0 |
| M1 | ※Altera FPGAs Cyclone-II, Cyclone-III, Stratix-II, Stratix-III<br><br>※Microsemi (Actel) FPGAs Fusion, IGLOO/e, ProASIC3L, ProASIC3/E<br><br>※Xilinx FPGAs Spartan-3, Virtex-2-3-4 |
| M3 | ※Actel SmartFusion, SmartFusion 2<br><br>※Analog Devices ADuCM300、※Cypress PSoC 5000, 5000LP, FM3<br><br>※Fujitsu FM3、※Holtek HT32F、※NXP LPC1300, LPC1700, LPC1800<br><br>※Microchip (Atmel) SAM 3A, 3N, 3S, 3U, 3X<br><br>※ON Semiconductor Q32M210、※Silicon Labs Precision32<br><br>※Silicon Labs (Energy Micro) EFM32 Tiny, Gecko, Leopard, Giant<br><br>※STMicroelectronics STM32 F1, F2, L1<br><br>※Texas Instruments F28, LM3, TMS470, OMAP 4、※Toshiba TX03 |
| M4 | ※Microchip (Atmel) SAM 4L, 4N, 4S<br><br>※NXP (Freescale) Kinetis K, W2 |
| M4F | ※Cypress 6200, FM4、※Infineon XMC4000<br><br>※Microchip (Atmel) SAM 4C, 4E, D5, E5, G5、※Microchip CEC1302<br><br>※Nordic nRF52、※NXP LPC4000, LPC4300<br><br>※NXP (Freescale) Kinetis K, V3, V4、※Renesas Synergy S3, S5, S7<br><br>※Silicon Labs (Energy Micro) EFM32 Wonder<br><br>※STMicroelectronics STM32 F3, F4, L4, L4+, WB<br><br>※Texas Instruments LM4F/TM4C, MSP432、※Toshiba TX04 |
| M7F | ※Microchip (Atmel) SAM E7, S7, V7、※NXP (Freescale) Kinetis KV5x<br><br>※STMicroelectronics STM32 F7, H7 |
| M23 | ※Microchip (Atmel) SAM L10, L11、※Nuvoton M25x,M26x |

摘自 https://en.wikipedia.org/wiki/List_of_ARM_microarchitectures

## 1-1.2　Cortex®-M0 微處理器

ARM®Cortex®-M0 微處理器是目前市場上尺寸小、消耗功率低的 32-bit ARM 處理器，主要應用於可攜式產品，如下圖(a)(b)所示：

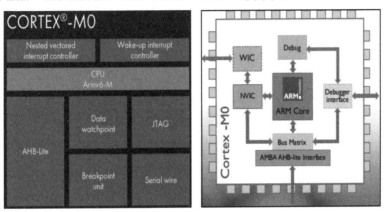

圖 1-1(a)　Cortex®-M0 方塊圖

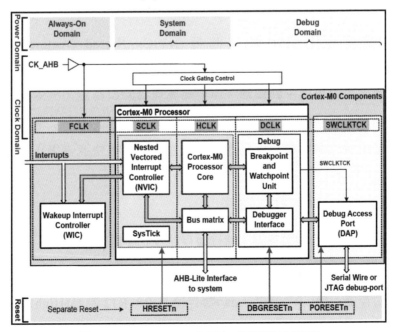

圖 1-1(b)　Cortex®-M0 處理器結構圖

Cortex®-M0 微處理器特點如下：

1. 它是 32-bit 高效率的精簡指令集電腦(RISC: Reduced Instruction Set Computing)，組成邏輯閘不到 12000 個。

2. 記憶體的存取方式為傳統的范紐曼(Von Neumann)架構，並使用16-bit的 Thumb 及 Thumb-2 小型指令集架構(ISA)，如此可提高程式碼密度，除了減少記憶體外，也提高效率及降低成本。也就是說以 16-bit 資源來提供 32-bit 效率。

3. 應用電源管理工具包(PMK)與標準單元庫，來提供超低消耗功率的睡眠動作，動態功率耗電只要 66uW/MHz(180ULL)、12.5uW/MHz(90LP)或 5.3uW/MHz(40LP)。同時有三層的指令流水線(pipeline)，工作效率可達到 2.33CoreMark/MHz 及 0.89/1.02/1.27DMIPS/MHz，其中 DMIPS 為每秒執行百萬個整數運算指令(DMIPS: Dhrystone Million Instructions executed Per Second)。

4. 內含嵌套式向量中斷控制器(NVIC: Nested Vectored Interrupt Controller)，除了系統中斷外，還提供 32 個周邊設備中斷向量、四層中斷優先等級及快速中斷響應，可提高處理器的反應能力與效能。

5. 內含喚醒中斷控制器(WIC: Wakeup Interrupt Controller)，進入睡眠狀態時，會將核心保持在超低耗電狀態，並在喚醒後快速恢復正常工作。

## 1-1.3　Cortex®-M0 暫存器

Cortex®-M0 有通用暫存器、特殊暫存器及狀態暫存器，如圖 1-2 所示。

各暫存器的功能如下：

1. 通用暫存器：R0~R7 為低(Low)暫存器及 R8~R12 為高(High)暫存器。

2. 堆疊指標(SP: Stack Point)R13：CPU 開始執行啟始程式時，會規劃一塊

RAM 空間作為堆疊暫存器(SR: Stack Register)，而由堆疊指標(SP)作為指向它所屬堆疊暫存器(SR)的位址。如此在跳到副程式之前，必須將本程式的工作暫存器存入(push)到堆疊暫存器(SR)內。副程式執行完畢後，再將堆疊暫存器(SR)的內容取回(pop)，使其能夠恢復原有的工作環境及設定。同時在 CONTROL[1]可設定選用主堆疊指標暫存器(MSP: Main Stack Pointer)或處理器堆疊指標暫存器(PSP: Process Stack Pointer)。

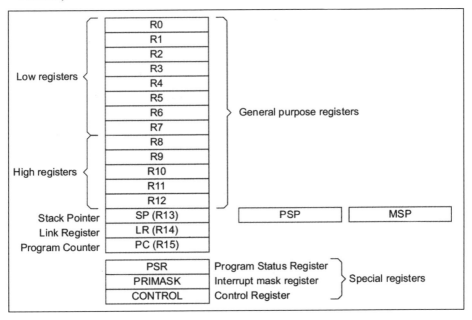

圖 1-2　Cortex®-M0 暫存器

3. 連結暫存器(LR: Link Register)R14：用於主程式及副程式之間的運作，當主程式要跳到副程式之前，會先將主程式的下一個位址(ARM 時 PC+4 或 Thumb 時 PC+2)存入連結暫存器(LR)內，才跳到副程式執行。執行完畢後，再取回連結暫存器(LR)的位址放入程式計數器(PC)內，令它回到主程式的下一個位址繼續執行。

4. 程式計數器(PC: Program Counter)R15：目前程式執行的位址，它是 32-bit 的計數器。在 ARM 模式時執行 32-bit 指令會使 PC+4。在 Thumb 模式時執行 16-bit 指令會使 PC+2。

5. 程式狀態暫存器(PSR: Program Status Registers)：如下圖所示：

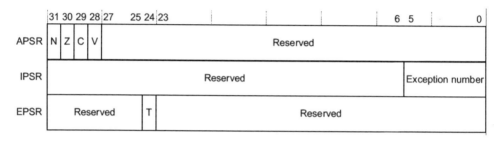

圖 1-3 程式狀態暫存器(PSR)

(1) 運算程式狀態暫存器(APSR: Application Program Status Registers)： 顯示運算後的狀態旗標，如下表所示。

表 1-4 運算程式狀態暫存器(APSR)

| 名稱 | 位元 | 說　明 | 功　　　　　能 |
|---|---|---|---|
| N | 31 | Negative | 負值旗標：運算結果為負值(Negative)時，顯示 N=1 |
| Z | 30 | Zero | 零旗標：運算結果為零(Zero)時，顯示 Z=1 |
| C | 29 | Carry | 進位旗標：加法時，若有進位 C=1，若無進位 C=0 |
| | | /Borrow | 借位旗標：減法時，若有借位 C=1，若無借位 C=0 |
| | | /Extend | 擴充旗標：資料是否有擴充，有 C=1，無 C=0 |
| OV | 28 | Overflow | 溢位旗標：運算結果溢位時，會顯示 OV=1 |

(2) 中斷程式狀態暫存器(IPSR: Interrupt Program Status Register)：在 IPSR[5-0]顯示異常編號(Exception Number)，表示目前執行那些中斷 服務程式(ISR: Interrupt Service Routine)，如下表所示。

表 1-5　異常編號(Exception Number)

| 名　稱 | 位元 | 功　　　能 | 功　　　能 |
|---|---|---|---|
| Exception<br>number<br>中斷向量編號 | 5-0 | 0 = Thread mode(處理器用)<br>1 =保留<br>2 = NMI(不可遮罩中斷)<br>3 = HardFault(處理器用)<br>11 = SVCall(supervisor call)<br>4-10=保留，12-13=保留 | 14 = PendSV(OS 用)<br>15 = SysTick(系統計時器)<br>16 = IRQ0(中斷要求 0)<br>⏐<br>47 = IRQ31(中斷要求 31)<br>48-63 =保留 |

(3) 執行程式狀態暫存器(EPSR: Execution Program Status Register)：其中 EPSR[24]=T 為顯示 Thumb 狀態位元，如下：

T=1 表示為 Thumb 模式位元。T=0 表示為 ARM 模式位元。

6. 中斷優先遮罩暫存器(PRIMASK: Priority Mask Register)，如下：

PRIMASK[0] =0 時，無作用。

PRIMASK[0] =1 時，可組態所有的中斷優先等級。

7. 控制(CONTROL)暫存器，用於定義目前所使用的堆疊指標暫存器(SP)：CONTROL[1]=0 使用主堆疊指標暫存器(MSP: Main Stack Pointer)。CONTROL[1]=1 使用處理器堆疊指標暫存器(PSP: Process Stack Pointer)。

# 1-2　Cortex®-M0 與 MG32x02z 系列介紹

Megawin(笙泉)的 MG32x02z 系列分成 MG32F02A 及 MG32F02U 系列以 32-bit 的 Cortex®-M0 為核心，主要應用於 8/16/32-bit 等低成本的微控制

器市場。與目前市面上的微控制器相比較，它的程式碼較少，也較有效率。MG32x02z 系列型號分類如下圖所示。

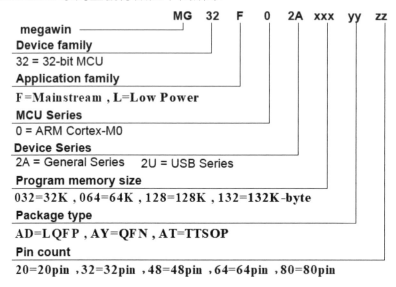

圖 1-4(a)　　MG32x02z 系列型號分類

MG32x02z 系列的包裝分為 TSSOP20、QFN32、LQFP48、LQFP64 及 LQFP80。另外 MG32F02U064/U128 內含 USB 界面，其包裝及 Flash 容量與 MG32F02A064/A128 相同，以 MG32F02z 型號為例如下圖所示：

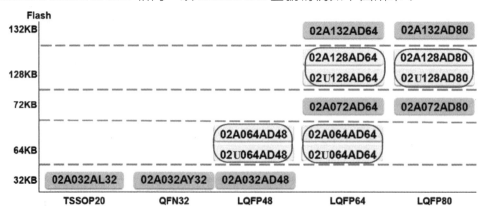

圖 1-4(b)　　MG32F02z 系列型號包裝

MG32x02z 系列可應用於一般家電或工業控制，如下圖所示：

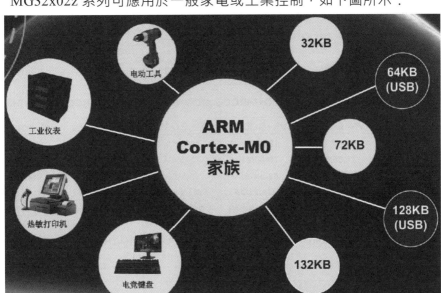

圖 1-5　MG32x02z 系列應用

MG32x02z 系列分成 MG32F02z 及 MG32L02z(低功率)系列，其中 MG32F02U 內含有 USB 界面，其餘大致雷同。功能如下表(a)~(c)所示：

表 1-6(a)　　MG32F02z 系列功能(1)

| Chip Functions | MG32F02A132 | MG32F02A072 | MG32F02A032 | MG32F02A128 MG32F02U128 | MG32F02A064 MG32F02U064 |
|---|---|---|---|---|---|
| CPU Core | ARM Cortex M0 | ARM Cortex M0 | ARM Cortex M0 | ARM Cortex M0 | ARM Cortex M0 |
| Flash ROM | 132KB | 72KB | 32KB | 128KB | 64KB |
| SRAM | 16KB | 8KB | 4KB | 16KB | 8/16KB |
| Package | LQFP80/64 | LQFP64/48 | LQFP48, QFN32 TSSOP20 | LQFP80/64 | LQFP64/48 |
| IO Number | 73/59 | 59/44 | 44/29/17 | 73/59 | 59/44 |
| Max. Ext. Interrupt | 63/59 | 59/44 | 44/29/17 | 73/59 | 59/44 |

表 1-6(b)　　MG32F02z 系列功能(2)

| Chip Functions | MG32F02A132 | MG32F02A072 | MG32F02A032 | MG32F02A128 MG32F02U128 | MG32F02A064 MG32F02U064 |
|---|---|---|---|---|---|
| Max. CPU Frequency | 48MHz | 48MHz | 48MHz | 48MHz | 48MHz |
| Internal Clock Source | ILRCO+IHRCO | ILRCO+IHRCO | ILRCO+IHRCO | ILRCO+IHRCO | ILRCO+IHRCO |
| Voltage Detector | LVR+BOD0/1 | LVR+BOD0/1 | LVR+BOD0/1 | LVR+BOD0/1/2 | LVR+BOD0/1/2 |
| Timers | 16-bit*2: TM00/01 32-bit*5: TM1x/2x/36 | 16-bit*2: TM00/01 32-bit*5: TM1x/2x/36 | 16-bit*2: TM00/01 32-bit*3: TM10/16/36 | 16-bit*2: TM00/01 32-bit*5: TM1x/2x/36 | 16-bit*2: TM00/01 32-bit*5: TM1x/2x/36 |
| IC/OC/PWM Channels | 8-CH (16-bit) or 16-CH(8-bit) | 8-CH (16-bit) or 16-CH(8-bit) | 4-CH (16-bit) or 8-CH(8-bit) | 8-CH (16-bit) or 16-CH(8-bit) | 8-CH (16-bit) or 16-CH(8-bit) |
| Complement PWM | 7-CH | 7-CH | 3-CH | 7-CH | 7-CH |
| QEI Support Mode | Mode 1,2,5 | Mode 1,2,5 | Mode 1,2,3,4,5 | Mode 1,2,3,4,5 | Mode 1,2,3,4,5 |
| Repetition Counter | - | - | - | 8-Bit | 8-Bit |
| WDT | IWDT+WWDT | IWDT+WWDT | IWDT+WWDT | IWDT+WWDT | IWDT+WWDT |
| RTC | 32-Bit | 32-Bit | 32-Bit | 32-Bit | 32-Bit |
| ADC | 12-Bit , 16-CH 400Ksps | 12-Bit , 16-CH 400Ksps | 12-Bit , 12-CH 800Ksps | 12-Bit , 16-CH 1Msps | 12-Bit , 16-CH 1Msps |
| ADC Differential Mode | support | support | - | - | - |
| ACMP Units | 4 | 4 | 2 | 2 | 2 |
| DAC | current DAC 10-Bit , 1-CH | current DAC 10-Bit , 1-CH | - | voltage DAC 12-Bit , 1-CH | voltage DAC 12-Bit , 1-CH |
| DAC Output Buffer | - | - | - | yes | yes |
| UART Units | Advanced *4 | Advanced *4 | Advanced *2 | Advanced *3 Basic *4 | Advanced *3 Basic *4 |
| UART as SPI | Master *4 | Master *4 | Master *2 | Master/Slave *3 | Master/Slave *3 |
| SPI Units | 1 | 1 | 1 | 1 | 1 |
| I2C Units | 2 | 2 | 1 | 2 | 2 |

表 1-6(c)　　MG32F02z 系列功能(3)

| Chip Functions | MG32F02A132 | MG32F02A072 | MG32F02A032 | MG32F02A128 MG32F02U128 | MG32F02A064 MG32F02U064 |
|---|---|---|---|---|---|
| USB Units | - | - | - | USB Device *1 | USB Device *1 |
| USB Endpoints/Buffer | - | - | - | 8/512-Bytes | 8/512-Bytes |
| EMB | 16-Bit Bus | 16-Bit Bus | - | 16/8-Bit Bus | 16/8-Bit Bus |
| DMA Channels | 3-CH | 3-CH | 1-CH | 5-CH | 5-CH |
| DMA Memory Source | SRAM, EMB | SRAM, EMB | SRAM, Flash | SRAM, Flash, EMB | SRAM, Flash, EMB |
| CRC | CRC8+16+32 | CRC8+16+32 | CRC8+16+32 | CRC8+16+32 | CRC8+16+32 |
| HW Divider | - | - | - | 32bit/32bit | 32bit/32bit |
| OBM Units | 1 | 1 | 2 | 2 | 2 |
| NCO Units | - | - | - | 1 | 1 |
| CCL Units | - | - | - | 2 | 2 |
| SDT Units | - | - | - | 1 | 1 |
| Flash Regions | AP,IAP,ISP | AP,IAP,ISP | AP,IAP,ISP | AP,IAP,ISP | AP,IAP,ISP |
| Flash Program IF | ICP,ISP,CPU | ICP,ISP,CPU | ICP,ISP,CPU | ICP,ISP,CPU | ICP,ISP,CPU |

其中 MG32F02A064/U064/A128/U128 為新一代晶片，主要新增功能有：

◎ 欠壓偵測 BOD0 檢查 1.4V 及 BOD2 檢查 1.7V。

◎ UART 有 7 組，含 Advanced *3 組及 Basic *4 組。

◎ DAC 為 12-bit 含緩衝器(Buffer)的類比電壓輸出。

◎ USB 埠(限 MG32F02U064/U128)：應用 USB 2.0 裝置，速率 12M-bps。

◎ 硬體除法器(HW Divider)：可應用於 32-bit/32-bit 的除法運算。

◎ 數值控制振盪器(NCO: Numerically Controlled Oscillator)，可輸入各種時脈加以除頻，可輸出很精確頻率的時脈提供應用。

◎ APB 擴展控制(APX: APB Extended Control)內含 CCL0、CCL1 及 SDT：

　※ 可配置的自定義邏輯(CCL: Configurable Custom Logic)，有兩組。

　※ 順序狀態檢測器(SDT: Sequential state Detector)，檢測兩腳輸入順序。

## 1-2.1　MG32x02z 系列架構介紹

MG32x02z 系列中 MG32F02A032 的架構及內部結構如下圖(a)(b)所示。

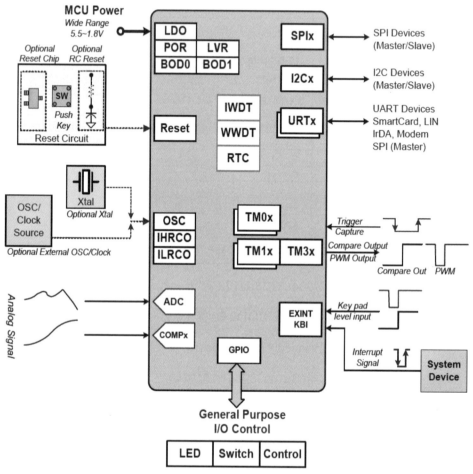

圖 1-6(a)　MG32F02A032 方塊圖

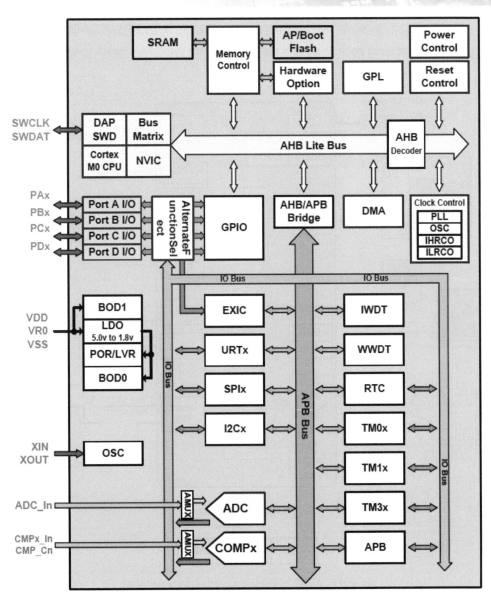

圖 1-6(b)　MG32F02A032 結構圖

MG32x02z 系列中 MG32F02A072/A132 方塊圖及內部結構,如下圖 (a)(b)所示。其中有標示的周邊設備為與 MG32F02A032 相比較有增加的功能。

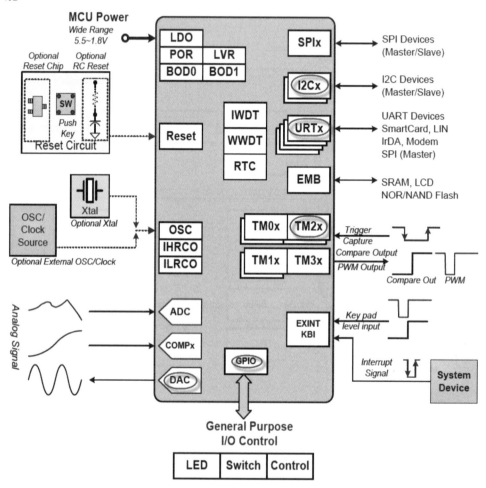

圖 1-7(a)　MG32F02A072/A132 方塊圖

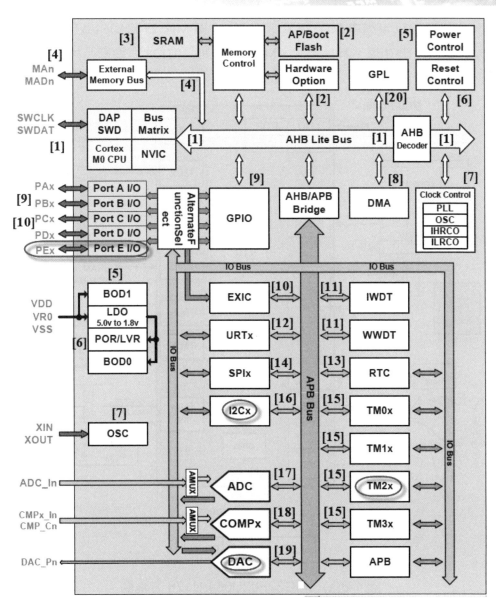

圖 1-7(b)　MG32F02A072/A132 結構圖

　　MG32F02z 系列中 MG32F02U064/U128 與 MG32F02A064/A128 的差異為多了一組 USB 埠，其餘雷同。MG32F02U064/U128 方塊圖及內部結構如下圖(a)(b)所示：

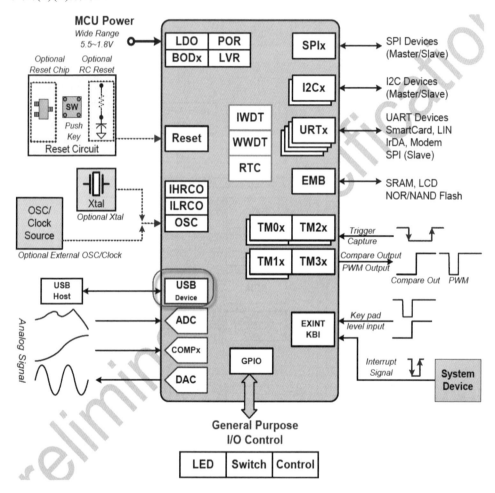

圖 1-8(a)　MG32F02U064/U128 方塊圖

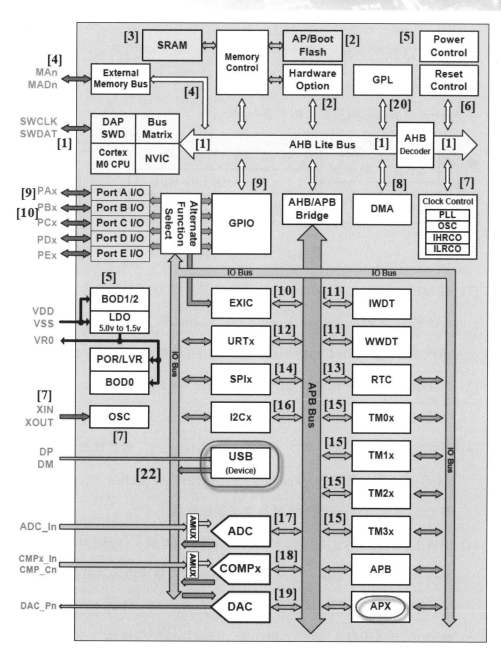

圖 1-8(b)　MG32F02U064/U128 結構圖

## 1-2.2　MG32x02z 系列特性

MG32x02z 系列特性如下：

1. CPU 核心(Core)相關部份：如下圖所示：

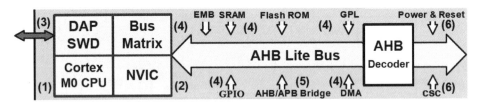

圖 1-9　CPU核心(Core)

(1) ARM®Cortex®-M0 為 32-bit CPU 頻率最高可達 48MHz，內含 24-bit 的系統節拍計時器(system tick timer)及 32-bit 乘法器(multiplier)，其中 MG32F02A064/U064/A128/U128 提供 32-bit 硬體除法器(HW Divider)。

(2) 內含嵌套式向量中斷控制器(NVIC: Nested Vectored Interrupt Controller) 提供 32 個周邊設備中斷源輸入及 4 級的優先順序。

(3) 可外接串列線偵錯器(SWD: serial wire debugger)，有 2 個觀察點(watch points)及 4 個中斷點(breakpoints)。同時藉由 DAP(Debug Access Port)可將 CPU 變成另外一個 USB 隨身機來燒錄程式。

(4) BUS 矩陣(Matrix)：以 M0 核心(Core)或 DMA 等，作為主(Master)控制器經 BUS Matrix 切換，經由 AHB Lite Bus 直接連接各項被動響應的僕 (slave)裝置，如外部記憶體匯流排(EMB)、SRAM、Flash ROM、通用邏輯(GPL)及通用輸入/輸出(GPIO)等。且同一時間只能由一個主(Master)控制器連接一個僕(slave)裝置。如下圖所示：

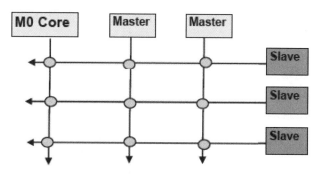

圖 1-10(a)　BUS 矩陣(Matrix)界面

M0 核心(Core)與記憶體在零等待狀態之下可進行 32-bit 的資料傳送，且固定為 little ending(小端)模式，如下圖所示：

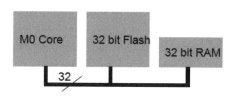

圖 1-10(b)　M0 核心與記憶體

(5) AHB/APB Bridge(橋接器)：可將先進高效率匯流排(AHB: Advanced High-performance Bus)轉換為先進周邊匯流排(APB: Advanced Peripheral Bus)來連接各項周邊設備。

(6) 經 AHB Decode(解碼)可進行電源(Power)、重置(Reset)及時脈來源控制(CSC: Clock Source Controller)。

2. 快閃記憶體(Flash Memory)：含 AP、ISP 及 IAP 可儲存程式碼或資料。

(1) 內含 32K/64K/72K/128K/132K-byte(032/064/072/128/132)flash ROM。

(2) 透過 SWD 界面，提供系統線上燒錄(ISP: In-system program)可進行 ISP 開機(boot)程式碼更新。

(3) 提供電路線上燒錄(ICP: In-circuit program)可進行 flash 記憶體使用者程式碼更新。

(4) 提供應用線上燒錄(IAP: In-application program)可線上在 flash 記憶體燒錄及存取資料。

(5) 提供 flash 記憶體的頁清除(page erase)，每頁 1K-byte。

3. SRAM 記憶體：可存取資料或程式碼。

(1) 內含 4K-byte(032)、8K-byte(064/072)或 16K-byte(128/132)的 SRAM。

(2) 其中僅有 128/132 另外提供 2K-byte 空間給 DMA 使用及其餘 14K-byte 用於存取資料或程式，如此可提高軟體的存取效能。

4. 外部記憶體匯流排(EMB: External Memory Bus)：可外接 SRAM、NOR/NAND flash 及繪圖型 LCD 模組，其中 MG32F02A032 無 EMB。

5. 電源(Power)控制：外加工作電源電壓($V_{DD}$)為 1.8V~5.5V。

(1) 內含開機重置(POR: Power On Reset)，當外部重置腳(RSTN)被作為 GPIO 腳時，可由內部進行開機重置(POR)的功能。

(2) 內含穩壓電路(LDO: low dropout linear regulator)可將 $V_{DD}$(1.8V~5.5V)穩壓成 1.65V(032/072/132)或 1.5V(064/128)，提供系統、記憶體及周邊設備使用。

(3) 內含三組欠壓偵測(BOD: Brown-Out Detector)，BOD0 檢查 1.7V 或 1.4V(限 064/128)、BOD1 可選擇檢查 4.2V/3.7V/2.4V/2.0V 及 BOD2 檢查 1.7V(限 064/128)。

(4) 低電壓重置(LVR: Low-Voltage Reset)，當 BOD0~2 檢查電源電壓不足時

，可產生重置及中斷。

(5) 內含電源管理控制來進行電源省電及喚醒(wakeup)控制。

(6) 提供三組電源操作模式：正常(Normal)、睡眠(SLEEP)及停止(STOP)。

(7) 提供由睡眠(SLEEP)及停止(STOP)省電模式的喚醒(wakeup)功能。

6. 重置(Reset)控制：可配合中斷一起控制，如下圖所示：

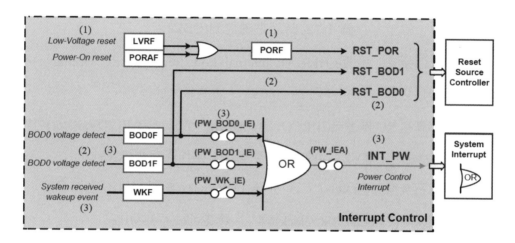

圖 1-11 電源控制中斷及重置

(1) 內含低電壓重置(LVR: Low-Voltage reset)及開機重置(POR: Power-On reset)電路。

(2) 提供多個重置來源，包括：

(a) POR、BOD0、BOD1、BOD2 及外部重置接腳來進行重置動作。

(b) IWDT、WWDT、ADC 及類比比較器(Analog Comparator)重置。

(c) 非法地址錯誤重置及 Flash 記憶體存取保護錯誤重置。

(d) 時脈檢測失敗(MCD: Missing Clock Detect)重置。

(3) BOD0~2 及系統收到喚醒事件，可以產中系統生斷。

7. 時脈來源控制(CSC: Clock Source Control)：有數種時脈，如下圖所示：

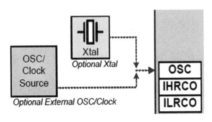

圖 1-12 時脈來源控制(CSC)

(1) 內部低頻 RC 振盪器(ILRCO: Internal Low frequency RC Oscillator)為 32KHz 誤差±8%(操作溫度+25℃時)，會有較大的誤差。

(2) 內部高頻 RC 振盪器(IHRCO: Internal High frequency RC Oscillator)可選擇 12MHz(預定)或 11.059MHz 誤差±1%(操作溫度+25℃時)。

(3) 外部石英振盪器(XOSC)，可外接 32.768KHz 或 4~25MHz 石英晶體。

(4) 外部時脈(External OSC/clock)輸入，最高可輸入 36MHz。

(5) 高頻時脈可經由鎖相迴路(PLL)最高倍頻到 48MHz 輸出提供系統及周邊設備時脈。但它不支援低頻(如 32KHz 及 32.768KHz)的 PLL 倍頻。

(6) 內含具有獨立時脈源控制器，提供時脈給各種模組，才可以工作。

(7) 可選擇各種時脈經除頻後，由外部接腳(ICKO)輸出。

8. 直接記憶存取(DMA: Direct Memory Access)：提供 1 通道(032)、3 通道 (072/132) 或 5 通道(064/128)可獨立進行硬體 DMA 請求，令記憶體與周邊設備(APB 或 AHB)進行直接存取資料的動作。

9. 通用輸入/輸出(GPIO: General Purpose Input Output)：接腳有 PA~PE 埠。

(1) 提供通用輸出入腳操作,接腳有 17 支(TSSOP20)、29 支(QFN32)、44 支(LQFP48)、59 支(LQFP64)或 73 支(LQFP80)。

(2) 可獨立選擇每支接腳的輸出入模式(modes):有推挽式輸出(Push-Pull output)、準雙向(Quasi bidirectional)輸出入、開洩極(Open-drain)輸出、數位高阻抗(high impedance)輸入及類比輸出入(Analog IO)。

(3) 每支 GPIO 腳可經由交替功能選擇(AFS: Alternate Function Select)設定 AF0~AF9 改為數種外部周邊設備不同的特殊功能接腳。而類比功能接腳(CMP、ADC、DAC),另外有其它方式來設定。

10. 外部中斷控制(EXIC: External Interrupt Controller):

(1) 除了 MG32F02A128AD80 與 MG32F02U128AD80 的 GPIO 接腳 PA~PE 有提供外部中斷輸入外,其餘僅 PA~PD 有提供外部中斷輸入功能。

(2) 觸發輸入可選擇為高/低(high/low)準位(level)或正負(rising/falling)緣(edge)輸入。

(3) 內含喚醒中斷控制(WIC: Wakeup Interrupt Controller)來進行喚醒事件控制。

(4) 所有接腳均可配置為外部中斷及按鍵中斷(KBI)。

(5) 提供外部接腳令 CPU 產生 NMI/RXEV/TXEV 功能。

11. 看門狗計時器(Watchdog Timer):有兩組,防止當機時間過長。

(1) 獨立看門狗計時器(IWDT: Independent Watch Dog Timer)。

(2) 視窗看門狗計時器(WWDT: Window Watch Dog Timer)。

12. 串列埠 UART 界面:提供兩組(032)、四組(072/132)或七組(064/128)的

UART 模組，同時具有硬體流量(Hardware flow)控制、IrDa(紅外線)、LIN 匯流排、ISO-7816 智能卡等功能，且可轉換為 SPI 界面。

13. 即時時脈(RTC: Real Time Clock )：可由電池提供計時、鬧鐘及喚醒功能。

14. 串列埠 SPI 界面：有一組，可外接 SPI 界面晶片。

15. 通用計時器(Timer)：內含 16/32-bit 的預除器及計時計數器。

   (1) 032 有 5 組：TM00、TM01、TM10、TM16 及 TM36。

   (2) 064/072/128/132 有 7 組：TM00、TM01、TM10、TM16、TM20、TM26 及 TM36。

   (3) 其中 TM36 功能最強，具有內部計時、計時比較輸出、PWM 輸出、三相互補 PWM 輸出、捕捉輸入及 QEI(正交編碼器界面)等功能。

16. 串列埠 I²C 界面：提供一組(032)或兩組(064/072/128/132)的 I²C 模組，可外接 I²C 界面晶片。其中 032/064/0128 具有 I²C 從機位址相符喚醒功能。

17. 類比/數位轉換(ADC)：為 12-bit ADC 最多有 16 通道，可輸入類比電壓，並含可程式電壓增益放大(PGA: Programmable Gain Amplifier)功能。

18. 類比比較器(Analog Comparator)：最多有四組，可輸入類比電壓相比較。

19. 數位/類比轉換(DAC)：其中 072/132 為 10-bit 類比電流輸出。064/128 為 12-bit 類比電壓輸出，且含 DAC 緩衝輸出。

20. 通用邏輯(GPL: General Purpose Logic)：提供資料反轉、bit 順序更改、byte 順序更改和同位元(parity)檢查。

21. 循環冗餘校驗(CRC: Cyclic Redundancy Check)計算，檢查資料是否有誤。

22. USB 界面：MG32F02U064/U128 提供 USB 埠只能作為裝置(Device)。

## 1-2.3　MG32x02z 系列記憶體介紹

MG32x02z 系列記憶體分佈，如下圖(a)(b)及下表所示：

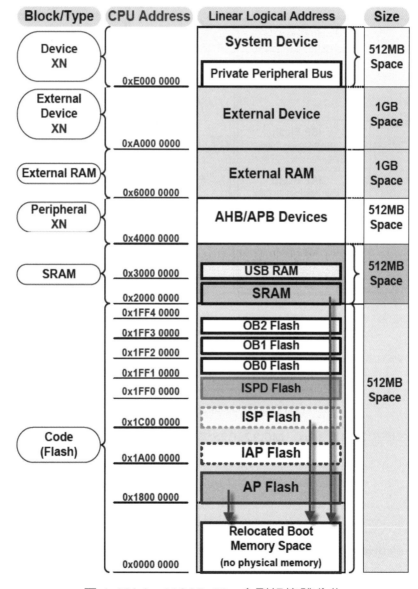

圖 1-13(a)　MG32x02z 系列記憶體分佈

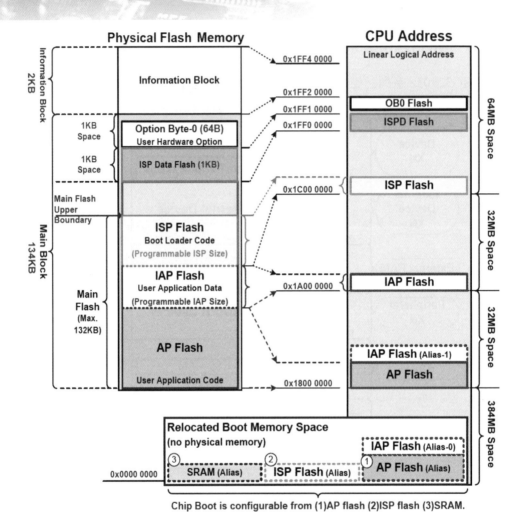

圖 1-13(b)　MG32x02z 系列 Flash 記憶體分佈

表 1-7　MG32x02z 系列記憶體

| Chip | Embedded Flash | | | Embedded SRAM | | |
|---|---|---|---|---|---|---|
| | Main Flash | ISPD Flash | Flash Page Size | Main SRAM | DMA SRAM | USB SRAM |
| MG32F02A132 | 132KB | 1KB | 1KB | 16KB | 2KB | - |
| MG32F02A072 | 72KB | 1KB | 1KB | 8KB | - | - |
| MG32F02A032 | 32KB | 1KB | 1KB | 4KB | - | - |
| MG32F02A128 | 128KB | 512B | 512B | 16KB | 2KB | - |
| MG32F02U128 | 128KB | 512B | 512B | 16KB | 2KB | 512B |
| MG32F02A064 | 64KB | 512B | 512B | 8KB | 2KB | - |
| MG32F02U064 | 64KB | 512B | 512B | 16KB | 2KB | 512B |

1. Flash 記憶體：含 AP、ISP 及 IAP 用來儲存應用程式(AP)及資料，可透過
   SWD 線上燒錄程式(ISP)，也可以用來存取資料(IAP)，如下表所示：

表 1-8　MG32x02z 系列的 Flash 記憶體空間

| | | | | |
|---|---|---|---|---|
| 0x1FF3 0400 | 0x1FFF FFFF | 831KB | Reserved | |
| 0x1FF3 0040 | 0x1FF3 03FF | 960B | OB Flash-2 (*2) **(6)** | |
| 0x1FF3 0000 | 0x1FF3 003F | 64B | | Hardware Option byte-2 (64-byte) |
| 0x1FF2 0400 | 0x1FF2 FFFF | 63KB | Reserved | |
| 0x1FF2 0050 | 0x1FF2 03FF | 944B | | |
| 0x1FF2 0040 | 0x1FF2 004F | 16B | OB Flash-1 (*2) **(6)** | Unique ID (16-byte) |
| 0x1FF2 0000 | 0x1FF2 003F | 64B | | Hardware Option byte-1 (64-byte) |
| 0x1FF1 0400 | 0x1FF1 FFFF | 63KB | Reserved | |
| 0x1FF1 0040 | 0x1FF1 03FF | 960B | OB Flash-0 (*2) **(6)** | |
| 0x1FF1 0000 | 0x1FF1 003F | 64B | | Hardware Option byte-0 (64-byte) |
| 0x1FF0 0400 | 0x1FF0 FFFF | 63KB | Reserved | |
| 0x1FF0 0000 | 0x1FF0 03FF | 1KB | ISPD Flash (*2) **(5)** | ISP data flash |
| 0x1C02 1000 | 0x1FEF FFFF | 63MB | Reserved | |
| 0x1C00 0000 | 0x1C02 0FFF | | ISP Flash (*2) **(4)** | Boot Flash memory (configurable size) |
| 0x1A02 1000 | 0x1BFF FFFF | 32MB | Reserved | |
| 0x1A00 0000 | 0x1A02 0FFF | | IAP Flash (*2) **(3)** | Data Flash memory (configurable size) |
| 0x1802 1000 | 0x19FF FFFF | 32MB | Reserved | |
| 0x1800 0000 | 0x1802 0FFF | 132KB | AP Flash (*2) **(2)** | Application Flash memory (configurable size by chip option) |
| 0x0002 1000 | 0x17FF FFFF | 384MB | Reserved | |
| 0x0000 0000 | 0x0002 0FFF | 132KB | Relocated memory space (*1) **(1)** | Interrupt Vector 0x0000 00C0~0x0000 0000 |

*1 : Relocated memory space : Main flash memory, Boot flash memory or SRAM depending on BOOT configuration
*2 : The table lists the maximum value. Refer the "Chip Selection Table" of Data Sheet about actual memory size.

(1) 重新定址記憶體(Relocated memory)：由位址 0 開始，記憶空間最多

132K-byte(位址 0x0000_0000~0x0002_0FFF)，它並無實體的記憶體，而藉由暫存器(MEM_BOOT_MS)或硬體選項(Hardware Option)OB 內的開機記憶體選擇位元(BOOT_MS)，來選擇開機時可將 AP Flash(預定)、ISP Flash 或 SRAM 重新映射(re-mapping)到此空間來執行，如下表所示：

表 1-9    重新映射(re-mapping)記憶體

| Boot Mode | Memory | Register BOOT_MS |
|---|---|---|
| AP | Application Flash | 0 |
| ISP | ISP Boot Flash | 1 |
| SRAM | Embedded SRAM | 2 |

重定位置記憶體(Relocated memory)空間，其中最前面位址(0x0000~00C0)為中斷向量(Interrupt Vectors)，每個向量佔用 4-byte 可執行一個跳躍指令，跳到要執行的中斷服務程式(ISR)。除了位址 0 為初始化堆疊記憶體及位址 4 為重置外，其餘可用於系統及周邊設備中斷向量位址。

(2) 應用(AP:Application)Flash 區塊：最多 132K(0x1800_0000~0x1802_0FFF)，內含使用者程式碼，且去除 ISP 及 IAP 後才是 AP Flash 空間容量。

(3) IAP Flash 區塊：可配置容量提供存取資料用，記憶體位址由 0x1A00_0000 開始，佔用多少空間可由 M-Link 或 U1Plus Write 燒錄器來規劃。

(4) ISP Flash 區塊：內含由廠商所提供的開機程式下載(bootloader)，記憶體位址由 0x1C00_0000 開始。

(5) ISPD Flash 區塊：位址為 0x1FF0_0000~0x1FF0_03FF 有 1-Kbyte，用於

ISP 資料的存取。

(6) OB Flash-0~2 區塊：用於硬體選項(Hardware Option)設定。

(7) 其中 IAP 及 ISP 所配置的記憶體容量，其實際物理空間會以別名(alias)
方式佔用在 AP Flash 內。兩邊的資料是重疊的，因此使用者程式的空間
，必須減去 IAP 及 ISP 所配置的記憶體容量，如下圖所示：

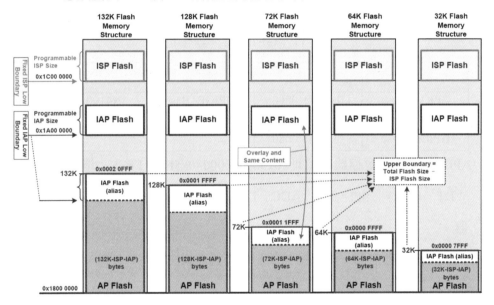

圖 1-14　Flash 記憶體空間

2. SRAM 記憶體：SARM 可用來存取資料及下載程式，如下表所示：

表 1-10　SRAM 記憶體空間

| 0x3000 0200 | 0x3FFF FFFF | 256MB | Reserved | |
|---|---|---|---|---|
| 0x3000 0000 | 0x3000 01FF | 512B | **USB SRAM (*2) (3)** | |
| 0x2000 4000 | 0x2FFF FFFF | 256MB | Reserved | |
| 0x2000 3800 | 0x2000 3FFF | 2KB | **SRAM (*2)** (2) | Upper 2K-byte suggestion for DMA |
| 0x2000 0000 | 0x2000 37FF | 14KB | (1) | |

(1) 032 為 4K-byte(位址 0x2000_0000~0x2000_0FFF)、064/072 為 8K-byte(位
址　0x2000_0000~0x2000_1FFF)　及　128/132　為　16K-byte(位　址

0x2000_0000~0x2000_3FFF)

(2) 其中 128/132 專門提供 DMA 使用 2K-byte，可提供一般 RAM 僅 14K。

(3) U064/U128 另外提供 USB RAM 作為緩衝器(buffer)，容量有 512-byte (位址由 0x3000_0000 開始)。

3. AHB 周邊設備暫存器：位址 0x4000_0000~0x5FFF_FFFF，提供 I/O 及 MCU 系統等控制暫存器。以 GPIO 暫存器的基本(Base)位址為例，如下表：

表 1-11　GPIO 暫存器位址

| 暫存器 | 地址 | 暫存器 | 地址 |
|---|---|---|---|
| GPIOA_Base | 0x4100_0000 | GPIOB_Base | 0x4100_0020 |
| GPIOC_Base | 0x4100_0040 | GPIOD_Base | 0x4100_0060 |
| GPIOE_Base | 0x4100_0080 | | |

4. APB 周邊設備暫存器：位址 0x5000_0000~0x5FFF_FFFF，提供 Timer、WDT、UART、SPI、I²C、ADC、USB、PLL 及省電模式等各種控制暫存器。

5. 外部記憶/裝置空間：可藉由外部記憶體匯流排(EMB)來外接 RAM、Flash 或 LCD。如下表所示：

表 1-12　外部記憶/裝置空間

| | | | | | |
|---|---|---|---|---|---|
| System Device | 0xE010 0000 | 0xFFFF FFFF | 511MB | VENDOR_SYS | **(2)** |
| | 0xE000 0000 | 0xE00F FFFF | 1MB | Private Peripheral Bus(PPB) | M0 Reserved　**(1)** Cortex M0 internal peripherals |
| External Device | 0xC000 0000 | 0xDFFF FFFF | 512MB | Reserved **(2)** | External memory (SRAM, Flash) |
| External Device | 0xA000 0000 | 0xBFFF FFFF | 512MB | Reserved **(2)** | External memory (SRAM, Flash) |
| External RAM | 0x8000 0000 | 0x9FFF FFFF | 512MB | Reserved **(1)** | External memory (SRAM, Flash) |
| External RAM | 0x6000 0000 | 0x7FFF FFFF | 512MB | Reserved **(1)** | External memory (SRAM, Flash) |

(1) 外部記憶體(External RAM)：位址 0x6000_0000~0x9FFF_FFFF。

(2) 外部裝置(External Device)：位址 0xA000_0000~0xDFFF_FFFF。

6. 系統裝置(System Device)：內含核心系統專用的暫存器。

　(1) 專用周邊匯流排(PPB)：位址 0xE000_0000~0XE00F_FFFF。

　(2) 供應商系統(VENDOR_SYS)：位址 0xE010_0000~0xFFFF_FFFF。

7. Cortex®-M0 可用 8/16/32-bit 來存取資料或程式，且固定是以小端(Little Endian)模式來存取，也就是先存取 Low byte(word)、再 High byte(word)，這是 Intel 的存取方式，如下圖所示：

| 位址 | 資料 | 位址 | 資料 | 位址 | 資料 |
|---|---|---|---|---|---|
| 0 | D7-0 | 0 | D7-0 | 0 | D7-0 |
| 1 | D15-8 | | D15-8 | | D15-8 |
| 2 | D23-16 | 2 | D23-16 | | D23-16 |
| 3 | D31-24 | | D31-24 | | D31-24 |
| 4 | D7-0 | 4 | D7-0 | 4 | D7-0 |
| 5 | D15-8 | | D15-8 | | D15-8 |
| 6 | D23-16 | 6 | D23-16 | | D23-16 |
| 7 | D31-24 | | D31-24 | | D31-24 |
| 8-bit 存取 | | 16-bit(A0=0) | | 32-bit(A1-0=00) | |

圖 1-15　記憶體存取 Little Endian 模式

(1) 8-bit 存取：定址順序為：0→1→2→3→4→5→6→7。

(2) 16-bit 存取：令位址 A0=0 以偶數來定址，定址順序為：0→2→4→6。

(3) 32-bit 存取：令位址 A1-0=00 以四倍數來定址，定址順序為：0→4→8。

# 1-3　MG32x02z 系列硬體電路

MG32x02z 系列晶片型號及包裝，如下表所示：

表 1-13　MG32F02z 系列包裝

| Chip<br>Functions | MG32F02A132 | MG32F02A072 | MG32F02A032 | MG32F02A128<br>MG32F02U128 | MG32F02A064<br>MG32F02U064 |
|---|---|---|---|---|---|
| Package | LQFP80/64 | LQFP64/48 | LQFP48,<br>QFN32<br>TSSOP20 | LQFP80/64 | LQFP64/48 |

## 1-3.1　MG32x02z 系列晶片

MG32x02z 系列晶包括 MG32F02A032/A064/A128/A132/U64/U128 如下：

1. MG32F02A032 晶片包裝有 TSSOP20、QFN32、及 LQFP48，如下圖所示：

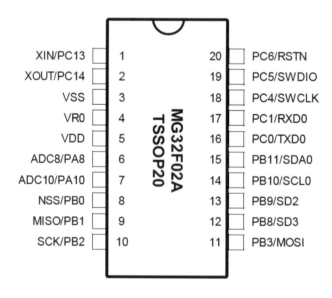

圖 1-16(a)　MG32F02A032AT20 包裝圖

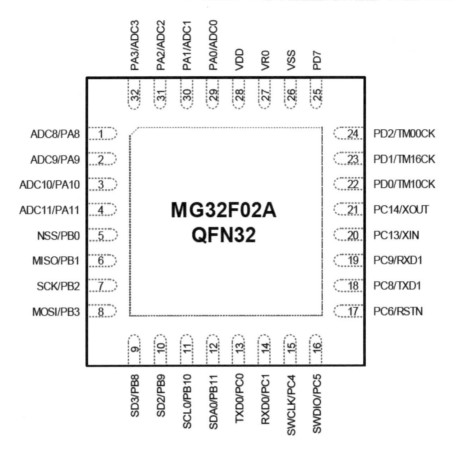

圖 1-16(b)　MG32F02A032AY32 包裝圖

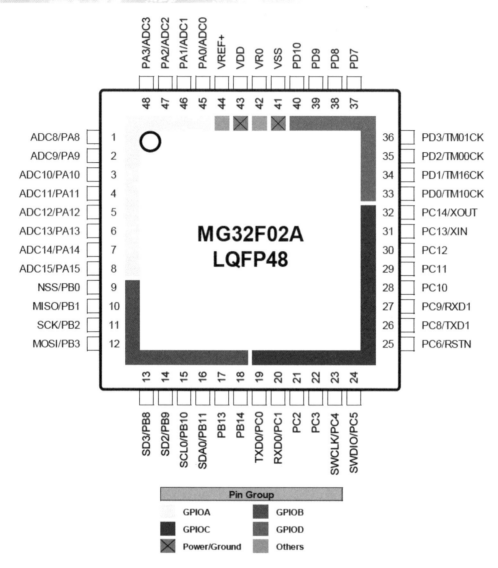

圖 1-16(c) MG32F02A032AD48 包裝圖

以 MG32F02A032AD48 為例，每支 GPIO 腳又兼作多種特殊功能，其接腳，如下表所示：

表 1-14　MG32F02A032AD48 接腳

| Pin | Name | Pin AFS List | Analog Function |
|---|---|---|---|
| 1 | PA8 | GPA8 | ADC_I8, CMP0_I0, VBG_OUT |
| 2 | PA9 | GPA9 | ADC_I9, CMP0_I1 |
| 3 | PA10 | GPA10 | ADC_I10, CMP1_I0, ADC_PGA |
| 4 | PA11 | GPA11 | ADC_I11, CMP1_I1 |
| 5 | PA12 | GPA12, URT1_BRO, TM10_ETR, TM36_IC0 | ADC_I12 |
| 6 | PA13 | GPA13, CPU_TXEV, URT0_BRO, URT1_TMO, TM10_TRGO, TM36_IC1 | ADC_I13 |
| 7 | PA14 | GPA14, CPU_RXEV, OBM_I0, URT0_TMO, URT1_CTS, TM16_ETR, TM36_IC2 | ADC_I14 |
| 8 | PA15 | GPA15, CPU_NMI, OBM_I1, URT0_DE, URT1_RTS, TM16_TRGO, TM36_IC3 | ADC_I15 |
| 9 | PB0 | GPB0, SPI0_NSS, TM01_ETR, TM00_CKO, TM16_ETR, TM36_ETR | CMP_C0 |
| 10 | PB1 | GPB1, SPI0_MISO, TM01_TRGO, TM10_CKO, TM16_TRGO, TM36_TRGO | CMP_C1 |
| 11 | PB2 | GPB2, ADC0_TRG, SPI0_CLK, TM01_CKO, TM16_CKO, I2C0_SDA, URT0_TX | |
| 12 | PB3 | GPB3, ADC0_OUT, SPI0_MOSI, TM36_CKO, I2C0_SCL, URT0_RX | |
| 13 | PB8 | GPB8, CMP0_P0, RTC_OUT, URT0_TX, TM36_OC01, SPI0_D3, OBM_P0 | |
| 14 | PB9 | GPB9, CMP1_P0, RTC_TS, URT0_RX, TM36_OC02, SPI0_D2, OBM_P1 | |
| 15 | PB10 | GPB10, I2C0_SCL, URT0_NSS, TM36_OC11, URT1_TX, SPI0_NSSI | |
| 16 | PB11 | GPB11, I2C0_SDA, URT0_DE, IR_OUT, TM36_OC12, URT1_RX, DMA_TRG0 | |
| 17 | PB13 | GPB13, TM00_ETR, URT0_CTS, TM36_ETR | |
| 18 | PB14 | GPB14, DMA_TRG0, TM00_TRGO, URT0_RTS, TM36_BK0 | |
| 19 | PC0 | GPC0, ICKO, TM00_CKO, URT0_CLK, TM36_OC00, I2C0_SCL, URT0_TX | |
| 20 | PC1 | GPC1, ADC0_TRG, TM01_CKO, TM36_IC0, URT1_CLK, TM36_OC0N, I2C0_SDA, URT0_RX | |
| 21 | PC2 | GPC2, ADC0_OUT, TM10_CKO, OBM_P0, TM36_OC10 | |
| 22 | PC3 | GPC3, OBM_P1, TM16_CKO, URT0_CLK, URT1_CLK, TM36_OC1N | |
| 23 | PC4 | GPC4, SWCLK, I2C0_SCL, URT0_RX, URT1_RX, TM36_OC2 | |
| 24 | PC5 | GPC5, SWDIO, I2C0_SDA, URT0_TX, URT1_TX, TM36_OC3 | |
| 25 | PC6 | GPC6, RSTN, RTC_TS, URT0_NSS, URT1_NSS | |
| 26 | PC8 | GPC8, ADC0_OUT, I2C0_SCL, URT0_BRO, URT1_TX, TM36_OC0H, TM36_OC0N | |
| 27 | PC9 | GPC9, CMP0_P0, I2C0_SDA, URT0_TMO, URT1_RX, TM36_OC1H, TM36_OC1N | |
| 28 | PC10 | GPC10, CMP1_P0, URT0_TX, URT1_TX, TM36_OC2H, TM36_OC2N | |
| 29 | PC11 | GPC11, URT0_RX, URT1_RX, TM36_OC3H | |
| 30 | PC12 | GPC12, IR_OUT, URT1_DE, TM10_TRGO, TM36_OC3 | |
| 31 | PC13 | GPC13, XIN, URT1_NSS, URT0_CTS, TM10_ETR, TM36_OC00 | |
| 32 | PC14 | GPC14, XOUT, URT1_TMO, URT0_RTS, TM10_CKO, TM36_OC10 | |
| 33 | PD0 | GPD0, OBM_I0, TM10_CKO, URT0_CLK, TM36_OC2, SPI0_NSS | |
| 34 | PD1 | GPD1, OBM_I1, TM16_CKO, URT0_CLK, TM36_OC2N, SPI0_CLK | |
| 35 | PD2 | GPD2, TM00_CKO, URT1_CLK, TM36_CKO, SPI0_MOSI | |
| 36 | PD3 | GPD3, TM01_CKO, URT1_CLK, SPI0_D3, TM36_TRGO | |
| 37 | PD7 | GPD7, TM00_CKO, TM01_ETR, URT1_DE, SPI0_MISO, TM36_IC0 | |
| 38 | PD8 | GPD8, CPU_TXEV, TM01_TRGO, URT1_RTS, SPI0_D2, TM36_IC1 | |
| 39 | PD9 | GPD9, CPU_RXEV, TM00_TRGO, URT1_CTS, SPI0_NSSI, TM36_IC2 | |
| 40 | PD10 | GPD10, CPU_NMI, TM00_ETR, URT1_BRO, RTC_OUT, TM36_IC3 | |
| 41 | VSS | | |
| 42 | VR0 | | |
| 43 | VDD | | |
| 44 | VREF+ | | |
| 45 | PA0 | GPA0 | ADC_I0 |
| 46 | PA1 | GPA1 | ADC_I1 |
| 47 | PA2 | GPA2 | ADC_I2 |
| 48 | PA3 | GPA3 | ADC_I3 |

2. MG32F02A064/U064/A072/A128/U128/A132 晶片包裝有 LQFP48、LQFP64 及 LQFP80。每支 GPIO 腳又兼作多種特殊功能，其接腳以 LQFP80 包裝的 MG32F02U128AD80 為例，如下圖及下表(a)~(b)所示。

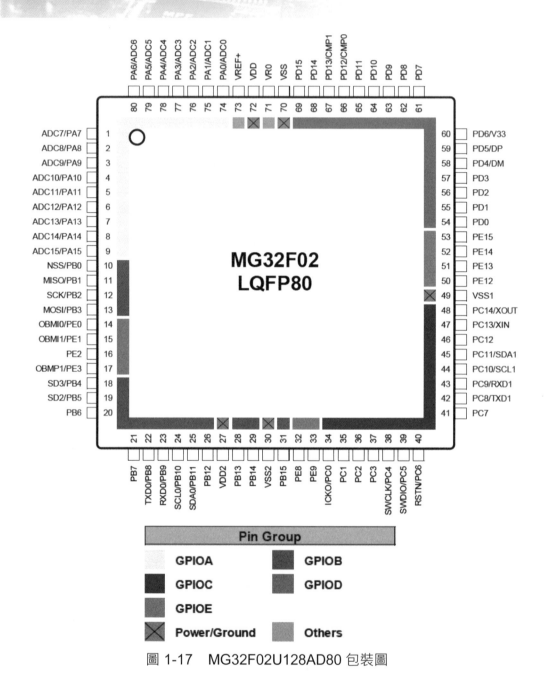

圖 1-17 MG32F02U128AD80 包裝圖

表 1-15(a)　MG32F02U128AD80 接腳(1)

| Pin | Name | Pin AFS List | Analog Function |
|---|---|---|---|
| 1 | PA7 | GPA7, SPI0_D2, MA7, MAD7, TM20_OC1H, URT0_NSS | ADC_I7 |
| 2 | PA8 | GPA8, DMA_TRG0, I2C0_SCL, URT2_BRO, SDT_I0, TM20_IC0, SPI0_NSS, MA8, MAD0, TM36_OC0H, URT4_TX | ADC_I8, CMP0_I0, VBG_OUT |
| 3 | PA9 | GPA9, DMA_TRG1, I2C1_SCL, URT2_TMO, TM20_IC1, SPI0_MISO, MA9, MAD1, TM36_OC1H, URT5_TX | ADC_I9, CMP0_I1 |
| 4 | PA10 | GPA10, TM36_BK0, SPI0_D2, I2C0_SDA, URT2_CTS, SDT_I1, TM26_IC0, SPI0_CLK, MA10, MAD2, TM36_OC2H, URT4_RX | ADC_I10, CMP1_I0, ADC_PGA |
| 5 | PA11 | GPA11, DAC_TRG0, SPI0_D3, I2C1_SDA, URT2_RTS, TM26_IC1, SPI0_MOSI, MA11, MAD3, TM36_OC3H, URT5_RX | ADC_I11, CMP1_I1 |
| 6 | PA12 | GPA12, USB_S0, URT1_BRO, TM10_ETR, TM36_IC0, SPI0_D5, MA12, MAD4, TM26_OC00, URT6_TX | ADC_I12 |
| 7 | PA13 | GPA13, CPU_TXEV, USB_S1, URT1_BRO, URT1_TMO, TM10_TRGO, TM36_IC1, SPI0_D6, MA13, MAD5, TM26_OC10, URT6_RX | ADC_I13 |
| 8 | PA14 | GPA14, CPU_RXEV, OBM_I0, URT0_TMO, URT1_CTS, TM16_ETR, TM36_IC2, SPI0_D7, MA14, MAD6, TM26_OC0H, URT7_TX | ADC_I14 |
| 9 | PA15 | GPA15, CPU_NMI, OBM_I1, URT0_DE, URT1_RTS, TM16_TRGO, TM36_IC3, SPI0_D4, MA15, MAD7, TM26_OC1H, URT7_RX | ADC_I15 |
| 10 | PB0 | GPB0, I2C1_SCL, SPI0_NSS, TM01_ETR, TM00_CKO, TM16_ETR, TM26_IC0, TM36_ETR, MA15, URT1_NSS, URT6_TX | CMP_C0 |
| 11 | PB1 | GPB1, I2C1_SDA, SPI0_MISO, TM01_TRGO, TM10_CKO, TM16_TRGO, TM26_IC1, TM36_TRGO, URT1_RX, URT6_RX | CMP_C1 |
| 12 | PB2 | GPB2, ADC0_TRG, SPI0_CLK, TM01_CKO, URT2_TX, TM16_CKO, TM26_OC0H, I2C0_SDA, URT1_CLK, URT0_TX, URT7_TX | DAC_P0 |
| 13 | PB3 | GPB3, ADC0_OUT, SPI0_MOSI, NCO_P0, URT2_RX, TM36_CKO, TM26_OC1H, I2C0_SCL, URT1_TX, URT0_RX, URT7_RX | |
| 14 | PE0 | GPE0, OBM_I0, URT0_TX, DAC_TRG0, SPI0_NSS, TM20_OC00, TM26_OC00, MALE, MAD8, URT4_TX | |
| 15 | PE1 | GPE1, OBM_I1, URT0_RX, DMA_TRG1, SPI0_MISO, TM20_OC01, TM26_OC01, MOE, MAD9, TM36_OC0H, URT4_RX | |
| 16 | PE2 | GPE2, OBM_P0, I2C1_SCL, URT1_TX, NCO_P0, SPI0_CLK, TM20_OC02, TM26_OC02, MWE, MAD10, TM36_OC1H, URT5_TX | |
| 17 | PE3 | GPE3, OBM_P1, I2C1_SDA, URT1_RX, NCO_CK0, SPI0_MOSI, TM20_OC0N, TM26_OC0N, MCE, MALE2, URT5_RX | |
| 18 | PB4 | GPB4, TM01_CKO, SPI0_D3, TM26_TRGO, URT2_CLK, TM20_IC0, TM36_IC0, MALE, MAD8 | |
| 19 | PB5 | GPB5, TM16_CKO, SPI0_D2, TM26_ETR, URT2_NSS, TM20_IC1, TM36_IC1, MOE, MAD9 | |
| 20 | PB6 | GPB6, CPU_RXEV, SPI0_NSSI, URT0_BRO, URT2_CTS, TM20_ETR, TM36_IC2, MWE, MAD10, URT2_TX | |
| 21 | PB7 | GPB7, CPU_TXEV, URT0_TMO, URT2_RTS, TM20_TRGO, TM36_IC3, MCE, MALE2, URT2_RX | |
| 22 | PB8 | GPB8, CMP0_P0, RTC_OUT, URT0_TX, URT2_BRO, TM20_OC01, TM36_OC01, SPI0_D3, MAD0, SDT_P0, OBM_P0, URT4_TX | |
| 23 | PB9 | GPB9, CMP1_P0, RTC_TS, URT0_RX, URT2_TMO, TM20_OC02, TM36_OC02, SPI0_D2, MAD1, MAD8, OBM_P1, URT4_RX | |
| 24 | PB10 | GPB10, I2C0_SCL, URT0_NSS, URT2_DE, TM20_OC11, TM36_OC11, URT1_TX, MAD2, MAD1, SPI0_NSSI | |
| 25 | PB11 | GPB11, I2C0_SDA, URT0_DE, IR_OUT, TM20_OC12, TM36_OC12, URT1_RX, MAD3, MAD9, DMA_TRG0, URT0_CLK | |
| 26 | PB12 | GPB12, DMA_TRG0, NCO_P0, USB_S0, URT1_CLK, MAD4, MAD2, URT5_TX | |
| 27 | VDD2 | | |
| 28 | PB13 | GPB13, DAC_TRG0, TM00_ETR, URT0_CTS, TM20_ETR, TM36_ETR, URT0_CLK, MAD5, MAD10, CCL_P0, URT4_RX | |
| 29 | PB14 | GPB14, DMA_TRG0, TM00_TRGO, URT0_RTS, TM20_TRGO, TM36_BK0, URT0_NSS, MAD6, MAD3, CCL_P1, URT4_TX | |
| 30 | VSS2 | | |
| 31 | PB15 | GPB15, IR_OUT, NCO_CK0, USB_S1, URT1_NSS, MAD7, MAD11, URT5_RX | |
| 32 | PE8 | GPE8, CPU_TXEV, OBM_I0, URT2_TX, SDT_I0, TM36_CKO, TM20_CKO, TM26_CKO, MAD11, URT4_TX | |
| 33 | PE9 | GPE9, CPU_RXEV, OBM_I1, URT2_RX, SDT_I1, TM36_TRGO, TM20_TRGO, TM26_TRGO, MOE, URT4_RX | |
| 34 | PC0 | GPC0, ICKO, TM00_CKO, URT0_CLK, URT2_CLK, TM20_OC00, TM36_OC00, I2C0_SCL, MCLK, MWE, URT0_TX, URT5_TX | |
| 35 | PC1 | GPC1, ADC0_TRG, TM01_CKO, TM36_IC0, URT1_CLK, TM20_OC0N, TM36_OC0N, I2C0_SDA, MAD8, MAD4, URT0_RX, URT5_RX | |
| 36 | PC2 | GPC2, ADC0_OUT, TM10_CKO, OBM_P0, URT2_CLK, TM20_OC10, TM36_OC10, SDT_I0, MAD9, MAD12 | |
| 37 | PC3 | GPC3, OBM_P1, TM16_CKO, URT0_CLK, URT1_CLK, TM20_OC1N, TM36_OC1N, SDT_I1, MAD10, MAD5 | |
| 38 | PC4 | GPC4, SWCLK, I2C0_SCL, URT0_RX, URT1_RX, TM36_OC2, SDT_I0, URT6_RX | |
| 39 | PC5 | GPC5, SWDIO, I2C0_SDA, URT0_TX, URT1_TX, TM36_OC3, SDT_I1, URT6_TX | |
| 40 | PC6 | GPC6, RSTN, RTC_TS, URT0_NSS, URT1_NSS, TM20_ETR, TM26_ETR, MBW1, MALE | |
| 41 | PC7 | GPC7, ADC0_TRG, RTC_OUT, URT0_DE, URT1_NSS, TM36_TRGO, MBW0, MCE | |
| 42 | PC8 | GPC8, ADC0_OUT, I2C0_SCL, URT0_BRO, URT1_TX, TM20_OC0H, TM36_OC0H, TM36_OC0N, MAD11, MAD13, CCL_P0, URT6_TX | |

表 1-15(b)　MG32F02U128AD80 接腳(2)

| Pin | Name | Pin AFS List | Analog Function |
|---|---|---|---|
| 43 | PC9 | GPC9, CMP0_P0, I2C0_SDA, URT0_TMO, URT1_RX, TM20_OC1H, TM36_OC1H, TM36_OC1N, MAD12, MAD6, CCL_P1, URT6_RX | |
| 44 | PC10 | GPC10, CMP1_P0, I2C1_SCL, URT0_TX, URT2_TX, URT1_TX, TM36_OC2H, TM36_OC2N, MAD13, MAD14, URT7_TX | |
| 45 | PC11 | GPC11, I2C1_SDA, URT0_RX, URT2_RX, URT1_RX, TM36_OC3H, TM26_OC01, MAD14, MAD7, URT7_RX | |
| 46 | PC12 | GPC12, IR_OUT, DAC_TRG0, URT1_DE, TM10_TRGO, TM36_OC3, TM26_OC02, MAD15, SDT_P0 | |
| 47 | PC13 | GPC13, XIN, URT1_NSS, URT0_CTS, URT2_RX, TM10_ETR, TM26_ETR, TM36_OC00, TM20_IC0, SDT_I0, URT6_RX | |
| 48 | PC14 | GPC14, XOUT, URT1_TMO, URT0_RTS, URT2_TX, TM10_CKO, TM26_TRGO, TM36_OC10, TM20_IC1, SDT_I1, URT6_TX | |
| 49 | VSS1 | | |
| 50 | PE12 | GPE12, ADC0_TRG, USB_S0, TM01_CKO, TM16_CKO, TM20_OC10, TM26_OC10, MBW0, URT6_TX | |
| 51 | PE13 | GPE13, ADC0_OUT, USB_S1, TM01_TRGO, TM16_TRGO, TM20_OC11, TM26_OC11, MBW1, TM36_OC2H, URT6_RX | |
| 52 | PE14 | GPE14, RTC_OUT, I2C1_SCL, TM01_ETR, TM16_ETR, TM20_OC12, TM26_OC12, MALE2, CCL_P0, TM36_OC3H, URT7_TX | |
| 53 | PE15 | GPE15, RTC_TS, I2C1_SDA, TM36_BK0, TM36_ETR, TM20_OC1N, TM26_OC1N, MALE, CCL_P1, URT7_RX | |
| 54 | PD0 | GPD0, OBM_I0, TM10_CKO, URT0_CLK, TM26_OC1N, TM20_CKO, TM36_OC2, SPI0_NSS, MA0, MCLK, URT2_NSS | |
| 55 | PD1 | GPD1, OBM_I1, TM16_CKO, URT0_CLK, NCO_CK0, TM26_CKO, TM36_OC2N, SPI0_CLK, MA1, URT2_CLK | |
| 56 | PD2 | GPD2, USB_S0, TM00_CKO, URT1_CLK, TM26_OC00, TM20_CKO, TM36_CKO, SPI0_MOSI, MA2, MAD4, URT2_TX | |
| 57 | PD3 | GPD3, USB_S1, TM01_CKO, URT1_CLK, SPI0_MISO, TM26_CKO, SPI0_D3, MA3, MAD7, TM36_TRGO, URT2_RX | |
| 58 | PD4 | GPD4, TM00_TRGO, TM01_TRGO, URT1_TX, TM26_OC00, SPI0_D2, MA4, MAD6, URT2_TX | DM |
| 59 | PD5 | GPD5, TM00_ETR, I2C0_SCL, URT1_RX, TM26_OC01, SPI0_MISO, MA5, MAD5, URT2_RX | DP |
| 60 | PD6 | GPD6, CPU_NMI, I2C0_SDA, URT1_NSS, SPI0_NSSI, TM26_OC02, SPI0_NSS, MA6, SDT_P0, URT2_NSS | V33 |
| 61 | PD7 | GPD7, TM00_CKO, TM01_ETR, URT1_DE, SPI0_MISO, TM26_OCN, SPI0_D4, MA7, MAD0, TM36_IC0 | |
| 62 | PD8 | GPD8, CPU_TXEV, TM01_TRGO, URT1_RTS, SPI0_D2, TM26_OC10, SPI0_D7, MA8, MAD3, TM36_IC1, SPI0_CLK | |
| 63 | PD9 | GPD9, CPU_RXEV, TM00_TRGO, URT1_CTS, SPI0_NSSI, TM26_OC11, SPI0_D6, MA9, MAD2, TM36_IC2, SPI0_NSS | |
| 64 | PD10 | GPD10, CPU_NMI, TM00_ETR, URT1_BRO, RTC_OUT, TM26_OC12, SPI0_D5, MA10, MAD1, TM36_IC3, SPI0_MOSI | |
| 65 | PD11 | GPD11, CPU_NMI, DMA_TRG1, URT1_TMO, SPI0_D3, TM26_OC1N, SPI0_NSS, MA11, MWE | |
| 66 | PD12 | GPD12, CMP0_P0, TM10_CKO, OBM_P0, TM00_CKO, SPI0_CLK, TM20_OC0H, TM26_OC0H, MA12, MALE2 | |
| 67 | PD13 | GPD13, CMP1_P0, TM10_TRGO, OBM_P1, TM00_TRGO, NCO_CK0, TM20_OC1H, TM26_OC1H, MA13, MCE | |
| 68 | PD14 | GPD14, TM10_ETR, DAC_TRG0, TM00_ETR, TM20_IC0, TM26_IC0, MA14, MOE, CCL_P0, URT5_TX | |
| 69 | PD15 | GPD15, NCO_P0, IR_OUT, DMA_TRG0, TM20_IC1, TM26_IC1, MA15, CCL_P1, URT5_RX | |
| 70 | VSS | | |
| 71 | VR0 | | |
| 72 | VDD | | |
| 73 | VREF+ | | |
| 74 | PA0 | GPA0, SDT_P0, CCL_P0, MA0, MAD0, TM36_OC00, URT4_TX | ADC_I0 |
| 75 | PA1 | GPA1, CCL_P1, MA1, MAD1, TM36_OC10, URT4_RX | ADC_I1 |
| 76 | PA2 | GPA2, SDT_I0, MA2, MAD2, TM36_OC2, URT5_TX | ADC_I2 |
| 77 | PA3 | GPA3, SDT_I1, MA3, MAD3, TM36_OC2N, URT5_RX | ADC_I3 |
| 78 | PA4 | GPA4, MA4, MAD4, TM20_OC00, URT0_TX | ADC_I4 |
| 79 | PA5 | GPA5, MA5, MAD5, TM20_OC10, URT0_RX | ADC_I5 |
| 80 | PA6 | GPA6, SPI0_D3, MA6, MAD6, TM20_OC0H, URT0_CLK | ADC_I6 |

## 1-3.2　MG32F02A 系列接腳介紹

　　MG32x02z 的接腳相當繁多且又兼具多種功能，其中大部份預定接腳為

GPIO。我們將接腳拆開後,再以功能歸納可區分。以 LQFP480 包裝的 MG32F02A032AD48 及 LQFP80 包裝的 MG32F02U128AD80 接腳為例:

1. 系統接腳:包括電源、時脈及重置接腳,如下圖(a)~(c)所示。

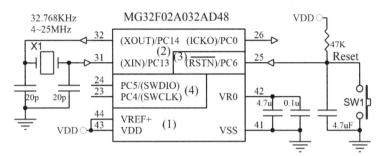

圖 1-18(a)　MG32F02A032AD48 系統接腳

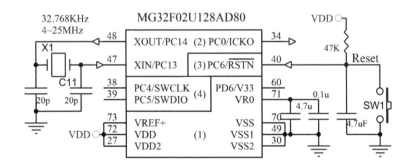

圖 1-18(b)　MG32F02U128AD80 系統接腳

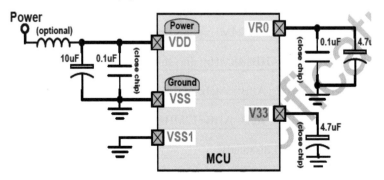

圖 1-18(c)　MG32F02U128AD80 電源接腳

(1) 電源接腳：VDD/VSS 內部穩壓 1.65V(限 032/072/132)或 1.5V(限 064/128)，提供核心及周邊設備用，並在 VRO 腳輸出。同時 USB 電源經內部穩壓 3.3V 在 V33 腳輸出。二者必須使用濾波電容接地。

(2)同時內含有欠壓監測(BOD: Brown-out detect)，有 BOD0~2 可隨時監測電源，當電源電壓不足時，會產生重置或中斷。如下表(a)~(c)所示：

表 1-16(a) 電源接腳

| 腳名 | 說明 |
|---|---|
| VDD/VSS | 電源輸入 1.8~5.5V(0~12MHz)或 2.7~5.5V(0~48MHz) |
| V33 | USB電源內部穩壓成 3.3V(限U064/U128)輸出，使用濾波電容接地 |
| VRO | 內部穩壓成 1.65V或 1.5V(限 064/128)輸出，使用濾波電容接地 |
| VREF+ | 類比電路的參考輸入電壓，可選擇外接或VDD |

表 1-16(b) 操作電流工作範圍($V_{DD}$=5V, TA=-40℃~+85℃)

| 電源名稱 | 說　明 | 一般 | 單位 |
|---|---|---|---|
| $I_{OP1}$(正常操作) | TL0(APB=AHB=32KHz) NOP | 0.07 | mA |
| $I_{OP2}$(正常操作) | TL1(APB=AHB=32KHz) drystone | 0.07 | mA |
| $I_{OP3}$(正常操作) | TL2(APB=AHB=12MHz) drystone | | mA |
| $I_{OP4}$(正常操作) | TL3(APB=AHB=24MHz) dhrystone + IP | | mA |
| $I_{OP5}$(正常操作) | TL6(APB=AHB=48MHz) dhrystone + all | | mA |
| $I_{SLP1}$(睡眠模式) | SL1(IHRCO: APB=6MHz/AHB=3MHz) | 1 | mA |
| $I_{SLP2}$(睡眠模式) | SL2(IHRCO: APB=AHB=12MHz) | 1.6 | mA |
| Istp0(停止模式) | ST0(ILRCO disabled) | 10.5 | nA |
| Istp1(停止模式) | ST1(Enable IWDT, ILRCO=32KHz) | 12.94 | uA |
| Istp2(停止模式) | ST2(Enable RTC, ILRCO=32KHz) | 13 | nA |

表 1-16(c)　欠壓偵測(BOD)電氣特性

| 名稱 | 說 明(V_DD = 4.5V 時) | 最小 | 一般 | 最大 | 單位 |
|---|---|---|---|---|---|
| $V_{LVR}$ | LVR detection level (VR0) | 1.4 | 1.55 | 1.6 | V |
| $V_{BOD0}$ | BOD0 detection level (VR0) | 1.6 | 1.65 | 1.7 | V |
| $I_{BOD0+LVR}$ | BOD0 and LVR Power Consumption | | | 6 | V |
| $V_{BOD10}$ | BOD1 detection level for 2.0V | 1.85 | 2.0 | 2.18 | V |
| $V_{BOD10}$ | BOD1 detection level for 2.4V | 2.22 | 2.4 | 2.62 | V |
| $V_{BOD11}$ | BOD1 detection level for 3.7V | 3.43 | 3.7 | 4.04 | V |
| $V_{BOD11}$ | BOD1 detection level for 4.2V | 3.89 | 4.2 | 4.59 | V |
| $I_{BOD1}$ | BOD1 Power Consumption | 5.2 | 2.0 | 8.3 | uA |
| $V_{BOD10}$ | BOD2 detection level for 2.0V(限 064/128)) | | 1.7 | | V |
| $I_{BOD1}$ | BOD2 Power Consumption | 4.5 | | 8.3 | uA |

(3) 時脈(CLOCK)接腳：系統可選用內部或外部振盪，如下：

　　(a) 內部低頻 RC 振盪器(ILRCO)為 32KHz，會有較大的誤差。

　　(b) 內部高頻 RC 振盪器(IHRCO)可選擇 12MHz(預定)或 11.059MHz 誤差 ±1%(操作溫度+25℃時)。

　　(c) 外部石英振盪器(XOSC)，可外接 32.768KHz 或 4~25MHz 石英晶體，預定沒有連接(NC)零件。

　　(d) 提供由外部(XIN)腳輸入時脈，最高可輸入 36MHz。

　　(e) 除了 32KHz 及 32.768KHz 外，高頻時脈來源可經由鎖相迴路(PLL)最高可倍頻到 48MHz 提供系統及周邊設備時脈。

　　(f) 可選擇各種時脈經除頻後，由外部接腳(ICKO)輸出。

(4) 重置(RESET)接腳：按(Reset)鍵輸入 "0" 時，程式由位址 0 開始執行。

(5) 串列線偵錯(SWD: Serial wire debug)接腳：在 Cortex®-M0 藉由 SWD 界面
連接 OCD32_MLink，僅用兩支腳即可進行程式下載、模擬、偵錯
(Debug)及燒錄。如下表所示。

表 1-17 串列線偵錯(SWD)接腳

| 信號腳 | IO | 說明 |
|--------|------|------|
| SWCLK | O | SWD的串列時脈信號輸入 |
| SWDIO | IO | SWD的串列資料輸出入 |

2. 通用輸入/輸出(GPIO)接腳：MG32F02A032AD48 有 44 支，如下圖 (a)所
示。MG32F02A132/U128AD80 有 73 支，如下圖(b)所示。

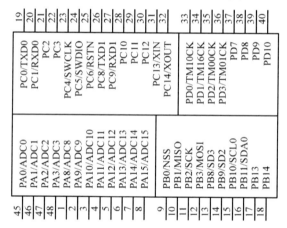

圖 1-19(a) MG32F02A032AD48 的 GPIO 接腳

| 34 | 35 | 36 | 37 | 38 | 39 | 40 | 41 | 42 | 43 | 44 | 45 | 46 | 47 | 48 | | 54 | 55 | 56 | 57 | 58 | 59 | 60 | 61 | 62 | 63 | 64 | 65 | 66 | 67 | 68 | 69 | | 33 | 50 | 51 | 52 | 53 |
| PC0 | PC1 | PC2 | PC3 | PC4/SWCLK | PC5/SWDIO | PC6/RSTN | PC7 | PC8 | PC9 | PC10 | PC11 | PC12 | PC13/XIN | PC14/XOUT | | PD0 | PD1 | PD2 | PD3 | PD4/DM | PD5/DP | PD6/V33 | PD7 | PD8 | PD9 | PD10 | PD11 | PD12 | PD13 | PD14 | PD15 | | PE9 | PE13 | PE14 | PE15 |
| PA0 | PA1 | PA2 | PA3 | PA4 | PA5 | PA6 | PA7 | PA8 | PA9 | PA10 | PA11 | PA12 | PA13 | PA14 | PA15 | PB0 | PB1 | PB2 | PB3 | PB4 | PB5 | PB6 | PB7 | PB8 | PB9 | PB10 | PB11 | PB12 | PB13 | PB14 | PB15 | PE0 | PE1 | PE2 | PE3 | PE8 |
| 74 | 75 | 76 | 77 | 78 | 79 | 80 | 1 | 2 | 3 | 4 | 5 | 6 | 7 | 8 | 9 | 10 | 11 | 13 | 18 | 19 | 20 | 21 | 22 | 23 | 24 | 25 | 26 | 28 | 29 | 31 | | 14 | 15 | 16 | 17 | 32 |

圖 1-19(b)　MG32F02U128AD80 的 GPIO 接腳

## 1-3.3　MG32F02A 系列 EV 板

本書介紹 MG32F02A032AD48_EV 板 TH197A 及 MG32F02A132AD80_EV 板 TH186A，其外型如下圖(a)(b)所示。

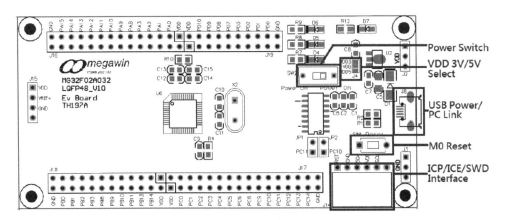

圖 1-20(a)　MG32F02A032AD48_EV 板 TH197A 外型圖

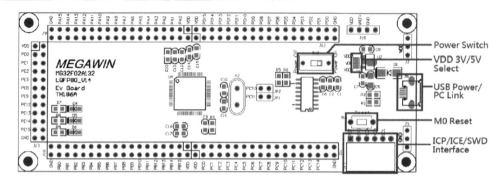

圖 1-20(b)　MG32F02A132AD80_EV 板 TH186A 外型圖

1. TH197A(MG32F02A032)-電源電路：由 J8(USB)經 D1 提供 VDD5(+5V)電源，經穩壓電路 U2(AICS1734-33)成為 VDD3(+3.3V)，在 J4(銲點)切換 J4(2)中間腳為 VDD5(預定)或 VDD3，再經 SW2(ON)輸出為 VDD，送到 J2(VDD)。同時由 J8(Micro USB)輸出 USB 資料線(D+、D-)，如下圖：

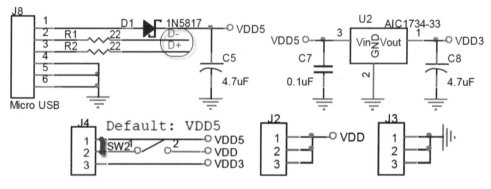

圖 1-21　TH197A(MG32F02A)-電源電路

2. TH197A(MG32F02A032)-USB 轉 UART 電路：USB 埠的資料線(D+、D-)經 U5 (MA111AS16)成為 UART 界面，由電阻(R5、R6)提升準位後，經 JP1 及 JP2 連接到 CPU 接腳 PC11(URT0_Tx)及 PC10(URT0_Rx)，如下圖：

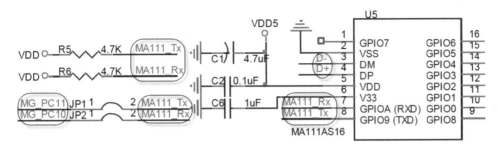

圖 1-22　TH197A(MG32F02A032)-USB 轉 UART 電路

3.　TH197A(MG32F02A032)-系統：如下圖所示。

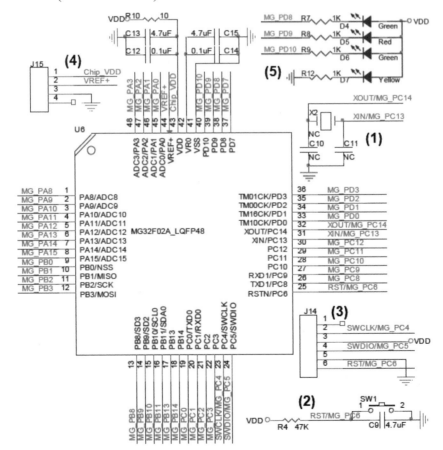

圖 1-23 TH197A(MG32F02A032)-系統

(1) 石英晶體振盪器路：在 X2 外接 32.768KHz 或 4~25MHz 及配合 C10、C11 產生諧振，預定沒有連接(NC)。

(2) 重置電路：按 SW1(RESET)時令 RESET 腳輸入低準位，產生重置。

(3) SWD 界面：在 J14(SWD)可插入 IOCD32_MLink，即可在 Keil 軟體進行硬體偵錯(Debug)或線上燒錄(ICP)程式。

(4) 在 J15 的接腳 VREF+可輸入 ADC 的參考電壓，或是將 J15(VREF+,VDD) 短路，由 VDD 提供參考電壓。

(5) PD8~PD10 連接三個 LED(D4~D6)，使用低準位亮。

4. TH197A(MG32F02A032)-擴充接腳：含電源及 GPIO 腳，如下圖所示：

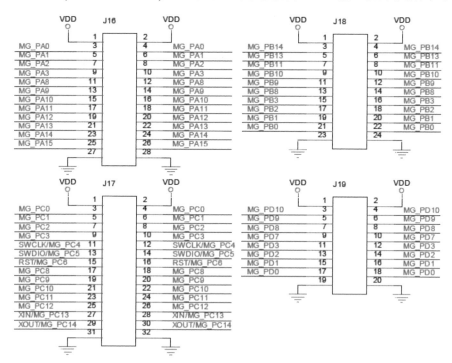

圖 1-24　TH197A(MG32F02A032)-擴充接腳

5. TH186A(MG32F02A132) -系統：如下圖所示：

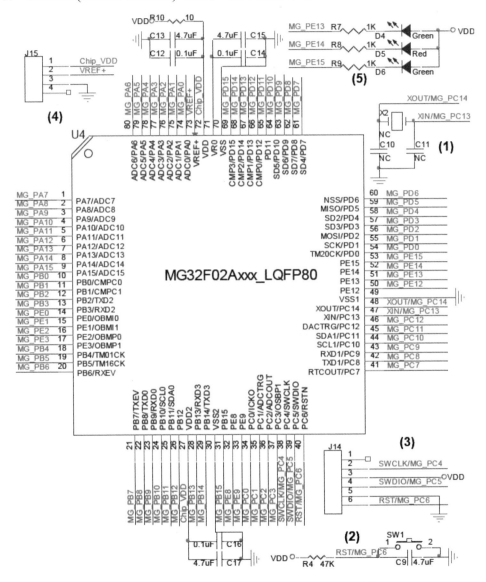

圖 1-25    TH186A(MG32F02A132)-系統

(1)~(4)與 TH197A(MG32F02A032)相同。

(5) PE13~PE15 連接三個 LED(D4~D6)，使用低準位亮。

(6) TH186A(MG32F02A132)-擴充接腳：含電源及 GPIO 腳，如下圖：

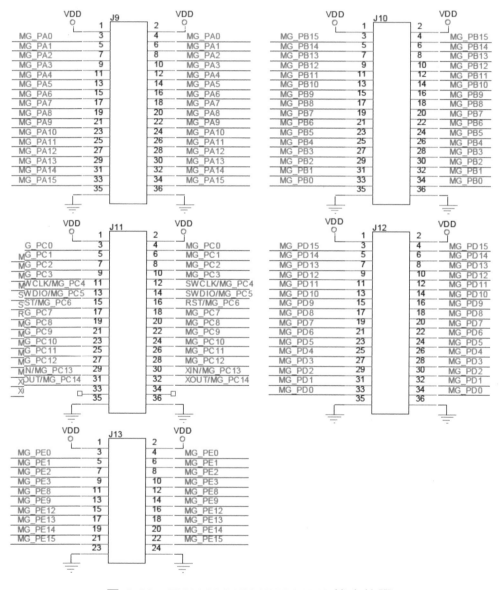

圖 1-26　TH186A(MG32F02A132)-擴充接腳

## 1-3.4　TH223A 主控板

TH223A 主控板使用 MG32F02A128AD80 或 MG32F02U128AD80 如下：

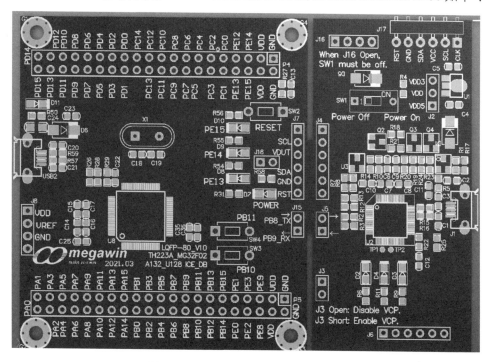

圖 1-27　TH223A 主控板外型

1. 電源電路：由 USB 提供 5V 電源，經 U1 穩壓為 3.3V，並在 J2 切換 VDD
   為 VDD5(5V) 或 VDD3(3.3V)，預定 VDD=3.3V，如下圖所示：

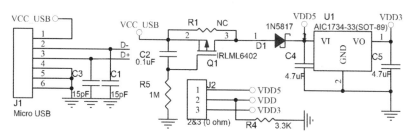

圖 1-28　電源電路

2. MLink 電路：如下圖(a)~(c)所示：

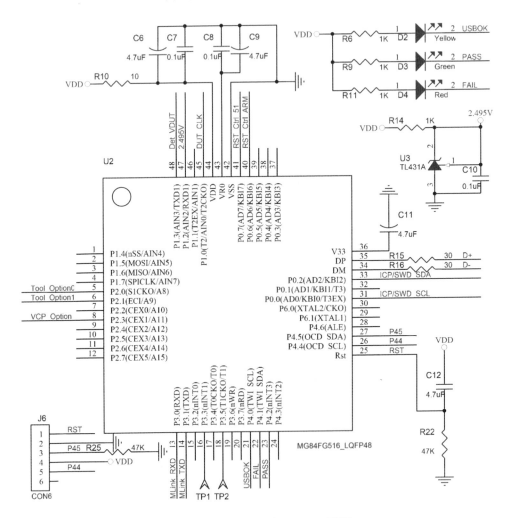

圖 1-29(a) MLink 的 MCU 電路

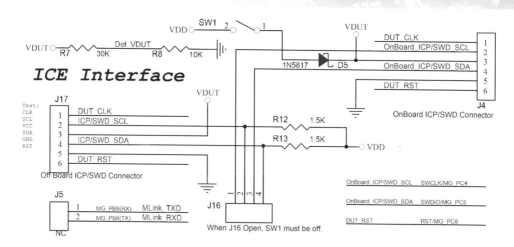

圖 1-29(b) MLink 的 ICE 界面電路

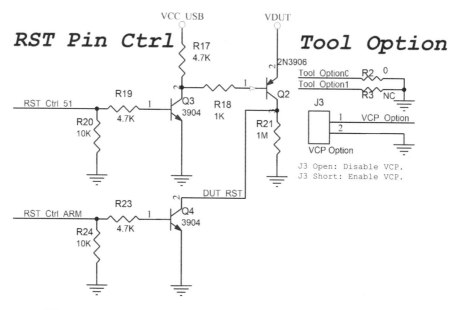

圖 1-29(c) MLink 的 RST 接腳控制及 Tool 選項電路

3. MCU 電路:可使用 MG32F02A128/U128/A132AD80 如下圖所示:

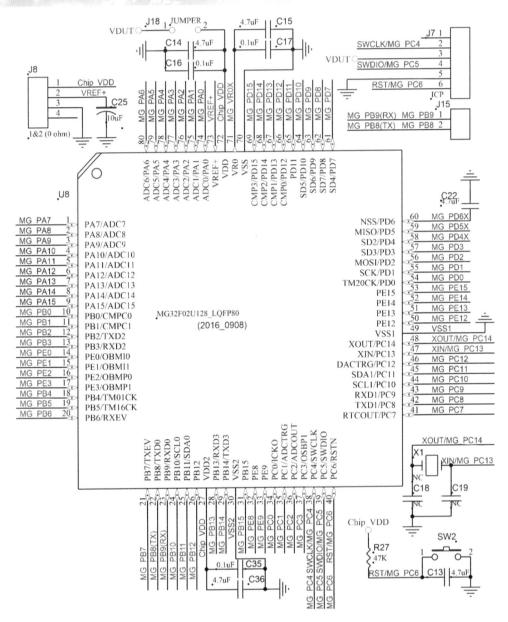

圖 1-30　MCU 電路

3. LED 及按鍵電路：如下圖所示：

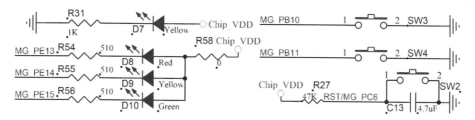

圖 1-31　LED 及按鍵電路

4. 擴充接腳：其中預定 PD4~6、PC15 未連接，如下圖所示：

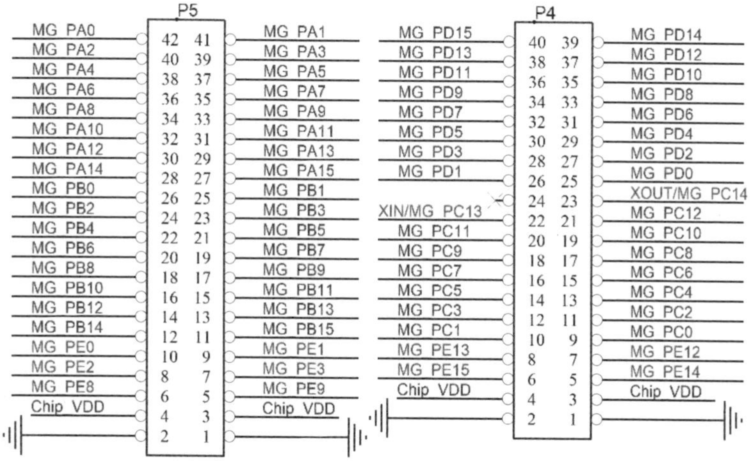

圖 1-32　擴充接腳

5. USB 電路：提供 MG32F02U128 使用，如下圖所示：

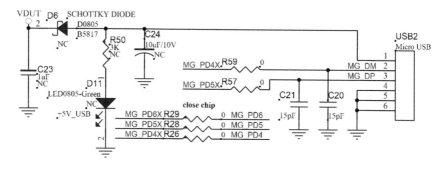

圖 1-33　USB 電路

## 1-3.5　TH222A 實驗板

　　TH222A 實習板配合 TH223A 主控板可以很彈性的應用於各種不同實驗單元，如下圖(a)(b)所示：

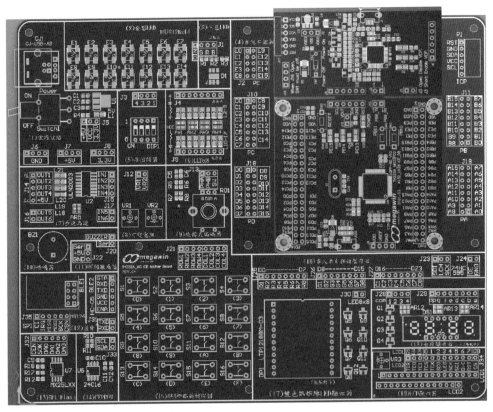

圖 1-34(a)　TH222A 實習板與 TH223A 主控板結合外型

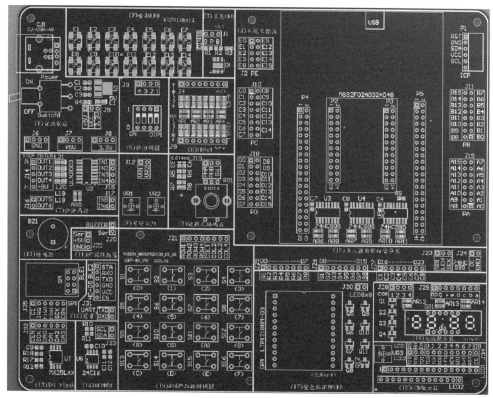

圖 1-34(b) TH222A 實習板外型

1. 電源電源，如下圖所示：

(1) 由電腦的 USB 埠 CJ1 提供 5V 電源，經電源開關(Switch1)成為+5V 令 L1(5V)亮。

(2) 再經穩壓電路(U1)成為 3.3V，並配合主控板在 J5 切換工作電源 VCC 為 5V 或 3.3V。

(3) 在接線端子可輸出各種電源：J6(GND)、J7(+5V)及 J8(+3.3V)。

## (1)電源電路

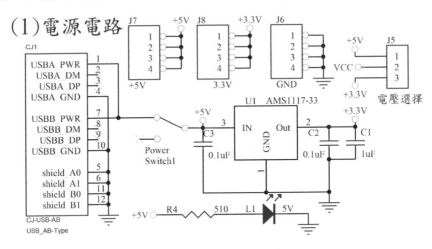

圖 1-35 直流電源電路

2. 系統主控板：可插入 TH223A 主控板或小主控板，如下圖(a)(b)所示：

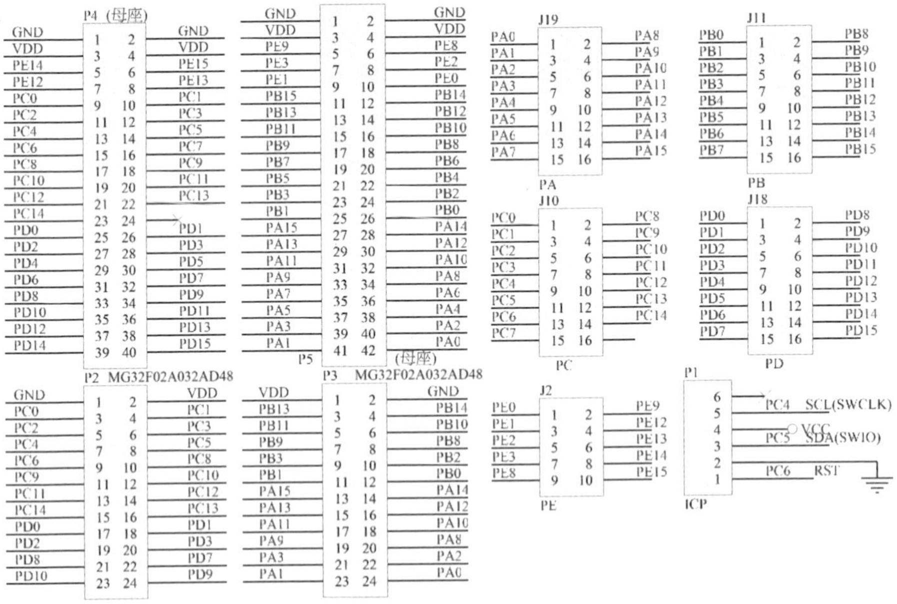

圖 1-36(a) 系統主控板電路

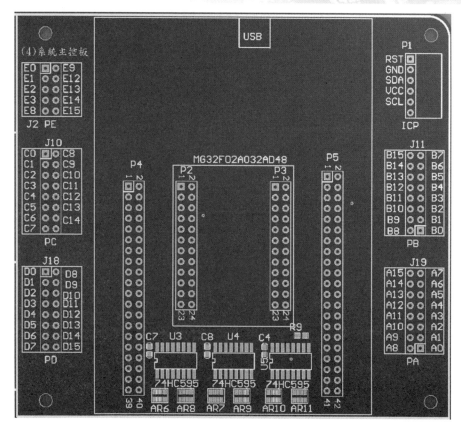

圖 1-36(b) 系統主控板連接外型

3. 藍芽模組實習：有 SPI 界面的 BLE1 及 UART 界面的 BLE2，如下圖：

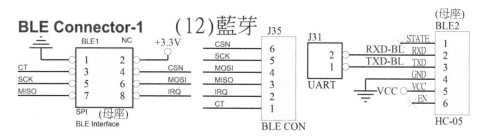

圖 1-37 藍芽模組及可變電阻

4. LEDx8 實習：分為 J4 高態(高電位)亮及 J9 低態(低高電位)亮，如下圖：

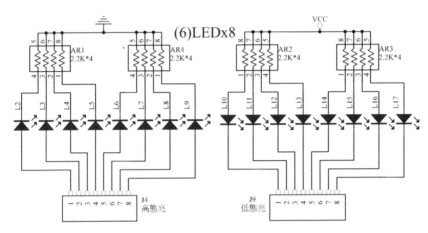

圖 1-38　LEDx8 實習電路

5. 全彩 LED 與三色 LED 電路：如下圖所示：

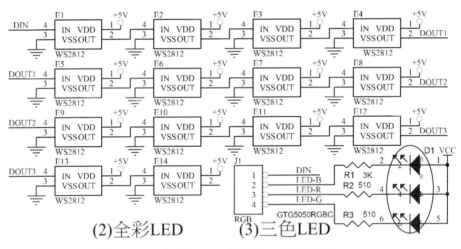

圖 1-39　全彩 LED 與三色 LED 電路

(1)全彩 LED：使用 14 個串列式 WS2812B 在 J1(DIN)輸入串列資料，可控制全彩 LED 顯示不同的色彩。

(2)三色 LED 電路：RGB1 為共陽極的三色 LED，在 J1(R、G、B)輸入

低電位，會令三色 LED 亮。

6. 指撥開關、可變電阻與旋轉編碼器實習：如下圖所示：

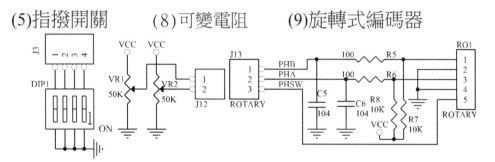

圖 1-40　指撥開關、可變電阻與旋轉編碼器電路

7. RC 伺服馬達、蜂鳴器及步進馬達實習：如下圖所示：

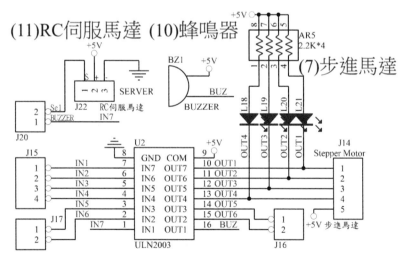

圖 1-41　RC 伺服馬達實習外型

(1) RC 伺服馬達：由 J20(Se1)控制 J22 的 RC 伺服馬達(SERVER)。

(2) 蜂鳴器：由 J20(BUZZER)輸入頻率，經 UNL2003 驅動，令外激式蜂鳴器(BZ1)發出聲音。

(3) 步進馬達：由 J15(IN1~4)經 UNL2003 驅動 J14 步進馬達，並在 LED(OUT1~4)顯示動作。

8. 七段顯示器實習：為共陽極七段顯示器由 J29 低電位輸入七段數碼資料及由 J28 低電位掃瞄數字，如下圖所示：

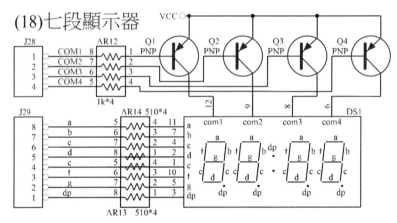

圖 1-42　七段顯示器電路

9. 串入並出移位暫存器電路：如下圖所示：

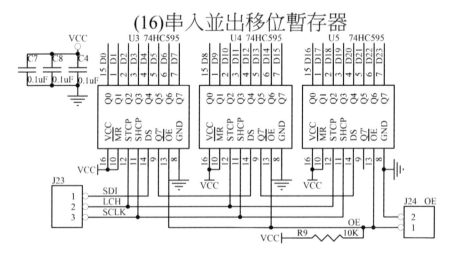

圖 1-43　串入並出移位暫存器電路

10. 雙色點矩陣 LED 電路：如下圖所示：

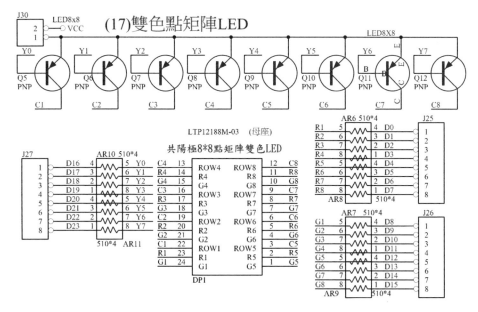

圖 1-44　雙色點矩陣 LED 電路

11. 4*4 掃瞄按鍵開關：如下圖所示：

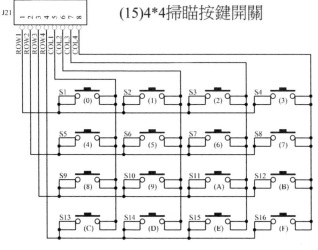

圖 1-45　4*4 掃瞄按鍵開關電路

12. LCD 顯示器：有 16*2 文字型 LCD1 及 SPI 界面繪圖型 LCD2，如下圖：

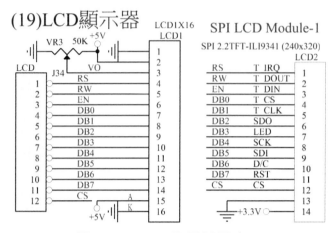

圖 1-46　LCD 顯示器電路

13. Flash 與 EEPROM 電路：SPI Flash 及 I²C EEPROM，如下圖(a)(b)所示：

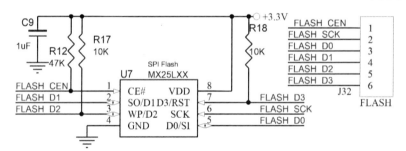

圖 1-47(a)　SPI 界面 Flash 電路

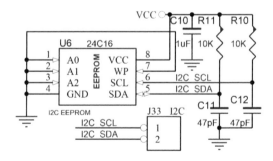

圖 1-47(b)　I²C 界面 EEPROM 電路

## 1-3.6 MG32F02A LCD Demo 板

MG32F02A LCD Demo 板內含有許多實習單元，其外型如下圖(a)(b)所示：

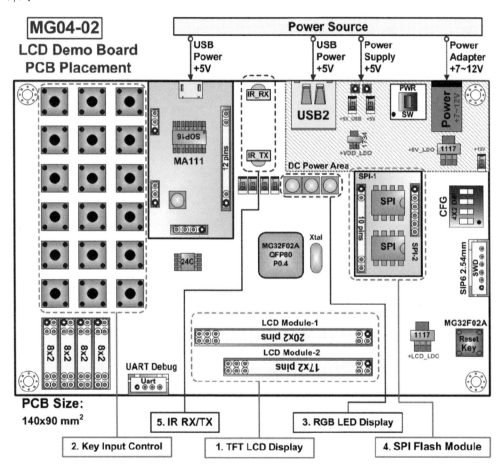

圖 1-48(a) MG32F02A LCD Demo 板外型

圖 1-48(b)　MG32F02A LCD Demo 板實體外型

1. 電源電路：可由整流器(Adapter)、外部電源(Power Supply)及 USB 提供
   電源，如下圖(a)(b)所示：

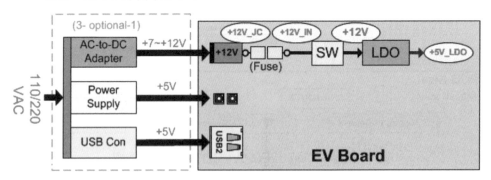

圖 1-49(a)　電源電路結構圖

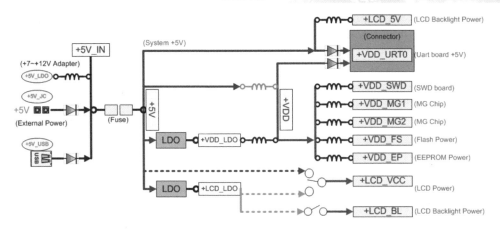

圖 1-49(b) 電源電路整體結構圖

(1) 整流器(Adapter)電源電路：可輸入 7~12V 經 UP2(AP1117-ADJ)穩壓後為 5V，如下圖所示：

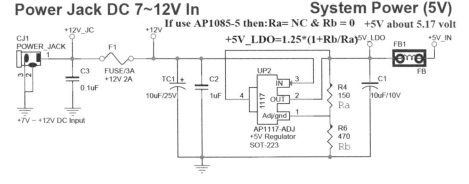

圖 1-50 整流器電源電路

(2) 外部電源(Power Super)電路：如下圖所示：

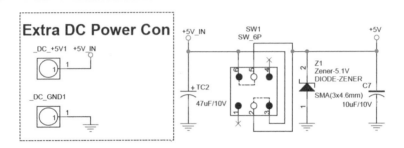

圖 1-51 外部電源電路

(3) USB 埠電源電路：如下圖所示：

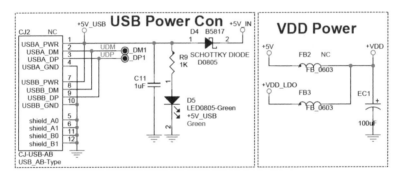

圖 1-52 USB 埠電源電路

2. MCU 電路：如下圖(a)(b)所示：

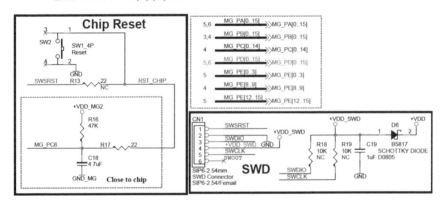

圖 1-53(a) MCU 電路

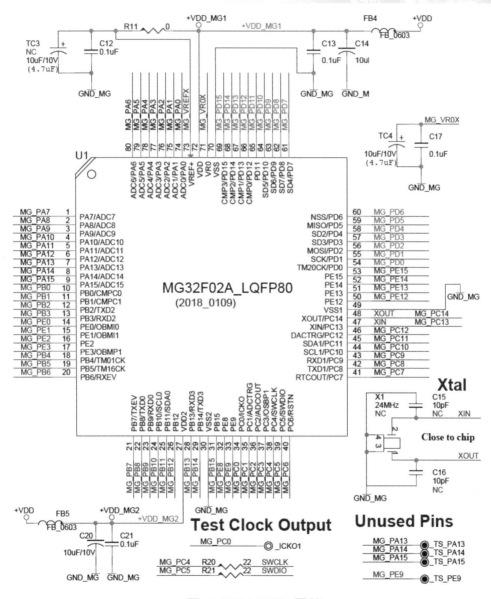

圖 1-53(b) MCU 電路

3. USB 端子及 USB LED 電路：如下圖所示：

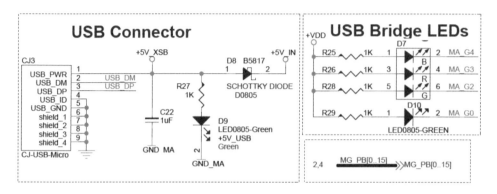

圖 1-54　USB 端子及 USB LED 電路

4. USB 轉 UART 電路：如下圖所示：

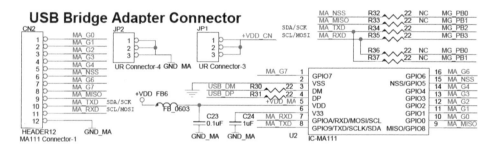

圖 1-55　USB 轉 UART 電路

5. SW 及 DIP SW 電路：如下圖所示：

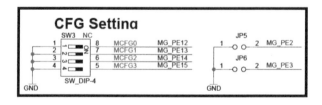

圖 1-56　SW 及 DIP SW 電路

6. LED 及 RGB LED 電路：如下圖所示：

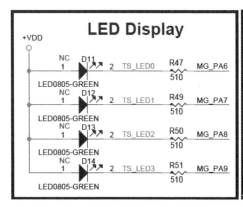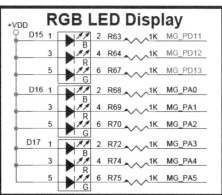

圖 1-57　LED 及 RGB LED 電路

7. SPI 電路：如下圖所示：

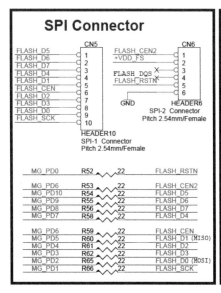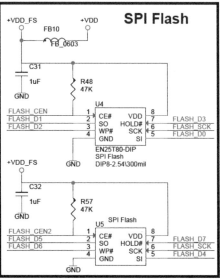

圖 1-58　SPI 電路

8. UART 端子電路：如下圖所示：

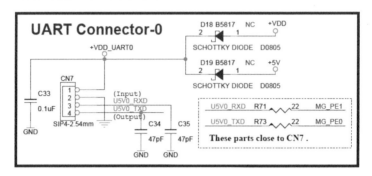

圖 1-59　UART 端子電路

9. EEPROM 電路：由 PB0(I2C1_SCL)及 PB1(I2C1_SDA)控制，如下圖：

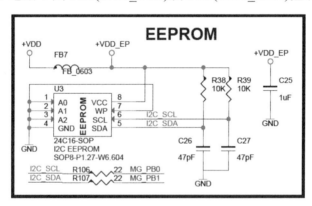

圖 1-60　EEPROM 電路

10. LCD 電路：如下圖(a)~(c)所示：

## LCD IF

| MG_PB7 | R40 | 22 | LCD CS |
| MG_PC7 | R41 | 22 | LCD RS |
| MG_PB6 | R42 | 22 | LCD WR |
| MG_PB5 | R43 | 22 | LCD RD |
| MG_PB4 | R44 | 22 | LCD RSTN |

**Place RP9~12 on Bottom Side**
Swap MG_xx and LCD_DBxx Lsb/Msb nets
if place on Top Side

| | RP1 | | |
| MG_PC12 | 1 | 8 | LCD_DB15 |
| MG_PC11 | 2 | 7 | LCD_DB14 |
| MG_PC10 | 3 | 6 | LCD_DB13 |
| MG_PC9 | 4 | 5 | LCD_DB12 |
| MG_PC8 | 1 | 8 | LCD_DB11 |
| MG_PC3 | 2 | 7 | LCD_DB10 |
| MG_PC2 | 3 | 6 | LCD_DB9 |
| MG_PC1 | 4 | 5 | LCD_DB8 |
| | RP2 | | |

| | RP3 | | |
| MG_PB15 | 1 | 8 | LCD_DB7 |
| MG_PB14 | 2 | 7 | LCD_DB6 |
| MG_PB13 | 3 | 6 | LCD_DB5 |
| MG_PB12 | 4 | 5 | LCD_DB4 |
| MG_PB11 | 1 | 8 | LCD_DB3 |
| MG_PB10 | 2 | 7 | LCD_DB2 |
| MG_PB9 | 3 | 6 | LCD_DB1 |
| MG_PB8 | 4 | 5 | LCD_DB0 |
| | RP4 | | |

圖 1-61(a)　LCD 電路-IF

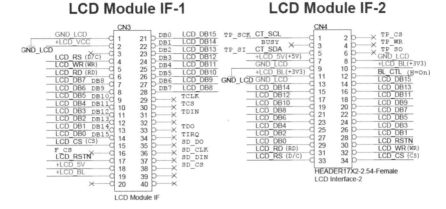

圖 1-61(b)　LCD 電路-端子

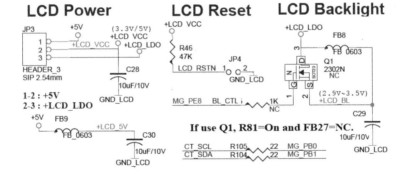

圖 1-61(c)　LCD 電路-電源及背光

11. 紅外線接收與發射電路：如下圖所示：

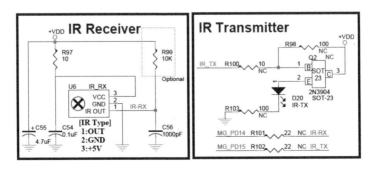

圖 1-62　紅外線接收與發射電路

12. 按鍵輸入電路：如下圖所示：

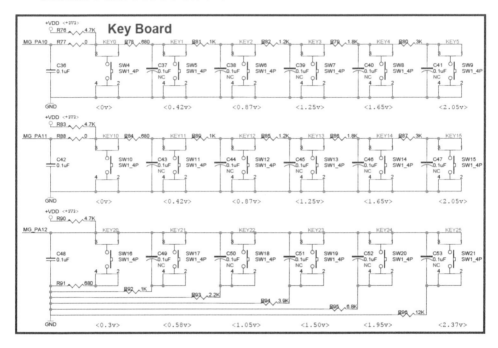

圖 1-63 按鍵輸入

13. 備用接頭：如下圖所示：

圖 1-64 備用接頭

# Keil 與工具實習

## 本章單元

- C 語言與 Keil 基礎操作
- 專案程式介紹
- Build 與 Debug 模式進階操作
- 軟體包(Pack)管理與範例專案操作
- OCD32_MLink 離線燒錄操作
- 線上應用燒錄(IAP)與選項位元組(OB)
  實習

Keil 公司的 μVision5(MDK)是整合性(IDE)的軟體可用於 C 語言及組合語言，它將專案(project)的管理、原始程式的撰寫、編(組)譯、偵錯(Debug)及模擬均整合在一起，且內含許多 ARM 的系統及週邊設備環境設定及模擬。

專案(project)以樹狀方式來管理，使得操作變得更簡易、更有效率。由上而下分為五層有：專案(Project)→目標模組(Target Model)→程式群組(Source Group)→程式檔案(File)→包括檔(include)。

Keil 的 μVision5 內含有 Build(建立)及 Debug(偵錯)兩種操作模式，如下：

◎ Build(建立)操作模式：負責程式的撰寫、編(組)譯及專案(project)的管理，再將程式編譯(compiling)及連結(linking)後，會產生可執行檔。即可將執行檔送到偵錯器(Debug)。

◎ Debug(偵錯)操作模式：它是軟/硬體偵錯器，負責程式的模擬器及偵錯。

Keil 主要特點如下：

◎符合 ANSI C 標準，所產生程式碼容量小，因此執行速度較快。

◎ 提供標準的 C 語言資料型態，包括 1-bit、8-bit、16-bit、32-bit 整數及 32-bit 的浮點數型態。

◎ 提供直接採用 C 語言編寫的 ARM 的中斷服務函數。

◎ 具有核心及週邊設備的軟硬體模擬器功能。

◎ 對長整型數及浮點型運算有較佳的效率。

◎ 具有多種功能的函數庫，其中大多數為可再進入函數。

◎ 可接受 Megawin、Holtek、STM 及 NXP 等各家公司的 ARM 核心相容晶片。

# 2-1 Keil 基礎操作

Keil 的 μVision5 有 MCS-51(c51v9xx)及 ARM(mdk5xx)版本，本書僅使用 ARM 版本，可撰寫 ARM 的 C 語言及組合語言程式。它的親和性很高，非常容易上手。本章節僅介紹一般常用的操作，詳細內容請看原廠手冊。

## 2-1.1 如何進入 Keil 軟體

1. 本書備有軟體(TOOL 及 MG32F02U128.rar)請安裝：

   (1) 資料夾\TOOL 內備有 Keil 的 μVision5 評估版軟體(mdk5xx.exe)，除了限制容量為 32K-byte 外，其餘功能和正式版大致相同，請安裝在預定資料夾 C:\KEIL_v5 內。安裝完畢後會在桌面上會顯示▨。也可以向 Keil 原廠下載最新版本的評估版軟體，網址為：https://www.keil.com

   (2) 本書範例程式(MG32F02U128.rar)，請解壓縮到硬碟(如 D:\)之下，會產生各章節範例程式(如 D:\MG32G02U128\CH02~CH10)。主要資料夾如下：

   ```
   C:\KEIL_v5 <DIR>          (Keil 公司軟體)
     ├─UV4 <DIR>             (μVision5 整合軟體環境(IDE))
     └─ARM <DIR>             (ARM 相關的程式)
           ├──ARMCC<DIR> (編譯器及組譯器 *.EXE)
           ├──BIN<DIR>      (動態連結檔 *.DLL)
           └──PACK <DIR>    (各家 ARM 晶片的軟體包)
   D:\MG32F02U128<DIR> (本書範例程式)
     ├─<DIR>CH02~CH10   (各章節範例程式)
     └─config.h              (MG32x02z 的組態設定檔)
   ```

(3) 另外在資料夾(..\TOOL\OCD32_MLink_v0.79.6.0\Setup_forKeil\)內含有 OCD32_MLin 的驅動程式,請先執行 SetupOCD_forKeil_wICP32.exe。 並指定安裝在 C:\KEIL_v5 內,同時安裝軟體包,如下圖(a)(b)所示:

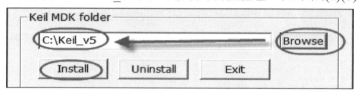

圖 2-1(a)　OCD32_MLin 的驅動程式安裝

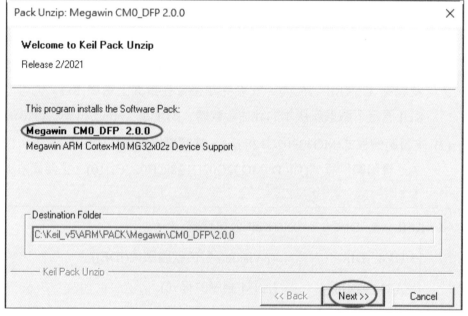

圖 2-1(b)　安裝軟體包

2. 在 TH223A 主控板內含 MLink (連結器)界面提供程式的燒錄及偵錯功能, 電路板工作電壓在 J2 的 VDD 可選擇為 VDD5(5V)或 VDD3(3.3V) 如下圖 (a)所示。同時若將 J3 短路可致能 VCP(虛擬 COM 埠),可在裝置管理員觀 察虛擬 COM 埠如下圖(b)所示:

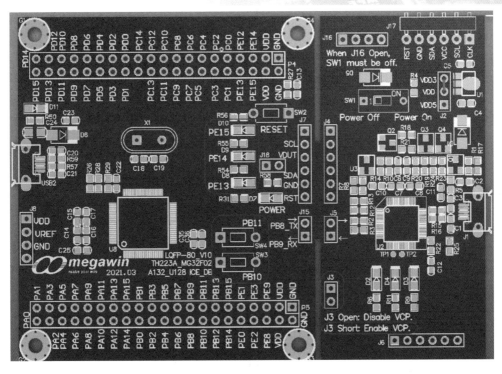

圖 2-2(a)　　TH223A 主控板(預定 VDD=3.3V)

圖 2-2(b)　　在裝置管理員顯示虛擬 COM 埠

　　或者在單獨將 OCD32_MLink 插入主控板 TH186A，它內含 MLink (連結器)界面提供程式的燒錄及偵錯功能，如下圖所示：

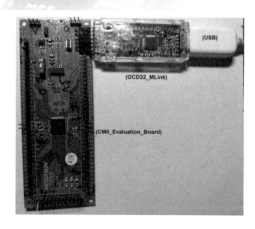

圖 2-2(c)　　OCD32_MLink 與 CM0 評估板-TH186A(預定 VDD=5V)

3. Keil 的畫面分為 Build(建立)及 Debug(偵錯)環境，操作步驟如下圖所示：

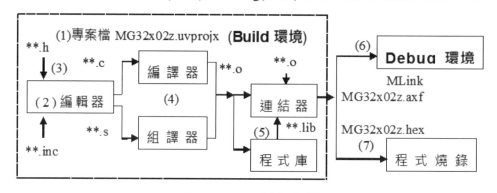

圖 2-3　Keil 操作步驟

(1) 在 Keil 的 Build 模式以專案(project)方式來管理，其附檔名為 **.uvprojx(如 MG32x02z.uvprojx)。只要對檔案 MG32x02z.uvprojx 點兩下，會立即進入 Keil 的 Build 模式。

(2) 將組合組言(**.s)或 C++語言程式(**.c)在編輯器撰寫程式。

(3) 撰寫程式中必須包括(include)各種定義檔，如 C 語言的定義檔(**.h)或組合語言的定義檔(**.inc)，如此可令程式較為人性化。

(4) C 語言程式(**.c)經編譯器(armcc.exe)或組合組言程式(**.s)經組譯器

(armasm.exe)後，會產生列表檔(\*\*.lst)及目的檔(\*\*.o)。

(5) 也可以將常用的函數式或副程式集中在一起編譯，經由程式庫產生器 (armar.exe)產生程式庫檔(\*\*.lib)。

(6) 目的檔(\*\*.o)會送到由連結器(armlink.exe)和其他(\*\*.o)或(\*.lib)連結(link) 後，產生專案的執行檔(如 MG32x02z.axf)，可送到硬體連結器(MLink) 來燒錄晶片的 flash ROM 及進行偵錯(Debug)，即可進行硬體電路工作。

(7) 也可設定經轉換程式(fromelf.exe)產生 16 進制檔(如 MG32x02z.hex)可用 於其他燒器工具來燒錄晶片的 flash ROM，但本書均不用此方式。

## 2-1.2 Keil 基本操作

首次在桌面按 會進入 Keil，出現 Build 環境畫面，如下圖所示：

圖 2-4　Build 環境畫面

1. 安裝 MCU 軟體包(Pack)：首次安裝軟體會自動向網路下載軟體包(Pack)， 請關閉網路下載，如下圖所示：

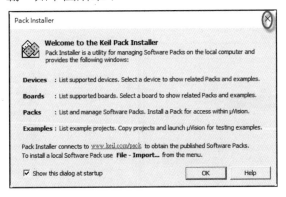

圖 2-5(a)　關閉網路下載軟體包(Pack)

(1) 也可點選▣(Pack Installer)以離線(off line)方式載入(Import)，在資料夾內(..\TOOL\OCD32_MLink_v0.xx.x.x\Setup_forKeil)以離線(off line)方式載入(Import)軟體包檔案(如：Megawin.CM0_DFP.2.0.0.pack)，如下圖：

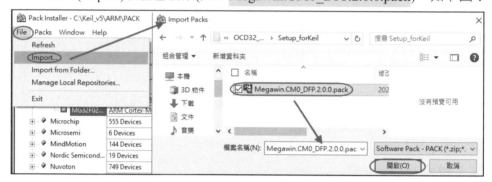

圖 2-5(b) 載入(Import)軟體包(pack)檔案

(2) 選擇型號(MG32x Serial)按 Install 開始安裝 Pack(軟體包)，如下圖：

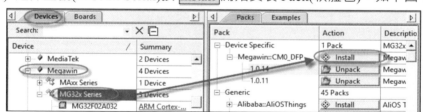

圖 2-6 安裝 MG32x 系列 Pack(軟體包)

(3) 安裝 Pack(軟體包)完畢，如下圖所示：

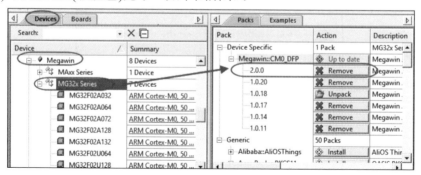

圖 2-7 安裝 Pack(軟體包)完畢

2. 開啟專案檔：..\CH2_KEIL\1_DEMO\MG32x02z.uvprojx，如下圖所示：

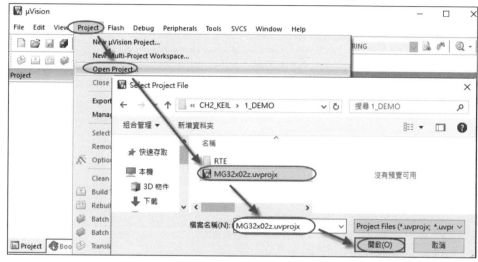

圖 2-8　進入 Keil 開啟專案檔

　　或者進入資料夾點選專案檔(MG32x02z.uvprojx)即可開啟，其中組態定義檔(config.h)提供給主程式(main.c)使用。如下圖所示：

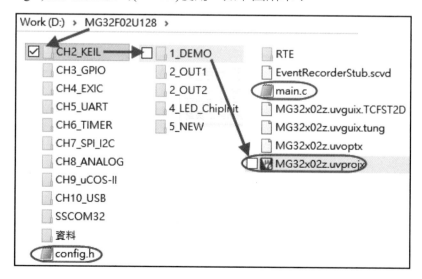

圖 2-9　進入資料夾點選專案檔

3.  顯示程式：專案(Project)視窗內會顯示所有程式及使用者程式(main.c)，左鍵點選主程式(main.c)，如下圖所示：

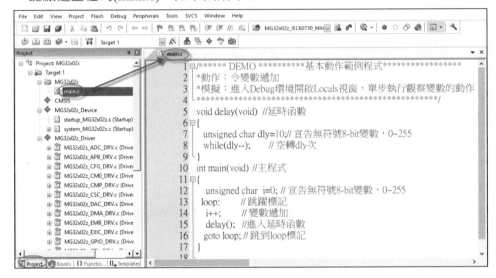

圖 2-10　顯示主程式

4.  此時必須在工具列上開啟編輯器設定，按■(Configuration)→Editor，可設定編輯器的內碼為 BIG5 碼，如此移動鍵盤左右(←，→)鍵時不會將中文字體切成一半，如下圖所示：

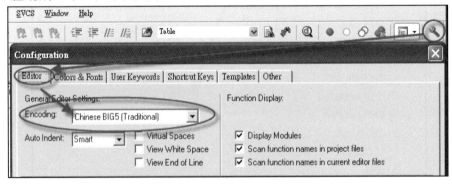

圖 2-11　開啟編輯器的設定

再選擇 Colors & Fonts→C/CPP Editor Files→Text 設定 C 語言編輯器內各

項文字的顏色及字體，如下圖所示：

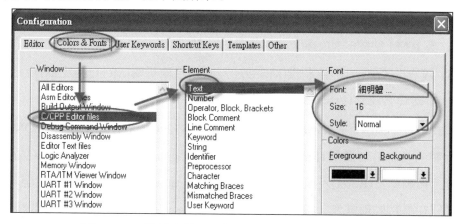

圖 2-12　修改編輯器內各項文字的顏色及字體

5. 程式的編譯及連結：按 ▣(Translate)僅編譯程式，按 ▣(Build)編譯有修改的
   檔案及連結，按 ▣(Rebuild all target files)會重新編譯所有檔案及連結。完畢
   後結果會顯示在輸出(Build Output)視窗內，如下圖所示：

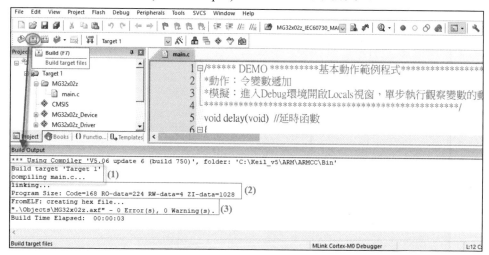

圖 2-13　程式的編譯及連結

(1) 首先執行 build target 'Target1'，組譯(assembling)及編譯(compiling)程
    式。

(2) 然後進行連結(linking)，在程式容量(Program Size:)，顯示使用程式碼
(Code)、ROM 常數資料 (ROM-data)、RAM 變數資料(RW-data)及使用堆
疊 RAM 空間的初始資料(ZI-data)byte 數

(3) 建立(creating)16 進制檔(MG32x02z.hex)及執行檔(MG32x02z.axf)，並顯
示是否有錯誤(Error)及警告(Warning)行數。

6. 程式燒錄：按圖(Download)會下載執行檔(MG32x02z.axf)，將 flash ROM 進
行載入(Load)、清除(Erase)ROM、燒錄(Programming)程式及校驗(Verify)
後，自動重置(Reset)及執行程式(Application running)，如下圖所示。但本程
式只在晶片內部運作，沒有輸出入在電路板，只能在 Debug 環境來觀察。

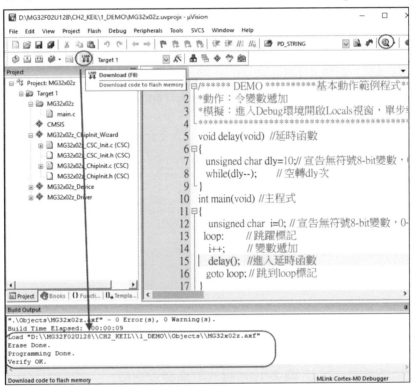

圖 2-14 燒錄程式

7. 進入 Debug(偵錯)環境：或者按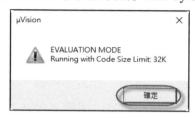(Start/Stop Debug Session)會進入 Debug 環境，同時顯示評估版軟體程式碼限制執行 32K-byte，如下圖所示：

圖 2-15　顯示評估版軟體限制

8. 按 確定 後進入 Debug(偵錯)環境，顯示畫面如下圖所示：

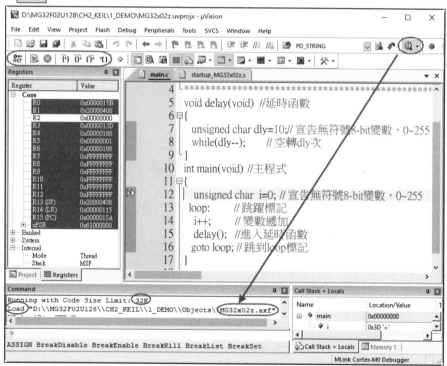

圖 2-16　進入 Debug(偵錯)環境

在底下會變成 Debug 的命令(Command)視窗，顯示程式碼限制(Limit)僅能載入 32K-byte 及執行載入(Load)執行檔(MG32x02z.axf)來進行模擬。

9. 在建立工具列(Build Toolbar)操作如下:

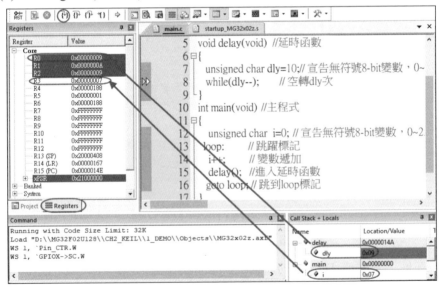

(1) 按■(Reset)會執行重置程式，若要單步執行請勿使用。

(2) 按■(Run)或 F5 快速執行程式，但不能即時觀察變數的動作，必須按
   ■(Halt)停止執行後，才會顯示變數的內容。

(3) 按■(Step into)或 F11 單步執行，遇到函數時會進入單步執行。

(4) 按■(Step over)或 F10 單步執行，但遇到函數時會快速執行。

(5) 按■(Step out)或 ctrl+ F11 在函數式(副程式)內快速的退出。

(6) 按■(Run to Cursor line)或 ctrl+ F10 快速執行到游標所指的地方。

10. 進入 Debug 環境會立即跳到 main()，此時可按■(Step into)進行單步執行。

(1) 區域(Locals)視窗：執行程式時，會自動在 Locals 視窗顯示區域變數(dly
   及 i)的內容。

(2) 在 Register(暫存器)視窗內會顯示各種訊息，如下圖所示：

圖 2-17　Register(暫存器)視窗工作

(a) 程式執行時,其中變數 dly 使用暫存器 R0 及變數 i 使用暫存器 R3,同時執行過程也會連帶影響 R1 及 R2 的內容。

(b) 在程式計數器 R15(PC)會顯示正在執行的記憶體位址。

11. 若再按🔍(Start/Stop Debug Session),會再回到 Build(建立)環境。同時 Debug(偵錯)環境的設定都會被儲存起來,下次進入 Debug 時會再重現。

## 2-2 專案程式

專案內有幾個常用的檔案,這些檔案除了主程式(main.c)外,其餘不須更改,如下圖所示:

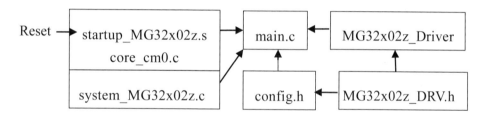

圖 2-18　專案程式

## 2-3.1　專案程式執行

1. 程式執行的順序如下表所示:

(1) 重置時,會執行開機啟動程式(startup_MG32x02z.s),進行一連串的重置工作,包括:異常中斷向量定義、堆疊初始化及記憶體管理,才進入主程式 main()。同時在系統程式(system_MG32x02z.c)進行系統初始化(System_Init),設定系統核心的工作頻率。

(2) 在主程式一開始可能會先進入 ChipInit()執行晶片初始化,用於配置系統時脈及周邊設備接腳。

(3) 延時動作 "Delay_ms(500) "，這個函數在組態設定檔 config.h 內，因為 config.h 是文字檔，所以進入此函數內單步執行時，將看不到 C 語言指令的動作。

(4) 然後在主程式內重覆執行，其中程式 "LED3=0 "在 config.h 內定義為接腳 PE15，而指令 PE15 則在驅動程式(MG32x02z_GPIO_DRV.c)內定義，執行完回主程式。

表 2-1　專案程式執行過程

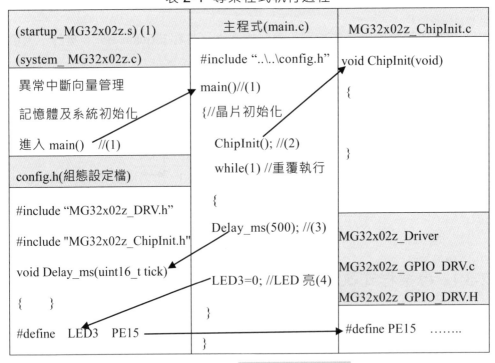

2. 開啟專案檔(..\CH2_KEIL\2_OUT1\MG32x02z.uvprojx)。

3. 編譯及連結：按◪(Build)編譯程式及連結，產生執行檔(MG32x02z.axf)。

4. 程式燒錄：按◪(Download)會下載執行檔(MG32x02z.axf)、清除及燒錄程式。然後自動硬體重置(Reset)，立即開始執行程式，此時電路板上的

LED3(PE15)會不停的閃爍。如下圖所示：

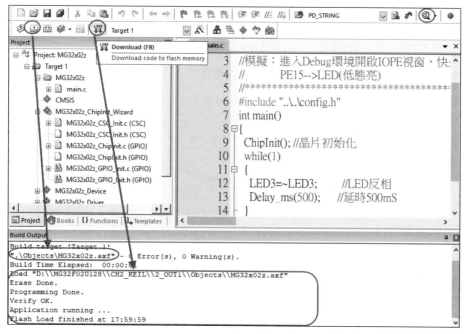

圖 2-19　編譯與燒錄 OUT1 專案程式

5. 按█進入 Debug 環境，開啟 IOPE 的 OUT 視窗。如下圖所示：

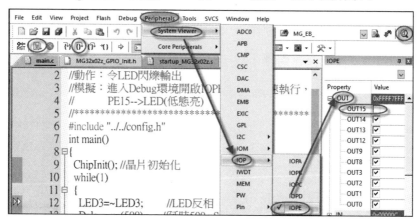

圖 2-20　開啟 IOPE 的 OUT 視窗

6. 再按■(Run)快速執行程式或按■(Step over)單步執行程式，此時可看到
   OUT 視窗的 OUT15 與電路板上的 LED 同步動作。

7. 中斷點(Breakpoint)設定：在程式中(第 12 行)點左鍵或用■設定中斷點，當
   按■(Run)快速執行程式到中斷點時會暫停，可觀察中斷點後執行的結果，
   如下圖所示。在程式中(第 12 行)點左鍵會取消中斷。

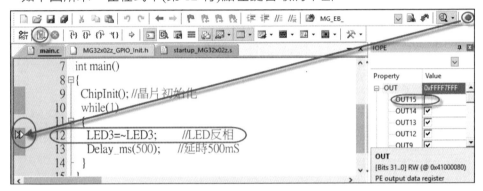

圖 2-21　中斷點(Breakpoint)設定

(1) 在指令行(12 行)左鍵快點一下可插入或刪除中斷點，或按■插入/刪除及
    ■清除所有中斷點。

(2) 若要保留中斷點但須暫停或啟動其動作，可選擇■致能/禁能中斷點動
    作或■禁能所有中斷點動作。

(3) 按■執行到中斷點會暫停。

## 2-2.2　專案程式介紹

專案程式除了主程式(main.c)外，還包括許多程式及各項定義檔(***.h)。

1. 在專案(Project)視窗內含程式，如下圖所示：

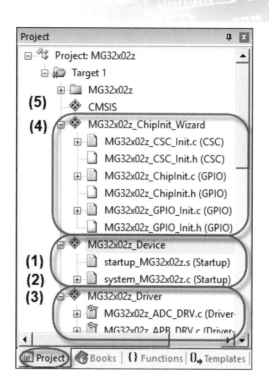

圖 2-22　專案視窗檔案

(1) 開機啟動檔(startup_MG32x02z.s)：它是由組合語言所撰寫，內含重置
工作，包括：異常中斷向量定義、堆疊記憶體初始化及執行系統初始
化(SystemInit)，才進入 C 語言的主程式(main())。第四章會有詳細介
紹。

(2) 系統檔(system_MG32x02z.c)：內含系統初始化(SystemInit)用於開機時
規劃系統核心的工作時脈來源，預定系統時脈使用內部高頻RC振盪器
(IHRCO)頻率為 12MHz，主要內容如下：

```
#define    __IHRCO    (12000000UL)    //內部高頻 RC 振盪頻率為 12MHz
#define    __XTAL     (12000000UL)    //外部石英晶體頻率為 12MHz
```

```
#define  __SYS_OSC_CLK ( __IHRCO) //預定主時脈為內部高頻 RC 振盪

#define  __SYSTEM_CLOCK (__IHRCO) //預定系統時脈為內部高頻 RC 振盪


uint32_t SystemCoreClock = __SYSTEM_CLOCK; //設定系統核心時脈來源

void SystemInit (void)    //系統初始化

{

   SystemCoreClock = __SYSTEM_CLOCK; //設定系統核心時脈來源

}
```

(3) 公用驅動程式(MG32x02z_Driver)：內含許多由 C 語言所撰寫的周邊設備驅動程式，提供 ARM 的底層硬體操作，在此不做介紹。

(4) 晶片初始化精靈(ChipInit_Wizard)：內含周邊設備及接腳設定，提供 ARM 的底層硬體操作，在此不做介紹。

(5) CMSIS：是 Cortex 微控制器軟體界面標準(CMSIS: Cortex Microcontroller Software Interface Standard)，它內含暫存器定義檔 (MG32x02z_xxx_DRV.h)用於定義硬體控制暫存器，使用結構化語法以相對定址方式，來定義內部所有暫存器名稱及位址。在此不做介紹。

2. 組態設定檔(config.h)：內含常用的常數、函數、軟硬體設定，提供主程式使用，可減少主程式的負擔，主要內容如下：

(1) 加入(include)各項定義檔、定義變數及函數宣告。

```
#include "MG32x02z_DRV.H"    //宣告所有周邊設備的驅動程式
```

```
#include "MG32x02z_ChipInit.h" //晶片初始化

#include <stdio.h>

#define   URTX   URT0   //預定使用 UART0


typedef uint8_t u8; //重新定義變數

typedef uint16_t u16;

typedef uint32_t u32;

typedef uint64_t u64;


void ChipInit(void);   //宣告晶片初始化函數

void Delay_ms(int dly);   //宣告自定延時函數


void LED(uint16_t x);//LED 由 PE13~15 輸出

void LED(uint16_t x) //LED 輸出函數

{      (省略)      }

}
```

(2) 控制電路接腳名稱。

```
#define   KEY1   PB10   //設定主控板 KEY1(SW3)接腳

#define   KEY2   PB11   //設定主控板 KEY2(SW4)接腳
```

```
#define   Buzzer   PD7    //蜂鳴器接腳


#if !defined(MG32F02A032)      //若不是 MG32F02A032

    #define LED1        PE13

    #define LED2        PE14

    #define LED3        PE15

 #else                          //若是 MG32F02A032

    #define LED1        PD8

    #define LED2        PD9

    #define LED3        PD10

#endif
```

## 2-2.3  專案設定

1. 裝置(Device)設定：在工具列按▣→ Device 會顯示使用 MCU 說明及型號
   (MG32F02U128)及軟體包(Pack)版本為 Megawin.CM0_DFP.x.x.xx，如下圖
   所示：

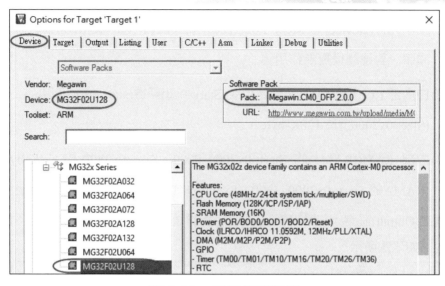

圖 2-23　目標選項設定

2. 目標選項設定：在工具列按▨→Target進行內部硬體設定，如下圖所示：

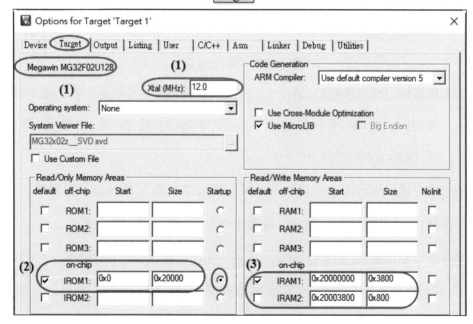

圖 2-24　目標選項設定

(1) 使用元件(Device)為 MG32F02U128，石英晶體(Xtal=12MHz)為軟體模擬頻率，對硬體模擬無作用。

(2) 由內部 ROM(IROM1)的開始位址(Start=0x0)開機(startup)，容量 (Size=0x20000)為 128K-byte。

(3) 內部 RAM(IRAM1)的 Start=0x2000_0000、Size=0x3800 為 14K-byte。IRAM2 的 Start=0x2000_3800、Size=0x800 為 2K-byte 提供 DMA 使用。

3. 輸出(Output)設定：按▧→Output 設定編譯後所產生輸出動作，一般不用修改，如下圖所示：

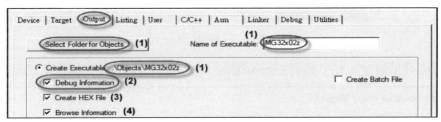

圖 2-25　輸出設定

(1) 預定輸出檔案(MG32x02z.*)，按 Select Folder Objects 可修改編譯後所產生各種檔案(MG32x02z.*)所存放的資料夾，預定存放在.\Objects\MG32x02z.*。

(2) 建立偵錯資訊(Debug information)，如此才能進入 Debug(偵錯環境)。

(3) 建立 16 進制檔(Hex File)，會產生***.hex 檔可燒錄晶片的 Flash。

(4) 建立瀏覽資訊(Browse information)，如此才有快速尋找的功能。

4. C 程式編譯設定：按▧→C/C++ 設定編譯器的動作，一般不用修改，如下圖所示：

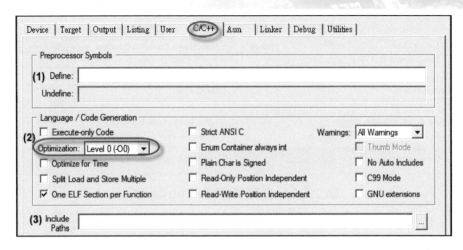

圖 2-26　C 程式編譯設定

(1) 輸入預處理符號(Preprocessor Symbols)，在編譯之前須處理的工作。

(2) 選擇編譯最佳化(Optimization)為 Level:0(-O0)，目前為第 0 層級無最佳化。

(3) 設定包括檔(**.h)的資料夾路徑(Include paths)，如此即可找到所有的包括檔(**.h)。

5. 程式連結設定：按⬛→Linker 設定程式連結器的方式，使用預定的記憶體分配，一般不用修改，如下圖所示：

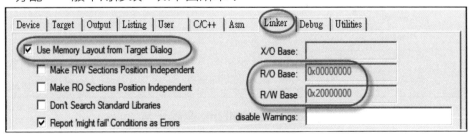

圖 2-27　程式連結設定

6. 模擬偵錯(Debug)設定：按⬛→Debug 設定偵錯環境，如下圖所示：

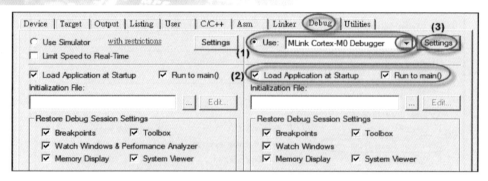

圖 2-28 模擬偵錯(Debug)設定

(1) 選擇硬體模擬器(ICE)驅動程式為：MLink Cortex-M0 Debugger。

(2) 點選載入開機啟動程式(startup)及快速執行到主程式 main()會暫停。

(3) 按 Settings→Debug 選擇顯示串列線界面(SWD)的連結器(MLink)是否連線正常，如下圖所示：

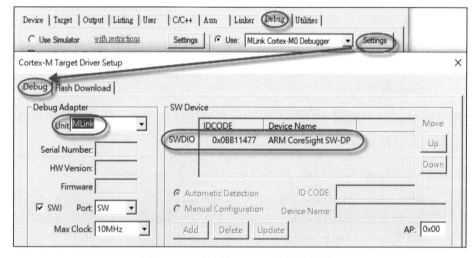

圖 2-29 顯示 MLink 連線正常

(4) 按 Settings→Flash Download 設定加入(Add)晶片的記憶體容量及程式下載燒錄(Download)動作，此時勾選 Reset and Run，如此按▦(Download)

會連續進行程式的燒錄(Program)、校驗(Verify)、重置及立即執行(Reset and Run)。否則必須按電路板上的 Reset 鍵才能執行程式,如下圖所示:

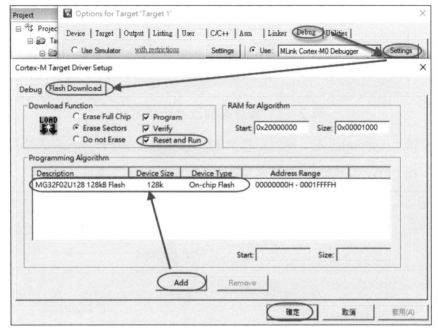

圖 2-30　設定 ROM 下載(Download)

7. 若要建立新的專案,而不改變專案的內部設定,僅修改專案檔名及輸出名稱即可,操作如下:

(1) 複製及修改專案名稱:複製舊專案檔及修改專案檔名(如 LED1234.uvprojx)即可執行。

(2) 舊專案(MG32x02z)與新專案(LED1234)相比較,如下圖所示:

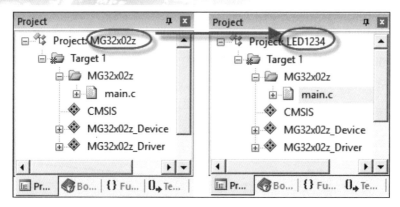

圖 2-31　舊專案檔改為新專案檔

(3) 輸出(Output)設定：執行新專案(LED1234)，按■→ Output 修改新專案

檔(LED1234)輸出的執行名稱改為 LED1234，如下圖所示：

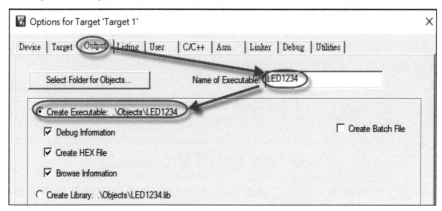

圖 2-32　輸出設定-修改執行檔名稱

(4) 編譯後，由專案產生的所有執行檔，將改為新的檔名(LED1234.*)。

## 2-3 Keil 進階操作

Keil 進階操作分為 Build(建立)進階操作與 Debug(偵錯)進階操作，如下：

### 2-3.1 Build(建立)進階操作

1. 顯示(View)視窗設定：在工具列上選擇 View，可設定顯示或關閉各視窗及工具列，如下圖所示：

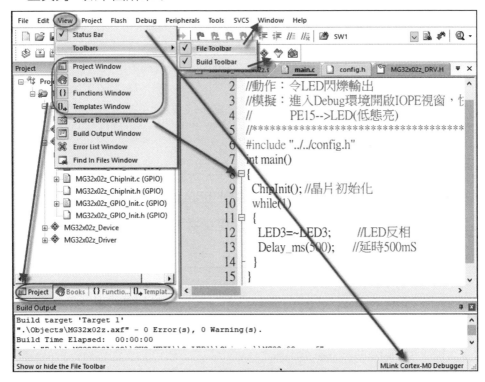

圖 2-33　顯示(View)視窗設定

2. 書籤(Bookmark)設定：它的用途是在撰寫程式時，可在程式中的關鍵處設定若干個書籤(Bookmark)，如此即可快速的尋找程式中書籤的位置，於撰寫大程式時較為方便，如下圖所示：

(1)可在游標處按▣插入/刪除書籤，它可設定多個書籤。

(2)按▣向上尋找書籤或▣向下尋找書籤。

(3)按▣會清除所有書籤。

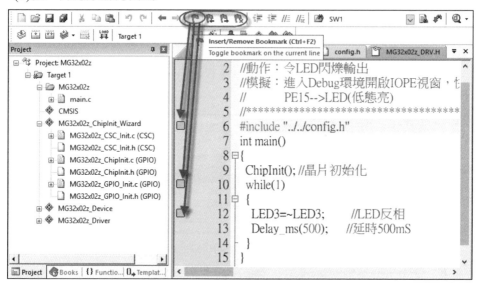

圖 2-34 書籤(Bookmark)設定

3. 快速尋找函數及變數定義：必須設定建立瀏覽資訊(Browse information)如此才有快速尋找功能，如下圖所示：

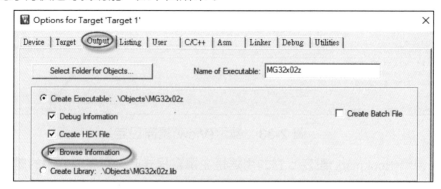

圖 2-35 輸出(Output)設定建立瀏覽資訊

(1) 以尋找 D6 為例，在程式中的 LED3 左鍵點兩下反白，再按右鍵→Go
To Definition Of 'LED3'，游標會立即跳到 configh 內定義 LED3 接腳
為 PE15，如下圖所示：

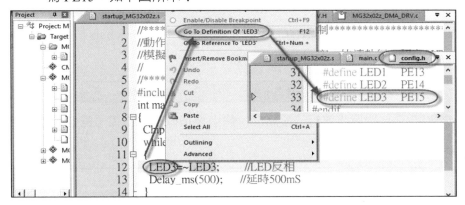

圖 2-36　快速尋找定義 LED3 接腳

(2) 以尋找函數 Delay 為例，在程式中的 Delay_ms 左鍵點兩下反白，再按
右鍵→Go To Definition Of 'Delay_ms'，會跳到檔案 config.h 內的函數
Delay_ms，如下圖所示：

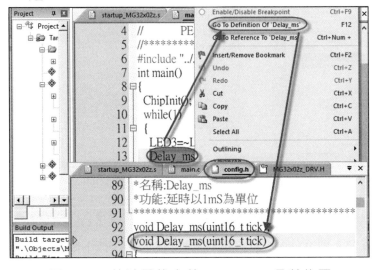

圖 2-37　快速尋找定義 Delay_ms 函數位置

## 2-3.2 Debug(偵錯)進階操作

　　開啟專案檔(…\CH2_KEIL\2_OUT2\MG32x02z.uvprojx)，在 main.c 內增加一個全域變數(i)及區域變數(j)。編譯及連結後，進入 Debug(偵錯)環境。在 Debug(偵錯)環境下各視窗的工作方式如下：

1. 按 (Step over)單步執行一段時間，將遊標指向變數 j 或 i 會立即顯示其內容，如下圖所示：

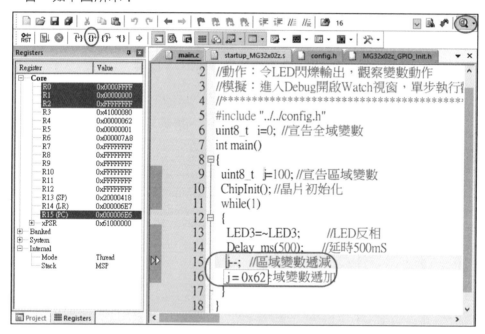

圖 2-38 立即顯示變數 j 內容

2. Watch 視窗：在變數 i 左鍵點兩下反白，再按右鍵→ Add "i" to → Wtach 1，將變數 i 加入到 Watch 1 視窗顯示變數 i 的內容，如下圖所示：

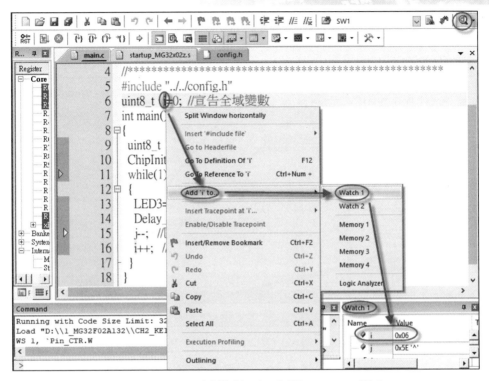

圖 2-39(a)　全域變數 i 加入到 Watch1 視窗

在 Watch 1 視窗內的變數按右鍵可選擇顯示為 16 進制或 10 進制，如下圖所示：

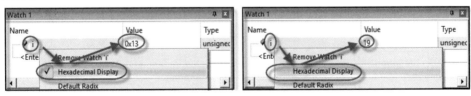

圖 2-39(b)　設定變數顯示為 16 進制或 10 進制

3. 記憶體視窗：按 (Disassembly Window)開啟反組譯視窗，再按 (Memory Window)用於顯示或修改記憶體內的資料，其中僅有 RAM 才允許修改。它有 Memory(1~4)視窗可同時顯示四組記憶體，若在 Memory 1 視窗輸入目前程式計數器 R15(PC)執行的記憶體位址(0x000006E6)，會顯示指定記憶體位址(0x000006E6)的資料(0x1E60)，如下圖所示：

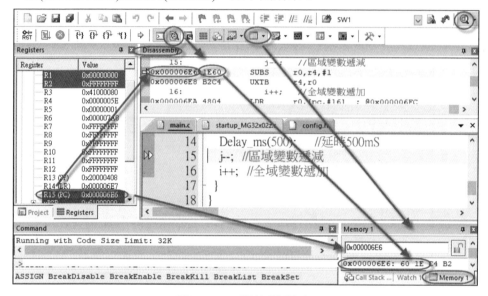

圖 2-40　記憶體視窗

在記憶體(Memory)視窗內按右鍵，可設定資料顯示的格式，如下圖所示：

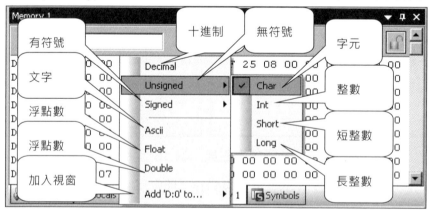

圖 2-41　記憶體視窗顯示格式

## 2-3.3　軟體包(Pack)管理與範例專案操作

軟體包(Pack)管理：操作工具列 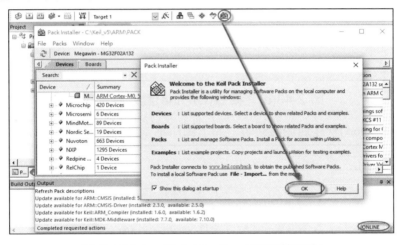 。

1. 安裝軟體包：若要增加新的 ARM 晶片，必須按■(Pack Installer)安裝軟體
   包(Pack)才能進行編譯工作，此時會自動要求網路線上(On line)。下載軟
   體包，如下圖所示：

圖 2-42(a)　線上(On line)下載軟體包

再選擇廠家、晶片型號及安裝軟體包，如下圖所示：

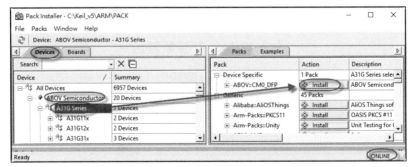

圖 2-42(b)　線上選擇晶片及安裝軟體包

若晶片原廠有提供軟體包檔案，可用離線(Off line)方式載入(Import)軟體包檔案，如下圖所示：

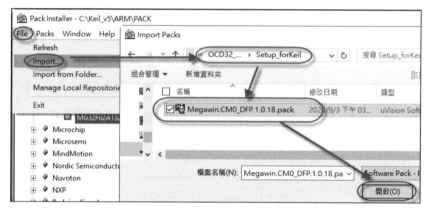

圖 2-43(a)　離線(Off line)載入軟體包

載入(Import)軟體包後再安裝，如下圖所示：

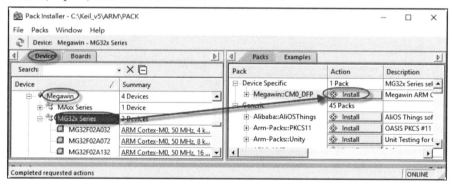

圖 2-43(b)　安裝軟體包

離線(Off line)安裝軟體包完成，如下圖所示：

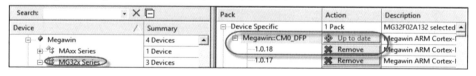

圖 2-43(c) 安裝軟體包完成

2. 選擇軟體包：按⬚(Select Software Packs)選擇軟體包內各項功能的版本，此時可設定最後(latest)、指定(fixer)或排除(excluded)某版本。如下圖：

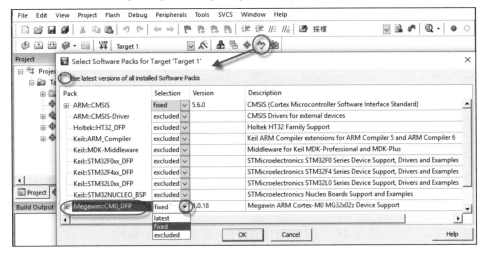

圖 2-44　選擇軟體包的版本

3. 即時環境(RTE: Real-Time Environment)管理：使用者可以管理專案的軟體組件(Components)，在軟體開發過程中隨時可以添加、刪除、禁用或更新軟體組件。按⬚會顯示出現常用的軟體組件，如下圖所示：

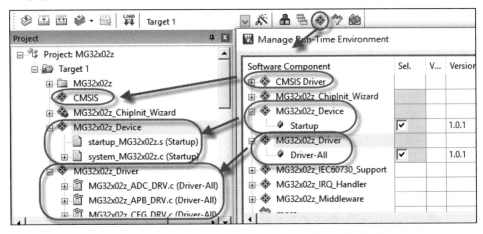

圖 2-45　即時環境(RTE)管理-常用軟體組件

(1) 即時環境(RTE)管理-晶片初始化精靈(ChipInit_Wizard)：若勾選該軟體組件，則會加入初始化程式一起編譯，可減少使用者的負擔。以開啟 GPIO 及 CSC 初始化精靈為例如下圖所示：

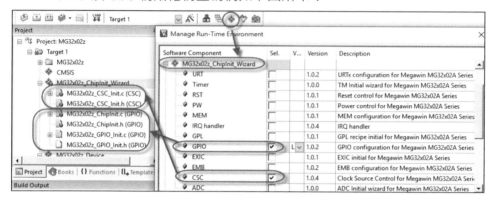

圖 2-46　即時環境(RTE)-晶片初始化精靈

(2) 即時環境(RTE)管理-軔體程式(IEC60730)：若勾選 IEC60730 一起編譯時，開機時會先執行重置(Reset)動作後，再執行軔體程式(IEC60730)進行 MCU 及周邊設備的自我測試，以確保可靠性。如下圖所示：

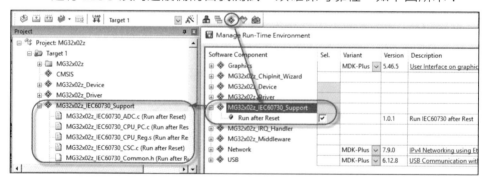

圖 2-47　即時環境(RTE)-軔體程式(IEC60730)

(3) 即時環境(RTE)管理：中斷要求函數式(IRQ_Handler)，若勾選會致能產生 NVIC 中斷要求函數式(IRQ_Handler)。如下圖所示：

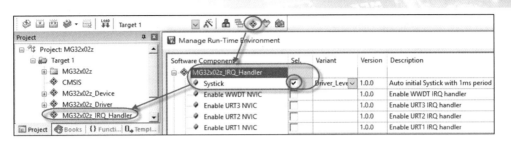

圖 2-48　即時環境(RTE)-致能中斷要求函數式

(4) 即時環境(RTE)管理：中間層(Middleware)功能，若勾選會加入所有中
間層的函數式功能。如下圖所示：

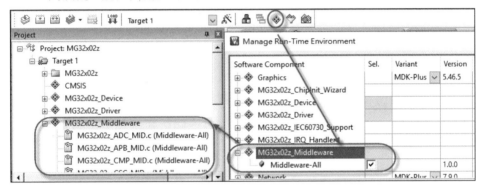

圖 2-49　即時環境(RTE)-中間層(Middleware)

4. 建立軟體包(Pack)範例專案：範例專案有：LCD demo、IEC60730_Pack、
Standard Project、Basic Project 及 uCOS-II_Project 等。步驟如下：

(1) 按▣(Pack Installer)安裝軟體包(Pack)，選擇 Device→MG32F02U128 的
範例(Examples)專案(Standard Project)，並且複製(Copy)到指定資料夾(如
D:\MG32F02U128\CH2_KEIL)，如下圖所示：

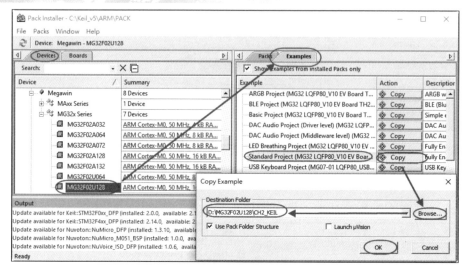

圖 2-50　複製範例

(2) 建立新範例專案：此時會在網路下載範例專案，下載完畢後，在資料夾
D:\MG32F02U128\CH2_KEIL 內，建立一個新範例專案，同時立即開啟
新範例專案。

(3) 首次會顯示是否變更軟體包，請按是(Y)，如下圖所示：

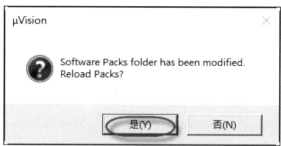

圖 2-51　是否變更軟體包

(4) 開啟新範例專案，內容包括：主程式(Sample_main_wizard.c)、CMSIS、
晶片初始精靈(ChipInit_Wizard)、開機啟動裝置(Device)、驅動程式
(Driver)及 NVIC 中斷要求服務程式(IRQ_Handled)，如下圖所示：

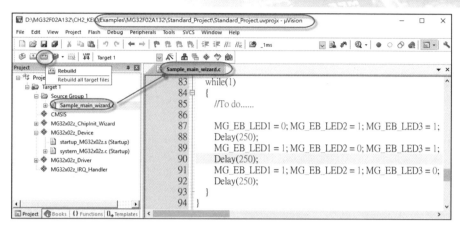

圖 2-52 開啟新範例專案

(5) 首次按▣(Rebuild all target files)重新編譯新專案所有檔案及連結。

(6) 按▣(Download)下載執行檔(MG32x02z.axf)，再按電路板上的 Reset 鍵，即開始執行 LED 的測試程式，令三個 LED 輪流閃爍動作。

5. 晶片初始精靈(ChipInit_Wizard)設定：開啟範例(LED_ChipInit)，如下圖所示：

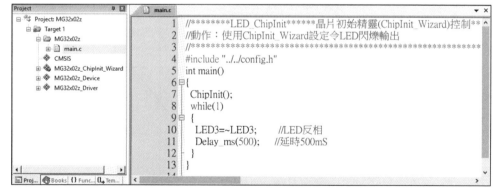

圖 2-53 開啟範例(LED_ChipInit)，

(1) 進入晶片初始精靈(ChipInit_Wizard)勾選 GPIO 及 CSC，如下圖所示：

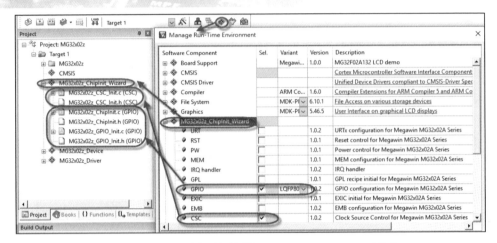

圖 2-54 晶片初始精靈(ChipInit_Wizard)設定

(2) 開啟 CSC 初始(CSCInit)精靈(Wizard)：預定主時脈(CK_MAIN)為 CK_HS=CK_IHRCO=12MHz，在周邊設備(Peripheral)勾選 Port E 將時脈 送入 GPIO PE 埠，如下圖所示：

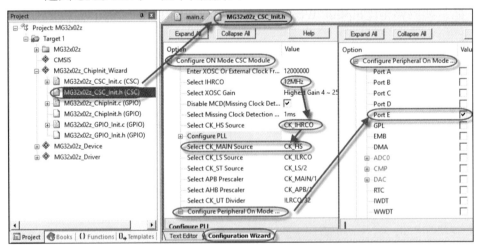

圖 2-55 CSC 初始精靈設定

(3)開啟 GPIO 初始(GPIO_CInit)精靈(Wizard)：勾選 GPIOE☑ 及 PE15☑ 為推 挽式輸出(PPO: Push Pull Output)，如下圖所示：

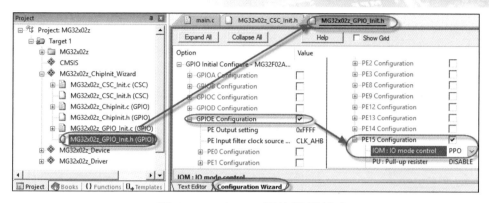

圖 2-56　GPIO 初始精靈設定

6.　建立新專案：步驟如下：

(1) 先建立新資料夾(如 D:\MG32F02U128\CH2_KEIL\NEW)。

(2) 建立新專案(如 NEW)，如下圖所示：

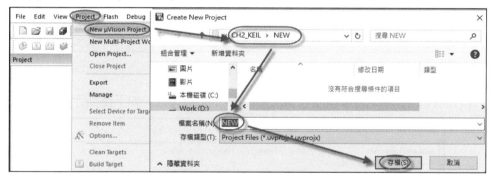

圖 2-57　建立新專案

(3) 選擇 MCU(如 MG32F02U128)，如下圖所示：

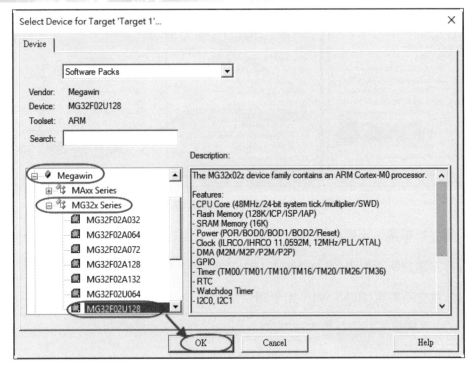

圖 2-58 選擇 MCU

(4)此時會出現即時環境(RTE)管理，按 Cancel 忽略，如下圖所示：

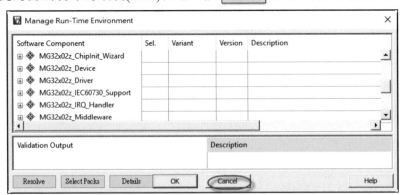

圖 2-59 忽略即時環境(RTE)管理

(5)按☑選擇軟體包(PACK)，可配合軟體包(PACK)版本來調整設定方式，如下圖所示：

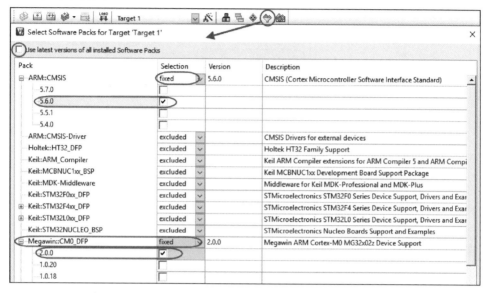

圖 2-60　選擇軟體包(PACK)版本

(6) 按🔲設定即時環境(RTE)管理，如下圖所示：

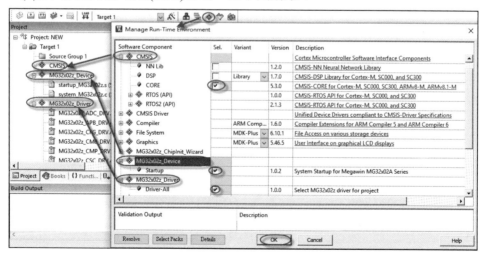

圖 2-61(a)　設定即時環境(RTE)管理

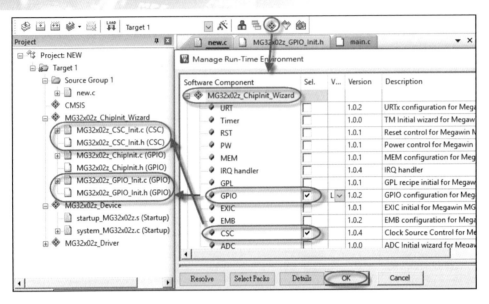

圖 2-61(b) 設定即時環境(RTE)管理

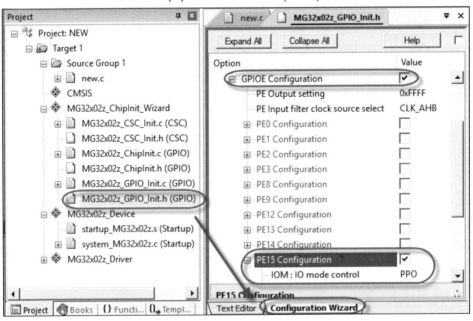

圖 2-61(c) 接腳設定

(7) 在 Source Group1 按右鍵加入新 C 語言程式(如：new)，如下圖所示：

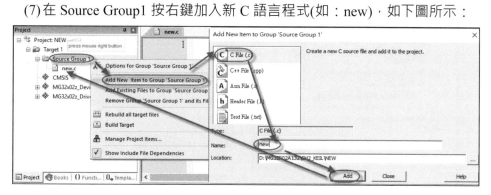

圖 2-62(a) 加入新 C 語言程式

也可以針對 User 須求加入巨集(macro)程式碼模板(Template)，不過目前沒有用到，如下圖所示：

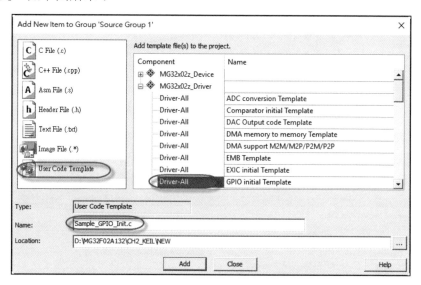

圖 2-62(b) 加入程式碼模板(Template)

(8) 輸入 C 語言程式(new)，再編譯程式，內容如下圖所示：

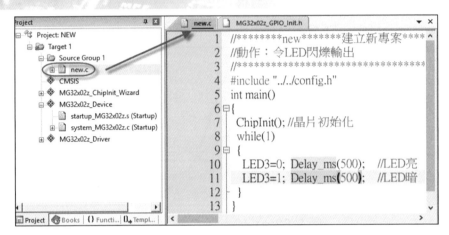

圖 2-63 輸入 C 語言程式

(9)設定連結器(Link)，如下圖所示：

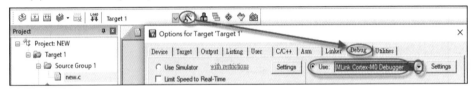

圖 2-64 設定連結器(Link)

(10) 檢查 MUC 是否正確及設定(Reset and Run)，如下圖所示：

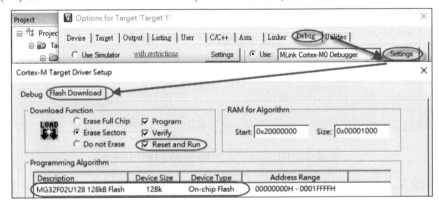

圖 2-65 檢查 MUC/設定重置與執行

(11) 按圖會自動燒錄程式、校驗、重置及立即執行。

## 2-3.4 IEC-60730 規範實習

在美國和歐洲的監管機構紛紛提出符合法規要求的家電安全設計。國際電工委員會推出了 IEC60730 家用電器的安全發展標準。在歐洲，這些要求是由 IEC 60730 定義的。2007 年 10 月，出售到歐洲市場上的所有家電產品須符合 IEC 60730 標準。其目的是避免失敗或至少保證在設備的任何故障不存在為害使用者的風險。微控器開發這些設備時，半導體供應商必須考慮這些標準對家電廠商的影響。

IEC60730 規範有分成 Class A~C，笙泉科技公司的 MCS-51 系列及 MG32x02z 系列晶片則內含 Class B 來進行開機測試。

1. IEC-60730 測試項目說明：IEC-60730 Class B 主要測試項目如下：

   (1)CPU 暫存器(Register)測試：針對 CPU 核心相關暫存器去測試是否可以正常寫與讀，且此類暫存器較為核心，故使用組合語言(Assembly)來執行測試，若測試結果是錯誤，將會執行無窮迴圈。

   (2)CPU 程式計數器(PC)測試：測試程式計數器(Program Counter)，當系統重置(reset)時應該呼叫執行，若測試結果是錯誤，將會執行無窮迴圈。

   (3)中斷(Interrupt)測試：此測項是由兩個不同的計時中斷次數是否在預先定義的範圍內，若超出範圍，則必須回傳一個錯誤。

   (4)時脈(Clock)測試：由兩個不同的計時、固定會發計時中斷，且來自不同的時脈來源(clock source)的中斷來執行計時中斷，檢查中斷次數是否在預先定義的範圍內，若超出範圍，則必須回傳一個錯誤。

   (5)ROM 測試：此測項是檢查 ROM 是否有單個位元故障(single bit fault)，用 CRC16 來執行測試，若有錯誤將會執行無窮迴圈。

   (6)RAM 測試：此測項是檢查 RAM 是否可以正常寫讀，若測試結果是錯誤，將會執行無窮迴圈。

(7)其它測試：不同的 MUC 會有不同的測試項目。

2. IEC-60730 測試範例：開機時，會先進行 IEC-60730 Class B 各項測試，再進入主程式，開啟範例：..\CH2_KEIL\6_IEC60730_Project，如下圖所示：

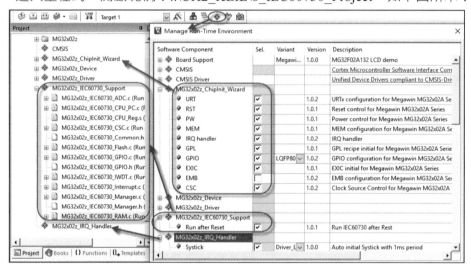

圖 2-66(a) IEC-60730 測試範例-即時環境(RTE)管理

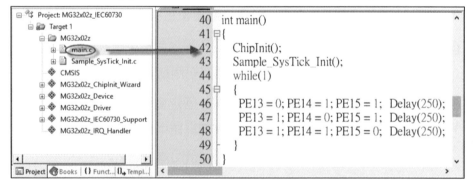

圖 2-66(b) IEC-60730 測試範例-主程式

## 2-3.5 ICP 離線燒錄操作

在無 KEIL 之下也可以使用 ICP 進行離線程式燒錄，操作步驟如下：

1. 執行..\OCD32_MLink_v0.xx.0.0\Setup_forKeil\ICP32_Programmer.exe，以 MG32F02A132 為例，顯示如下圖所示：

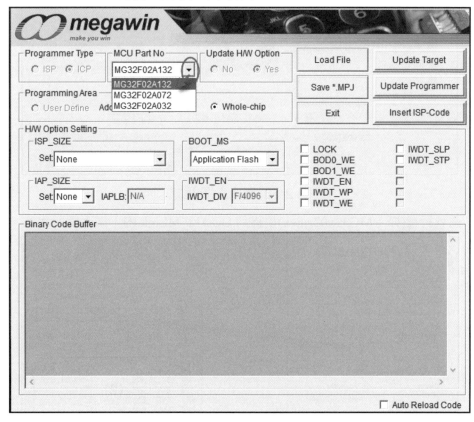

圖 2-67 執行 ICP32_Programmer.exe

2. 將 OCD32_MLink 插入 USB 埠，選擇晶片型號為(如 MG32F02A132)，再按 Load File 選擇 AP(code)載入應用程式的執行檔(如 MG32x02z.hex)，如下圖所示：

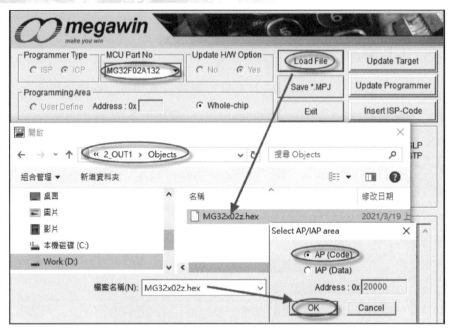

圖 2-68 載入執行程式

3. 將執行檔(如：MG32x02z.hex)燒錄到 OCD32_MLink 內，如下圖所示：

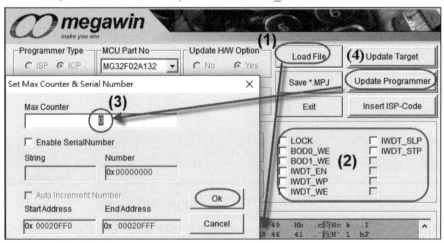

圖 2-69 執行檔燒錄到 OCD32_MLink 內

(1)載入執行檔後，程式碼內容會在底下顯示出來。

(2) 在右邊可另外設定晶片內部的硬體選項，目前都沒有用到。

(3) 按 Updata Programmera 會顯示視窗在 Max Counter 設定可重覆燒錄最多次數，其中 "0" 是不限燒錄次數。再按 Ok 會將程式碼燒錄到 OCD32_MLink 的 ICP 內。

(4) 按 Updata Target 則是透過 OCD32_MLink 將程式直接燒錄到 MCU 內。

4. 此時 OCD32_MLink 的 ICP 可脫離 USB 埠，將 OCD32_MLink 的 ICP 插入 CM0 評估板內，將指撥開關撥到 ON。再按 OCD32_MLink 上的 Reset 鍵會將執行檔燒錄到 MG32x02z 系列晶片內，同時立即執行，如下圖所示：

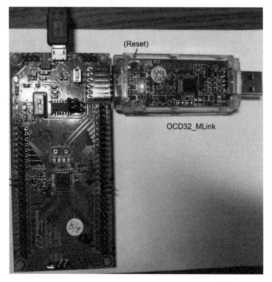

圖 2-70　OCD32_MLink 離線燒錄

5. MLink 的韌體更新版本，以主控板 TH223A 為例須將 MLink 上的 J3 開路禁能 VCP(虛擬 COM 埠)如下圖(a)，再按 Updata Target 會顯示更新完成，如下圖(b)所示：

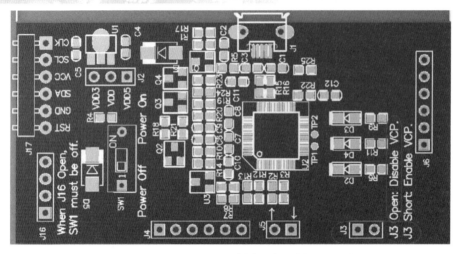

圖 2-71(a)　MLink 預備韌體更新(J3 開路)

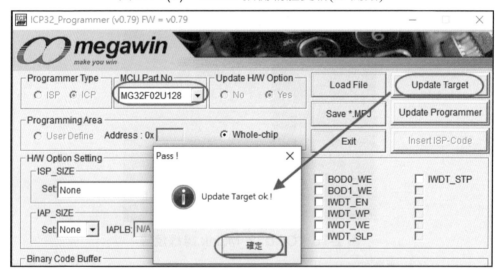

圖 2-71(b)　MLink 韌體更新完成

## 2-3.6　硬體選項位元組(OB)控制實習

選項位元組(OB)用於設定硬體晶片的預設行為，且這些設定在關機時仍

然保留。選項位元組(OB0~2)共有 64-byte 快閃(flash)記憶體用於設定硬體功能

、 且只能藉由 ICP 燒錄程式時,一併將硬體設定寫入選項位元組(OB)內。

晶片在清除(erase)後,所有的硬體設定都會被清除到初始值,同時在重置時,選項位元組(OB0~2)快閃記憶體的內容會被載入到晶片的選項暫存器(OR: Option Register)進行硬體設定,如下圖所示:

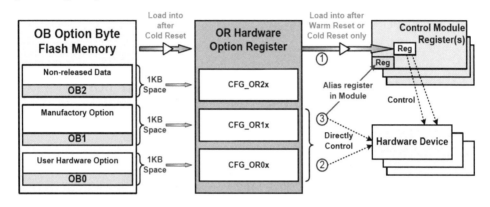

圖 2-72 重置時的硬體選項位元組(OB)工作

1. 硬體選項位元組(OB)介紹(其中☑表示建議),如圖 2-所示:

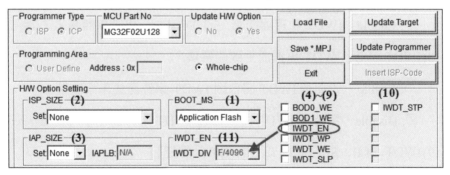

圖 2-73 重置時的硬體選項位元組(OB)工作

(1) BOOT_MS:系統冷重置開機的記憶體選擇及映射至位址 0x0000。

　　☑: Application Flash, : Boot Flash, : Embedded SRAM

(2) ISP_SIZE:開機載入(boot loader)程式碼的 ISP 記憶體大小。None 表示

沒有 ISP 記憶體，1K~128K 表示 ISP 記憶體為 1~128K-byte。

(3)IAP_SIZE：使用者定義 IAP 記憶體大小。None=0、1~128K-byte。

(4)BOD0_WE：欠壓檢測(BOD0)觸發熱重置致能。若是致能，當 BOD 電壓臨限(threshold)值檢測事件，若 BOD0 小於 1.7V 或 1.4V(限 064/128)時令 CPU 重置。

　　: Enable，☑: Disable

(5)BOD1_WE：BOD1 觸發熱重置致能。若是致能，當 BOD 電壓臨限值檢測事件，若 BOD1 電壓小於(4.2V/3.7V/2.4V/2.0V)時令 CPU 重置。

　　: Enable，☑: Disable

(6)IWDT_EN：開機後自動致能 IWDT。

　　: Enable，☑: Disable

(7)IWDT_WP：IWDT 暫存器防寫致能

　　: Enable，IWDT 暫存器防寫。☑: Disable，可被軟體寫入。

(8)IWDT_WE：IWDT 重置產生致能選項。

　　: Enable，致能後 IWDT 將會因 IWDT 事件產生系統重置。

　☑: Disable，禁能後 IWDT 將不會因 IWDT 事件產生系統重置。

(9)IWDT_SLP：SLEEP 模式下 IWDT 計數控制。

　　: Stop，停止計數並禁能 IWDT。

　☑: Keep，繼續計數並致能 IWDT。

(10) IWDT_STP：STOP 模式下 IWDT 計數控制。

　　: Stop，停止計數並禁能 IWDT。

☑: Keep，繼續計數並致能 IWDT。

(11) IWDT_DIV：IWDT 內部時脈輸入除頻選擇，當 IWDT_EN 致能時，

這些位元會被載入 IWDT 輸入除頻控制暫存器。

2. 使用者可藉由 ICP 來設定硬體選項位元組(OB)如下：

執行..\OCD32_MLink_v0.xx.0.0\Setup_forKeil\ICP32_Programmer.exe，如下

圖所示：

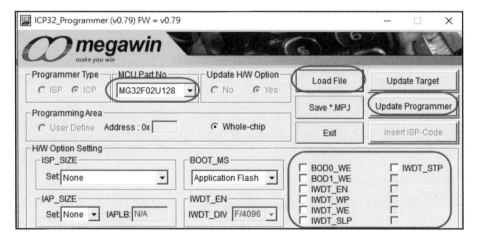

圖 2-74　ICP32_Programmer 硬體選項設定

(1) 按 Load File 輸入執行檔(如：MG32x02z.hex)及載入程式碼。

(2) 勾選各項硬體選項設定。

(3) 按 Update Programmer 將程式碼及硬體選項一起燒錄到 MCU 晶片內。

# 通用輸入/輸出控制實習

## 本章單元

- GPIO 控制
- GPIO 基礎實習-LED、三色 LED、
  按鍵、蜂鳴器
- GPIO 應用實習-紅黃綠燈、步進馬達
  、七段顯示器、雙色點矩陣 LED 顯示
  器、文字型 LCD
- IAP 控制實習

MG32x02z 系列的通用輸入/輸出(GPIO: General Purpose Input Output)接腳由 ARM 核心直接輸出入,同時兼具各項特殊功能。如下表所示:

表 3-1　MG32x02z 系列 GPIO 接腳

| Functions<br>Chip | MG32F02A132 | MG32F02A072 | MG32F02A032 | MG32F02A128<br>MG32F02U128 | MG32F02A064<br>MG32F02U064 |
|---|---|---|---|---|---|
| Package | LQFP80/64 | LQFP64/48 | LQFP48, QFN32<br>TSSOP20 | LQFP80/64 | LQFP64/48 |
| IO Number | 73/59 | 59/44 | 44/29/17 | 73/59 | 59/44 |
| Max. Ext. Interrupt | 63/59 | 59/44 | 44/29/17 | 73/59 | 59/44 |

以 MG32F02A032AD48 為例有 44 支 GPIO 腳(PA0~3、PA8~15、PB0~3、PB8~11、PB13~14、PC0~6、PC8~14、PD0~3、PD7~10),如下圖所示:

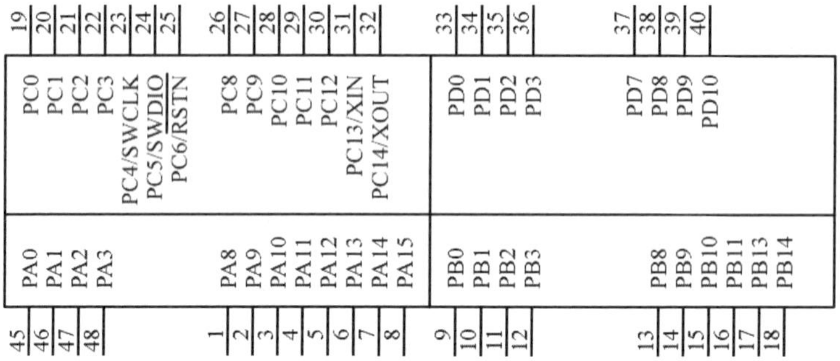

圖 3-1(a)　MG32F02A032AD48 的 GPIO 接腳

以 MG32F02A128/U128/A132AD80 為例有 73 支 GPIO 腳(PA0~15、PB0~15、PC0~14、PD0~15、PE0~3、PE8~9、PE12~15),如下圖所示:

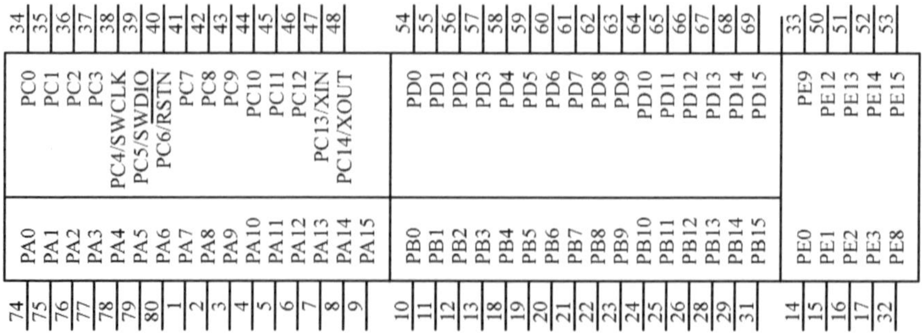

圖 3-1(b)　MG32F02A128/U128/A132AD80 的 GPIO 接腳

通用輸入/輸出(GPIO)特性如下:

◎ 可獨立選擇每支接腳的輸出入模式(modes):推挽式輸出(Push-Pull output)、準雙向(Quasi bidirectional)輸出入、開洩極(Open-drain)輸出、數位高阻抗(high impedance)輸入及類比輸出入(Analog IO)。

◎ 靈活的接腳交替(alternate)功能選擇:每支腳可設定數種特殊功能。

◎ 可獨立規劃接腳的驅動電流強度為:1/8、1/4、1/2 及全準位電流輸出。

◎ 可獨立設定接腳輸入內含突波濾波器及設定輸入反相(Invert)選擇。

◎ 提供可設定接腳輸入內含提升(pull-high)電阻。

◎ 可選擇系統重置(Reset)後,保持 GPIO 接腳的狀態和 IO 模式設定。

◎ 每支 GPIO 腳由可經由交替功能選擇(AFS: Alternate Function Select)設定 AF0(預定)~AF11 更改為數種周邊設備的特殊功能接腳,而類比功能接腳須另外設定。除了 PC4(SWCLK)、PC5(SWDIO)、PC6(RSTN)、PC13(XIN) 和 PC14(XOUT) 之外,其餘預定均為 GPIO 功能。以 MG32F02A032AD48 為例,如下表(a)~(e) 所示:

表 3-2(a)　MG32F02A032AD48 接腳 PA 共用功能

| Pin Name | AF0 | AF1 | AF2 | AF3 | AF4 | AF5 | AF6 | AF7 | AF10 |
|---|---|---|---|---|---|---|---|---|---|
| PA0 | GPA0 | | | | | | | | |
| PA1 | GPA1 | | | | | | | | |
| PA2 | GPA2 | | | | | | | | |
| PA3 | GPA3 | | | | | | | | |
| PA8 | GPA8 | | | | | | | | |
| PA9 | GPA9 | | | | | | | | |
| PA10 | GPA10 | | | | | | | | |
| PA11 | GPA11 | | | | | | | | |
| PA12 | GPA12 | | | | URT1_BRO | TM10_ETR | TM36_IC0 | | |
| PA13 | GPA13 | CPU_TXEV | | URT0_BRO | URT1_TMO | TM10_TRGO | TM36_IC1 | | |
| PA14 | GPA14 | CPU_RXEV | OBM_I0 | URT0_TMO | URT1_CTS | TM16_ETR | TM36_IC2 | | |
| PA15 | GPA15 | CPU_NMI | OBM_I1 | URT0_DE | URT1_RTS | TM16_TRGO | TM36_IC3 | | |

表 3-2(b)　MG32F02A032AD48 接腳 PB 共用功能

| Pin Name | AF0 | AF1 | AF2 | AF3 | AF4 | AF5 | AF6 | AF7 | AF10 |
|---|---|---|---|---|---|---|---|---|---|
| PB0 | GPB0 | | SPI0_NSS | TM01_ETR | TM00_CKO | TM16_ETR | | TM36_ETR | |
| PB1 | GPB1 | | SPI0_MISO | TM01_TRGO | TM10_CKO | TM16_TRGO | | TM36_TRGO | |
| PB2 | GPB2 | ADC0_TRG | SPI0_CLK | TM01_CKO | | TM16_CKO | | I2C0_SDA | URT0_TX |
| PB3 | GPB3 | ADC0_OUT | SPI0_MOSI | | | TM36_CKO | | I2C0_SCL | URT0_RX |
| PB8 | GPB8 | CMP0_P0 | RTC_OUT | URT0_TX | | | TM36_OC01 | SPI0_D3 | OBM_P0 |
| PB9 | GPB9 | CMP1_P0 | RTC_TS | URT0_RX | | | TM36_OC02 | SPI0_D2 | OBM_P1 |
| PB10 | GPB10 | | I2C0_SCL | URT0_NSS | | | TM36_OC11 | URT1_TX | SPI0_NSSI |
| PB11 | GPB11 | | I2C0_SDA | URT0_DE | IR_OUT | | TM36_OC12 | URT1_RX | DMA_TRG0 |
| PB13 | GPB13 | | TM00_ETR | URT0_CTS | | | TM36_ETR | | |
| PB14 | GPB14 | DMA_TRG0 | TM00_TRGO | URT0_RTS | | | TM36_BK0 | | |

表 3-2(c)　MG32F02A032AD48 接腳 PC 共用功能

| Pin Name | AF0 | AF1 | AF2 | AF3 | AF4 | AF5 | AF6 | AF7 | AF10 |
|---|---|---|---|---|---|---|---|---|---|
| PC0 | GPC0 | ICKO | TM00_CKO | URT0_CLK | | | TM36_OC00 | I2C0_SCL | URT0_TX |
| PC1 | GPC1 | ADC0_TRG | TM01_CKO | TM36_IC0 | URT1_CLK | | TM36_OC0N | I2C0_SDA | URT0_RX |
| PC2 | GPC2 | ADC0_OUT | TM10_CKO | OBM_P0 | | | TM36_OC10 | | |
| PC3 | GPC3 | OBM_P1 | TM16_CKO | URT0_CLK | URT1_CLK | | TM36_OC1N | | |
| PC4 | GPC4 | SWCLK | I2C0_SCL | URT0_RX | URT1_RX | | TM36_OC2 | | |
| PC5 | GPC5 | SWDIO | I2C0_SDA | URT0_TX | URT1_TX | | TM36_OC3 | | |
| PC6 | GPC6 | RSTN | RTC_TS | URT0_NSS | URT1_NSS | | | | |
| PC8 | GPC8 | ADC0_OUT | I2C0_SCL | URT0_BRO | URT1_TX | | TM36_OC0H | TM36_OC0N | |
| PC9 | GPC9 | CMP0_P0 | I2C0_SDA | URT0_TMO | URT1_RX | | TM36_OC1H | TM36_OC1N | |
| PC10 | GPC10 | CMP1_P0 | | URT0_TX | | URT1_TX | TM36_OC2H | TM36_OC2N | |
| PC11 | GPC11 | | | URT0_RX | | URT1_RX | TM36_OC3H | | |
| PC12 | GPC12 | | IR_OUT | | URT1_DE | TM10_TRGO | TM36_OC3 | | |
| PC13 | GPC13 | XIN | URT1_NSS | URT0_CTS | | TM10_ETR | | TM36_OC00 | |
| PC14 | GPC14 | XOUT | URT1_TMO | URT0_RTS | | TM10_CKO | | TM36_OC10 | |

表 3-2(d)　MG32F02A032AD48 接腳 PD 共用功能

| Pin Name | AF0 | AF1 | AF2 | AF3 | AF4 | AF5 | AF6 | AF7 | AF10 |
|---|---|---|---|---|---|---|---|---|---|
| PD0 | GPD0 | OBM_I0 | TM10_CKO | URT0_CLK | | | TM36_OC2 | SPI0_NSS | |
| PD1 | GPD1 | OBM_I1 | TM16_CKO | URT0_CLK | | | TM36_OC2N | SPI0_CLK | |
| PD2 | GPD2 | | TM00_CKO | URT1_CLK | | | TM36_CKO | SPI0_MOSI | |
| PD3 | GPD3 | | TM01_CKO | URT1_CLK | | | | SPI0_D3 | TM36_TRGO |
| PD7 | GPD7 | TM00_CKO | TM01_ETR | URT1_DE | | SPI0_MISO | | | TM36_IC0 |
| PD8 | GPD8 | CPU_TXEV | TM01_TRGO | URT1_RTS | | SPI0_D2 | | | TM36_IC1 |
| PD9 | GPD9 | CPU_RXEV | TM00_TRGO | URT1_CTS | | SPI0_NSSI | | | TM36_IC2 |
| PD10 | GPD10 | CPU_NMI | TM00_ETR | URT1_BRO | | RTC_OUT | | | TM36_IC3 |

表 3-2(e)　　MG32F02A032AD48 類比接腳共用功能

| Pin Name | ADC | CMP | Others | Pin Name | ADC | CMP | Others |
|---|---|---|---|---|---|---|---|
| PA0 | ADC_I0 | | | PA11 | ADC_I11 | CMP1_I1 | |
| PA1 | ADC_I1 | | | PA12 | ADC_I12 | | |
| PA2 | ADC_I2 | | | PA13 | ADC_I13 | | |
| PA3 | ADC_I3 | | | PA14 | ADC_I14 | | |
| PA8 | ADC_I8 | CMP0_I0 | VBG_OUT | PA15 | ADC_I15 | | |
| PA9 | ADC_I9 | CMP0_I1 | | PB0 | | CMP_C0 | |
| PA10 | ADC_I10 | CMP1_I0 | ADC_PGA | PB1 | | CMP_C1 | |

以 MG32F02U128AD80 為例，如下表(a)~(f)所示：

表 3-3(a)　　MG32F02U128AD80-PA 腳共用功能

| Pin | AFS=0 | AFS=1 | AFS=2 | AFS=3 | AFS=4 | AFS=5 | AFS=6 | AFS=7 | AFS=8 | AFS=9 | AFS=10 | AFS=11 |
|---|---|---|---|---|---|---|---|---|---|---|---|---|
| PA0 | GPA0 | | | | | | SDT_P0 | CCL_P0 | MA0 | MAD0 | TM36_OC00 | URT4_TX |
| PA1 | GPA1 | | | | | | | CCL_P1 | MA1 | MAD1 | TM36_OC10 | URT4_RX |
| PA2 | GPA2 | | | | | | SDT_I0 | | MA2 | MAD2 | TM36_OC2 | URT5_TX |
| PA3 | GPA3 | | | | | | SDT_I1 | | MA3 | MAD3 | TM36_OC2N | URT5_RX |
| PA4 | GPA4 | | | | | | | | MA4 | MAD4 | TM20_OC00 | URT0_TX |
| PA5 | GPA5 | | | | | | | | MA5 | MAD5 | TM20_OC10 | URT0_RX |
| PA6 | GPA6 | | | | | | | SPI0_D3 | MA6 | MAD6 | TM20_OC0H | URT0_CLK |
| PA7 | GPA7 | | | | | | | SPI0_D2 | MA7 | MAD7 | TM20_OC1H | URT0_NSS |
| PA8 | GPA8 | DMA_TRG0 | | I2C0_SCL | URT2_BRO | SDT_I0 | TM20_IC0 | SPI0_NSS | MA8 | MAD0 | TM36_OC0H | URT4_TX |
| PA9 | GPA9 | DMA_TRG1 | | I2C1_SCL | URT2_TMO | | TM20_IC1 | SPI0_MISO | MA9 | MAD1 | TM36_OC1H | URT5_TX |
| PA10 | GPA10 | TM36_BK0 | SPI0_D2 | I2C0_SDA | URT2_CTS | SDT_I1 | TM26_IC0 | SPI0_CLK | MA10 | MAD2 | TM36_OC2H | URT4_RX |
| PA11 | GPA11 | DAC_TRG0 | SPI0_D3 | I2C1_SDA | URT2_RTS | | TM26_IC1 | SPI0_MOSI | MA11 | MAD3 | TM36_OC3H | URT5_RX |
| PA12 | GPA12 | | USB_S0 | | URT1_BRO | TM10_ETR | TM36_IC0 | SPI0_D5 | MA12 | MAD4 | TM26_OC00 | URT6_TX |
| PA13 | GPA13 | CPU_TXEV | USB_S1 | URT0_BRO | URT1_TMO | TM10_TRGO | TM36_IC1 | SPI0_D6 | MA13 | MAD5 | TM26_OC10 | URT6_RX |
| PA14 | GPA14 | CPU_RXEV | OBM_I0 | URT0_TMO | URT1_CTS | TM16_ETR | TM36_IC2 | SPI0_D7 | MA14 | MAD6 | TM26_OC0H | URT7_TX |
| PA15 | GPA15 | CPU_NMI | OBM_I1 | URT0_DE | URT1_RTS | TM16_TRGO | TM36_IC3 | SPI0_D4 | MA15 | MAD7 | TM26_OC1H | URT7_RX |

表 3-3(b)　　MG32F02U128AD80-PB 腳共用功能

| Pin | AFS=0 | AFS=1 | AFS=2 | AFS=3 | AFS=4 | AFS=5 | AFS=6 | AFS=7 | AFS=8 | AFS=9 | AFS=10 | AFS=11 |
|-----|-------|-------|-------|-------|-------|-------|-------|-------|-------|-------|--------|--------|
| PB0 | GPB0 | I2C1_SCL | SPI0_NSS | TM01_ETR | TM00_CKO | TM16_ETR | TM26_IC0 | TM36_ETR | MA15 | URT1_NSS | | URT6_TX |
| PB1 | GPB1 | I2C1_SDA | SPI0_MISO | TM01_TRGO | TM10_CKO | TM16_TRGO | TM26_IC1 | TM36_TRGO | | URT1_RX | | URT6_RX |
| PB2 | GPB2 | ADC0_TRG | SPI0_CLK | TM01_CKO | URT2_TX | TM16_CKO | TM26_OC0H | I2C0_SDA | | URT1_CLK | URT0_TX | URT7_TX |
| PB3 | GPB3 | ADC0_OUT | SPI0_MOSI | NCO_P0 | URT2_RX | TM36_CKO | TM26_OC1H | I2C0_SCL | | URT1_TX | URT0_RX | URT7_RX |
| PB4 | GPB4 | TM01_CKO | SPI0_D3 | TM26_TRGO | URT2_CLK | TM20_IC0 | TM36_IC0 | | MALE | MAD8 | | |
| PB5 | GPB5 | TM16_CKO | SPI0_D2 | TM26_ETR | URT2_NSS | TM20_IC1 | TM36_IC1 | | MOE | MAD9 | | |
| PB6 | GPB6 | CPU_RXEV | SPI0_NSSI | URT0_BRO | URT2_CTS | TM20_ETR | TM36_IC2 | | MWE | MAD10 | | URT2_TX |
| PB7 | GPB7 | CPU_TXEV | SPI0_D3 | URT0_TMO | URT2_RTS | TM20_TRGO | TM36_IC3 | | MCE | MALE2 | | URT2_RX |
| PB8 | GPB8 | CMP0_P0 | RTC_OUT | URT0_TX | URT2_BRO | TM20_OC01 | TM36_OC01 | SPI0_D3 | MAD0 | SDT_P0 | OBM_P0 | URT4_TX |
| PB9 | GPB9 | CMP1_P0 | RTC_TS | URT0_RX | URT2_TMO | TM20_OC02 | TM36_OC02 | SPI0_D2 | MAD1 | MAD8 | OBM_P1 | URT4_RX |
| PB10 | GPB10 | | I2C0_SCL | URT0_NSS | URT2_DE | TM20_OC11 | TM36_OC11 | URT1_TX | MAD2 | MAD1 | SPI0_NSSI | |
| PB11 | GPB11 | | I2C0_SDA | URT0_DE | IR_OUT | TM20_OC12 | TM36_OC12 | URT1_RX | MAD3 | MAD9 | DMA_TRG0 | URT0_CLK |
| PB12 | GPB12 | DMA_TRG0 | NCO_P0 | USB_S0 | | | | URT1_CLK | MAD4 | MAD2 | | URT5_TX |
| PB13 | GPB13 | DAC_TRG0 | TM00_ETR | URT0_CTS | | TM20_ETR | TM36_ETR | URT0_CLK | MAD5 | MAD10 | CCL_P0 | URT4_TX |
| PB14 | GPB14 | DMA_TRG0 | TM00_TRGO | URT0_RTS | | TM20_TRGO | TM36_BK0 | URT0_NSS | MAD6 | MAD3 | CCL_P1 | URT4_TX |
| PB15 | GPB15 | IR_OUT | NCO_CK0 | USB_S1 | | | | URT1_NSS | MAD7 | MAD11 | | URT5_RX |

表 3-3(c)　　MG32F02U128AD80-PC 腳共用功能

| Pin | AFS=0 | AFS=1 | AFS=2 | AFS=3 | AFS=4 | AFS=5 | AFS=6 | AFS=7 | AFS=8 | AFS=9 | AFS=10 | AFS=11 |
|-----|-------|-------|-------|-------|-------|-------|-------|-------|-------|-------|--------|--------|
| PC0 | GPC0 | ICKO | TM00_CKO | URT0_CLK | URT2_CLK | TM20_OC00 | TM36_OC00 | I2C0_SCL | MCLK | MWE | URT0_TX | URT5_TX |
| PC1 | GPC1 | ADC0_TRG | TM01_CKO | TM36_IC0 | URT1_CLK | TM20_OC0N | TM36_OC0N | I2C0_SDA | MAD8 | MAD4 | URT0_RX | URT5_RX |
| PC2 | GPC2 | ADC0_OUT | TM10_CKO | OBM_P0 | URT2_CLK | TM20_OC10 | TM36_OC10 | SDT_I0 | MAD9 | MAD12 | | |
| PC3 | GPC3 | OBM_P1 | TM16_CKO | URT0_CLK | URT1_CLK | TM20_OC1N | TM36_OC1N | SDT_I1 | MAD10 | MAD5 | | |
| PC4 | GPC4 | SWCLK | I2C0_SCL | URT0_RX | URT1_RX | | TM36_OC2 | SDT_I0 | | | | URT6_RX |
| PC5 | GPC5 | SWDIO | I2C0_SDA | URT0_TX | URT1_TX | | TM36_OC3 | SDT_I1 | | | | URT6_TX |
| PC6 | GPC6 | RSTN | RTC_TS | URT0_NSS | URT1_NSS | TM20_ETR | TM26_ETR | | MBW1 | MALE | | |
| PC7 | GPC7 | ADC0_TRG | RTC_OUT | URT0_DE | URT1_NSS | | TM36_TRGO | | MBW0 | MCE | | |
| PC8 | GPC8 | ADC0_OUT | I2C0_SCL | URT0_BRO | URT1_TX | TM20_OC0H | TM36_OC0H | TM36_OC0N | MAD11 | MAD13 | CCL_P0 | URT6_TX |
| PC9 | GPC9 | CMP0_P0 | I2C0_SDA | URT0_TMO | URT1_RX | TM20_OC1H | TM36_OC1H | TM36_OC1N | MAD12 | MAD6 | CCL_P1 | URT6_RX |
| PC10 | GPC10 | CMP1_P0 | I2C1_SCL | URT0_TX | URT2_TX | URT1_TX | TM36_OC2H | TM36_OC2N | MAD13 | MAD14 | | URT7_TX |
| PC11 | GPC11 | | I2C1_SDA | URT0_RX | URT2_RX | URT1_RX | TM36_OC3H | TM26_OC01 | MAD14 | MAD7 | | URT7_RX |
| PC12 | GPC12 | | IR_OUT | DAC_TRG0 | URT1_DE | TM10_TRGO | TM36_OC3 | TM26_OC02 | MAD15 | SDT_P0 | | |
| PC13 | GPC13 | XIN | URT1_NSS | URT0_CTS | URT2_RX | TM10_ETR | TM26_ETR | TM36_OC00 | TM20_IC0 | SDT_I0 | | URT6_RX |
| PC14 | GPC14 | XOUT | URT1_TMO | URT0_RTS | URT2_TX | TM10_CKO | TM26_TRGO | TM36_OC10 | TM20_IC1 | SDT_I1 | | URT6_TX |

表 3-3(d)　　MG32F02U128AD80-PD 腳共用功能

| Pin | AFS=0 | AFS=1 | AFS=2 | AFS=3 | AFS=4 | AFS=5 | AFS=6 | AFS=7 | AFS=8 | AFS=9 | AFS=10 | AFS=11 |
|---|---|---|---|---|---|---|---|---|---|---|---|---|
| PD0 | GPD0 | OBM_I0 | TM10_CKO | URT0_CLK | TM26_OC1N | TM20_CKO | TM36_OC2 | SPI0_NSS | MA0 | MCLK | | URT2_NSS |
| PD1 | GPD1 | OBM_I1 | TM16_CKO | URT0_CLK | NCO_CK0 | TM26_CKO | TM36_OC2N | SPI0_CLK | MA1 | | | URT2_CLK |
| PD2 | GPD2 | USB_S0 | TM00_CKO | URT1_CLK | TM26_OC00 | TM20_CKO | TM36_CKO | SPI0_MOSI | MA2 | MAD4 | | URT2_TX |
| PD3 | GPD3 | USB_S1 | TM01_CKO | URT1_CLK | | SPI0_MISO | TM26_CKO | SPI0_D3 | MA3 | MAD7 | TM36_TRGO | URT2_RX |
| PD4 | GPD4 | TM00_TRGO | TM01_TRGO | URT1_TX | | | TM26_OC00 | SPI0_D2 | MA4 | MAD6 | | URT2_TX |
| PD5 | GPD5 | TM00_ETR | I2C0_SCL | URT1_RX | | | TM26_OC01 | SPI0_MISO | MA5 | MAD5 | | URT2_RX |
| PD6 | GPD6 | CPU_NMI | I2C0_SDA | URT1_NSS | | SPI0_NSS | TM26_OC02 | SPI0_NSS | MA6 | SDT_P0 | | URT2_NSS |
| PD7 | GPD7 | TM00_CKO | TM01_ETR | URT1_DE | | SPI0_MISO | TM26_OC0N | SPI0_D4 | MA7 | MAD0 | TM36_IC0 | |
| PD8 | GPD8 | CPU_TXEV | TM01_TRGO | URT1_RTS | | SPI0_D2 | TM26_OC10 | SPI0_D7 | MA8 | MAD3 | TM36_IC1 | SPI0_CLK |
| PD9 | GPD9 | CPU_RXEV | TM00_TRGO | URT1_CTS | | SPI0_NSS | TM26_OC11 | SPI0_D6 | MA9 | MAD2 | TM36_IC2 | SPI0_NSS |
| PD10 | GPD10 | CPU_NMI | TM00_ETR | URT1_BRO | | RTC_OUT | TM26_OC12 | SPI0_D5 | MA10 | MAD1 | TM36_IC3 | SPI0_MOSI |
| PD11 | GPD11 | CPU_NMI | DMA_TRG1 | URT1_TMO | | SPI0_D3 | TM26_OC1N | SPI0_NSS | MA11 | MWE | | |
| PD12 | GPD12 | CMP0_P0 | TM10_CKO | OBM_P0 | TM00_CKO | SPI0_CLK | TM20_OC0H | TM26_OC0H | MA12 | MALE2 | | |
| PD13 | GPD13 | CMP1_P0 | TM10_TRGO | OBM_P1 | TM00_TRGO | NCO_CK0 | TM20_OC1H | TM26_OC1H | MA13 | MCE | | |
| PD14 | GPD14 | | TM10_ETR | DAC_TRG0 | TM00_ETR | | TM20_IC0 | TM26_IC0 | MA14 | MOE | CCL_P0 | URT5_TX |
| PD15 | GPD15 | | NCO_P0 | IR_OUT | DMA_TRG0 | | TM20_IC1 | TM26_IC1 | MA15 | | CCL_P1 | URT5_RX |

表 3-3(e)　　MG32F02U128AD80-PE 腳共用功能

| Pin | AFS=0 | AFS=1 | AFS=2 | AFS=3 | AFS=4 | AFS=5 | AFS=6 | AFS=7 | AFS=8 | AFS=9 | AFS=10 | AFS=11 |
|---|---|---|---|---|---|---|---|---|---|---|---|---|
| PE0 | GPE0 | OBM_I0 | | URT0_TX | DAC_TRG0 | SPI0_NSS | TM20_OC00 | TM26_OC00 | MALE | MAD8 | | URT4_TX |
| PE1 | GPE1 | OBM_I1 | | URT0_RX | DMA_TRG1 | SPI0_MISO | TM20_OC01 | TM26_OC01 | MOE | MAD9 | TM36_OC0H | URT4_RX |
| PE2 | GPE2 | OBM_P0 | I2C1_SCL | URT1_TX | NCO_P0 | SPI0_CLK | TM20_OC02 | TM26_OC02 | MWE | MAD10 | TM36_OC1H | URT5_TX |
| PE3 | GPE3 | OBM_P1 | I2C1_SDA | URT1_RX | NCO_CK0 | SPI0_MOSI | TM20_OC0N | TM26_OC0N | MCE | MALE2 | | URT5_RX |
| PE8 | GPE8 | CPU_TXEV | OBM_I0 | URT2_TX | SDT_I0 | TM36_CKO | TM20_CKO | TM26_CKO | | MAD11 | | URT4_TX |
| PE9 | GPE9 | CPU_RXEV | OBM_I1 | URT2_RX | SDT_I1 | TM36_TRGO | TM20_TRGO | TM26_TRGO | | MOE | | URT4_RX |
| PE12 | GPE12 | ADC0_TRG | USB_S0 | | TM01_CKO | TM16_CKO | TM20_OC10 | TM26_OC10 | MBW0 | | | URT6_TX |
| PE13 | GPE13 | ADC0_OUT | USB_S1 | | TM01_TRGO | TM16_TRGO | TM20_OC11 | TM26_OC11 | MBW1 | | TM36_OC2H | URT6_RX |
| PE14 | GPE14 | RTC_OUT | I2C1_SCL | | TM01_ETR | TM16_ETR | TM20_OC12 | TM26_OC12 | MALE2 | CCL_P0 | TM36_OC3H | URT7_TX |
| PE15 | GPE15 | RTC_TS | I2C1_SDA | | TM36_BK0 | TM36_ETR | TM20_OC1N | TM26_OC1N | MALE | CCL_P1 | | URT7_RX |

Light Blue Color : Not supported High Speed Pins

Light Cyan Color : Supported ODC 4-Level Pins

表 3-3(f)　MG32F02U128AD80-類比接腳共用功能

| Pin Name | ADC | CMP | Others | Pin Name | ADC | CMP | Others |
|---|---|---|---|---|---|---|---|
| PA0 | ADC_I0 | | | PA10 | ADC_I10 | CMP1_I0 | ADC_PGA |
| PA1 | ADC_I1 | | | PA11 | ADC_I11 | CMP1_I1 | |
| PA2 | ADC_I2 | | | PA12 | ADC_I12 | | |
| PA3 | ADC_I3 | | | PA13 | ADC_I13 | | |
| PA4 | ADC_I4 | | | PA14 | ADC_I14 | | |
| PA5 | ADC_I5 | | | PA15 | ADC_I15 | | |
| PA6 | ADC_I6 | | | PB0 | | CMP_C0 | |
| PA7 | ADC_I7 | | | PB1 | | CMP_C1 | |
| PA8 | ADC_I8 | CMP0_I0 | VBG_OUT | PB2 | | | DAC_P0 |
| PA9 | ADC_I9 | CMP0_I1 | | PD4 | | | DM |
| PA10 | ADC_I10 | CMP1_I0 | ADC_PGA | PD5 | | | DP |
| PA11 | ADC_I11 | CMP1_I1 | | PD6 | | | V33 |

## 3-1 GPIO 控制與基礎實習

GPIO 接腳可和 5V 工作的 TTL IC 相連接，其各項電壓及電流的工作範圍，以 VDD=5.0V±10%=4.5V 為例，如下表所示，詳細內容請看資料手冊。

表 3-4　GPIO 電氣特性

| 名稱 | 說 明(V$_{DD}$=4.5V，V$_{SS}$=0V，TA=25 °C 時) | 最小 | 一般 | 最大 | 單位 |
|---|---|---|---|---|---|
| V$_{IH}$ | 輸入 1 時的電壓(除了 RSTN,XIN 及 XOUT 腳) | 2.4 | | | V |
| V$_{IH\_XOSC}$ | 輸入 1 時的電壓(XIN 腳在 GPIO 模式) | 3 | | | V |
| V$_{IL}$ | 輸入 0 時的電壓(除了 RSTN,XIN 及 XOUT 腳) | | | 1.0 | V |
| V$_{IL\_XOSC}$ | 輸入 0 時的電壓(XIN 腳在 GPIO 模式) | | | 1.3 | V |
| I$_{IH}$ | 輸入 1 電流, V$_{PIN}$=V$_{DD}$ | | 0 | 5 | uA |
| I$_{IL1}$ | 輸入 0 電流(準雙向,輸入模式,含提升電阻) | | 20 | 50 | uA |
| I$_{IL2}$ | 輸入 0 電流(開洩極,輸入模式) | | 0 | 5 | uA |
| I$_{H2L}$ | 輸入 1→0 電流(準雙向,輸入模式,含提升電阻) | | 320 | 500 | uA |
| I$_{OH1}$ | 輸出 1 電流, V$_{PIN}$=2.4V(準雙向) | | 251 | | uA |
| I$_{OH1}$ | 輸出 1 電流, V$_{PIN}$=2.4V(推挽式,全準位) | | 24.4 | | mA |
| I$_{OH2}$ | 輸出 1 時電流, V$_{PIN}$=2.4V(推挽式,1/2 準位) | | 12.6 | | mA |
| I$_{OH3}$ | 輸出 1 時電流, V$_{PIN}$=2.4V(推挽式,1/4 準位) | | 7.2 | | mA |
| I$_{OH4}$ | 輸出 1 時電流, V$_{PIN}$=2.4V(推挽式,1/8 準位) | | 3.2 | | mA |
| I$_{OL1}$ | 輸出 0 時電流,V$_{PIN}$=0.4V(全準位) | | 20.0 | | mA |
| I$_{OL2}$ | 輸出 0 時電流,V$_{PIN}$=0.4V(1/2 準位) | | 11.0 | | mA |
| I$_{OL3}$ | 輸出 0 時電流,V$_{PIN}$=0.4V(1/4 準位) | | 6.2 | | mA |
| I$_{OL4}$ | 輸出 0 時電流,V$_{PIN}$=0.4V(1/8 準位) | | 3.0 | | mA |

## 3-1.1　GPIO 控制暫存器

每個 GPIO 埠均為 32-bit 控制暫存器，存取方式有：字元(word)W=32-bit、半字元(half word)H[0~1]=16-bit、位元組(byte)B[0~3]=8-bit 及位元 PX(0~15)=1-bit。其中 MG32F02U128 有 GPIO 腳 PA~PE(GPIOA~E)及五組 GPIO 控制暫存器。所有 GPIO 控制暫存器指令(x=A~E)，如下：

| GPIOx->OUT | GPIOx->IN | GPIOx->SC | GPIOx->SCR0~3 | GPIOx->CR0~15 |
|---|---|---|---|---|

1. Cortex 微控制器軟體界面標準(CMSIS: Cortex Microcontroller Software Interface Standard)，它內含暫存器定義檔(MG32x02z_xxx_DRV.h)用於定義硬體控制暫存器，使用結構化語法以相對定址方式，來定義內部所有暫存器名稱及位址。以指令 LED3=0 為例，控制 GPIOE 輸出(OUT)暫存器的位元 PE13=0，如下：

```
LED3=0          // (1)(主程式 main.c)

#define LED1    PE15          // (2) (config.h)

#define PE15    PX(GPIOE_Base,15)    // (3) (MG32x02z_GPIO_DRV.h)

/* (4) MG32x02z_GPIO.h */

#define GPIOA_Base ((uint32_t)0x4100_0000) // GPIOA 基本位址

#define GPIOB_Base ((uint32_t)0x4100_00020) // GPIOB 基本位址

#define GPIOC_Base ((uint32_t)0x4100_0040) // GPIOC 基本位址

#define GPIOD_Base ((uint32_t)0x4100_0060) // GPIOD 基本位址

#define GPIOE_Base ((uint32_t)0x4100_0080) // GPIOE 基本位址

/*(5)以指標方式設定 GPIO 基本位址名稱均為 GPIO_TypeDef */
```

```
#define GPIOA        ((GPIO_Struct *) GPIOA_Base)

#define GPIOB        ((GPIO_Struct *) GPIOB_Base)

#define GPIOC        ((GPIO_Struct *) GPIOC_Base)

#define GPIOD        ((GPIO_Struct *) GPIOD_Base)

#define GPIOE        ((GPIO_Struct *) GPIOE_Base)

   (中間省略)

typedef struct    /* (6)以結構化語法，定義 GPIO 暫存器*/

{

    union    //聯合，指定控制位元數

    {

        __IO    uint32_t    W;       //以 32-bit 定義

        __IO    uint16_t    H[2];    //以 16-bit 定義

        __IO    uint8_t     B[4];    //以 8-bit 定義

      struct

        {//以 1-bit 定義

            __IO uint8_t    OUT0    :1; //[0] IO pin PX0 output data bit.

            __IO uint8_t    OUT1    :1; //[1] IO pin PX1 output data bit.

      (中間省略)

            __IO uint8_t    OUT15    :1; //[15] IO pin PX15 output data bit.
```

```
        __I    uint16_t           :16; //[31..16] 無作用

        }MBIT;

    }OUT;   /*!< OUT ~ Offset[0x00]    PX output data register */
(中間省略)

} GPIO_Struct;   /* (6)以結構化語法，定義 GPIO 暫存器*/
```

(1) 在主程式(main.c)撰寫指令 LED3=0。

(2) 在組態定義檔(config.h)定義 LED3 為 GPIO 接腳 PE15。

(3) 在定義檔(MG32x02z_DRV.h)定義 PE15 為 PX(GPIOE_Base,15)。

(4) 定義 GPIOA 的基本位址(GPIOA_Base)為 0x4100_0080。

(5) 若以指標方式將 GPIOA 基本位址名稱定義為 GPIO_Struct，其間接位址為 0x4100_0080。

(6) 以結構化及聯合語法方式，用 1、8、16 或 32-bit 設定輸出暫存器指令，如 LED3 為 PE15，代表 GPIOE_OUT 的第 15-bit。

2. Px 輸出資料暫存器(Px_OUT)：Reset= 0x0000_FFFF，Px=GPIOA~E。

| 31 | 30 | 29 | 28 | 27 | 26 | 25 | 24 |
|---|---|---|---|---|---|---|---|
| Reserved | | | | | | | |
| 23 | 22 | 21 | 20 | 19 | 18 | 17 | 16 |
| Reserved | | | | | | | |
| 15 | 14 | 13 | 12 | 11 | 10 | 9 | 8 |
| Px_OUT15 | Px_OUT14 | Px_OUT13 | Px_OUT12 | Px_OUT11 | Px_OUT10 | Px_OUT9 | Px_OUT8 |
| 7 | 6 | 5 | 4 | 3 | 2 | 1 | 0 |
| Px_OUT7 | Px_OUT6 | Px_OUT5 | Px_OUT4 | Px_OUT3 | Px_OUT2 | Px_OUT1 | Px_OUT0 |

半字元設定，例如：GPIOA->OUT.H[0]=0x1234，令 PA0~15=0x1234。
位元組設定，例如：GPIOA->OUT.B[1]=0x12，令 PA8~15=0x12。

3. Px 輸入資料暫存器(Px_IN)：Reset= 0x0000_0000，Px=GPIOA~E。

| 31 | 30 | 29 | 28 | 27 | 26 | 25 | 24 |
|---|---|---|---|---|---|---|---|
| Reserved | | | | | | | |
| 23 | 22 | 21 | 20 | 19 | 18 | 17 | 16 |
| Reserved | | | | | | | |
| 15 | 14 | 13 | 12 | 11 | 10 | 9 | 8 |
| Px_IN15 | Px_IN14 | Px_IN13 | Px_IN12 | Px_IN11 | Px_IN10 | Px_IN9 | Px_IN8 |
| 7 | 6 | 5 | 4 | 3 | 2 | 1 | 0 |
| Px_IN7 | Px_IN6 | Px_IN5 | Px_IN4 | Px_IN3 | Px_IN2 | Px_IN1 | Px_IN0 |

半字元輸入，例如：temp=GPIOA->IN.H[0]，讀取 PA0~15 資料存入變數 temp。

位元組輸入，例如：temp=GPIOA->IN.B[1]，讀取 PA8~15 資料存入 temp。

4. Px 設定/清除資料暫存器(Px_SC)：Reset= 0x0000_0000，Px=GPIOA~E。

| 31 | 30 | 29 | 28 | 27 | 26 | 25 | 24 |
|---|---|---|---|---|---|---|---|
| Px_CLR15 | Px_CLR14 | Px_CLR13 | Px_CLR12 | Px_CLR11 | Px_CLR10 | Px_CLR9 | Px_CLR8 |
| 23 | 22 | 21 | 20 | 19 | 18 | 17 | 16 |
| Px_CLR7 | Px_CLR6 | Px_CLR5 | Px_CLR4 | Px_CLR3 | Px_CLR2 | Px_CLR1 | Px_CLR0 |
| 15 | 14 | 13 | 12 | 11 | 10 | 9 | 8 |
| Px_SET15 | Px_SET14 | Px_SET13 | Px_SET12 | Px_SET11 | Px_SET10 | Px_SET9 | Px_SET8 |
| 7 | 6 | 5 | 4 | 3 | 2 | 1 | 0 |
| Px_SET7 | Px_SET6 | Px_SET5 | Px_SET4 | Px_SET3 | Px_SET2 | Px_SET1 | Px_SET0 |

例如：GPIOA->SC.B[0]或 GPIOA->SC.H[0]=1<<3，令接腳 PA3=1，其餘不變。
　　　GPIOA->SC.B[2]或 GPIOA->SC.H[1]=1<<3，令接腳 PA3=0，其餘不變。

5. Px 埠設定/清除資料暫存器 0(Px_SCR0)：位元控制，Reset=0x0000_0000。

| 31 | 30 | 29 | 28 | 27 | 26 | 25 | 24 |
|---|---|---|---|---|---|---|---|
| Reserved | | | | | | | Px_SC3 |
| 23 | 22 | 21 | 20 | 19 | 18 | 17 | 16 |
| Reserved | | | | | | | Px_SC2 |
| 15 | 14 | 13 | 12 | 11 | 10 | 9 | 8 |
| Reserved | | | | | | | Px_SC1 |
| 7 | 6 | 5 | 4 | 3 | 2 | 1 | 0 |
| Reserved | | | | | | | Px_SC0 |

例如：GPIOA->SCR0.B[0]=1 令 PA0=1 及 GPIOA->SCR0.B[0]=0 令 PA0=0。
　　　flag = GPIOA->SCR0.B[3]讀取接腳 PA3 的資料存入變數 flag。

6. Px 埠設定/清除資料暫存器 1(Px_SCR1)：位元控制，Reset= 0x0000_0000。

| 31 | 30 | 29 | 28 | 27 | 26 | 25 | 24 |
|----|----|----|----|----|----|----|----|
| Reserved | | | | | | | Px_SC7 |
| 23 | 22 | 21 | 20 | 19 | 18 | 17 | 16 |
| Reserved | | | | | | | Px_SC6 |
| 15 | 14 | 13 | 12 | 11 | 10 | 9 | 8 |
| Reserved | | | | | | | Px_SC5 |
| 7 | 6 | 5 | 4 | 3 | 2 | 1 | 0 |
| Reserved | | | | | | | Px_SC4 |

例如：GPIOA->SCR1.B[0]=1 令 PA4=1 及 GPIOA->SCR1.B[0]=0 令 PA4=0。
flag = GPIOA->SCR1.B[3]讀取接腳 PA7 的資料存入變數 flag。

7. Px 埠設定/清除資料暫存器 2(Px_SCR2)：位元控制，Reset=0x0000_0000。

| 31 | 30 | 29 | 28 | 27 | 26 | 25 | 24 |
|----|----|----|----|----|----|----|----|
| Reserved | | | | | | | Px_SC11 |
| 23 | 22 | 21 | 20 | 19 | 18 | 17 | 16 |
| Reserved | | | | | 10 | | Px_SC10 |
| 15 | 14 | 13 | 12 | 11 | 10 | 9 | 8 |
| Reserved | | | | | | | Px_SC9 |
| 7 | 6 | 5 | 4 | 3 | 2 | 1 | 0 |
| Reserved | | | | | | | Px_SC8 |

例如：GPIOA->SCR2.B[0]=1 令 PA8=1 及 GPIOA->SCR2.B[0]=0 令 PA8=0。
flag = GPIOA->SCR2.B[3]讀取接腳 PA11 的資料存入變數 flag。

8. Px 埠設定及清除暫存器 3(Px_SCR3)：位元控制，Reset=0x0000_0000。

| 31 | 30 | 29 | 28 | 27 | 26 | 25 | 24 |
|----|----|----|----|----|----|----|----|
| Reserved | | | | | | | Px_SC15 |
| 23 | 22 | 21 | 20 | 19 | 18 | 17 | 16 |
| Reserved | | | | | 10 | | Px_SC14 |
| 15 | 14 | 13 | 12 | 11 | 10 | 9 | 8 |
| Reserved | | | | | | | Px_SC13 |
| 7 | 6 | 5 | 4 | 3 | 2 | 1 | 0 |
| Reserved | | | | | | | Px_SC12 |

例如：GPIOA->SCR3.B[0]=1 令 PA12=1 及 GPIOA->SCR3.B[0]=0 令 PA12=0。
flag = GPIOA->SCR3.B[3]讀取接腳 PA15 的資料存入變數 flag。

9. Px 配置(Configure)暫存器(Px_CRn) (n=0~15) ：Reset=0x0000_0000。

| 15 | 14 | 13 | 12 | 11 | 10 | 9 | 8 |
|----|----|----|----|----|----|---|---|
| Px_AFSn[3:0] | | | | Px_FDIVn[1:0] | | Px_ODCn | Reserved |
| 7 | 6 | 5 | 4 | 3 | 2 | 1 | 0 |
| Px_INVn | Reserved | Px_PUn | Reserved | Reserved | Px_IOMn[2:0] | | |

Px 配置(Configure)暫存器位元說明，如下表所示：

表 3-5(a)　Px 配置(Configure)暫存器位元說明

| Bit | Attr | Bit Name | Description | Reset |
|-----|------|----------|-------------|-------|
| 31..16 | - | **Reserved** | Reserved | 0x0000 |
| 15..12 | rw | **Px_AFSn** | Pxn pin alternate function select. Refer the GPIO AFS table for detail information.<br>0x0 = AF0 : GPA0<br>0x1~ 0xA = AF1 ~ AF10<br>ADC ~ ADC_I0 (IO mode set AIO & input to ADC macro) | 0x00 |
| 11..10 | rw | **Px_FDIVn** | Pxn pin input deglitch filter clock divider select.<br>0x0 = Bypass : Bypass filter<br>0x1 = Div1 : Divided by 1<br>0x2 = Div4 : Divided by 4<br>0x3 = Div16 : Divided by 16 | 0x00 |
| 9 | rw | **Px_ODCn** | Pxn pin output drive strength select.<br>0x0 = Level0 : strength-full，0x2 = Level2 : strength-1/4<br>0x1 = Level1 : strength-1/2，0x3 = Level3 : strength-1/8 | 0x00 |
| 8 | - | **Reserved** | Reserved | 0x00 |
| 7 | rw | **Px_INVn** | Pxn pin input inverse enable bit.<br>0 = Disable<br>1 = Enable | 0x00 |
| 6 | - | **Reserved** | Reserved | 0x00 |
| 5 | rw | **Px_PUn** | Pxn pin pull-up resister enable bit.<br>0 = Disable<br>1 = Enable | 0x00 |
| 4 | - | **Reserved** | Reserved | 0x00 |
| 3 | rw | **Px_HSn** | Pxn pin output high speed mode enable bit.<br>0 = Disable<br>1 = Enable | 0x00 |
| 2..0 | rw | **Px_IOMn** | Pxn pin IO mode control bits.<br>0x0 = AIO : analog IO<br>0x1 = ODO : open drain output<br>0x2 = PPO : push pull output<br>0x3 = DIN : Digital input | 0x00 |

輸出入操作模式控制，如下表所示：

表 3-5(b) 輸出入操作模式控制

| IO Mode | Pull High | High Speed | IO Configuration | |
|---|---|---|---|---|
| Px_IOMn | Px_PUn | Px_HSn | | |
| 0x0 | - | - | Analog IO | |
| 0x1 | 0 | 0 | Open Drain Output | |
| | 0 | 1 | | High Speed |
| | 1 | 0 | | Pull High |
| | 1 | 1 | | Pull High + High Speed |
| 0x2 | 0 | 0 | Push Pull Output | |
| | 0 | 1 | | High Speed |
| | 1 | 0 | | Pull High |
| | 1 | 1 | | Pull High + High Speed |
| 0x3 | 0 | - | Digital Input | |
| | 1 | - | | Pull High |
| 0x4 | 0 | 0 | Quasi-Bidirectional Output (drive high one clock) | |
| | 0 | 1 | | High Speed |
| | 1 | 0 | | Pull High |
| | 1 | 1 | | Pull High + High Speed |

Note : "Px" = {PA,PB,PC,PD,PE}, "n" = Pin index number, "-" = Don't care

## 3-1.2　GPIO 接腳結構

　　GPIO 的每支接腳可單獨設定為四種結構：類比輸出入及數位輸入、推挽式(Push-Pull)輸出、開洩極(Open-Drain)輸出及準雙向(Quasi-Bidirectional)輸出入。

　　且每支接腳(Pin)內含靜電放電(ESD: Electrostatic Discharge)保護電路可防止靜電放電破壞及過電壓保護二極體。一般預定 GPIO 接腳為類比輸出入及數位輸入，輸出入結構如下圖所示：

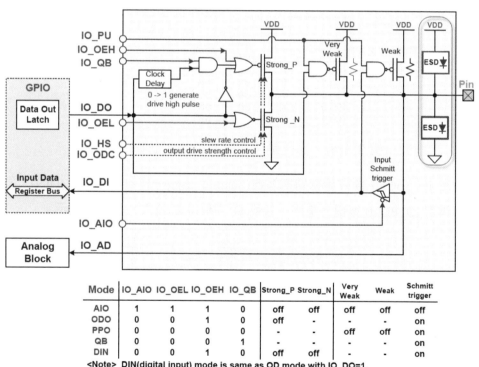

| Mode | IO_AIO | IO_OEL | IO_OEH | IO_QB | Strong_P | Strong_N | Very Weak | Weak | Schmitt trigger |
|------|--------|--------|--------|-------|----------|----------|-----------|------|-----------------|
| AIO | 1 | 1 | 1 | 0 | off | off | off | off | off |
| ODO | 0 | 0 | 1 | 0 | off | - | - | - | on |
| PPO | 0 | 0 | 0 | 0 | - | - | off | off | on |
| QB | 0 | 0 | 0 | 1 | - | - | - | - | on |
| DIN | 0 | 0 | 1 | 0 | off | off | - | - | on |

<Note> DIN(digital input) mode is same as OD mode with IO_DO=1.

圖 3-2　輸出入結構圖

1. 預定為類比輸出入及數位輸入(簡稱 AIO)結構，如下圖所示：

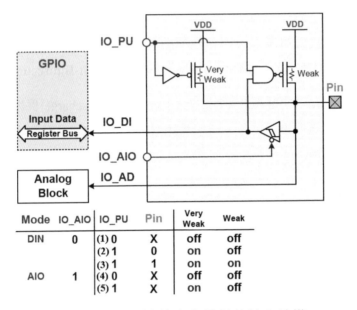

| Mode | IO_AIO | IO_PU | Pin | Very Weak | Weak |
|------|--------|-------|-----|-----------|------|
| DIN  | 0      | (1) 0 | X   | off       | off  |
|      |        | (2) 1 | 0   | on        | off  |
|      |        | (3) 1 | 1   | on        | on   |
| AIO  | 1      | (4) 0 | X   | off       | off  |
|      |        | (5) 1 | X   | on        | off  |

圖 3-3(a)　類比輸出入及數位輸入結構

(1) 預定 IO_AIO=0 開啟施密特觸發器(Schmitt trigger)作為數位輸入(DIN)，同時預定 IO_PU=0 無提升電阻，接腳為浮接(float)輸入。如下圖所示：

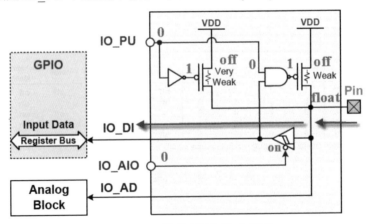

圖 3-3(b) 數位浮接輸入動作

(2) 若設定 IO_PU=1 會開啟(Very weak)提升電阻，具有弱提升電位功能。此時由接腳(Pin)輸入 0，會經施密特觸發器關閉(weak)提升電阻減少電流漏失，並將輸入的資料 0 經施密特觸發器送到輸入暫存器(Register)。如下圖所示：

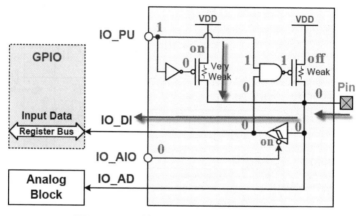

圖 3-3(c)　數位輸入 0 弱提升動作

(3) 此時由接腳(Pin)輸入 1，會經施密特觸發器(Schmitt trigger)開啟(weak)提升電阻，如此可以形成強提升可加快高電位的速度，並將輸入的資料 1 經施密特觸發器送到輸入暫存器。如下圖所示：

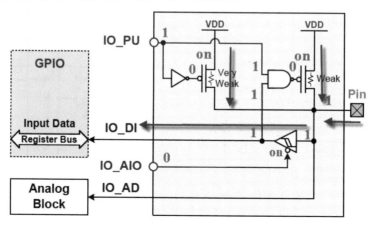

圖 3-3(d)　數位輸入 1 強提升動作

(4) 若設定IO_AIO=1會關閉施密特觸發器(Schmitt trigger)作為類比輸出入(AIO)
功能，同時預定 IO_PU=0 無提升電阻輸入腳為浮接。由接腳(Pin)與類比區
塊電路(Analog Block)輸出入類比電壓。如下圖所示：

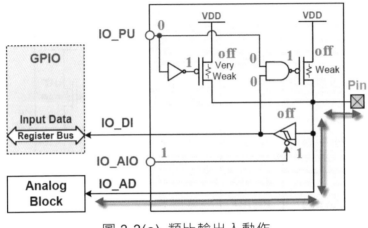

圖 3-3(e) 類比輸出入動作

(5) 若設定 IO_PU=1 會開啟 Very weak 弱提升電位功能。會影響接腳的類比電
壓。如下圖所示：

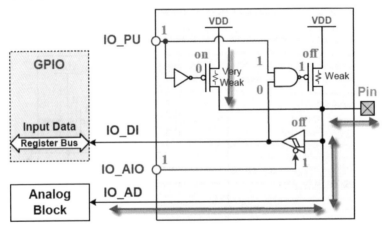

圖 3-3(f) 含弱提升的類比輸出入動作

2. 推挽式(Push-Pull)輸出(簡稱 PPO)結構：具有較大電流 $I_{OH}$ 及 $I_{OL}$ 輸出，同時具有輸入功能，如下圖所示：

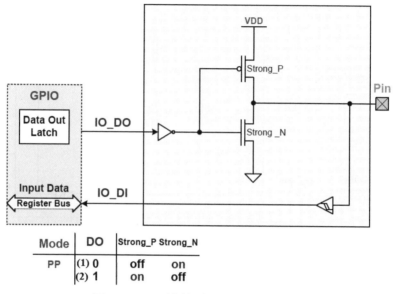

| Mode | DO | Strong_P | Strong_N |
|------|-----|----------|----------|
| PP | (1) 0 | off | on |
|    | (2) 1 | on | off |

圖 3-4(a) 推挽式(PPO)輸出結構

(1) 輸出資料 IO_DO=0 時，接腳(Pin)輸出 0 時的動作，如下圖所示：

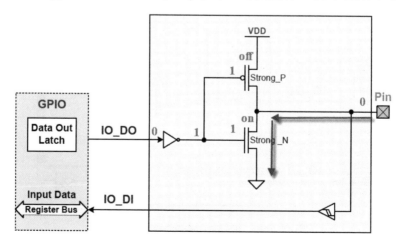

圖 3-4(b) 推挽式(PPO)輸出 0 動作

(2) 輸出資料 IO_DO=1 時，接腳(Pin)輸出 1 時的動作，如下圖所示：

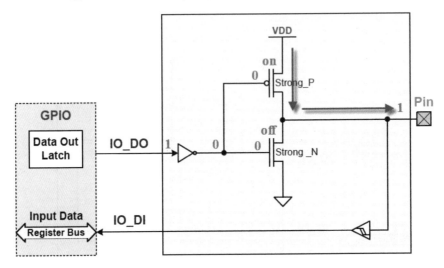

圖 3-4(c) 推挽式(PPO)輸出 1 動作

(3) 必須令 IO_DO=1 時，才能由接腳(Pin)輸入資料，動作如下圖所示：

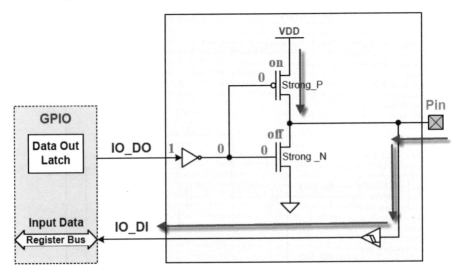

圖 3-4(d) 推挽式(PPO)輸入動作

3. 開洩極(Open-Drain)輸出(ODO)結構：同時具有輸入功能，如下圖所示：

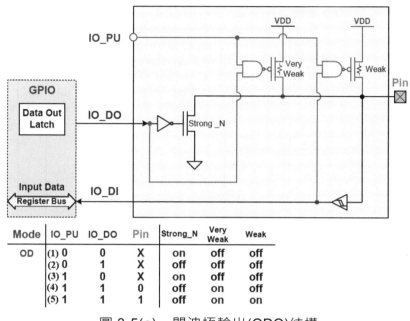

| Mode | IO_PU | IO_DO | Pin | Strong_N | Very Weak | Weak |
|------|-------|-------|-----|----------|-----------|------|
| OD | (1) 0 | 0 | X | on | off | off |
| | (2) 0 | 1 | X | off | off | off |
| | (3) 1 | 0 | X | on | off | off |
| | (4) 1 | 1 | 0 | off | on | off |
| | (5) 1 | 1 | 1 | off | on | on |

圖 3-5(a)　開洩極輸出(ODO)結構

(1) 預定 IO_PU=0 無提升電阻，當輸出資料 IO_DO=0 時 Strong_N on，令接腳
(Pin)對地短路，如下圖所示：

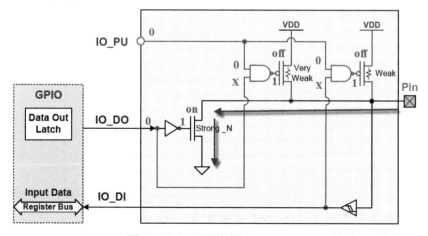

圖 3-5(b)　開洩極(Open-Drain)輸出 0 動作

(2) 預定 IO_PU=0 無提升電阻，當輸出資料 IO_DO=1 時 Strong_N off，令接腳 (Pin)浮接(float)不會輸出高電位，如下圖所示：

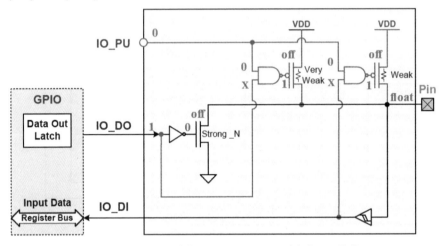

圖 3-5(c)　開洩極(Open-Drain)輸出 1 動作

(3) 若設定 IO_PU=1，輸出資料 IO_DO=0，會關閉提升電阻，同時 Strong_N on，令接腳(Pin)對地短路，無法輸入資料，如下圖所示：

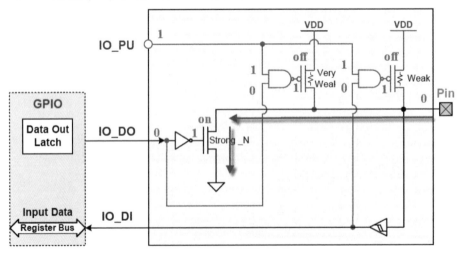

圖 3-5(d)　開洩極(Open-Drain)無法輸入動作

(4) 用於輸入功能時，必須先設定 IO_PU=1 來開啟(Very weak)具有弱提升電位，
再輸出資料 IO_DO=1 令 Strong_N off。即可由接腳(Pin)輸入 1，送到 IO_DI=1
有弱提升動作，如下圖所示：

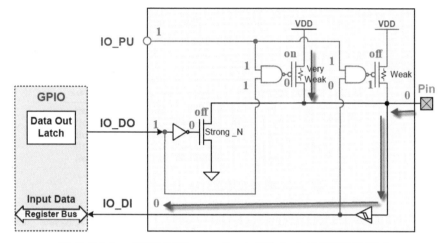

圖 3-5(e)　開洩極(Open-Drain)輸入 0 有弱提升動作

(5) 由接腳(Pin)輸入 1，送到 IO_DI=1 並有強提升，如下圖所示：

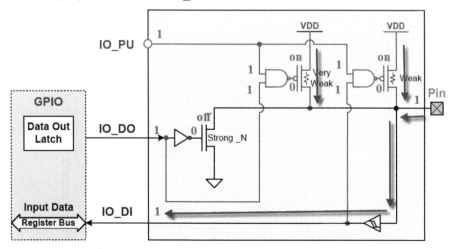

圖 3-5(f)　開洩極(Open-Drain)輸入 1 有強提升動作

4. 準雙向(Quasi-Bidirectional)輸出入(簡稱 QB)結構，如下圖所示：

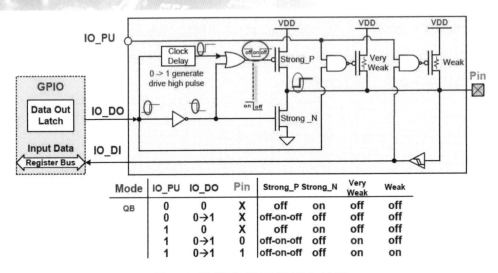

| Mode | IO_PU | IO_DO | Pin | Strong_P | Strong_N | Very Weak | Weak |
|------|-------|-------|-----|----------|----------|-----------|------|
| QB | 0 | 0 | X | off | on | off | off |
| | 0 | 0→1 | X | off-on-off | off | off | off |
| | 1 | 0 | X | off | on | off | off |
| | 1 | 0→1 | 0 | off-on-off | off | on | off |
| | 1 | 0→1 | 1 | off-on-off | off | on | on |

圖 3-6 準雙向(QB)輸出入結構

當資料 IO_DO=0→1 時，經 Clock Delay 延時 1 個時脈與反相器一起送到到 OR 閘，產生低脈衝 1→0→1，瞬間令 Strong_P 為 off→on→off 及 Strong_N 為 on→off，使輸出腳(Pin)=0→1。如此令輸出 0→1 加快速度。

5. GPIO 控制方塊結構，如下圖所示：

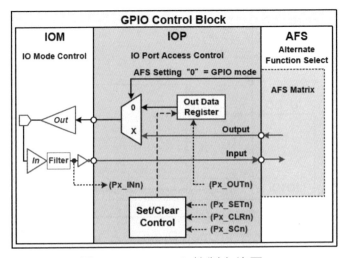

圖 3-7(a)　GPIO 控制方塊圖

(1) 預定 AFS=0 為 GPIO 模式,輸出動作時,寫入輸出資料暫存器(Out Data Latch)會由接腳(Pin)輸出,動作如下圖所示:

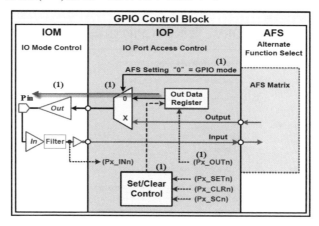

圖 3-7(b)　GPIO 輸出動作控制

(2) 輸入動作時,由接腳(Pin)輸入的資料,會經濾波器(Filter)除頻 1 倍、4 倍或 16 倍的時脈,送到輸入暫存器暫存器(Px_INx),如此可濾除輸入的高頻雜訊。輸入動作如下圖所示:

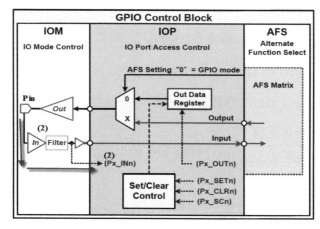

圖 3-7(c)　GPIO 輸入動作控制

## 3-1.3 GPIO 函數式

可開啟檔案 MG32x02z.chm 來觀察 MG32x02z 函數的用法，以 GPIO 函數式為例，點選 MG32x02z_GPIO_DRV.c 會顯示 GPIO 函數式，如下圖所示：

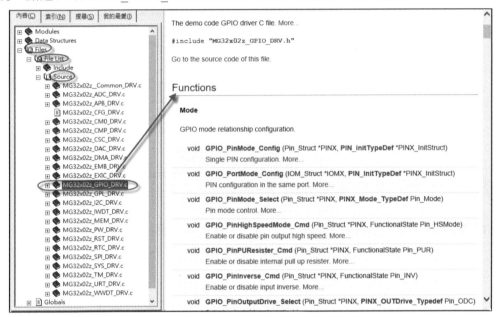

圖 3-8　GPIO 函數式

其中輸入參數：GPIOX= GPIOA~GPIOE，PINX= PINA(0~15)~PINE(0~15)

1. 操作模式(Mode)：GPIO 相關聯的配置。

(1) 信號接腳所有配置：

| void | GPIO_PinMode_Config (Pin_Struct *PINX, PIN_InitTypeDef *PINX_InitStruct) |
|------|------|
| 輸入：PINX_InitStruct= | |
| | PINX_Mode: //接腳模式設定 |
| | -PINX_Mode_Analog_IO //類比輸出入 |
| | -PINX_Mode_OpenDrain_O: //開洩極輸出 |
| | -PINX_Mode_PushPull_O: //推挽式輸出 |

-PINX_Mode_Digital_I: //數位輸入

-PINX_Mode_Quasi_IO: //準雙向輸出入

PINX_Speed: (僅 PC0 ~ PC3 , PD0 ~ PD3) //設定接腳速度

-PINX_Speed_Low: //低速

-PINX_Speed_High: //高速

PINX_PUResistant: //設定輸入提升電阻

-PINX_PUResistant_Disable: //禁能輸入提升電阻

-PINX_PUResistant_Enable: //致能輸入提升電阻

PINX_Inverse: //接腳反相

-PINX_Inverse_Disable: //接腳反相禁能

-PINX_Inverse_Enable: //接腳反相致能

PINX_OUTDrive: //接腳輸出驅動電流

-PINX_OUTDrive_Level0:

-PINX_OUTDrive_Level1: (for PE0~PE3 only )

-PINX_OUTDrive_Level2:

-PINX_OUTDrive_Level3: (for PE0~PE3 only )

PINX_FilterDivider: //接腳輸入濾波除頻

-PINX_FilterDivider_Bypass: //輸入無濾波

-PINX_FilterDivider_1: //輸入濾波 1 倍除頻

-PINX_FilterDivider_4: //輸入濾波 4 倍除頻

-PINX_FilterDivider_16: //輸入濾波 16 倍除頻

PINX_Alternate_Function: //接腳交替功能

-0=GPIO //0=GPIO

-1=Reset function (for PC6 only)

-1=OCD function (for PC4 , PC5 only)

-5=XTAL function(for PC13 , PC14 only)

範例：PIN_InitTypeDef PINX_InitStruct;    //定義接腳初始化結構變數

> PINX_InitStruct.PINX_Mode = PINX_Mode_OpenDrain_O;　//設定開洩極輸出
>
> PINX_InitStruct.PINX_PUResistant = PINX_PUResistant_Enable;//致能提升電阻
>
> PINX_InitStruct.PINX_Speed = PINX_Speed_Low; //設定低速輸出
>
> PINX_InitStruct.PINX_OUTDrive = PINX_OUTDrive_Level0;//輸出驅動電流
>
> PINX_InitStruct.PINX_FilterDivider = PINX_FilterDivider_Bypass;//無濾波
>
> PINX_InitStruct.PINX_Inverse = PINX_Inverse_Disable;//輸入禁能反相
>
> PINX_InitStruct.PINX_Alternate_Function = 0; //接腳為 GPIO
>
> GPIO_PinMode_Config(PINB(10),&PINX_InitStruct); //設定 PB10 接腳配置

(2) 接腳配置到同一個 IO 埠：

| void | GPIO_PortMode_Config (IOM_Struct *IOMX, PIN_InitTypeDef *PINX_InitStruct) |
|---|---|
| 輸入： | IOMX= IOMA ~ IOME，其餘和上述相同 |
| 範例： | PIN_InitTypeDef PINX_InitStruct;<br><br>PINX_InitStruct.PINX_Pin = (PX_Pin_0 \| PX_Pin_1);　//設定接腳 0~1<br><br>PINX_InitStruct.PINX_Mode = PINX_Mode_OpenDrain_O;//開洩極輸出<br><br>PINX_InitStruct.PINX_PUResistant = PINX_PUResistant_Enable;//致能提升電阻<br><br>PINX_InitStruct.PINX_Speed = PINX_Speed_Low;//低速<br><br>PINX_InitStruct.PINX_OUTDrive = PINX_OUTDrive_Level0;//輸出電流<br><br>PINX_InitStruct.PINX_FilterDivider = PINX_FilterDivider_Bypass;//輸入無濾波<br><br>PINX_InitStruct.PINX_Inverse = PINX_Inverse_Disable;//輸入無反相<br>PINX_InitStruct.PINX_Alternate_Function = 0;　//GPIO<br>GPIO_PortMode_Config(IOMA,&PINX_InitStruct); //配置 PA(PA~1) |

(3) 接腳模式控制：

| void | GPIO_PinMode_Select (Pin_Struct *PINX, PINX_Mode_TypeDef Pin_Mode) |
|---|---|
| 輸入：Pin_Mode= | PINX_Mode_Analog_IO　　//類比輸出入<br>PINX_Mode_OpenDrain_O //開洩極輸出<br>PINX_Mode_PushPull_O　//推挽式輸出<br>PINX_Mode_Digital_I　　//數位輸入<br>PINX_Mode_Quasi_IO　//準雙向輸出入 |
| 範例：GPIO_PinMode_Select(PINA(0),PINX_Mode_OpenDrain_O);// PA 為開洩極輸出 | |

(4) 致能或禁能接腳為高速輸出：

| void | GPIO_PinHighSpeedMode_Cmd (Pin_Struct *PINX,FunctionalState Pin_HSMode) |
|---|---|

| 輸入：Pin_HSMode = ENABLE 或 DISABLE (限 PC0 ~ PC3 , PD0 ~ PD3) |
|---|
| 範例：GPIO_PinHighSpeedMode_Cmd(PINC(0),ENABLE); //致能 PC0 為高速輸出模式 |

(5) 致能或禁能接腳內含提升電阻：

| void | GPIO_PinPUResister_Cmd (Pin_Struct *PINX, FunctionalState Pin_PUR) |
|---|---|
| 輸入：Pin_PUR= ENABLE 或 DISABLE | |
| 範例：GPIO_PinPUResister_Cmd(PINA(0),ENABLE); //致有 PA0 輸入內含提升電阻 | |

(6) 致能或禁能接腳輸入反相：

| void | GPIO_PinInverse_Cmd (Pin_Struct *PINX, FunctionalState Pin_INV) |
|---|---|
| 輸入：Pin_INV = ENABLE 或 DISABLE | |
| 範例：GPIO_PinInverse_Cmd(PINA(0),ENABLE); //致能 PA0 接腳輸入反相 | |

(7) 選擇輸出驅動電流強度：

| void | GPIO_PinOutputDrive_Select (Pin_Struct *PINX, PINX_OUTDrive_Typedef Pin_ODC) |
|---|---|
| 輸入：Pin_ODC= PINX_OUTDrive_Level0: | |
| | PINX_OUTDrive_Level1: (僅 PE0 ~ PE3) |
| | PINX_OUTDrive_Level2: |
| | PINX_OUTDrive_Level3: (僅 PE0 ~ PE3) |
| 範例：GPIO_PinOutputDrive_Select(PINA(0),PINX_OUTDrive_Level0); //PA0 輸出電流 | |

(8) 選擇輸入腳的濾波除頻：

| void | GPIO_PinInFilterDivider_Select (Pin_Struct *PINX,<br>                              PINX_FilterDiver_Typedef_Pin FDIV) |
|---|---|
| 輸入：FDIV= PINX_FilterDivider_Bypass //無輸入濾波 | |
| | PINX_FilterDivider_1 //輸入濾波 1 個時脈 |
| | PINX_FilterDivider_4 //輸入濾波 4 個時脈 |
| | PINX_FilterDivider_16 //輸入濾波 16 個時脈 |
| 範例：GPIO_PinInFilterDivider_Select(PINA(0),PINX_FilterDivider_Bypass);//PA0 無濾波 | |

(9) 選擇接腳交替功能：

| void | GPIO_PinFunction_Select (Pin_Struct *PINX, uint8_t Pin_Func) |
|---|---|
| 輸入：Pin_Func=0 為 GPIO，Pin_Func=其餘為特殊功能 | |
| 範例：GPIO_PinFunction_Select(PINA(0),0);//設定 PA 為 GPIO | |

(10) 選擇輸入腳的濾波時脈來源：且同一個 Port 共用一個時脈來源：

| void | GPIO_PortFilterClockSource_Select (IOM_Struct *IOMX, PortFilterCLK_Typedef FCKS) |
|---|---|
| 輸入： | FCKS=GPIO_FT_CLK_AHB　//AHB 時脈 |
|  | GPIO_FT_CLK_AHB_DIV8 //AHB 時脈/ 8 |
|  | GPIO_FT_CLK_ILRCO　//ILRCO 時脈 |
|  | GPIO_FT_TM00_TRGO　//Timer00 溢位 |
|  | GPIO_FT_CK_UT　　//CK_UT 時脈 |
| 範例：GPIO_PortFilterClockSource_Select(IOMA,GPIO_FT_CLK_AHB); //PA 時脈為 AHB | |

2. 讀/寫(Read / Write)：GPIO 接腳的讀/寫(輸入/輸出)功能。

(1) 寫入 IO 埠功能：

| void | GPIO_WritePort (GPIO_Struct *GPIOX, uint16_t Port_Status) |
|---|---|
| 輸入：Port_Status=0x0000~0xFFFF | |
| 範例：GPIO_WritePort(GPIOA,0x1234); //寫入 PA=0x1234 輸出 | |

(2) 讀取 IO 埠狀態功能：

| uint16_t | GPIO_ReadPort (GPIO_Struct *GPIOX) |
|---|---|
| 輸入：GPIOX= GPIOA ~ GPIOE，返回：uint16_t=讀取 IO 埠的資料 | |
| 範例：temp = GPIO_ReadPort(GPIOA); //讀取 PA 埠輸入狀態數值 | |

(3) 設定 IO 埠的位元(接腳)為高電位：

| void | GPIO_SetPortBit (GPIO_Struct *GPIOX, uint16_t Set_Pin) |
|---|---|
| 輸入：GPIOX= GPIOA ~ GPIOE， Set_Pin = PX_Pin_0~ PX_Pin_15 | |
| 範例：GPIO_SetPortBit(GPIOA,(PX_Pin_0|PX_Pin_1); //設定 PA0~1=11 | |

(4) 清除 IO 埠的位元(接腳)為低電位：

| void | GPIO_ClearPortBit (GPIO_Struct *GPIOX, uint16_t Clear_Pin) |
|---|---|
| 輸入：GPIOX= GPIOA ~ GPIOE， Clear_Pin = PX_Pin_0~ PX_Pin_15 | |
| 範例：GPIO_ClearPortBit(GPIOA,(PX_Pin_0 | PX_Pin_1);//清除 PA0~1=00 | |

(5) 設定及清除同一個 IO 埠的位元(接腳)為高電位或低電位：

| void | GPIO_SetClearPortBit (GPIO_Struct *GPIOX, uint16_t Set_Pin, uint16_t Clr_Pin) |
|---|---|
| 輸入：Set_Pin = PX_Pin_0~ PX_Pin_15， Clear_Pin = PX_Pin_0~ PX_Pin_15 | |
| 範例：GPIO_SetClearPortBit(GPIOA,PX_Pin_0,PX_Pin_1); //PA0=1，PA1=0 | |

## 3-1.4　GPIO 基礎實習

GPIO 基礎實習包括 LED、三色 LED、喇叭及按鍵，如下圖所示：

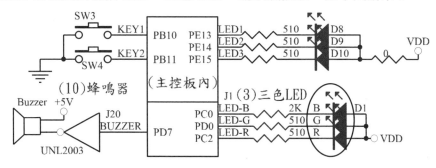

圖 3-9(a)　GPIO 基礎實習電路

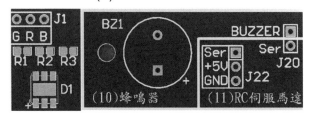

圖 3-9(b)　三色 LED 與蜂鳴器實習外型

在 config.h 內含實驗板接腳定義，如此撰寫程式較為簡便性。如下所示：

```
    #define LED1        PE13 //主控板 LED
    #define LED2        PE14
    #define LED3        PE15
    #define LED8        GPIOA->OUT.B[1]    //資料由 PA8~15 輸出
//**************************************************************
void LED(uint16_t x);   //計數值 x 由 PE13~15(128/132)主控板 LED 輸出
void LED(uint16_t x)
{
   GPIOE->SC.W = (0x7<<13);      //PE13~15=111 輸出
   GPIOE->SC.W = (x<<13<<16);   //計數值 x 由 PE13~15 低電位輸出
}
```

```
#define  LED_R     PC2   //三色 LED 紅色接腳
#define  LED_G     PD2   //三色 LED 綠色接腳
#define  LED_B     PD0   //三色 LED 藍色接腳
#define  KEY1   PB10   //設定主控板 KEY1(SW3)接腳
#define  KEY2   PB11   //設定主控板 KEY2(SW4)接腳
#define  Buzzer   PD7
```

請看各範例資料內的設定與測試. docx。

1. LED 輸出控制實習：

   (1) 範例 LED1 (RTE 控制)及 LED1A(函數式控制)：令 LED 閃爍。

   (2) 範例 LED2 (RTE 控制)及 LED2A(函數式控制)：令由 LED 遞加輸出。

   (3) 範例 LED3：GPIO 輸出暫存器控制，使用不同指令，令 LED 遞加。

   (4) 範例 LED4：GPIO 暫存器控制，SC 及 SCR 暫存器控制位元輸出入。

   (5) 範例 TEST：除 PC4~5(SWD)、P15(無)及 PD4~6(USB)外，其餘移位輸出。

2. 三色 LED 輸出控制實習：

   (1) 範例 RGB1：令三色 LED 輪流發亮。

   (2) 範例 RGB2：令三色 LED 混合色彩輸出。

3. 按鍵控制實習：按鍵控制具防止機械彈跳及接腳設定，如下圖(a)(b)所示：

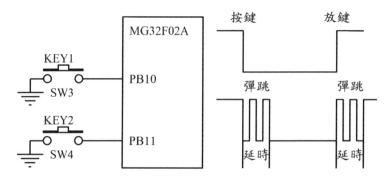

圖 3-10(a)　按鍵機械彈跳

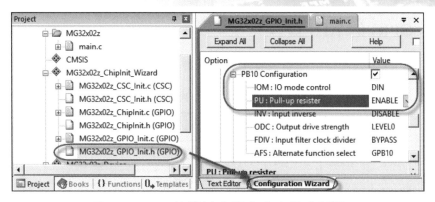

圖 3-10(b)　接腳輸入設定內含提升電阻

(1) 範例 KEY1 及 KEY1A：按鍵 KEY1(SW3)控制由 LED 遞加輸出或停止。

(2) 範例 KEY2：KEY1(SW3)控制 LED 遞加，KEY2(SW4)控制 LED 遞減輸出。

(3) 範例 KEY3：按鍵控制由 LED 遞加輸出，軟體延時改善開關機械彈跳。

(4) 範例 KEY4：按鍵控制由 LED 遞加輸出，以硬體輸入濾波器來改善開關機械彈跳，設定方式如下圖所示：

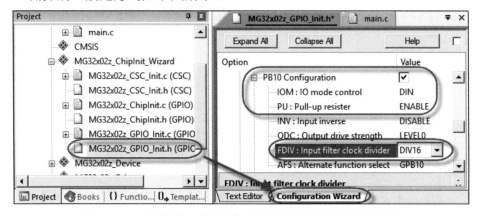

圖 3-11　接腳輸入設定內含提升電阻及硬體濾波器

4. 喇叭控制實習：

　(1) 範例 Buzzer1：按鍵令 Buzzer 輸出嗶嗶聲。

　(2) 範例 Buzzer2：由按鍵控制蜂鳴器(Buzzer)輸出音頻。

## 3-1.5　GPIO 的 AFS 實習

在 GPIO 中有些接腳與系統共用，如下表(a)(b)所示：

表 3-6(a)　MG32F02A032AD48 的 GPIO 與系統共用接腳

| Pin Name | AF0 | AF1 | AF2 | AF3 | AF4 | AF5 | AF6 | AF7 | AF10 |
|---|---|---|---|---|---|---|---|---|---|
| PC4 | GPC4 | SWCLK | I2C0_SCL | URT0_RX | URT1_RX | | TM36_OC2 | | |
| PC5 | GPC5 | SWDIO | I2C0_SDA | URT0_TX | URT1_TX | | TM36_OC3 | | |
| PC6 | GPC6 | RSTN | RTC_TS | URT0_NSS | URT1_NSS | | | | |
| PC13 | GPC13 | XIN | URT1_NSS | URT0_CTS | | TM10_ETR | | TM36_OC00 | |
| PC14 | GPC14 | XOUT | URT1_TMO | URT0_RTS | | TM10_CKO | | TM36_OC10 | |

表 3-6(b)　MG32F02U128AD80 的 GPIO 與系統共用接腳

| Pin | AFS=0 | AFS=1 | AFS=2 | AFS=3 | AFS=4 | AFS=5 | AFS=6 | AFS=7 | AFS=8 | AFS=9 | AFS=10 | AFS=11 |
|---|---|---|---|---|---|---|---|---|---|---|---|---|
| PC4 | GPC4 | SWCLK | I2C0_SCL | URT0_RX | URT1_RX | | TM36_OC2 | SDT_I0 | | | | URT6_RX |
| PC5 | GPC5 | SWDIO | I2C0_SDA | URT0_TX | URT1_TX | | TM36_OC3 | SDT_I1 | | | | URT6_TX |
| PC6 | GPC6 | RSTN | RTC_TS | URT0_NSS | URT1_NSS | TM20_ETR | TM26_ETR | | MBW1 | MALE | | |
| PC13 | GPC13 | XIN | URT1_NSS | URT0_CTS | URT2_RX | TM10_ETR | TM26_ETR | TM36_OC00 | TM20_IC0 | SDT_I0 | | URT6_RX |
| PC14 | GPC14 | XOUT | URT1_TMO | URT0_RTS | URT2_TX | TM10_CKO | TM26_TRGO | TM36_OC10 | TM20_IC1 | SDT_I1 | | URT6_TX |

1. 範例 AFS1：令 PC4(SWCLK)及 PC5(SWDIO)為 GPIO 輸出，接腳設定如下圖：

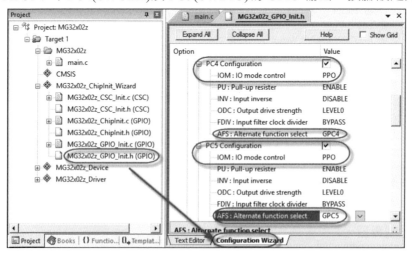

圖 3-12　SWCLK 接腳設定為 GPIO

(1) PC4(SWCLK)及 PC5(SWDIO)設定為 GPIO 後，SWD 界面將會無法進行燒錄
工作，如下圖所示：

圖 3-13(a) SWD 界面無法工作

(2) 執行 ..\OCD32_MLink_v0.xx.0.0\Setup_forKeil\ICP32_Programmer.exe，主控
板的 J3 開路禁能 VCP，選擇 MCU 型號(如 MG32F02U128)後，不須載入程
式，先按住 reset 鍵不放，接著按 Update Target 後數兩秒，reset 鍵再放開!。
抹除 MCU 內部的原有程式，SWD 界面即可恢復正常，如下圖所示：

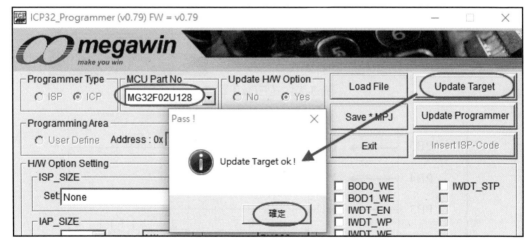

圖 3-13(b) 抹除 MCU 內部程式

2. 範例 AFS2：設定 PC6(RSTN)為 GPIO 輸出，不影響 RESET 腳的工作。

3. 範例 AFS3：設定 PC13(XIN)、PC14(XOUT)為 GPIO 輸出，不影響其功能。

# 3-2 GPIO應用實習

本章應用實習包括：紅黃綠燈、步進馬達、七段顯示器、雙色點矩陣顯示器、文字型液晶顯示器、串列式全彩 LED，如下：

## 3-2.1 紅黃綠燈輸出控制實習

由列表取出資料及時間值，輸出紅黃綠燈的變化，如下圖及下表所示。

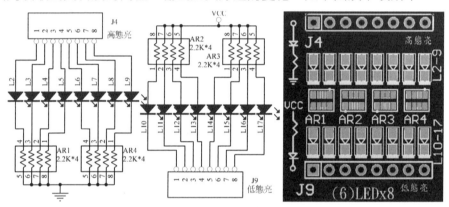

圖 3-14 　LEDx8 電路

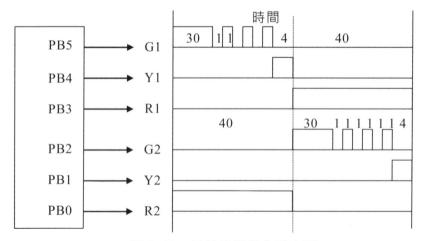

圖 3-15 　紅黃綠燈變化時序圖

表 3-7　紅黃綠燈的輸出資料

| 順序 | LED 資料 | 7 6 5 4 3 2 1 0 綠黃紅綠黃紅 | 時間 | 順序 | LED 資料 | 7 6 5 4 3 2 1 0 綠黃紅綠黃紅 | 時間 |
|---|---|---|---|---|---|---|---|
| 0 | 0x21 | 0 0 1 0 0 0 0 1 | 30 | 8 | 0x0C | 0 0 0 0 1 1 0 0 | 30 |
| 1 | 0x01 | 0 0 0 0 0 0 0 1 | 1 | 9 | 0x08 | 0 0 0 0 1 0 0 0 | 1 |
| 2 | 0x21 | 0 0 1 0 0 0 0 1 | 1 | 10 | 0x0C | 0 0 0 0 1 1 0 0 | 1 |
| 3 | 0x01 | 0 0 0 0 0 0 0 1 | 1 | 11 | 0x08 | 0 0 0 0 1 0 0 0 | 1 |
| 4 | 0x21 | 0 0 1 0 0 0 0 1 | 1 | 12 | 0x0C | 0 0 0 0 1 1 0 0 | 1 |
| 5 | 0x01 | 0 0 0 0 0 0 0 1 | 1 | 13 | 0x08 | 0 0 0 0 1 0 0 0 | 1 |
| 6 | 0x21 | 0 0 1 0 0 0 0 1 | 1 | 14 | 0x0C | 0 0 0 0 1 1 0 0 | 1 |
| 7 | 0x11 | 0 0 0 1 0 0 0 1 | 4 | 15 | 0x0A | 0 0 0 0 1 0 1 0 | 4 |

在 config.h 內定義 LEDx8 接腳，如下：

```
#define LEDx8    GPIOA->OUT.B[1]   //由 PA8~15 輸出
```

紅黃綠燈 LED 範例，如下：

1. 範例 3_RYG1：令 LED 輸出紅黃綠燈的變化。

2. 範例 3_RYG2：令 LED 輸出紅黃綠燈變化，當 KEY=0 時黃燈互閃。

## 3-2.2　步進馬達控制實習

步進馬達本身是以寸動(每次走一步)的方式來工作，具有無慣性作用、高精密度的旋轉角度及容易控制等優點，尤其適用於微處理機的控制，雖然速度稍嫌緩慢及力量較小外，不失為一良好控制元件。步進馬達模組控制電路，如下圖：

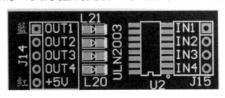

圖 3-16(a)　步進馬達外型

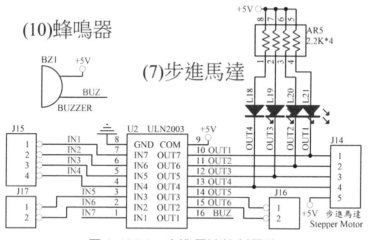

(10)蜂鳴器

(7)步進馬達

圖 3-16(b)　步進馬達控制電路

　　使用時必須在 CJ1 外接 USB 埠提供 5V 電源，在 J15(IN1~4)輸入驅動數碼，並經 UNL2003 來驅動 J14 的四相五線式的步進馬達運轉及令 LED(L18~21)亮。

　　四相五線式的步進馬達每圈為 2048 步，其驅動方式一般分為三種，只要依照順序去驅動步進馬達的每一組線圈，就可以改變它的正反轉及速度，驅動數碼如下表所示：

表 3-8　步進馬達驅動數碼

| 正轉 | 反轉 | 單相全步運轉 | | | | 雙相全步運轉 | | | | 單雙相半步運轉 | | | |
|---|---|---|---|---|---|---|---|---|---|---|---|---|---|
| | | 步 | A | B | /A | /B | 步 | A | B | /A | /B | 步 | A | B | /A | /B |
| | | 0 | 0 | 0 | 0 | 1 | 0 | 0 | 0 | 1 | 1 | 0 | 1 | 0 | 0 | 1 |
| | | 1 | 0 | 0 | 1 | 0 | 1 | 0 | 1 | 1 | 0 | 1 | 0 | 0 | 0 | 1 |
| | | 2 | 0 | 1 | 0 | 0 | 2 | 1 | 1 | 0 | 0 | 2 | 0 | 0 | 1 | 1 |
| | | 3 | 1 | 0 | 0 | 0 | 3 | 1 | 0 | 0 | 1 | 3 | 0 | 0 | 1 | 0 |
| | | 0 | 0 | 0 | 0 | 1 | 0 | 0 | 0 | 1 | 1 | 4 | 0 | 1 | 1 | 0 |
| | | 1 | 0 | 0 | 1 | 0 | 1 | 0 | 1 | 1 | 0 | 5 | 0 | 1 | 0 | 0 |
| | | 2 | 0 | 1 | 0 | 0 | 2 | 1 | 1 | 0 | 0 | 6 | 1 | 1 | 0 | 0 |
| | | 3 | 1 | 0 | 0 | 0 | 3 | 1 | 0 | 0 | 1 | 7 | 1 | 0 | 0 | 0 |

　　在 config.h 內定義步進馬達接腳，如下：

```
#define STEP  GPIOA->OUT.B[0]    //資料由 PA0~3 步進馬達輸出
#define SW     GPIOB->OUT.B[0] & 0x0F //設定指撥開關(SW1~4)接腳為 PB0~3
#define SW1   PB0   //設定指撥開關 SW1 接腳
#define SW2   PB1   //設定指撥開關 SW2 接腳
#define SW3   PB2   //設定指撥開關 SW3 接腳
#define SW4   PB3   //設定指撥開關 SW4 接腳
```

步進馬達實習範例如下：

1. 範例 STEP1：選擇不同的驅動數碼來推動步進馬達的正反轉。

2. 範例 STEP2：將驅動數碼存在陣列資料內，以手動方式控制步進馬達正反轉、速度及停止。

3. 範例 STEP3：步進馬達自動控制，各種動作可放置於陣列內，再依序執行，形成自動正反轉及停止控制。

## 3-2.3  七段顯示器應用實習

七段顯示器是由 8 個 LED 所組成的，分為共陽極及共陰極，如下圖(a)(b)：

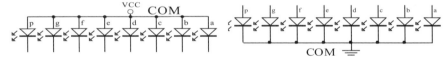

圖 3-17(a)  共陽極七段顯示器          圖 3-17(b)  共陰極七段顯示器

本章使用四位數共陽極七段顯示器電路均以低態動作，如下圖所示：

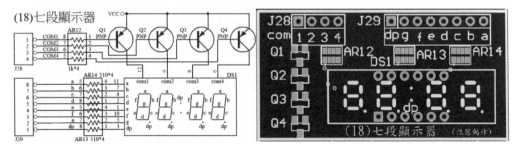

圖 3-18  四位數共陽極七段顯示器

　　由 J29(a~g,dp)低電位輸入數碼資料及 J28(com1~4)低電位驅動 PNP 電晶體導通，選擇七段顯示器發亮。

　　在 config.h 內定義七段顯示器的 0~F 數碼資料及接腳，如下：

```
const uint8  SegTable[] //七段顯示器 0~F 數碼資料
={0x3f,0x06,0x5b,0x4f,0x66,0x6d,0x7d,0x07,
  0x7f,0x6f,0x77,0x7c,0x39,0x5e,0x79,0x71};
 #define  SegC1        PA0//選擇千位數顯示器
 #define  SegC2        PA1//選擇百位數顯示器
 #define  SegC3        PA2//選擇十位數顯示器
 #define  SegC4        PA3//選擇個位數顯示器
 #define SegData    GPIOA->OUT.B[1]  //資料由 PA8~15 輸出
```

七段顯示器數碼資料表，如下表所示：

表 3-9　七段顯示器數碼表

| | 數字 | pgfedcba | 數碼 | 數字 | pgfedcba | 數碼 |
|---|---|---|---|---|---|---|
| | 0 | 00111111 | 0x3F | 8 | 01111111 | 0x7F |
| | 1 | 00000110 | 0x06 | 9 | 01101111 | 0x6F |
| | 2 | 01011011 | 0x5B | A | 01110111 | 0x77 |
| | 3 | 01001111 | 0x4F | B | 01111100 | 0x7C |
| | 4 | 01100110 | 0x66 | C | 00111001 | 0x39 |
| | 5 | 01101101 | 0x6D | D | 01011110 | 0x5E |
| | 6 | 01111101 | 0x7D | E | 01111001 | 0x79 |
| | 7 | 00000111 | 0x07 | F | 01110001 | 0x71 |

1. 範例 SEG1：四位數掃描計數器，以 16 進制顯示 0000~FFFF。

2. 範例 SEG2：四位數掃描計數器，以十進制顯示 0000~9999。

3. 範例 SEG3：四位數掃描計數器，以十進制顯示 -1999~1999。

4. 範例 SEG4：顯示電子鐘的時、分及秒為閃爍，可調時及調分。

## 3-2.4　雙色點矩陣 LED 顯示器控制實習

　　點矩陣顯示器是以掃描技巧來顯示字型，一般點矩陣顯示器都是 8x8 個 LED 來組成的，由 MCU 以掃描方式來處理其硬體電路，以雙色 8x8 共陽極點矩陣 LED 顯示器驅動電路為例，如下圖所示：

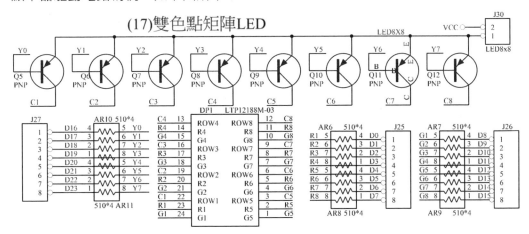

圖 3-19(a)雙色點矩陣 LED 顯示器電路

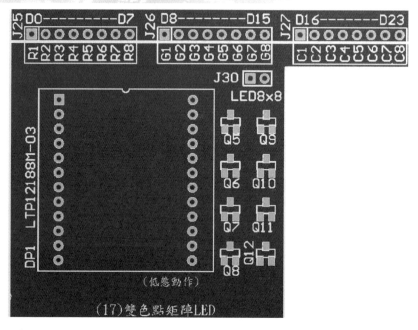

圖 3-19(b)　雙色點矩陣 LED 顯示器外型

先將 J30(LED8x0)ON 提供電源，以低電位由 J25(R1~8)輸入紅色資料及 J26(G1~8)輸入綠色資料，經電阻送到點矩陣 LED 顯示器的陰極。再以低電位由 J27(C1~8)輸入掃描信號，使 PNP 電晶體導通，令 VCC 送到矩陣 LED 顯示器的共陽極，然後應用掃描技巧令點矩陣 LED 顯示圖形或文字。範例如下：

1. 範例 DOT1：8*8 點矩陣 LED 由左到右掃描輸出。

2. 範例 DOT2：輸出陣列字型資料，顯示字型。

3. 範例 DOT3：顯示字型反白閃爍字。

4. 範例 DOT4：輸出陣列字型資料，顯示不同彩色字型。

5. 範例 DOT5：顯示切換字型。

6. 範例 DOT6：顯示左移位四個字。

## 3-2.5 文字型液晶顯示器實習

在 LCD1 插入 LCD，由 J34(LCD1)連接主控板，同時在 VR3 調整字幕顯示灰階，如下圖所示：

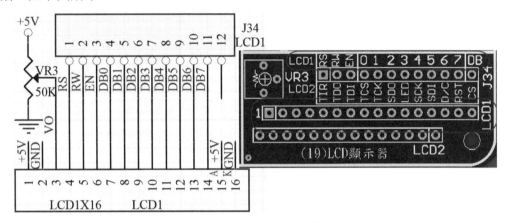

圖 3-20　文字型 LCD 實習電路

在 config.h 內定義 LCD 接腳，如下：

```
#define LCM_RS      PA1
#define LCM_RW      PA2
#define LCM_EN      PA3
#define LCM_BUS     GPIOA->OUT.B[1]   //資料由 PA8~15 輸出
```

LCD 指令碼如下表所示：

表 3-10　LCD 指令碼控制表　　　＊：無作用

| COMMAND | COMMAND CODE | | | | | | | | | | COMMAND CODE | E-CYCLE $f_{osc}$=250KHz |
|---|---|---|---|---|---|---|---|---|---|---|---|---|
| | RS | R/W | DB7 | DB6 | DB5 | DB4 | DB3 | DB2 | DB1 | DB0 | | |
| SCREEN CLEAR | 0 | 0 | 0 | 0 | 0 | 0 | 0 | 0 | 0 | 1 | Screen Clear, Set AC to 0 Cursor Reposition | 1.64ms |
| CURSOR RETURN | 0 | 0 | 0 | 0 | 0 | 0 | 0 | 0 | 1 | * | DDRAM AD=0, Return, Content Changeless | 1.64ms |
| INPUT SET | 0 | 0 | 0 | 0 | 0 | 0 | 0 | 1 | I/D | S | Set moving direction of cursor, Appoint if move | 40us |
| DISPLAY SWITCH | 0 | 0 | 0 | 0 | 0 | 0 | 1 | D | C | B | Set display on/off,cursor on/off, blink on/off | 40us |
| SHIFT | 0 | 0 | 0 | 0 | 0 | 1 | S/C | R/L | * | * | Remove cursor and whole display,DDRAM changeless | 40us |
| FUNCTION SET | 0 | 0 | 0 | 0 | 1 | DL | N | F | * | * | Set DL,display line,font | 40us |
| CGRAM AD SET | 0 | 0 | 0 | 1 | ACG | | | | | | Set CGRAM AD, send receive data | 40us |
| DDRAM AD SET | 0 | 0 | 1 | ADD | | | | | | | Set DDRAM AD, send receive data | 40us |
| BUSY/AD READ CT | 0 | 1 | BF | AC | | | | | | | Executing internal function, reading AD of CT | 40us |
| CGRAM/ DDRAM DATA WRITE | 1 | 0 | DATA WRITE | | | | | | | | Write data from CGRAM or DDRAM | 40us |
| CGRAM/ DDRAM DATA READ | 1 | 1 | DATA READ | | | | | | | | Read data from CGRAM or DDRAM | 40us |
| I/D=1: Increment Mode; I/D=0: Decrement Mode<br>S=1: Shift<br>S/C=1: Display Shift; S/C=0: Cursor Shift<br>R/L=1: Right Shift; R/L=0: Left Shift<br>DL=1: 8D   DL=0: 4D<br>N=1: 2R   N=0: 1R<br>F=1: 5x10 Style;   F=0: 5x7 Style<br>BF=1: Execute Internal Function;<br>BF=0: Command Received | | | | | | | | | | | DDRAM: Display data RAM<br>CGRAM: Character Generator RAM<br>ACG: CGRAM AD<br>ADD: DDRAM AD & Cursor AD<br>AC: Address counter for DDRAM & CGRAM | E-cycle changing with main frequency. Example: If fcp or $f_{osc}$=270KHz<br><br>40us x 250/270 =37us |

CG RAM 字型如下表所示：

表 3-11　　CG RAM 字型表

| b7-b4 / b3-b0 | 0000 | 0010 | 0011 | 0100 | 0101 | 0110 | 0111 | 1010 | 1011 | 1100 | 1101 | 1110 | 1111 |
|---|---|---|---|---|---|---|---|---|---|---|---|---|---|
| 0000 | CG RAM (1) | | 0 | @ | P | ` | p | | ― | タ | ミ | α | p |
| 0001 | (2) | ! | 1 | A | Q | a | q | 。 | ア | チ | ム | ä | q |
| 0010 | (3) | " | 2 | B | R | b | r | 「 | イ | ツ | メ | β | θ |
| 0011 | (4) | # | 3 | C | S | c | s | 」 | ウ | テ | モ | ε | ∞ |
| 0100 | (5) | $ | 4 | D | T | d | t | 、 | エ | ト | ヤ | μ | Ω |
| 0101 | (6) | % | 5 | E | U | e | u | ・ | オ | ナ | ユ | σ | ü |
| 0110 | (7) | & | 6 | F | V | f | v | ヲ | カ | ニ | ヨ | ρ | Σ |
| 0111 | CG RAM (8) | ' | 7 | G | W | g | w | ア | キ | ヌ | ラ | g | π |
| 1000 | CG RAM (1) | ( | 8 | H | X | h | x | イ | ク | ネ | リ | √ | x̄ |
| 1001 | (2) | ) | 9 | I | Y | i | y | ゥ | ケ | ノ | ル | ̈ | y |
| 1010 | (3) | * | : | J | Z | j | z | エ | コ | ハ | レ | j | 千 |
| 1011 | (4) | + | ; | K | [ | k | { | ォ | サ | ヒ | ロ | × | 万 |
| 1100 | (5) | , | < | L | ¥ | l | \| | ャ | シ | フ | ワ | ¢ | 円 |
| 1101 | (6) | - | = | M | ] | m | } | ュ | ス | ヘ | ン | t | ÷ |
| 1110 | (7) | . | > | N | ^ | n | → | ョ | セ | ホ | ゛ | ñ | |
| 1111 | CG RAM (8) | / | ? | O | _ | o | ← | ッ | ソ | マ | ゜ | ö | ▪ |

若使用 LCD 以 8-bit 方式來傳輸資料，初始化操作步驟如下圖所示：

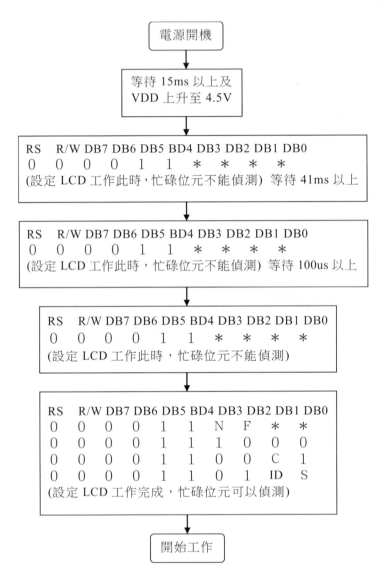

圖 3-21　　LCD 的 8-bit 傳輸初始化操作步驟

若使用 LCD 以 4-bit 方式來傳輸資料，初始化操作步驟如下圖所示：

| 開機 →等待時間大於 40 ms |
|---|

↓

| Function Set →等待時間大於 100μs | | | | | | | | | |
|---|---|---|---|---|---|---|---|---|---|
| RS | R/W | DB7 | DB6 | DB5 | DB4 | DB3 | DB2 | DB1 | DB0 |
| 0 | 0 | 0 | 0 | 1 | 1 | * | * | * | * |

↓

| Function Set →等待時間大於 100μs | | | | | | | | | |
|---|---|---|---|---|---|---|---|---|---|
| RS | R/W | DB7 | DB6 | DB5 | DB4 | DB3 | DB2 | DB1 | DB0 |
| 0 | 0 | 0 | 0 | 1 | 0 | * | * | * | * |
| 0 | 0 | * | 0 | * | * | * | * | * | * |

↓

| Display ON/OFF Control →等待時間大於 100μs | | | | | | | | | |
|---|---|---|---|---|---|---|---|---|---|
| RS | R/W | DB7 | DB6 | DB5 | DB4 | DB3 | DB2 | DB1 | DB0 |
| 0 | 0 | 0 | 0 | 0 | 0 | * | * | * | * |
| 0 | 0 | 1 | D | C | B | * | * | * | * |

↓

| Display Clear →等待時間大於 10ms | | | | | | | | | |
|---|---|---|---|---|---|---|---|---|---|
| RS | R/W | DB7 | DB6 | DB5 | DB4 | DB3 | DB2 | DB1 | DB0 |
| 0 | 0 | 0 | 0 | 0 | 0 | * | * | * | * |
| 0 | 0 | 0 | 0 | 0 | 1 | * | * | * | * |

↓

| Entry Mode Set | | | | | | | | | |
|---|---|---|---|---|---|---|---|---|---|
| RS | R/W | DB7 | DB6 | DB5 | DB4 | DB3 | DB2 | DB1 | DB0 |
| 0 | 0 | 0 | 0 | 0 | 0 | * | * | * | * |
| 0 | 0 | 0 | 1 | I/D | S | * | * | * | * |

↓

| 初始化結束 |
|---|

圖 3-22　　LCD 的 4-bit 傳輸初始化操作步驟

LCD 實習範例如下：

1. 範例 LCD1：由 LCD 顯示兩行文字,令其閃爍或移位。

2. 範例 LCD2：在 LCD 顯示"COUNT="，再重覆顯示 00000~65535。

3. 範例 LCD3：在 LCD 顯示"COUNT="，再重覆顯示-9999~+9999。

4. 範例 LCD4：在 LCD 顯示 24 小時電子鐘的變化，可調時及調分。

5. 範例 LCD5：在文字型 LCD 上顯示"2020 年 07 月 01 日。

6. 範例 LCD6：在文字型 LCD 顯示自創的資工字型。

7. 範例 LCD7：自創 4 個圖形，並令 LCD 顯示小綠人動畫。

CHAPTER 4

# EXIC 與 DMA 控制實習

### 本章單元

- NVIC 與 EXIC 控制實習
- 系統電源(PW)控制實習(矩陣式按鍵、旋轉編碼器)
- 應用線上燒錄(IAP)實習
- 直接記憶存取(DMA)實習
- 通用邏輯(GPL)與 CRC 控制實習
- 外部記憶體匯流排(EMB)控制實習

微處理機輸入信號的處理方式有三種：

◎ 程式 I/O：在程式迴圈中必須不斷的用指令去偵測輸入腳的狀態，在第三章中就是這種方式來處理。

優點：程式簡單、容易維護。

缺點：會浪費 CPU 的時間，且程式必須執行到輸入指令時，才會偵測輸入端，若輸入端的信號來的太過快速，CPU 將無法即時偵測到，致使輸入信號漏失。

◎ 中斷(Interrupt)I/O：致能中斷後，即可不用理會輸入端。有中斷輸入信號時，會立即通知 CPU 停止目前的工作，去執行中斷服務函數(ISR)。執行完後，回原主程式繼續執行。中斷應用於需要最優先的動作處理，本章將詳細介紹。

優點：不用去偵測輸入端，不會浪費 CPU 時間，且能偵測到快速的輸入信號。

缺點：若應用於大量的資料傳輸時會疲於奔命，較不適合。

◎ 直接記憶存取(DMA：Direct Memory Access)：在個人電腦中的周邊設備如 EMB、UART、TIME、SPI、ADC 及 I²C 等工作時，會透過 DMA 控制器來通知 CPU 持住(hold)，此時 CPU 會切除對外的 BUS 線，停止對周邊設備與記憶體的溝通。而由 DMA 控制器取代 CPU 來控制 BUS 線，令周邊設備直接和 RAM 存取資料。它適合用於整批大量資料的存取。此章後面將詳細介紹。

ARM®Cortex®-M0 內含嵌套向量中斷控制器(NVIC: Nested Vectored Interrupt Controller)，提供多個中斷向量及多層中斷優先等級，具有快速中斷響應，可提高處理器的反應能力與效能，大量減少中斷延時時間。其特性如下：

# 4-1 NVIC 與 EXIC 控制實習

嵌套式向量中斷控制器(NVIC)，除了系統中斷外，還提供 32 個周邊設備中斷向量、四層中斷優先等級及快速中斷響應，可提高處理器的反應能力與效能。而外部中斷控制(EXIC: External Interrupt Controller)則可將 GPIO 的接腳作為外部中斷。其特性如下：

◎ 內含 NVIC(嵌套向量中斷控制器)有 32 周邊中斷輸入及 4 級優先順序。

◎ 內含外部中斷控制器(EXIC)與 NVIC 連接，每支接腳均可獨立選擇為高/低準位或正緣/負緣觸發輸入。

◎ 其中 MG32F02A132AD80 的 GPIO 有 PA~PE，但只有 PA~PD 可被設定為外部中斷和按鍵 (key pad) 中斷輸入。而 MG32F02A128AD80 與 MG32F02U128AD80 的 PA~PE 不受此限制，均可設定為外部中斷和按鍵(key pad)中斷輸入，令 PD 與 PE 共用一個中斷向量。

※提供GPIO數支接腳的OR(或)邏輯運算，用於外部中斷輸入功能。

※提供GPIO數支接腳AND(及)邏輯運算，用於KBI(按鍵中斷)輸入功能。

◎ 內含喚醒中斷控制器(WIC: Wakeup Interrupt Controller)，當系統進入省電模式時，提供中斷喚醒事件控制，令系統恢復正常運作。

◎ 提供外部接腳用於 CPU 的不可遮蔽中斷(NMI: Non-Mask Interrupt)、喚醒事件輸入(RXEV: wakeup event input)及喚醒事件輸出(TXEV: wakeup event output)功能

## 4-1.1 嵌套向量中斷控制(NVIC)

NVIC 的異常向量(Exceptions Vectored)是 ARM 在程式執行當中，若有異常現象發生時會被暫停目前的工作，進入到中斷服務程式(ISR: Interrupt Service Routine)。MG32x02z 系列的 NVIC 控制，如下圖所示：

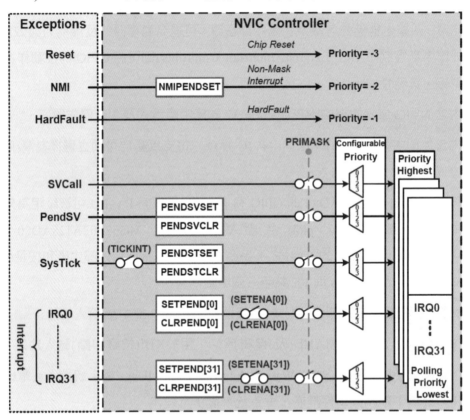

圖 4-1　MG32x02z 系列的 NVIC 控制

其中 NVIC 提供系統的異常向量(Exceptions Vectored)，如 Initial、Reset、NMI、HardFault、SVCall、PendSV、SysTick 及 32 個周邊設備中斷要求(IRQ0~31)，內含四層優先順序，且優先順序是由上而下。如下表所示：

表 4-1　NVIC 異常向量

| Exception No. | IRQ No. | Interrupt Name | Priority | Activation | Exception handlers | Comment |
|---|---|---|---|---|---|---|
| (1) 0 | - | Initial | - | | | |
| (2) 1 | - | Reset | -3 | Asynchronous | | Reset exception |
| (3) 2 | -14 | NMI | -2 | Asynchronous | System handlers | Non Maskable Interrupt |
| 3 | -13 | HardFault | -1 | Synchronous | Fault handler | Cortex-M0 Hard Fault Interrupt |
| 4~10 | - | Reserved | - | | | |
| 11 | -5 | SVC | Configurable | Synchronous | System handlers | Cortex-M0 SV Call Interrupt |
| 12~13 | - | Reserved | - | | | |
| 14 | -2 | PendSV | Configurable | Asynchronous | System handlers | Cortex-M0 Pend SV Interrupt |
| (4) 15 | -1 | SysTick | Configurable | Asynchronous | System handlers | Cortex-M0 System Tick Interrupt |
| 16~47 | 0~31 (5) | - | Configurable | Asynchronous | ISRs | Peripheral Interrupts |
| Configurable : Programmable priority level 0~3 ||||||||

1. 異常中斷向量的位址分佈如下：

   (1) 一開機會由位址(0x0000_0000)進行初始化(Initial)工作，用於在 RAM 內規劃一段空間作為堆疊(stack)記憶體。

   (2) 再進入重置位址(0x0000_0004)開始執行，並跳到使用者的 C 語言主程式 main()。

   (3) 位址 0x0000_0008 為 NMI(不可遮蔽中斷)。

   (4) 位址 0x0000_003C 為 SysTick(系統節拍計時器)中斷，用於系統延時。

   (5) 位址 0x0000_0040~0x0000_00BF 內含周邊設備中斷(16~47、IRQ0~31)。

2. 每個中斷向量有 4-byte 空間；執行程式時，若有特殊異常狀況，會進入到預先指定的中斷服務程式(ISR)。其中異常編號 0~15 為核心系統使用，編號 16~47(IRQ0~31)為周邊設備中斷，如下表所示：

表 4-2 異常中斷向量

| 異常編號 | IRQ 編號 | 特殊異常狀況 | 向量位址 |
|---|---|---|---|
| 0 | | initial_sp(初始化堆疊) | 0x0000_0000 |
| 1 | | Reset(重置)或 IEC60730_MANAGER | 0x0000_0004 |
| 2 | -14 | NMI(不可遮蔽中斷) | 0x0000_0008 |
| 3 | -13 | HardFault(處理器用) | 0x0000_000C |
| 4~10 | -5~-12 | 保留 | 0x0010~0x0028 |
| 11 | -5 | SVCall(supervisor call) | 0x0000_002C |
| 12~13 | -3~-4 | 保留 | 0x0030~0x0034 |
| 14 | -2 | PendSV | 0x0000_0038 |
| 15 | -1 | SysTick(系統節拍計時器) | 0x0000_003C |
| 16 | 0 | WWDT(視窗看門狗計時) | 0x0000_0040 |
| 17 | 1 | SYS(系統整體中斷) | 0x0000_0044 |
| 18 | 2 | 保留 | 0x0000_0048 |
| 19 | 3 | EXIC EXINT0-PA 外部中斷 | 0x0000_004C |
| 20 | 4 | EXIC EXINT1-PB 外部中斷 | 0x0000_0050 |
| 21 | 5 | EXIC EXINT2-PC 外部中斷 | 0x0000_0054 |
| 22 | 6 | EXIC EXINT3-PD 及 PE(限 128)外部中斷 | 0x0000_0058 |
| 23~46 | 7~30 | (中間省略) | 0x005C~0x00B8 |
| 47 | 31 | APX | 0x0000_00BC |

3. 異常中斷向量在 startup_MG32x02z.s 設定內容，如下：

```
            AREA       RESET, DATA, READONLY
            EXPORT     __Vectors;    (系統異常中斷向量)
__Vectors   DCD        __initial_sp           ; Top of Stack(位址 0x0000_0000)
```

| | | |
|---|---|---|
| DCD | MG32x02z_IEC60730_MANAGER；重置(位址 0x0000_0004) | |
| DCD | NMI_Handler ;不可遮蔽中斷(位址 0x0000_0008) | |
| | (中間省略) | |
| DCD | SysTick_Handler ;系統節拍計時器(位址 0x0000_003C) | |
| ; External Interrupts (外部周邊中斷要求 IRQ0~31) | | |
| DCD | WWDT_IRQHandler ;視窗看門狗計時器(位址 0x0000_0040) | |
| DCD | SYS_IRQHandler ;System global Interrupt(位址 0x0000_0044) | |
| DCD | 0xFFFFFFFF ;Reserved 保留(位址 0x0000_0048) | |
| DCD | EXINT0_IRQHandler ;PA 外部中斷(位址 0x0000_004C) | |
| DCD | EXINT1_IRQHandler ;PB 外部中斷(位址 0x0000_0050) | |
| DCD | EXINT2_IRQHandler ;PC 外部中斷(位址 0x0000_0054) | |
| DCD | EXINT3_IRQHandler ;PD 及 PE(限 128)外部中斷(位址 0x0000_005C) | |
| | (後面省略) | |

4. 異常中斷向量開機工作為例：

(1) 在 startup_MG32x02z.s 的配置精靈(Configuration Wizard)可設定堆疊暫存器容量(Stack Size)，如下圖所示：

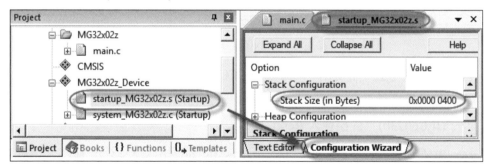

圖 4-2 堆疊暫存器配置精靈

(2) 系統重置時，會跳到位址 0x0000 在啟動程式(startup_MG32x02z.s)內先執行初始化堆疊指標 ISR(__initial_sp)，它會設定堆疊的最高位址(Top of Stack)，在 RAM 內分配一塊空間作為堆疊暫存器(SR:Stack Register)，由通用暫存器 R13 的堆疊指標(SP: Stack Point)來指向堆疊暫存器(SR)的位址。

(3) 若事先有在即時環境(RTE: Real-Time Environment)管理設定是否使用 Megawin 公司所提供 MG32x02z_IEC60730 自我測試，如下圖所示：

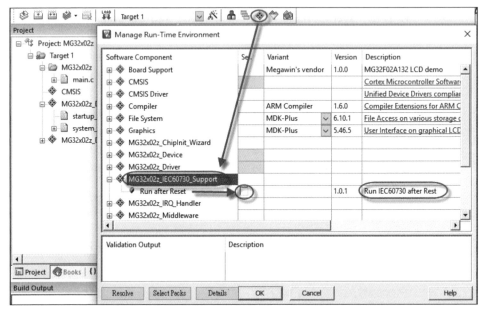

圖 4-3　設定 MG32x02z_IEC60730 自我測試

(4) 預定無勾選，不使用 MG32x02z_IEC60730_MANAGE。則開機執行初始化堆疊指標 ISR(__initial_sp)後，會跨過各項硬體自我測試程式 (IEC60730)，直接進入 Reset_Handler。

(5) 若有勾選，重置後會進入 MG32x02z_IEC60730_MANAGE 執行各項硬體自我測試程式(IEC60730)，再執行 ReInitial_Stack 重新初始化堆疊記憶體。然後進入 Reset_Handler 執行系統初始化(SystemInit)，再跳到 C 語言的 main()，開始執行 C 語言程式，如下所示：

```
__Vectors    DCD    __initial_sp  ; Top of Stack(設定 SR 最高位址) (位址 0x0000)
             DCD    MG32x02z_IEC60730_MANAGER   ; IEC 管理(位址 0x0004)
.......
MG32x02z_IEC60730_MANAGER   PROC   (各項硬體自我測試 IEC60730 程式)
```

```
                    EXPORT    MG32x02z_IEC60730_MANAGER    [WEAK]
                    ENDP
ReInitial_Stack    PROC   (重新初始化堆疊記憶體程式)
                    EXPORT    ReInitial_Stack    [WEAK]
                    ; reload SP pointer
                    MOVS      R0, #0x00
                    LDR       R1, [R0]
                    MOV       R13, R1
                    ENDP; Reset handler routine
Reset_Handler      PROC   (重置處理程式)
                    EXPORT    Reset_Handler        [WEAK]
            IMPORT    __main
            IMPORT    SystemInit
                    LDR       R0, =SystemInit (系統初始化)
                    BLX       R0
                    LDR       R0, = __main    (設定主程式 main 的位址)
                    BX        R0    (跳到 C 語言的 main())
                    ENDP
```

(6) 堆疊指標(SP)預定指向堆疊暫存器(SR)的最高位址，當有中斷時，會將暫存器 XPSR、PC、LR、R12 及 R3~R0 的內容存入(push)到堆疊暫存器(SR)內。同時每存入(push)一個暫存器會令 SP-4，存入(push)完畢才進入 ISR(中斷服務程式)執行，空出這些暫存器提供給 ISR 使用，如下圖所示：

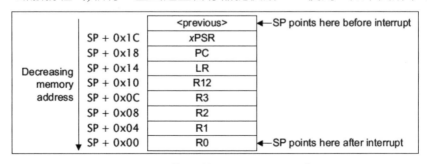

圖 4-4　堆疊的存入(push)工作

(7) ISR(中斷服務程式)執行完畢後，會取出(pop)SR 的內容送回各暫存器，同時每送回一個暫存器會令 SP+4，直到取出(pop)完畢，恢復原有暫存器的內容與工作環境，並自動回主程式繼續執行，SP 也恢復最大值。

5. 除了系統異常向量外，另外還有 32 個周邊設備中斷要求(IRQ0~31)，以 MG32x02z 系列的周邊設備中斷源為例，如下表所示：

表 4-3　MG32x02z 周邊設備中斷源

| IRQ 編號 | 中斷源 | 周邊設備中斷 | 中斷向量位址 |
|---|---|---|---|
| 0 | WWDT | 視窗看門狗計時器中斷 | 0x0000_0040 |
| 1 | SYS | 系統中斷(PW、EMB、MEM、APB CSC、IWDT、RTC) | 0x0000_0044 |
| 3 | EXINT0 | EXINT0-PA 中斷 | 0x0000_004C |
| 4 | EXINT1 | EXINT1-PB 中斷 | 0x0000_0050 |
| 5 | EXINT2 | EXINT2-PC 中斷 | 0x0000_0054 |
| 6 | EXINT3 | EXINT3-PD 及 PE(限 128)中斷 | 0x0000_0058 |
| 7 | COMP | 類比比較器中斷 | 0x0000_005C |
| 8 | DMA | DMA 中斷 | 0x0000_0060 |
| 10 | ADC | ADC 中斷 | 0x0000_0068 |
| 11 | DAC | DAC 中斷 | 0x0000_006C |
| 12 | TM0x | TM0x(TM00、TM01)中斷 | 0x0000_0070 |
| 13 | TM10 | TM10 中斷 | 0x0000_0074 |
| 14 | TM1x | TM1x(TM16)中斷 | 0x0000_0078 |
| 15 | TM20 | TM20 中斷 | 0x0000_007C |
| 16 | TM2x | TM2x(TM26)中斷 | 0x0000_0080 |
| 17 | TM3x | TM3x(TM36)中斷 | 0x0000_0084 |
| 20 | URT0 | UART0 中斷 | 0x0000_0090 |
| 21 | URT123 | UART1/2/3 中斷 | 0x0000_0094 |

| 22 | URT4 | UART4/5/6/7 中斷 | 0x0000_0098 |
|---|---|---|---|
| 24 | SPI0 | SPI0 中斷 | 0x0000_00A0 |
| 28 | I2C0 | I2C0 中斷 | 0x0000_00B0 |
| 29 | I2Cx | I2Cx(I2C1)中斷 | 0x0000_00B4 |
| 30 | USB | USB 中斷 | 0x0000_00B8 |
| 31 | APX | APX(APB 擴充)中斷 | 0x0000_00BC |

6. 在 core_cm0.h 內含有 NVIC 控制函數，其中函數內的輸入參數(IRQn)可設定 0~31，即控制 IRQ0~31，常用 NVIC 控制函數如下：

```
void NVIC_EnableIRQ(IRQn_Type IRQn)            //致能異常中斷向量
uint32_t __NVIC_GetEnableIRQ(IRQn_Type IRQn    //抓取異常中斷向量的致能狀態
void NVIC_DisableIRQ(IRQn_Type IRQn)           //禁能異常中斷向量
void NVIC_SetPendingIRQ(IRQn_Type IRQn)        //設定異常中斷向量的等待狀態
uint32_t NVIC_GetPendingIRQ(IRQn_Type IRQn)    //抓取異常中斷向量的等待狀態
void NVIC_ClearPendingIRQ(IRQn_Type IRQn)      //清除異常中斷向量的等待狀態
void NVIC_SetPriority(IRQn_Type IRQn, uint32_t priority) //設定異常中斷向量優先
uint32_t NVIC_GetPriority(IRQn_Type IRQn)      //抓取異常中斷向量優先
```

## 4-1.2 外部中斷控制(EXIC)

1. 外部中斷控制(EXIC)特性如下：

(1) GPIO 接腳 PA~PD 及 PE(限 128)均可作為外部中斷輸入。

(2) GPIO 接腳均可配置為外部中斷及按鍵中斷 key pad(KBI)輸入，同時提供 IO 埠接腳 OR 邏輯運算來產生中斷及 AND 邏輯運算產生按鍵中斷(KBI) 功能。

(3) 預定輸入可選擇為低(low)準位(level)或負(falling)邊緣(edge)輸入，若設定

輸入反相(invert)可選擇為高(high)準位或正(rising)邊緣輸入，也可以由軟體來啟動或清除中斷。

(4) 內含喚醒中斷控制(WIC: Wakeup Interrupt Controller)，可在 CPU 進入省電模式後，藉由中斷來進行喚醒事件控制。

(5) 提供外部接腳 NMI、RXEV 及 TXEV 令 CPU 產生中斷功能。

2. NVIC 與 EXIC 外部中斷控制，如下圖所示：

(1) 由 Cortex-M0 核心送出系統中斷及由外部 CPU_NMI(NMI: Non-Mask Interrupt)接腳輸入正緣觸發，會送到 NVIC 產生中斷。

(2) 由 GPIO 接腳輸入觸發信號，經 EXINT0~3 要求中斷(IRQ3~6)。

(3) 周邊設備功能模組(Function Modules)可要求中斷(IRQ0、1、7~29)。

(4) RXEV 和 TXEV 控制：可設定 RXEV 接腳輸入和 TXEV 接腳輸出。當 CPU 執行 WFI 或 WFE 指令進入睡眠或深度睡眠，且 RXEV 輸入信號已啟動時，NVIC 檢測到 RXEV 輸入正緣觸發時，晶片會被喚醒。當 CPU 執行指令 "SEV" 時，晶片會發送啟動脈衝信號由接腳 TXEV 輸出。

(5) 喚醒控制(Wakeup Control)：當 CPU 執行 WFI 或 WFE 指令進入睡眠或深度睡眠。可藉由喚醒中斷控制器(WIC)來喚醒恢復正常工作。

(6) 有中斷信號輸入時，會設定中斷等待狀態(Interrupt Pending Status)的 bit=1。可藉由暫存器(ISPR/ICPR/ICSR)可將中斷等待狀態(Interrupt Pending Status)清除 bit=0，也可以用軟體設定 bit=1 直接產生中斷。

(7) 中斷信號進入等待(Pending)，可以藉由暫存器(ISER/ICER/PRIMASK)允許、禁止或遮蔽產生中斷。

(8) 同時內含 4 級優先(Priority)順序，由暫存器(IPR0-7)來決定執行 ISR 的先後順序。

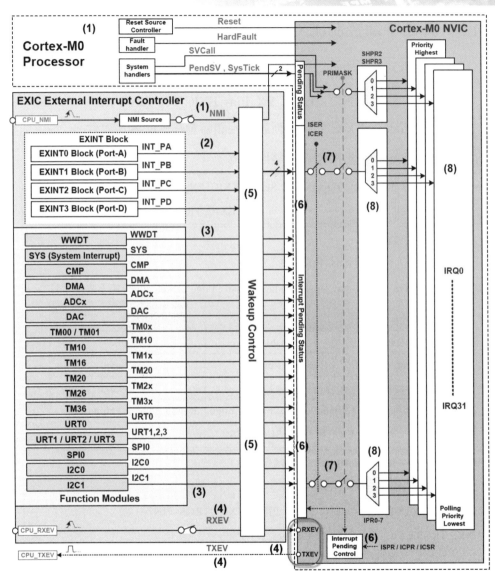

圖 4-5　NVIC 與 EXIC 外部中斷控制

## 4-1.3　外部中斷控制(EXIC)函數式

EXIC 函數式如下所示：其中輸入參數：EXIC_PX= EXIC_PA~EXIC_PD

EXIC_PX_Pin= EXIC_PX_PIN 0~15

1. 操作模式(Mode)：EXIC 外部中斷設定相關驅動程式的觸發事件。

(1)外部中斷接腳邊緣/準位觸發事件選擇：

| DRV_Return | EXIC_PxTriggerMode_Select (EXIC_PX_Struct *EXIC_PX,<br>　　　　　　　　　　　　　EXIC_TRGSTypeDef *EXIC_PX_TRGS) |
|---|---|

輸入：EXIC_PX_TRGS=

　　　EXIC_Pin= EXIC_TRGS_PIN0~15

　　　EXIC_TRGS_Mode =No_UpData_Flag , Level , Edge , Dual_edge (如下表所示)

| EXIC_TRGS_Mode | Input Inverse = Disable | Input Inverse = Enable |
|---|---|---|
| No_UpData | Disable | Disable |
| Level | Low Level | High Level |
| Edge | Falling Edge | Rising Edge |
| Dual_Edge | Rising Edge & Falling Edge | Rising Edge & Falling Edge |

返回：DRV_Return=DRV_ERR 或 DRV_SUCCESS

範例：選擇外部中斷接腳 PA0~1 為邊緣觸發事件

　EXIC_TRGSTypeDef EXIC_TRGS;

　EXIC_TRGS.EXIC_Pin = EXIC_TRGS_PIN0 | EXIC_TRGS_PIN1;

　EXIC_TRGS.EXIC_TRGS_Mode = Edge;

　EXIC_PxTriggerMode_Select(EXIC_PA,&EXIC_TRGS);

(2)外部中斷 IO 埠接腳的 AND(及)運算遮蔽選擇：

| void | EXIC_PxTriggerAndMask_Select (EXIC_PX_Struct *EXIC_PX,<br>　　　　　　　　　　　uint16_t EXIC_MSK_PIN) |
|---|---|

| |
|---|
| 輸入：EXIC_MSK_PIN= EXIC_PX_PIN0~15 |

| |
|---|
| 範例：選擇外部中斷 IO 埠接腳 PA0~PA1 的 AND(及)遮蔽<br><br>    EXIC_PxTriggerAndMask_Select(EXIC_PA, (EXIC_PX_PIN0 \| EXIC_PX_PIN1));<br><br>    EXIC_PxTriggerAndMask_Select(EXIC_PA , 0x0003); |

(3)外部中斷 IO 埠接腳的 OR(或)運算遮蔽選擇：

| | |
|---|---|
| void | EXIC_PxTriggerOrMask_Select (EXIC_PX_Struct *EXIC_PX,<br><br>                         uint16_t EXIC_MSK_PIN) |

| |
|---|
| 輸入：EXIC_MSK_PIN= EXIC_PX_PIN0~15 |

| |
|---|
| 範例：選擇外部中斷 IO 埠接腳 PA0~PA1 的 OR(或)遮蔽<br><br>    EXIC_PxTriggerOrMask_Select(EXIC_PA, (EXIC_PX_PIN0 \| EXIC_PX_PIN1));<br><br>    EXIC_PxTriggerOrMask_Select(EXIC_PA,0x0003); |

## 4-1.4　外部中斷控制(EXIC)實習

外部中斷的 RTE 初始設定及外部中斷實習電路，如下圖(a)~(c)所示：

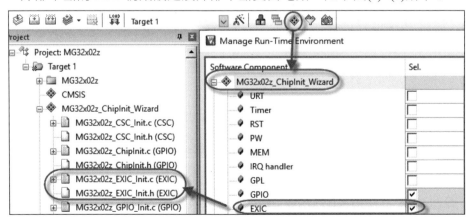

圖 4-6(a)　外部中斷 EXIC 初始設定

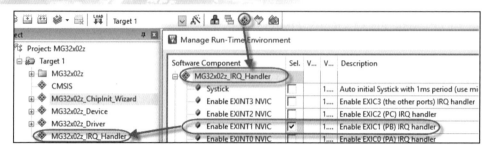

圖 4-6(b)　致能外部中斷 EXINT1(PB)設定

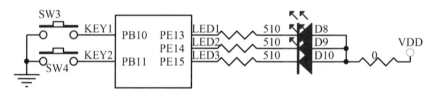

圖 4-6(c)　外部中斷實習電路

1. 範例 EXIC1：使用 KEY1(SW3)輸入低準位觸發，產生中斷令 LED1_3 遞加
輸出，外部中斷接腳初始設定，如下圖所示：

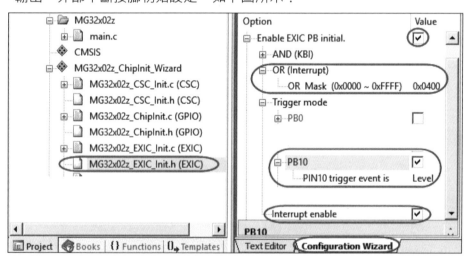

圖 4-7　EXIC1 外部中斷接腳初始設定

2. 範例 EXIC2：使用 KEY1(SW3)輸入負緣觸發含輸入濾波器，產生中斷令 LED
遞加輸出。外部中斷接腳設定及輸入濾波器設定，如下圖(a)(b)所示：

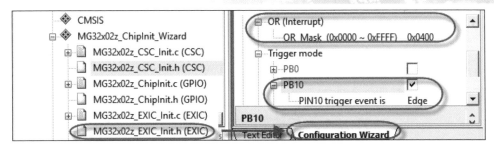

圖 4-8(a)　EXIC2 外部中斷接腳初始設定

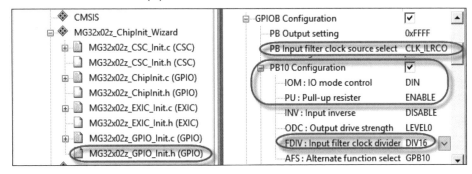

圖 4-8(b)　EXIC2 接腳輸入濾波器設定

3. 範例 EXIC3：使用 KEY1(SW3)或 KEY2(SW4)輸入負緣觸發含濾波器，若 KEY1 產生中斷令 LED 遞加輸出，若 KEY2 產生中斷令 LED 遞減輸出。

4. 範例 EXIC4：使用 KEY1(PB10)及 KEY2(PB11)同時輸入低準位觸發 AND 中斷，令 LED 遞加，外部中斷接腳設定，如下圖所示：

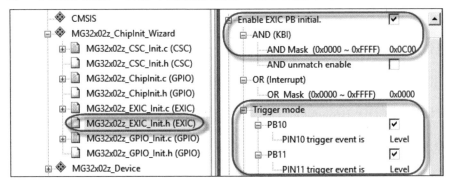

圖 4-9　EXIC4 外部中斷接腳初始設定

## 4-2 系統電源(PW)控制實習

MG32x02z 內含系統電源控制器(PW：Power controller)，操作電源電壓為 1.8V ~ 5.5V，特性如下表所示：

表 4-4 系統電源控制器(PW)特性

| Functions<br>Chip | MG32F02A132 | MG32F02A072 | MG32F02A032 | MG32F02A128<br>MG32F02U128 | MG32F02A064<br>MG32F02U064 |
|---|---|---|---|---|---|
| Power Mode | ON/SLEEP/STOP | ON/SLEEP/STOP | ON/SLEEP/STOP | ON/SLEEP/STOP | ON/SLEEP/STOP |
| Embedded LDO | 1.8V | 1.8V | 1.8V | 1.5V | 1.5V |
| Power Supervisor | POR+LVR | POR+LVR | POR+LVR | POR+LVR | POR+LVR |
| Voltage Detector | BOD0, BOD1 | BOD0, BOD1 | BOD0, BOD1 | BOD0/1/2 | BOD0/1/2 |
| Operation Voltage | 1.8~5.5V | 1.8~5.5V | 1.8~5.5V | 1.8~5.5V | 1.8~5.5V |
| Operating Temperature | -40~85°C | -40~85°C | -40~105°C | -40~105°C | -40~105°C |
| Lowest Power Mode | STOP | STOP | STOP | STOP | STOP |
| Lowest Power Current | 10.5uA / 25°C<br>VDD =5.0 V, ILRCO<br>disabled | 10.5uA / 25°C<br>VDD =5.0 V, ILRCO<br>disabled | 5.5uA / 25°C<br>VDD =5.0 V, ILRCO<br>disabled | 2uA / 25°C<br>VDD =5.0 V, ILRCO<br>disabled | 2uA / 25°C<br>VDD =5.0 V, ILRCO<br>disabled |
| Wakeup Time<br>(by RTC event) | from SLEEP: 5 APB<br>Clock,<br>from STOP: 20us | from SLEEP: 5 APB<br>Clock,<br>from STOP: 20us | from SLEEP: 5 APB<br>Clock,<br>from STOP: 20us | from SLEEP: 5 APB<br>Clock<br>from STOP: 20us | from SLEEP: 5 APB<br>Clock,<br>from STOP: 20us |

◎ 穩壓電路(LDO: Low Dropout linear regulator)：可將電源電壓 $V_{DD}$(1.8V~5.5V) 穩壓成 1.8V(032/072/132)或 1.5V(064/128)後，提供系統、記憶體及周邊設備使用。

◎ 開機重置(POR: Power On Reset)：當外部重置腳(RSTN)被作為 GPIO 腳時，可由內部進行開機重置(POR)的功能。

◎ 低電壓重置(LVR: Low-Voltage Reset)：$V_{DD}$ 經穩壓電路(LDO)，當欠壓偵測 (BOD: Brown-Out Detector)檢查輸入電壓不足時，會產生重置(Reset)。

◎ 欠壓偵測(BOD: Brown-Out Detector)：有兩組或三組(限 064/128)，其中 BOD0 檢查 1.7V(032/072/132) 或 1.4V(064/128) 、 BOD1 可選擇檢查 4.2V/3.7V/2.4V/2.0V 及 BOD2 檢查 1.7V(限 064/128)。

◎ 內含電源管理控制來進行電源省電及喚醒(wakeup)控制。

◎ 提供三組電源工作模式：正常(Normal)、睡眠(SLEEP)及停止(STOP)。

◎ 提供由睡眠(SLEEP)及停止(STOP)省電模式的喚醒(wakeup)功能。

## 4-2.1 系統電源(PW)控制

1. 電源控制器(PW)工作方塊圖，如下圖所示：

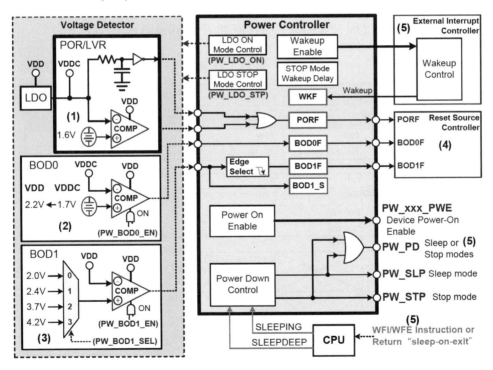

圖 4-10　電源控制器(PW)工作方塊圖(032/072/132)

(1) 低電壓重置(LVR: Low-Voltage Reset)，VDD 經穩壓電路(LDO)，當欠壓偵測(BOD: Brown-Out Detector)檢查輸入電壓小於 1.6V(032/072/132)時，會產生重置。

(2) 欠壓偵測 BOD0 檢查 1.7V，經致能(PW_BOD0_EN)後，可產生重置。

(3) 欠壓偵測 BOD1 可由(PW_BOD1_SEL)選擇 4.2V/3.7V/2.4V/2.0V，經致能(PW_BOD0_EN)後，可產生重置。

(4) 當以上三者其一有電壓不足時，會令旗標=1，並產生重置(Reset)，重開機後這些旗標會保留，再軟體檢查是那種欠壓所產生的重置。

(5) 使用指令 WFI 或 WFE 系統進入 STOP 模式時，會將 LDO 關閉，此時可由外部中斷來喚醒(wakeup)，令 LDO 恢復正常工作。

2. 電源工作模式：有 ON、SLEEP 及 STOP 如下表(a)(b)所示：

表 4-5(a) 電源工作模式

| Power Operation Mode | Normal | Power-Down | |
|---|---|---|---|
| Internal Device | ON | SLEEP | STOP |
| Current Consumption | full | low | very low |
| ARM32 Cortex-M0 | Normal mode | Sleep mode | Deep Sleep mode |
| Core LDO | full/low power (*1) | full/low power (*1) | full/low power (*2) |
| CPU Clock | run | stop | stop |
| System Clock/PLL/IHRCO | run | run | stop |
| XOSC/ILRCO | normal | normal | Hardware Configure |
| IO Pins | normal | normal | normal |
| Peripheral Modules | normal | configurable | disabled except configurable |
| Enter Power Mode | | Execute WFI/WFE instruction command + SLEEPDEEP=0 | Execute WFI/WFE instruction command + SLEEPDEEP=1 |
| Wake up Events | | All Interrupts or wakeup events | LVR, BOD0/BOD1, CMP,RTC(from CK_LS,CK_UT), EXINT External interrupt pins (only level), IWDT(CK_ILRCO), I2C(slave address detection) |

Note *1: LDO can select normal or low power mode by PW_LDO_ON register setting.
Note *2: LDO can select normal or low power mode by PW_LDO_STP register setting.

(1) 正常(ON)模式：在 ON 模式下，CPU 可以全速執行，所有周邊設備模組都可以正常工作，這些模組可以各自啟用或禁用以節省功耗。

(2) 睡眠(SLEEP)模式：在睡眠模式下，只有 CPU 停止並進入睡眠模式。所

有周邊設備模組都可以可配置以繼續執行或休眠。在這種模式下，晶片

可以被中斷或事件來喚醒。

表 4-5(b) 電源工作模式-內部時脈控制

| Internal Device | ON | SLEEP | STOP |
|---|---|---|---|
| ARM32 Cortex-M0 | on | off | off |
| System Core Clock (AHB,APB) | on | on | off |
| SWD/Debug | CSC Reg setting | CSC Reg presetting | CSC Reg presetting |
| Ext INT pins | CSC Reg setting | interrupt enable setting | interrupt enable setting |
| Analog Comparator | CSC Reg setting | CSC Reg presetting | CSC Reg presetting |
| RTC | CSC Reg setting | CSC Reg presetting | CSC Reg presetting |
| IWDT | CSC Reg setting | CSC Reg presetting | CSC Reg presetting |
| I2Cx | CSC Reg setting | CSC Reg presetting | off (slave address detect using external SCL clock) |
| Other Modules | CSC Reg setting | CSC Reg presetting | off |

(3) 停止(STOP)模式：STOP 模式可使用較低的 VDD 來維持 STOP 模式運作

提供最低的功耗。此時 CPU 是進入 CPU 深度睡眠模式，只有少數的周

邊設備模組可以配置在 STOP 模式下操作，包括 IWDT、RTC、CMP 模

組以及穩壓電路(LDO)、LVR、BOD0、BOD1、BOD2 等。只有 GPIO 外

部輸入和一些事件可以喚醒，恢復正常 ON 模式工作。

2. 電源工作模式的電氣特性，如下表(a)(b)所示：

表 4-6(a) 電源工作電氣特性(1)(032/072/132)

VDD=5.0V±10%, VSS=0V, TA = 25 °C and execute NOP for each CPU cycle (unless otherwise specified)

| Symbol | Parameter | Conditions | Limits | | | Unit |
|---|---|---|---|---|---|---|
| | | | Min | Typ | Max | |
| | | **Current Consumption** | | | | |
| $I_{OP1}$ | ON(normal) mode operating current | TL0 (APB=AHB=32KHz) NOP | | 0.07 | | mA |
| $I_{OP2}$ | | TL1 (APB=AHB=32KHz) drystone | | 0.07 | | mA |
| $I_{OP3}$ | | TL2 (APB=AHB=12MHz) drystone | | 4 | | mA |
| $I_{OP4}$ | | TL3 (APB=AHB=24MHz) dhrystone + IP | | 13.5 | | mA |
| $I_{OP7}$ | | TL6 (APB=AHB=48MHz) dhrystone + all IP+I/O | | 29.5 | | mA |
| $I_{SLP1}$ | SLEEP mode operating current | SL1 (IHRCO: APB=6MHz/AHB=3MHz) | | 1 | | mA |
| $I_{SLP2}$ | | SL2 (IHRCO: APB=AHB=12MHz) | | 1.6 | | mA |
| $I_{stp0}$ | STOP mode operating current (LVR/BOD0/BOD1 disabled) | ST0 (ILRCO disabled) | | 10.5 | | uA |
| $I_{stp1}$ | | ST1 (Enable IWDT, ILRCO=32KHz) | | 12.94 | | uA |
| $I_{stp2}$ | | ST2 (Enable RTC, ILRCO=32KHz) | | 13 | | uA |

表 4-6(b) 電源工作電氣特性(2)(032/072/132)

| Symbol | Parameter | Conditions | Limits | | | Unit |
|---|---|---|---|---|---|---|
| | | | Min | Typ | Max | |
| | **BOD Characteristics** | | | | | |
| V$_{LVR}$ | LVR detection level (VR0) | TA = -40℃ to +85℃ | 1.4 | 1.55 | 1.6 | Volt |
| V$_{BOD0}$ | BOD0 detection level (VR0) | TA = -40℃ to +85℃ | 1.6 | 1.65 | 1.7 | Volt |
| I$_{BOD0+LVR}$ | BOD0 and LVR Power Consumption | TA = 25℃ | | | 6 | |
| V$_{BOD10}$ | BOD1 detection level for 2.0V | TA = -40℃ to +85℃ | 1.85(*1) | 2.0 | 2.18(*1) | Volt |
| V$_{BOD10}$ | BOD1 detection level for 2.4V | TA = -40℃ to +85℃ | 2.22(*1) | 2.4 | 2.62(*1) | Volt |
| V$_{BOD11}$ | BOD1 detection level for 3.7V | TA = -40℃ to +85℃ | 3.43(*1) | 3.7 | 4.04(*1) | Volt |
| V$_{BOD11}$ | BOD1 detection level for 4.2V | TA = -40℃ to +85℃ | 3.89(*1) | 4.2 | 4.59(*1) | Volt |
| I$_{BOD1}$ | BOD1 Power Consumption | TA = 25℃ | 5.2 | | 8.3 | uA |
| | **Operating Condition** | | | | | |
| V$_{PSR}$ | Power-on Slop Rate | TA = -40℃ to +85℃ | 0.05 | | | V/ms |
| V$_{OP1}$ | CPU Operating Speed 0–48MHz | TA = -40℃ to +85℃ | 2.5 | | 5.5 | Volt |
| V$_{OP2}$ | CPU Operating Speed 0–12MHz | TA = -40℃ to +85℃ | 1.8 | | 5.5 | Volt |

3. 系統(System)中斷內含電源控制器(PW)中斷，如下圖所示：

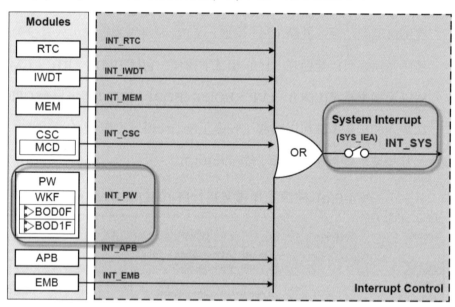

圖 4-11 系統(System)中斷-內含電源控制(PW)中斷

## 4-2.2 系統電源(PW)函數式

管理電源周邊設備函數如下所示:

### 1. LDO 配置:

(1) 進入停止模式時,選擇核心電壓 LDO 模式:

| void | PW_StopModeLDO_Select (PW_LDOMode_TypeDef LdoSelect) |
|---|---|
| 輸入:LdoSelect= PW_Normal_LDO, PW_LowPower_LDO | |
| 範例:PW_StopModeLDO_Select(PW_LowPower_LDO); | |

(2) 核心電壓 LDO 模式,在 ON 模式下選擇:

| void | PW_OnModeLDO_Select (PW_LDOMode_TypeDef LdoSelect) |
|---|---|
| 輸入:LdoSelect= PW_Normal_LDO, PW_LowPower_LDO | |
| 範例:PW_OnModeLDO_Select(PW_Normal_LDO); | |

### 2. BODx 及其它:

(1) BOD1 檢測電壓臨限(threshold)值選擇:

| void | PW_BOD1Threshold_Select (PW_BOD1_TH_TypeDef BOD1_TH) |
|---|---|
| 輸入:BOD1_TH= PW_BOD1_2V0, PW_BOD1_2V4, PW_BOD1_3V7, PW_BOD1_4V2 | |
| 範例: PW_BOD1Threshold_Select (PW_BOD1_3V7); | |

(2) BOD1 中斷觸發選擇:

| void | PW_BOD1Trigger_Select (PW_BOD1_TRGS_TypeDef    BOD1_TRGS) |
|---|---|
| 輸入:BOD1_TRGS= PW_BOD1_Reserved, PW_BOD1_RisingEdge,<br>　　　　　　　PW_BOD1_FallingEdge, PW_BOD1_DualEdge | |
| 範例:PW_BOD1Trigger_Select(PW_BOD1_FallingEdge); | |

(3) 致能/禁能 BOD1 功能：

| void | PW_BOD1_Cmd (FunctionalState NewState) |
|------|----------------------------------------|
| 輸入：NewState= ENABLE , DISABLE | |
| 範例：PW_BOD1_Cmd(ENABLE); | |

(4) 致能/禁能內部參考電壓來源：

| void | PW_IntVoltageRef (FunctionalState NewState) |
|------|---------------------------------------------|
| 輸入：NewState= ENABLE , DISABLE | |
| 範例：PW_IntVoltageRef(ENABLE); | |

(5) 獲取一個中斷源狀態：

| DRV_Return | PW_GetBod1Status (void) |
|------------|--------------------------|
| 返回：DRV_Return=PW_HighThreshold, PW_LowThreshold | |
| 範例：Starus = PW_GetBod1Status(); | |

4. 動作(Action)模式：

(1) 周邊設備睡眠模式連續執行配置：

| void | PW_PeriphSleepModeContinuous_Config (PW_SLP_Periph_TyprDef SLP_Periph, FunctionalState NewState) |
|------|--------------------------------------------------------------------------------------------------|
| 輸入：SLP_Periph= PW_SLPPO_CMP0，PW_SLPPO_CMP1, PW_SLPPO_CMP2, PW_SLPPO_CMP3 輸入：NewState= DISABLE, ENABLE | |
| 範例：PW_PeriphSleepModeContinuous_Config(PW_SLPPO_CMP0, ENABLE); PW_PeriphSleepModeContinuous_Config(PW_SLPPO_CMP1, DISABLE); | |

(2) 周邊設備停止模式連續執行配置：

| void | PW_PeriphStopModeContinuous_Config (PW_STP_Periph_TyprDef STP_Periph, |
|------|----------------------------------------------------------------------|

| | FunctionalState NewState) |
|---|---|
| 輸入：STP_Periph= PW_STPPO_POR, PW_STPPO_BOD0, PW_STPPO_BOD1, PW_STPPO_CMP0, PW_STPPO_CMP1, PW_STPPO_CMP2, PW_STPPO_CMP3 | |
| 輸入：NewState= DISABLE, ENABLE | |

| 範例： PW_PeriphStopModeContinuous_Config(PW_STPPO_BOD1, DISABLE); PW_PeriphStopModeContinuous_Config(PW_STPPO_CMP0, DISABLE); |
|---|

5. 喚醒(Wake up)：

(1) 從 STOP 模式喚醒周邊設備事件：

| void | PW_PeriphStopModeWakeUp_Config (PW_WKSTP_Periph_TyprDef WKSTP_Periph, FunctionalState NewState) |
|---|---|
| | 輸入：WKSTP_Periph= PW_WKSTP_BOD0,PW_WKSTP_BOD1,PW_WKSTP_CMP0, PW_WKSTP_CMP1,PW_WKSTP_CMP2,PW_WKSTP_CMP3, PW_WKSTP_RTC,PW_WKSTP_IWDT,PW_WKSTP_I2C0, PW_WKSTP_I2C1 |
| | 輸入：NewState= DISABLE, ENABLE |

(2) MCU 喚醒延時選擇：

| void | PW_WakeUpDelay_Select (PW_WakeUpDly_TypeDef WakeUpDly) |
|---|---|
| | 輸入：WakeUpDly= PW_WK_15us, PW_WK_45us, PW_WK_75us, PW_WK_135us |
| | 範例：PW_WakeUpDelay_Select(PW_WK_135us); |

(3) 獲取喚醒模式：

| DRV_Return | PW_GetWakeUpMode (void) |
|---|---|
| | 返回：DRV_Return= PW_None, PW_Sleep, PW_Stop |
| | 範例：Status = PW_GetWakeUpMode(); |

6. 中斷(Interrupt)：

   (1) 獲取所有中斷源旗標狀態：

| uint32_t | PW_GetAllFlagStatus (void) |
|---|---|
| 返回：uint32_t =返回狀態暫存器數值 | |
| 範例：Status = PW_GetAllFlagStatus(); | |

   (2) 獲取一個中斷源旗標狀態：

| DRV_Return | PW_GetSingleFlagStatus (uint32_t PW_ITSrc) |
|---|---|
| 輸入：PW_ITSrc=PW_PORF,PW_BOD0F,PW_BOD1F,PW_WKF | |
| 返回：uint32_t =返回 RST 旗標狀態=DRV_Happened,DRV_UnHappened | |
| 範例：Status = PW_GetSingleFlagStatus(PW_PORF); | |

   (3) 清除中斷源旗標狀態：

| void | PW_ClearFlag (uint32_t PW_ITSrc) |
|---|---|
| 輸入：PW_ITSrc=PW_PORF,PW_BOD0F,PW_BOD1F,PW_WKF,PW_ALLF | |
| 範例：PW_ClearFlag(PW_PORF | PW_BOD0F); | |

   (4) 配置中斷源：

| void | PW_IT_Config (uint32_t PW_ITSrc, FunctionalState NewState) |
|---|---|
| 輸入：PW_ITSrc=PW_INT_WK,PW_INT_BOD1,PW_INT_BOD0 | |
| 輸入：NewState= DISABLE, ENABLE | |
| 範例：PW_IT_Config((PW_INT_WK | PW_INT_BOD0), ENABLE); | |

   (5) 致能/禁能所有中斷源：

| void | PW_ITEA_Cmd (FunctionalState NewState) |
|---|---|
| 輸入：NewState= DISABLE, ENABLE | |

> 範例：PW_ITEA_Cmd(ENABLE);

## 4-2.3 系統電源(PW)實習

電源管理控制進入睡眠模式後，可藉由 GPIO 腳及其它中斷源來喚醒，

1. 範例 EXIC_SLEEP_Wakeup：令 LED 遞加 7 後，進入睡眠(SLEEP)省電模式，由 SW3 外部中斷喚醒，令 LED 反相 5 次，再從頭開始。

2. 範例 EXIC_STOP_Wakeup：令 LED 遞加 7 後，進入深度睡眠(STOP)省電模式，由 KEY1(SW3)外部中斷喚醒，令 LED 反相 5 次，再從頭開始。

3. 範例 BOD_STOP_Wakeup：令 LED 遞加 7 後，進入深度睡眠(STOP)省電模式。若電源電壓(Vdd)下降低於 2.4V 時 BOD1 會喚醒 MCU，令 LED 閃爍 5 次，再從頭開始。設定方式如下圖所示：

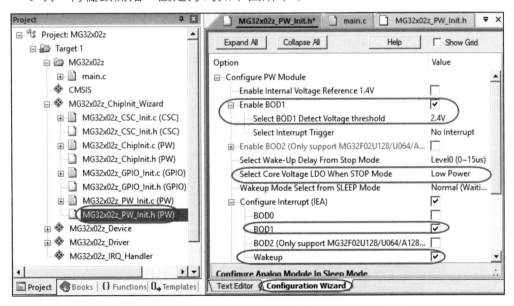

圖 4-12　BOD_STOP_Wakeup 系統電源(PW)設定

## 4-2.4 矩陣式按鍵控制實習

矩陣式按鍵分成列(ROW1~4)及行(COL1~4)，實習電路如下圖所示：

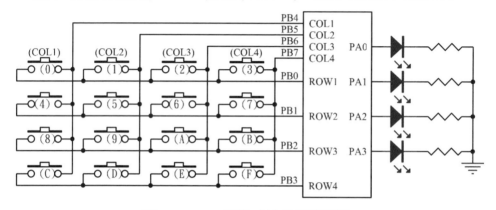

圖 4-13(a)　矩陣式按鍵實習電路

1. 鍵盤掃描控制，如下：

(1) 偵測鍵盤是否按鍵：用 "0" 重覆掃描 ROW1→2→3→4，平時 COL1~4(PB0~3)內含有提升電阻接 $V_{DD}$，使無按鍵時 COL1~4 均為 "1"，如下圖所示：

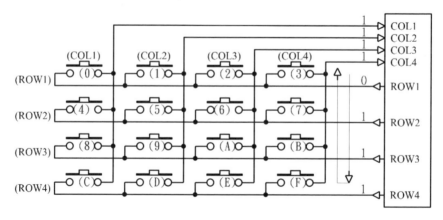

圖 4-13(b)　4*4 的鍵盤電路圖未按鍵時的動作

(2) 當有按鍵時會令 COL1~4 其中一個為 "0"。如按下 5 鍵，則當掃描輸出到 ROW2=0 時，同時也令輸入 COL2=0。如下圖所示：

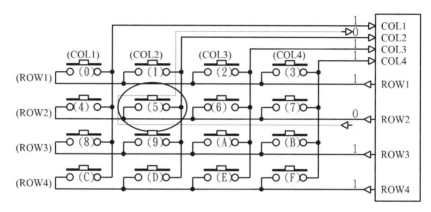

圖 4-13(c)　4*4 的鍵盤電路的動作

(3) 由 ROW1~4 掃描輸出及 COL1~4 按鍵輸入的位置，可產生相對應按鍵的數碼，此時以電路加以掃描，即可讀取按鍵的資料。如下表所示：

表 4-7　相對應按鍵的數碼

| 按鍵 | 掃描輸出 ROW 4 3 2 1 | 按鍵輸入 COL 4 3 2 1 | 按鍵 | 掃描輸出 ROW 4 3 2 1 | 按鍵輸入 COL 4 3 2 1 |
|---|---|---|---|---|---|
| 0 | 1 1 1 0 | 1 1 1 0 | 8 | 1 0 1 1 | 1 1 1 0 |
| 1 | 1 1 1 0 | 1 1 0 1 | 9 | 1 0 1 1 | 1 1 0 1 |
| 2 | 1 1 1 0 | 1 0 1 1 | A | 1 0 1 1 | 1 0 1 1 |
| 3 | 1 1 1 0 | 0 1 1 1 | B | 1 0 1 1 | 0 1 1 1 |
| 4 | 1 1 0 1 | 1 1 1 0 | C | 0 1 1 1 | 1 1 1 0 |
| 5 | 1 1 0 1 | 1 1 0 1 | D | 0 1 1 1 | 1 1 0 1 |
| 6 | 1 1 0 1 | 1 0 1 1 | E | 0 1 1 1 | 1 0 1 1 |
| 7 | 1 1 0 1 | 0 1 1 1 | F | 0 1 1 1 | 0 1 1 1 |

(4) 去除按鍵機械彈跳：偵測到鍵盤有按鍵後，必須使用軟體來延時，以避開這一段機械彈跳的時間。

(5) 讀取鍵盤電路方法有二種：

(a) 輪詢法：ROW1~4 用 "0" 去掃描，未按鍵時已知 COL1~4=1111。在每一固定時間去讀取 COL1~4，來判斷是否有按鍵。當 COL1~4 其中一個 bit=0 時，表示有按鍵，再去讀取 COL1~4 及 ROW1~4 資料判斷是按那一個鍵。

(b) 中斷法：將 COL1~4 一起送到 GPIO 外部中斷腳。令 ROW1~4=0000，當其中一個有按鍵時會令=0，而產生負緣觸發輸入外部中斷腳。同時立即執行中斷函數式掃瞄是按那一個鍵，來輸出按鍵資料。

(6) 偵測鍵盤是否未放開鍵：檢查 COL1~4 輸入，若其中有一個為 0 時，表示鍵盤未放開鍵必須再等待。當 COL1~4=1111 時，表示鍵盤均已放開，可以往下執行，避免重覆產生數碼。

2. 鍵盤掃描實習範例：實習電路如下圖所示：

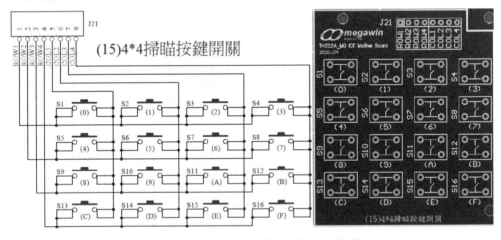

圖 4-13(d)　4*4 的鍵盤電路的動作

(1) 範例 KEY4x4_1：按鍵掃描輸入 0~F，在 LED 顯示按鍵數值。

(2) 範例 KEY4x4_2：按鍵掃描輸入 0~F，在 LED 顯示按鍵數值。

(3) 範例 KEY4x4_3：系統進入睡眠省電模式，等待按鍵產生外部中斷喚醒，含硬體濾波器，在 LED 顯示按鍵數值。

## 4-2.5　旋轉編碼器實習

　　旋轉編碼器(rotary)普遍應用於音響及其他控制場合，當用手旋轉時會產生兩個相差 90 度的 A、B 相脈波，且在正轉及反轉會有差別。如下圖(a)(b)所示：

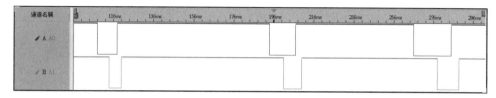

圖 4-14(a)　旋轉編碼器-正轉輸出波形

圖 4-14(b)　旋轉編碼器-反轉輸出波形

　　但旋轉編碼器(rotary)本身為機械式開關，旋轉不順時會有機械彈跳現象。如下圖(c)所示：

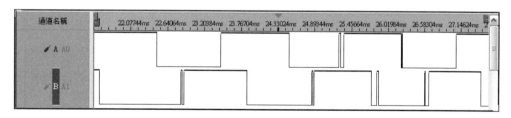

圖 4-14(c)　旋轉編碼器-機械彈跳波形

　　可用 GPIO 偵測 A、B 相脈波的電位來控制計數器的遞加或遞減，由 J17(ROTARY)讀取旋轉編碼器(RO1)的旋轉資料，如下圖所示：

## (9)旋轉式編碼器

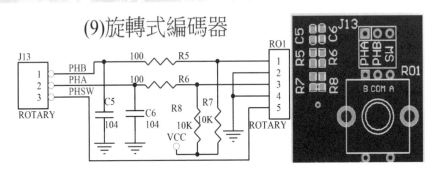

圖 4-15　旋轉編碼器模組實習電路及外型

A 相有負緣觸發輸入時，再檢查 B 相的信號電位，即可知道旋轉的方向，再控制計數器的上下數計數。如下圖所示：

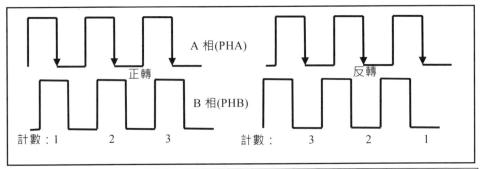

| A 相(PHA) | B 相(PHB) | 方向 |
|---|---|---|
| 負緣觸發 | 1 | 正轉(計數上數) |
| 負緣觸發 | 0 | 反轉(計數下數) |

圖 4-16　旋轉編碼器動作

1. 範例 ROTARY1：使用旋轉編碼器以 GPIO 方式讀取計數值，控制 LED 上下數。執行結果，以邏輯分析儀量測，如下圖(a)(b)所示：

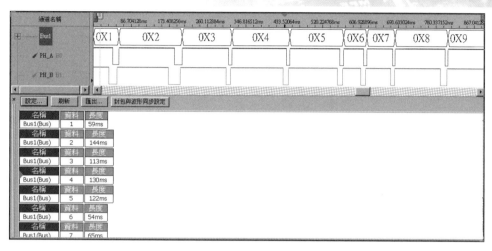

圖 4-17(a)　旋轉編碼器-順時針正轉動作測試

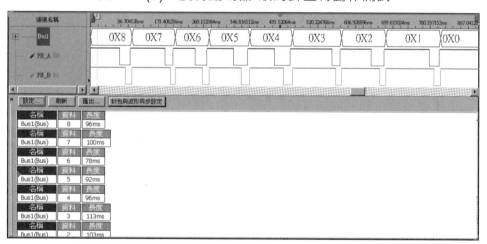

圖 4-17(b)　旋轉編碼器-反時針反轉動作測試

2.　範例 ROTARY2：使用旋轉編碼器以 GPIO 中斷方式讀取計數值，控制 LED 上下數。

3.　範例 ROTARY3：使用旋轉編碼器以 GPIO 中斷方式讀取計數值，令七段顯示器顯示計數值。

# 4-3　IAP 控制實習

MG32 內的 IAP Flash 記憶體可用來存取資料。藉由應用線上燒錄(IAP：In Application Programming)在程式執行中，可對 IAP Flash 記憶體進行空白檢查 (black check)、清除(erase)及燒錄(program)及比較(compare)，此資料為非輝發性 (Non-volatile)可永久保留於 Flash 記憶體內。

## 4-3.1　IAP 控制

以 MG32F02A132 為例 Flash 記憶體有 ISP+IAP+AP 共 132K-byte，而 IAP Flash 記憶體位址由 0x1A00_0000 開始，可藉由別名(alias)方式來存取及在硬體 選項(Hardware Option)的 IAP_SIZE 規劃記憶體容量頁數，每頁為 1K-byte (132/072/032)或 0.5K-byte(128/064)，如下圖所示：

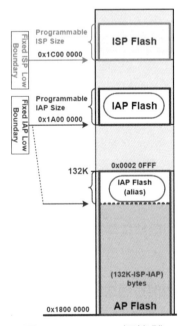

圖 4-18　Flash 記憶體

IAP Flash 控制方式如下表所示：

表 4-8　IAP Flash 控制

| Flash | Access | Mode | Register | | | |
|---|---|---|---|---|---|---|
| | | | MDS | Access Enable | SKEY 1st | SKEY 2nd |
| IAP Flash | Write | Single | 0x1 | IAP_WEN=1 | 0x46 | 0xB9 |
| | | Multiple | | | | 0xBE |
| | Erase | Single | 0x2 | | | 0xB9 |
| | | Multiple | | | | 0xBE |
| | Read | Both | directly read by memory access instructions | | | |

## 4-3.2　IAP 函數式

IAP 函數式如下所示：

1. Flash 記憶體的讀取、寫入及執行存取：

(1) 設定 Flash 記憶體的寫入存取模式：

| void | MEM_SetWriteMode (MEMAccessMode AccessMode) |
|---|---|
| 輸入：AccessMode=<br><br>　　　• **None**：None Opration.<br>　　　• **APErase**：AP Flash Page Erase.<br>　　　• **APProgram**：AP Flash Word Program.<br>　　　• **IAPErase**：IAP Flash Page Erase.<br>　　　• **IAPProgram**：IAP Flash Word Program.<br>　　　• **ISPDErase**：ISPD Flash Page Erase.<br>　　　• **ISPDProgram**：ISPD Flash Word Program.<br>　　　• **ISPErase**：ISP Flash Page Erase.<br>　　　• **ISPProgram**：ISP Flash Word Program. ||
| 範例：MEM_SetWriteMode(None); ||

2. AP/IAP/ISPD 寫入：

(1) 寫入保護循序鍵：

| void | MEM_SetWriteUnProtect (UnProtectSKey SKEY) |
|------|---------------------------------------------|

輸入：SKEY=

- **APSingleSKey**：AP Space Single Page Erase or Single Word Program
- **APMultipleSKey:** AP Space Multiple Page Erase or Multiple Word Program
- **IAPSingleSKey**：IAP Space Single Page Erase or Single Word Program
- **IAPMultipleSKey**：IAP Space Multiple Page Erase or Multiple Word Program
- **ISPDSingleSKey**：ISPD Space Single Page Erase or Single Word Program
- **ISPDMultipleSKey**：ISPD Space Multiple Page Erase or Multiple Word Program
- **ISPSingleSKey**：ISP Space Single Page Erase or Single Word Program
- **ISPMultipleSKey**：ISP Space Multiple Page Erase or Multiple Word Program

範例：

　MEM_SetWriteUnProtect(IAPSingleSKey); // IAP Space Single Page Erase or Single Word Program

　　MEM_SetWriteUnProtect(IAPMultipleSKey); // IAP Space Multiple Page Erase or Multiple Word Program

### (2)設定 Flash 單頁清除無保護：

| void | MEM_SetSinglePageEraseUnProtect (void) |
|------|-----------------------------------------|

範例： void MEM_SetSinglePageEraseUnProtect(void)

### (3)設定 Flash 多頁清除無保護：

| void | MEM_SetMultiplePageEraseUnProtect (void) |
|------|-------------------------------------------|

範例：void MEM_SetMultiplePageEraseUnProtect(void)

### (4)設定 Flash 單頁燒錄無保護：

| void | MEM_SetSingleProgramUnProtect (void) |
|------|---------------------------------------|

範例： MEM_SetSingleProgramUnProtect();

### (5)設定 Flash 多頁燒錄無保護：

| void | MEM_SetMultipleProgramUnProtect (void) |
|------|-----------------------------------------|

範例：MEM_SetMultipleProgramUnProtect();

## 3. IAP 記憶體容量：

### (1)抓取 IAP 記憶體容量：

| uint32_t | MEM_GetIAPSize (void) |
|---|---|

| 返回：記憶體容量(uint32_t ) |
|---|

| 範例：gIAPSize = MEM_GetIAPSize(); |
|---|

### (2)設定 IAP 記憶體容量：

| DRV_Return | MEM_SetIAPSize (uint32_t IAPSize) |
|---|---|

| 輸入：IAPSize 記憶體單位為 1K-byte(032/072/132)或 0.5K-byte(064/128) |
|---|

| 範例：MEM_SetIAPSize(2048); //IAP Size 2KByte |
|---|

### (3)鎖住 IAP 記憶體容量：

| DRV_Return | MEM_SetIAPSizeLock (void) |
|---|---|

| 返回：DRV_Failure(鎖住失敗)，DRV_Success(鎖住成功) |
|---|

| 範例：if(MEM_SetIAPSizeLock() != SUCCESS) |
|---|

## 4. IAP 程式執行：

### (1)IAP 資料寫入執行功能致能/禁能：

| DRV_Return | MEM_IAPExecuteCode_Cmd (FunctionalState State) |
|---|---|

| 輸入：State= ENABLE，DISABLE<br>返回：DRV_Failure(失敗)，DRV_Success(成功) |
|---|

| 範例：gIAPSize = MEM_GetIAPSize(); |
|---|

### (2)IAP 資料寫入致能/禁能：

| DRV_Return | MEM_IAPWrite_Cmd (FunctionalState State) |
|---|---|

---

輸入：State= ENABLE、DISABLE

返回：DRV_Failure(失敗)、DRV_Success(成功)

---

MEM_IAPWrite_Cmd(ENABLE); // IAP Page Erase and Program Enable

---

## 4-3.3　IAP 實習

IAP 實習範例如下：

1. 範例 IAP1：將計數值寫入 IAP flash，再讀取 IAP flash 內的計數值在 LED 顯示。操作方式如下：

(1) 執行 Sample_MEM_FlashIAPPageErase(0x1A000000, 1)清除 IAP 在 flash 記憶體第一頁空間，如下圖所示：

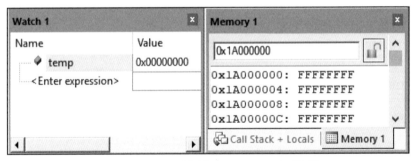

圖 4-19(a)　清除 IAP Flash 記憶體

(2) 執行下例程式結果，如下圖所示：

```
i=0;   //計數值
for (addr=0x1A000000; addr<0x1A000020; addr=addr+4)//指定 IAP 位址
       {Sample_MEM_FlashIAPSingleProgram(addr, i++);} //寫入計數值
```

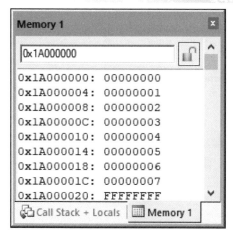

圖 4-19(b)　計數值寫入 IAP Flash 記憶體

(3) 執行 temp = *(__IO u32*)(addr)讀取讀取 IAP flash 內的 32-bit 資料 0~7，如下圖所示：

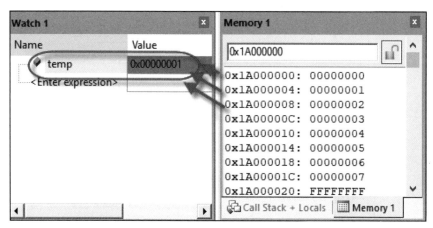

圖 4-19(c)　讀取 IAP Flash 記憶體

2. 範例 IAP2：以 IAP 讀寫 flash 內資料　，顯示存取的位址及資料，IAP 存取完畢 LED 閃爍。

(1) 執行 Sample_MEM_FlashIAPPageErase(0x1A000000, 1)清除 IAP 在 flash 記憶體第一頁空間，如下圖所示：

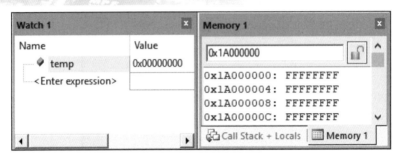

圖 4-20(a)　清除 IAP Flash 記憶體

(2) 執行 Sample_MEM_FlashIAPSingleProgram(位址,資料)將資料寫入位址內，如下圖所示：

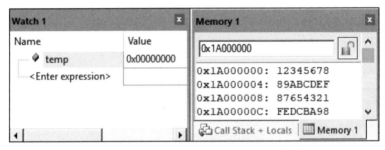

圖 4-20(b)　寫入 IAP Flash 記憶體

(3) 執行 temp = *(__IO u32*)(addr)讀取位址內的 32-bit 資料，如下圖所示：

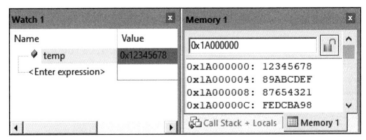

圖 4-20(c)　讀取 IAP Flash 記憶體

## 4-4 直接記憶存取(DMA)控制實習

直接記憶體存取(DMA: Direct Memory Access)的工作是由 DMA 控制器 (Controller)取代 CPU，不經 CPU 控制，直接令 DMA 來源(Source)的資料傳送到 DMA 目的(Destination)。

也可以將資料暫存器輸入(Data Register Input)，致能(GPL_DMA_EN)後，經 通用邏輯處理(GPL Process)將資料加以處理後，再送而資料暫存器輸出(Data Register Output)，如下圖所示：

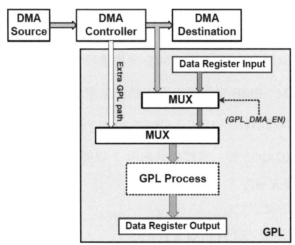

圖 4-21 GPL 與 DMA 控制方塊圖

DMA 特性如下表所示：

表 4-9 DMA 特性

| Functions<br>Chip | MG32F02A132 | MG32F02A072 | MG32F02A032 | MG32F02A128<br>MG32F02U128 | MG32F02A064<br>MG32F02U064 |
|---|---|---|---|---|---|
| DMA Channels | 3-CH | 3-CH | 1-CH | 5-CH | 5-CH |
| DMA Priority Type | Round Robin<br>Configurable Level | Round Robin<br>Configurable Level | - | Round Robin<br>Configurable Level | Round Robin<br>Configurable Level |
| DMA Transfer Type | M2M, M2P, P2M,<br>P2P | M2M, M2P, P2M,<br>P2P | M2M, M2P, P2M,<br>P2P | M2M, M2P, P2M,<br>P2P | M2M, M2P, P2M,<br>P2P |
| DMA Memory Source | SRAM, EMB | SRAM, EMB | SRAM, Flash | SRAM, Flash, EMB | SRAM, Flash, EMB |

直接記憶體存取(DMA)的特性如下：

◎ 資料傳輸方式：提供記憶體→記憶體(072/132 無 ROR→RAM)、記憶體→周邊設備、周邊設備→記憶體及周邊設備→周邊設備。

◎ 傳輸資料量最多可達 65536-byte，每筆傳輸資料寬度有：1、2 及 4-byte。

◎ 支援環形發送模式和自動重新載入起始位址控制。

◎ 提供線性、環形和非遞加地址模式。

◎ 由接腳觸發請求提供單筆(single)、區塊(block)及要求(demand)模式。

◎ 有 1 個(032)、3 個(072/132)或 5 個(064/128)獨立通道可提出 DMA 請求。

※ 可設定記憶體及 APB、AHB 的外部周邊設備作為來源和目的。

※ 支援 SRAM、EMB 空間作為記憶體的來源和目的。

※ 周邊設備包含 ADC、DAC、UART、SPI、I²C、TM36 和 GPL 模組。

◎ 除了 MG32F02A032 外，其餘晶片內含 2 級優先順序用於通道請求，可設定輪詢請求及優先順序。

## 4-4.1 直接記憶存取(DMA)控制

DMA 控制器用於 AHB、APB 周邊設備、SRAM、Flash 和 EMB 外部記憶體之間的傳輸資料。DMA 中斷用於 DMA 事件的檢測和服務。同時 DMA 有仲裁的功能，用於處理 DMA 請求的優先順序。DMA 控制以 064/128 為例，如下圖(a)(b)所示：

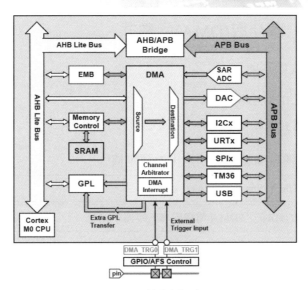

圖 4-22(a)　DMA 控制方塊圖(064/128)

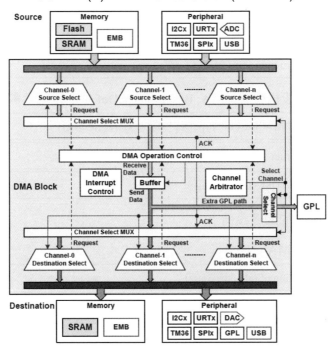

圖 4-22(b)　DMA 來源及目的控制(064/128)

## 4-4.2 直接記憶存取(DMA)函數式

DMA 函數式如下所示：

其中輸入參數：DMAx= DMA。

1.將 DMA 初始化為預定狀態。

(1) 將 DMA 周邊設備暫存器初始化為預定值：

| void | DMA_DeInit (DMA_Struct *DMAx) |
|------|------|
| 範例：DMA_DeInit(DMA);　//DMA 周邊設備暫存器初始化 | |

2. DMA 周邊設備根據 DMA_BaseInitTypeDef 中的指定參數初始化：

(1) 使用預定值填充每個 DMA_BaseInitTypeDef 成員

| void | DMA_BaseInitStructure_Init (DMA_BaseInitTypeDef *DMA_BaseInitStruct) |
|------|------|
| 輸入：DMA_BaseInitStruct | |
| 範例：DMA_BaseInitStructure_Init(&DMATestPattern); | |

(2) DMA 的周邊設備根據 DMA_BaseInitTypeDef 中的指定參數初始化

| void | DMA_Base_Init (DMA_BaseInitTypeDef *DMA_BaseInitStruct) |
|------|------|
| 輸入：DMA_BaseInitStruct | |
| 範例：DMA_Base_Init(&DMATestPattern); | |

3. 致能/禁能 DMA 的周邊設備：

(1) 啟用或禁用 DMA

| void | DMA_Cmd (FunctionalState NewState) |
|------|------|
| 輸入：NewState= ENABLE 或 DISABLE | |
| 範例：DMA_Cmd(ENABLE); | |

## 4. DMA 整體控制函數

### (1) 指定來自通道的 GPL 資料：

| void | DMA_SetExtraGPLChannel (DMA_Struct *DMAx,<br><br>　　　　　　　　　　DMA_DataWithGPLDef GPLChxSel) |
|---|---|

| 輸入：GPLChxSel= //指定要檢查的 DMA GPL 來源，<br><br>　　　　DMA_GPL_DISABLE: no any channel with GPL function<br><br>　　　　DMA_GPL_CHANNEL_0: select DMA channel 0 data through GPL macro<br><br>　　　　DMA_GPL_CHANNEL_1: select DMA channel 1 data through GPL macro<br><br>　　　　DMA_GPL_CHANNEL_2: select DMA channel 2 data through GPL macro |
|---|

| 範例：DMA_SetExtraGPLChannel(DMA, DMA_GPL_CHANNEL_0); |
|---|

### (2) 獲取 DMA GPL 通道選擇：

| DMA_DataWithGPLDef | DMA_GetCHxUseGPL (DMA_Struct *DMAx) |
|---|---|

| 返回：DMA_DataWithGPLDef=<br><br>　　　　DMA_GPL_DISABLE: no any channel with GPL function<br><br>　　　　DMA_GPL_CHANNEL_0: select DMA channel 0 data through GPL macro<br><br>　　　　DMA_GPL_CHANNEL_1: select DMA channel 1 data through GPL macro<br><br>　　　　DMA_GPL_CHANNEL_2: select DMA channel 2 data through GPL macro |
|---|

| 範例：temp=DMA_GetCHxUseGPL(DMA); |
|---|

### (3) DMA 通道優先模式選擇：

| void | DMA_PriorityMode_Select (DMA_Struct *DMAx,<br><br>　　　　　　　　　DMA_PriorityModeDef DMAPriorityModeSel) |
|---|---|

| 輸入：DMAPriorityModeSel= DMA_Round_Robin: control by Round Robin method<br>　　　　　　　　　　　DMA_Priority_Level: control by channel priority level |
|---|

| 範例：DMA_PriorityMode_Select(DMA, DMA_Round_Robin); |
|---|

5. DMA 通道控制函數，DMAChx= DMAChannel0 ~ DMAChannel2。

    (1) 開始 DMA 通道資料傳輸請求：

| void | DMA_StartRequest (DMAChannel_Struct *DMAChx) |
|---|---|
| 範例：DMA_StartRequest(DMAChannel2); | |

    (2) 啟用/禁用 DMA 通道傳輸

| void | DMA_Channel_Cmd (DMAChannel_Struct *DMAChx, FunctionalState NewState) |
|---|---|
| 輸入：NewState= ENABLE 或 DISABLE | |
| 範例：DMA_Channel_Cmd(DMAChannel2, ENABLE); | |

    (3) 配置 DMA 突發傳輸大小

| void | DMA_SetBurstSize (DMAChannel_Struct *DMAChx, DMA_BurstSizeDef BurstSizeSel) |
|---|---|
| 輸入：BurstSizeSel= DMA_BurstSize_1Byte、DMA_BurstSize_2Byte、DMA_BurstSize_4Byte | |
| 範例：DMA_SetBurstSize(DMAChannel0, DMA_BurstSize_2Byte); | |

    (4) 啟用/禁用 DMA 通道環路模式傳輸

| void | DMA_LoopMode_Cmd (DMAChannel_Struct *DMAChx, FunctionalState NewState) |
|---|---|
| 輸入：NewState= ENABLE 或 DISABLE | |
| 範例：DMA_LoopMode_Cmd(DMAChannel0, ENABLE); | |

    (5) 啟用/禁用 DMA 循環模式下 DMA 傳輸的最後一個週期

| void | DMA_LastCycle_Cmd (DMAChannel_Struct *DMAChx, FunctionalState NewState) |
|---|---|
| 輸入：NewState= ENABLE 或 DISABLE | |
| 範例：DMA_ClearFlag(DMA, DMA_FLAG_CH0_TCF);<br>   DMA_LastCycle_Cmd(DMAChannel0, ENABLE); // wait for DMA Channel0 complete<br>while(DMA_GetSingleFlagStatus(DMA, DMA_FLAG_CH0_THF) == DRV_UnHappened);<br>     DMA_ClearFlag(DMA, DMA_FLAG_CH0_TCF); | |

> DMA_LastCycle_Cmd(DMAChannel0, DISABLE);

(6) 啟用/禁用保持(Hold)DMA 通道傳輸。

| void | DMA_Hold_Cmd (DMAChannel_Struct *DMAChx, FunctionalState NewState) |
|---|---|

| 輸入：NewState= ENABLE 或 DISABLE |
|---|

| 範例：DMA_ClearFlag(DMA, DMA_FLAG_CH0_TCF); |
|---|
| DMA_LastCycle_Cmd(DMAChannel0, ENABLE); |
| // wait for DMA Channel0 complete |
| while(DMA_GetSingleFlagStatus(DMA, DMA_FLAG_CH0_THF) == DRV_UnHappened); |
| DMA_ClearFlag(DMA, DMA_FLAG_CH0_TCF); |
| DMA_LastCycle_Cmd(DMAChannel0, DISABLE); |

(7) DMA 通道外部接腳觸發請求模式選擇

| void | DMA_SetExtTriggerMode (DMAChannel_Struct *DMAChx,<br>                                    DMA_ExtTriggerModeDef DMAExtTrgSel) |
|---|---|

| 輸入：DMAExtTrgSel= DMA_DisableExtTrg : disable external request pin input |
|---|
| DMA_SingleExtTrg : single request mode |
| DMA_BlockExtTrg : block request mode |
| DMA_DemandExtTrg : demand request mode (active high) |

| 範例：DMA_SetExtTriggerMode(DMAChannel2, DMA_SingleExtTrg); |
|---|

(8) DMA 通道外部觸發接腳選擇

| void | DMA_SetExtTriggerPin (DMAChannel_Struct *DMAChx,<br>                                 DMA_ExternTriggerPinDef DMAExtTrgPinSel) |
|---|---|

| 輸入：DMAExtTrgPinSel= DMA_ExtTRG0 : control by DMA_TRG0 pin state |
|---|
| DMA_ExtTRG1 : control by DMA_TRG1 pin state |

| 範例：DMA_SetExtTriggerPin(DMAChannel1, DMA_ExtTRG1); |
|---|

(9) 啟用/禁用 DMA 目的地址自動遞增

| void | DMA_AutoIncreaseDestinationAddress (DMAChannel_Struct *DMAChx,<br><br>                                        FunctionalState NewState) |
|---|---|
| 輸入：NewState= ENABLE 或 DISABLE | |
| 範例：DMA_AutoIncreaseDestinationAddress(DMAChannel2, ENABLE); | |

(10) 啟用/禁用 DMA 來源地址自動遞增

| void | DMA_AutoIncreaseSourceAddress (DMAChannel_Struct *DMAChx,<br><br>                                    FunctionalState NewState) |
|---|---|
| 輸入：NewState= ENABLE 或 DISABLE | |
| 範例：DMA_AutoIncreaseSourceAddress(DMAChannel0, DISABLE); | |

(11) 選擇 DMA 通道目的周邊設備請求

| void | DMA_Destination_Select (DMAChannel_Struct *DMAChx,<br><br>                    DMA_DestinationRequestDef DestinationMacroSel) |
|---|---|
| 範例：DMA_Destination_Select(DMAChannel2, DMA_URT0_TX); | |

(12) 選擇 DMA 通道來源周邊設備

| void | DMA_Source_Select (DMAChannel_Struct *DMAChx,<br><br>                    DMA_SourcenRequestDef SourceMacroSel) |
|---|---|
| 輸入：DestinationMacroSel=DMA_MEM_Write, DMA_DAC0_OUT, DMA_I2C0_TX,<br>      DMA_I2C1_TX, DMA_URT0_TX, DMA_URT1_TX, DMA_URT2_TX,<br>      DMA_URT3_TX, DMA_SPI0_TX, DMA_GPL_Write, DMA_TM36_CC0B,<br>      DMA_TM36_CC1B, DMA_TM36_CC2B | |
| 範例：DMA_Destination_Select(DMAChannel2, DMA_URT0_TX); | |

(13)宣告 DMA 目的記憶體地址

| void | DMA_SetDestinationAddress (DMAChannel_Struct *DMAChx, <br><br> void *DestinationAddress) |
| --- | --- |
| 輸入：DestinationAddress=指定目的記憶體的位址 | |
| 範例：DMA_SetDestinationAddress(DMAChannel2, ptrDestinationArrayAddress); | |

(14)宣告 DMA 來源記憶體地址

| void | DMA_SetSourceAddress (DMAChannel_Struct *DMAChx, void *SourceAddress) |
| --- | --- |
| 輸入：SourceAddress=指定來源記憶體的位址 | |
| 範例：DMA_SetSourceAddress(DMAChannel0, ptrSourceArrayAddress); | |

(15)獲取 DMA 通道當前來源地址暫存器

| uint32_t * | DMA_GetCurrentSourceAddress (DMAChannel_Struct *DMAChx) |
| --- | --- |
| 輸入：uint32_t=獲取來源記憶體的位址 | |
| 範例：tmp = (uint32*) DMA_GetCurrentSourceAddress(DMAChannel2); | |

(16)獲取 DMA 通道 0 當前目的地址暫存器

| uint32_t * | DMA_GetCurrentDestinationAddress (DMAChannel_Struct *DMAChx) |
| --- | --- |
| 輸入：uint32_t=獲取目的記憶體的位址 | |
| 範例：tmp = DMA_GetCurrentDestinationAddress(DMAChannel0); | |

(17)配置 DMA 傳輸資料計數初始編號

| void | DMA_SetTransferDataNumber (DMAChannel_Struct *DMAChx, uint16_t NumDatas) |
| --- | --- |
| 輸入：NumDatas=指定傳輸資料計數初始值 | |
| 範例：DMA_SetTransferDataNumber(DMAChannel0, 256); | |

(18) 獲取 DMA 傳輸資料計數的當前值

| uint16_t | DMA_GetRemainDataCount (DMAChannel_Struct *DMAChx) |
|---|---|
| 返回：uint16_t=獲取 DMA 傳輸資料計數的當前值 ||
| 範例： tmp = DMA_GetRemainDataCount(DMAChannel1); ||

(19) 設置級別模式的 DMA 通道優先級

| void | DMA_SetPriority (DMAChannel_Struct *DMAChx, DMA_LevelPriorityDef DMALevelSel) |
|---|---|
| 輸入：DMALevelSel=DMA_LowestPriority, DMA_NormalPriority, DMA_HighPriority, DMA_HighestPriority ||
| 範例：DMA_SetPrority(DMAChannel0, DMA_HighPriority); ||

## 6. 僅支持通道 0 的 SKIP3 模式（記憶體到記憶體模式）

(1) 配置 DMA 通道 x 跳過 3 模式（在記憶體到記憶體中）

| void | DMA_SetChxSKIP3Mode (DMAChannel_Struct *DMAChx, FunctionalState NewState) |
|---|---|
| 輸入：NewState= ENABLE 或 DISABLE ||
| 範例：DMA_SetChxSKIP3Mode(DMAChannel2, ENABLE); ||

## 7. 中斷和標誌（SET / CLEAR / Config）

(1) 配置中斷源（啟用/禁用）

| void | DMA_IT_Config (DMAChannel_Struct *DMAChx, uint32_t DMA_ITSrc, FunctionalState NewState) |
|---|---|
| 輸入：DMA_ITSrc = DMA_Error_ITE, DMA_Half_ITE, DMA_Complete_ITE<br>輸入：NewState= ENABLE 或 DISABLE ||
| 範例：// Enable DMA Channel1 Complete Flag for interrupt<br>　　DMA_IT_Config(DMAChannel1, DMA_Complete_ITE, ENABLE); ||

(2) 啟用/禁用所有中斷

| void | DMA_ITEA_Cmd (DMA_Struct *DMAx, FunctionalState NewState) |
| --- | --- |
| 輸入：NewState= ENABLE 或 DISABLE | |
| 範例：DMA_ITEA_Cmd(DMA, ENABLE); | |

(3) 獲取一個中斷源狀態

| DRV_Return | DMA_GetSingleFlagStatus (DMA_Struct *DMAx, uint32_t DMA_ITSrc) |
| --- | --- |
| 輸入：DMA_ITSrc= DMA_FLAG_GPL_CEF : DMA GPL selection conflict error flag<br>DMA_FLAG_CH2_ERRF : DMA channel-2 transfer error flag<br>DMA_FLAG_CH2_THF : DMA channel-2 transfer half flag<br>DMA_FLAG_CH2_TCF : DMA channel-2 transfer complete flag<br>DMA_FLAG_CH2_GIF : DMA channel-2 global interrupt flag<br>DMA_FLAG_CH1_ERRF : DMA channel-1 transfer error flag<br>DMA_FLAG_CH1_THF : DMA channel-1 transfer half flag<br>DMA_FLAG_CH1_TCF : DMA channel-1 transfer complete flag<br>DMA_FLAG_CH1_GIF : DMA channel-1 global interrupt flag<br>DMA_FLAG_CH0_ERRF : DMA channel-0 transfer error flag<br>DMA_FLAG_CH0_THF : DMA channel-0 transfer half flag<br>DMA_FLAG_CH0_TCF : DMA channel-0 transfer complete flag<br>DMA_FLAG_CH0_GIF : DMA channel-0 global interrupt flag | |
| 範例：<br>if (DMA_GetSingleFlagStatus(DMA, DMA_FLAG_CH1_THF) == DRV_Happened)<br>{<br>    // to do ....<br>} | |

(4) 獲取所有中斷源狀態

| uint32_t | DMA_GetAllFlagStatus (DMA_Struct *DMAx) |
|---|---|
| 輸入：uint32_t=獲取所有中斷源狀態 | |
| 範例：tmp = DMA_GetAllFlagStatus(DMA); | |

(5) 清除一個或所有中斷源狀態

| void | DMA_ClearFlag (DMA_Struct *DMAx, uint32_t DMA_ITSrc) |
|---|---|
| 輸入：DMA_ITSrc= DMA_FLAG_GPL_CEF : DMA GPL selection conflict error flag <br><br> DMA_FLAG_CH2_ERRF : DMA channel-2 transfer error flag <br><br> DMA_FLAG_CH2_THF : DMA channel-2 transfer half flag <br><br> DMA_FLAG_CH2_TCF : DMA channel-2 transfer complete flag <br><br> DMA_FLAG_CH2_GIF : DMA channel-2 global interrupt flag <br><br> DMA_FLAG_CH1_ERRF : DMA channel-1 transfer error flag <br><br> DMA_FLAG_CH1_THF : DMA channel-1 transfer half flag <br><br> DMA_FLAG_CH1_TCF : DMA channel-1 transfer complete flag <br><br> DMA_FLAG_CH1_GIF : DMA channel-1 global interrupt flag <br><br> DMA_FLAG_CH0_ERRF : DMA channel-0 transfer error flag <br><br> DMA_FLAG_CH0_THF : DMA channel-0 transfer half flag <br><br> DMA_FLAG_CH0_TCF : DMA channel-0 transfer complete flag <br><br> DMA_FLAG_CH0_GIF : DMA channel-0 global interrupt flag | |
| 範例：// Clear DMA Channel0/1 TCF flag <br><br> DMA_ClearFlag(DMA, (DMA_FLAG_CH0_TCF \| DMA_FLAG_CH1_TCF)); | |

(6) 清除一個或所有中斷源狀態

| void | DMA_ClearChannelFlag (DMAChannel_Struct *DMAChx, <br><br> DMA_ChannelFlagDef DMA_ChxITSrc) |
|---|---|
| 輸入：DMA_ChxITSrc =DMA_Chx_TCF : select DMA channel x complete flag <br><br> DMA_Chx_THF : select DMA channel x half flag | |

| DMA_Chx_ERRF : select DMA channel x error flag |
| --- |
| DMA_Chx_AllFlags : Select DMA channel x all flags |

範例 :

DMA_ClearChannelFlag(DMAChannel1, DMA_Chx_TCF); // Clear DMA Channel1 TCF flag

## 4-4.3 直接記憶存取(DMA)實習

1. 範例 DMA1 : 使用 DMA 將資料由記憶體(RAM)傳輸到記憶體(RAM)。

   開啟 Watch1~2 視窗,觀察資料的傳輸,如下圖(a)(b)所示 :

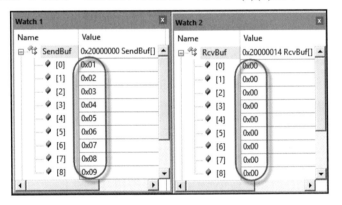

圖 4-23(a)　DMA(RAM→RAM)傳輸前

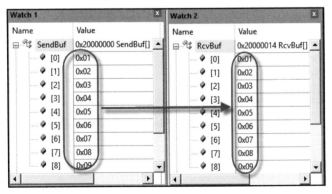

圖 4-23(b)　DMA(RAM→RAM)傳輸後

2. 範例 DMA2：使用 DMA 將資料由記憶體(Flash)傳輸到記憶體(RAM)。

開啟 Watch1~2 視窗，觀察資料的傳輸，如下圖(a)(b)所示：

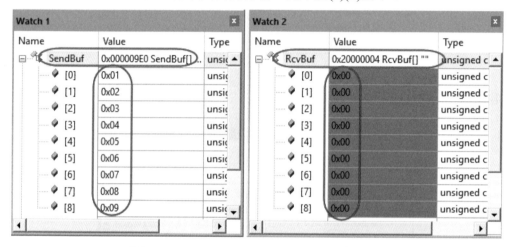

圖 4-24(a)　DMA(Flash→RAM)傳輸前

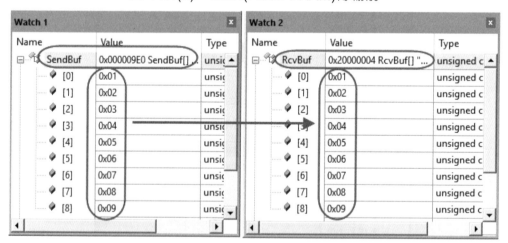

圖 4-24(b)　DMA(Flash→RAM)傳輸後

## 4-5 通用邏輯(GPL)與CRC控制實習

提供硬體的通用邏輯(GPL: General Purpose Logic)及提供循環冗餘校驗(CRC: Cyclic Redundancy Check)，可以很快速處理資料的改變及校驗。

通用邏輯(GPL)：提供資料反轉，bit 順序更改，byte 順序更改和同位元(parity)檢查。特性如下：

◎提供資料反相、bit 順序調換、byte 順序調換和同位元(parity)檢查。

※ 更改 8/16/32-bit 的資料位元反向順序。

※ 提供資料 byte 順序進行小端(Little endian)模式和大端(Big endian)調換。

※ 提供 8/16/32-bit 的同位元(parity)檢查。

◎提供循環冗餘校驗(CRC: Cyclic Redundancy Check)計算。

※ 可程式設計 CRC 初始值。

※ CRC 輸出位元順序調換。

※ CRC 計算完成時間：32/16/8-bit 資料為 4/2/1 個 AHB 時脈週期

◎具有固定公共多項式的 CRC

※ CRC8 多項式 0x07

※ CRC16 多項式 0x8005

※ CCITT16 多項式 0x1021

※ CRC32(IEEE 802.3)多項式 0x4C11DB7

◎可使用 DMA 緩衝輸入資料

## 4-5.1 通用邏輯(GPL)與 CRC 控制

通用邏輯(GPL)與 CRC 控制方塊圖，如下圖所示：

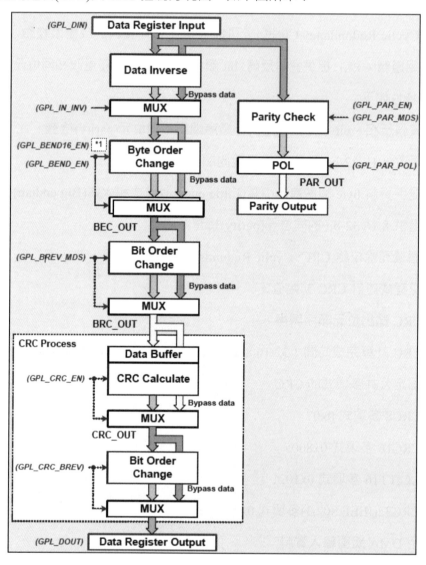

圖 4-25　通用邏輯(GPL)與 CRC 控制方塊圖

1. 通用邏輯(GPL)控制方式，如下：

(1) 通用邏輯(GPL)時脈控制，如下圖所示：

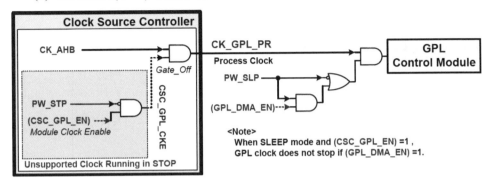

圖 4-26　通用邏輯(GPL)時脈控制

(2) 通用邏輯(GPL)的大端(Big Endian)模式與小端(Little Endian)模式改變資
料的 Byte 排列順序，如下圖(a)(b)所示：

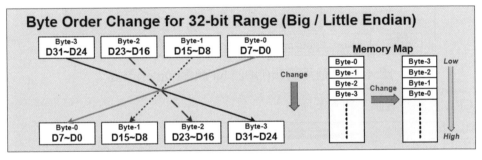

圖 4-27(a) Little Endian 與 Big Endian 的 32-bit 改變

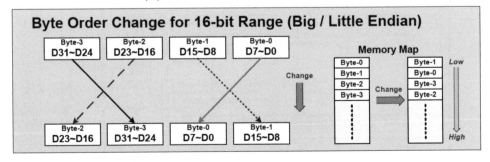

圖 4-27(b) Little Endian 與 Big Endian 的 16-bit 改變

(3) 通用邏輯(GPL)的 bit 順序(Order)改變，如下圖所示：

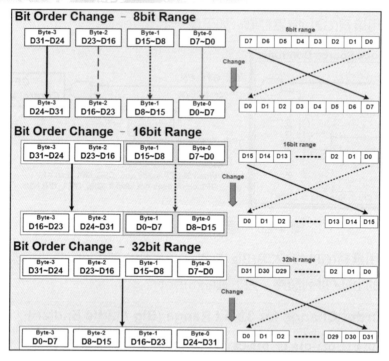

圖 4-28　通用邏輯(GPL) bit 順序(Order)改變

2. CRC 控制方塊圖，如下圖所示：

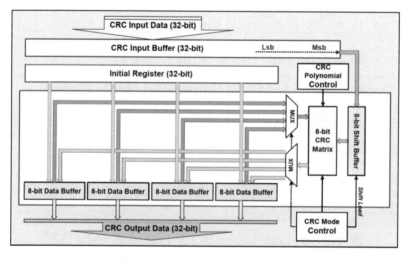

圖 4-29　CRC 控制方塊圖

(1) CRC 計算多項式，如下圖所示：

| CRC-CCITT | $X^{16} + X^{12} + X^5 + 1$ |
|-----------|------------------------------|
| CRC-8 | $X^8 + X^2 + X + 1$ |
| CRC-16 | $X^{16} + X^{15} + X^2 + 1$ |
| CRC-32 | $X^{32} + X^{26} + X^{23} + X^{22} + X^{16} + X^{12} + X^{11} + X^{10} + X^8 + X^7 + X^5 + X^4 + X^2 + X + 1$ |

圖 4-30　CRC 計算多項式

(2) CRC 應用領域：

　(a) 計算 RAM/ROM 資料正確性。

　(b) 比檢查和(checksum)更有安全性, 碰撞機率低。

　(c) 串列/無線通訊正確性校驗($I^2C$/SPI/UART/BLE)。

　(d) 確保傳輸正確及防止竄改檢查/抗干擾檢查。

　(e) 應用範圍：BMS/智慧控制/交換機。

3.　在 DMA 傳輸過程中可將來源(Source)資料，經 DMA 控制器送到 GPL 處理改變後，DMA 的 GPL 控制方塊圖，如下圖所示：

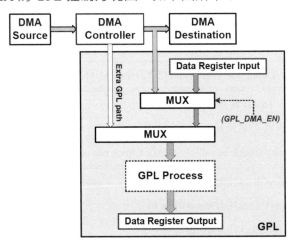

圖 4-31　GPL 的 DMA 控制方塊圖

## 4-5.2 通用邏輯(GPL)與 CRC 函數式

通用邏輯(GPL)與 CRC 函數式如下所示:

1. 同位元設定(Parity Setting):

    (1) GPL 同位元檢查選擇:

| void | GPL_ParityCheck_Select (uint32_t Parity) |
|---|---|
| 輸入:Parity= GPL_PARITY_EVEN , GPL_PARITY_ODD | |
| 範例:GPL_ParityCheck_Select(GPL_PARITY_EVEN); | |

    (2) GPL 同位元字元(32-bit)檢查:

| uint8_t | GPL_GetParityCheckWord (uint32_t Data) |
|---|---|
| 輸入:Data=要檢查的 32-bit 資料 | |
| 返回:uint8_t= 0 : Parity Check equal , 1 : Parity Check not equal | |
| 範例:if(GPL_GetParityCheckWord() == 0)<br>    if(GPL_GetParityCheckWord() != 1)<br>    while(GPL_GetParityCheckWord() == 0)<br>    while(GPL_GetParityCheckWord() != 1) | |

    (3) GPL 同位元半字元(16-bit)檢查:

| uint8_t | GPL_GetParityCheckHalfWord (uint32_t Data, uint16_t HalfWordX) |
|---|---|
| 輸入:Data=要檢查的 16-bit 資料 | |
| 輸入:HalfWordX = 0(低半字元 bit0~15) ，1(高半字元 bit16~31) | |
| 返回:uint8_t= 0 : Parity Check equal , 1 : Parity Check not equal | |
| 範例:if(GPL_GetParityCheckHalfWord(0) == 0)<br>    if(GPL_GetParityCheckHalfWord(0) != 0)<br>    if(GPL_GetParityCheckHalfWord(1) == 0)<br>    if(GPL_GetParityCheckHalfWord(1) != 0) | |

```
while(GPL_GetParityCheckHalfWord(0) == 0)

while(GPL_GetParityCheckHalfWord(0) != 0)

while(GPL_GetParityCheckHalfWord(1) == 0)

while(GPL_GetParityCheckHalfWord(1) != 0)
```

### (4) GPL 同位元低半字元(bit0~15)檢查：

| uint8_t | GPL_GetParityCheckHalfWord_Low (uint32_t Data) |
|---------|------------------------------------------------|
| 輸入：Data=要檢查的低半字元(bit0~15)資料<br>返回：uint8_t=0 : Parity Check equal , 1 : Parity Check not equal | |
| 範例：if(GPL_Flag_PAR_HalfWordLow() == 0)<br><br>    if(GPL_Flag_PAR_HalfWordLow() != 0)<br><br>    while(GPL_Flag_PAR_HalfWordLow() == 0)<br><br>    while(GPL_Flag_PAR_HalfWordLow() != 0) | |

### (5) GPL 同位元高半字元(bit16~31)檢查：

| uint8_t | GPL_GetParityCheckHalfWord_High (uint32_t Data) |
|---------|-------------------------------------------------|
| 輸入：Data=要檢查的高半字元(bit16~31)資料<br>返回：uint8_t=0 : Parity Check equal , 1 : Parity Check not equal | |
| 範例： if(GPL_GetParityCheckHalfWord_High() == 0)<br><br>    if(GPL_GetParityCheckHalfWord_High() != 0)<br><br>    while(GPL_GetParityCheckHalfWord_High() == 0)<br><br>    while(GPL_GetParityCheckHalfWord_High() != 0) | |

### (6) GPL 同位元 byte0(bit0~7)檢查：

| uint8_t | GPL_GetParityCheckByte_0 (uint32_t Data) |
|---------|------------------------------------------|
| 輸入：Data=要檢查的 byte0(bit0~7)資料<br>返回：uint8_t=0 : Parity Check equal , 1 : Parity Check not equal | |

範例：if(GPL_GetParityCheckByte_0 == 0)

### (7) GPL 同位元 byte1(bit8~15)檢查：

| uint8_t | GPL_GetParityCheckByte_1 (uint32_t Data) |
|---|---|
| 輸入：Data=要檢查的 byte1(bit8~15)資料 | |
| 返回：uint8_t=0：Parity Check equal，1：Parity Check not equal | |

範例：if(GPL_GetParityCheckByte_1 == 0)

### (8) GPL 同位元 byte2(bit16~23)檢查：

| uint8_t | GPL_GetParityCheckByte_2 (uint32_t Data) |
|---|---|
| 輸入：Data=要檢查的 byte2(bit16~23)資料 | |
| 返回：uint8_t=0：Parity Check equal，1：Parity Check not equal | |

範例：if(GPL_GetParityCheckByte_2 == 0)

### (9) GPL 同位元 byte3(bit24~31)檢查：

| uint8_t | GPL_GetParityCheckByte_3 (uint32_t Data) |
|---|---|
| 輸入：Data=要檢查的 byte3(bit24~31)資料 | |
| 返回：uint8_t=0：Parity Check equal，1：Parity Check not equal | |

範例：if(GPL_GetParityCheckByte_3 == 0)

### (10) GPL 抓取同位元 byte 檢查：

| uint8_t | GPL_GetParityCheckByte (uint32_t Data, uint8_t ByteX) |
|---|---|
| 輸入：Data=要檢查的 byte 資料 | |
| 輸入：ByteX= 0：Byte 0，1：Byte 1，2：Byte 2，3：Byte 3 | |
| 返回：uint8_t=0：Parity Check equal，1：Parity Check not equal | |

範例：if(GPL_GetParityCheckByte(0) == 0)

2. 資料反相(Inverse)：

(1) 致能/禁能 GPL 資料反相：

| void | GPL_Inverse_Cmd (FunctionalState State) |
|---|---|
| 輸入：State= ENABLE , DISABLE | |
| 範例：GPL_Inverse_Cmd(ENABLE); | |

3. 資料順序(Order)：

(1) GPL 的 byte 資料順序改變：

| void | GPL_ByteOrderChange_Cmd (FunctionalState State) |
|---|---|
| 輸入：State= ENABLE , DISABLE | |
| 範例：GPL_ByteOrderChange_Cmd(ENABLE); | |

(2) GPL 的 16-bit 資料順序改變：

| void | GPL_16BitsByteOrderChange_Cmd (FunctionalState State) |
|---|---|
| 輸入：State= ENABLE , DISABLE | |
| 範例：GPL_16BitsByteOrderChange_Cmd(ENABLE); | |

(3) 位元順序更改之前的選擇：

| void | GPL_BeforeBitOrderChange_Select (uint32_t Select) |
|---|---|
| 輸入：Select = GPL_BEFORE_BIT_ORDER_DISABLE，GPL_BEFORE_BIT_ORDER_8BITS GPL_BEFORE_BIT_ORDER_16BITS，GPL_BEFORE_BIT_ORDER_32BITS | |
| 範例：GPL_BeforeBitOrderChange_Select(GPL_BEFORE_BIT_ORDER_DISABLE); GPL_BeforeBitOrderChange_Select(GPL_BEFORE_BIT_ORDER_8BITS); GPL_BeforeBitOrderChange_Select(GPL_BEFORE_BIT_ORDER_16BITS); GPL_BeforeBitOrderChange_Select(GPL_BEFORE_BIT_ORDER_32BITS); | |

(4) 位元順序更改之後的選擇：

| void | GPL_AfterBitOrderChange_Select (uint32_t Select) |
|---|---|
| 輸入：Select = GPL_AFTER_BIT_ORDER_DISABLE，GPL_AFTER_BIT_ORDER_8BITS，GPL_AFTER_BIT_ORDER_16BITS，GPL_AFTER_BIT_ORDER_32BITS ||
| 範例：GPL_AfterBitOrderChange_Select(GPL_AFTER_BIT_ORDER_DISABLE);<br>GPL_AfterBitOrderChange_Select(GPL_AFTER_BIT_ORDER_8BITS);<br>GPL_AfterBitOrderChange_Select(GPL_AFTER_BIT_ORDER_16BITS);<br>GPL_AfterBitOrderChange_Select(GPL_AFTER_BIT_ORDER_32BITS); ||

4. 循環冗餘校驗(CRC)：

(1) GPL 的 CRC 模式選擇：

| void | GPL_CRC_Mode_Select (uint32_t Select) |
|---|---|
| 輸入：Select = GPL_CRC_MODE_CCITT16，GPL_CRC_MODE_CRC8，GPL_CRC_MODE_CRC16，GPL_CRC_MODE_CRC32 ||
| 範例：GPL_CRC_Mode_Select(GPL_CRC_MODE_CCITT16);<br>GPL_CRC_Mode_Select(GPL_CRC_MODE_CRC8);<br>GPL_CRC_Mode_Select(GPL_CRC_MODE_CRC16);<br>GPL_CRC_Mode_Select(GPL_CRC_MODE_CRC32); ||

(2) GPL 的 CRC 資料容量選擇：

| void | GPL_CRC_Data_Size_Select (uint32_t Select) |
|---|---|
| 輸入：Select = GPL_CRC_DATA_SIZE_8BITS，GPL_CRC_DATA_SIZE_16BITS，GPL_CRC_DATA_SIZE_32BITS ||
| 範例：GPL_CRC_Data_Size_Select(GPL_CRC_DATA_SIZE_8BITS); ||

(3) GPL 的 CRC 設定初始數值：

| void | GPL_CRC_SetInitValue (uint32_t InitialValue) |
|---|---|
| 輸入：InitialValue =0~0xFFFFFFFF. ||

| 範例：GPL_CRC_SetInitValue(0x12345678); |
|---|

(4) GPL 的 CRC 功能致能：

| void | GPL_CRC_Cmd (FunctionalState State) |
|---|---|

| 輸入：State = ENABLE , DISABLE |
|---|

| 範例：GPL_CRC_Cmd(ENABLE); |
|---|

5. GPL 的 DMA：

(1) GPL 的 DMA 致能：

| void | GPL_DMA_Cmd (FunctionalState State) |
|---|---|

| 輸入：State= ENABLE , DISABLE |
|---|

| 範例：GPL_DMA_Cmd (ENABLE) |
|---|

6. 資料輸入計算與結果輸出：

(1) GPL 資料輸入：

| void | GPL_DataInput (uint32_t Data) |
|---|---|

| 輸入：Data=0~0xFFFFFFFF |
|---|

| 範例：GPL_DataInput(0xFFFF); |
|---|

(2) GPL 抓取輸出資料：

| uint32_t | GPL_GetOutputData (void) |
|---|---|

| 返回：uint32_t=抓取的輸出資料 |
|---|

| 範例：uint8_t temp8 = GPL_GetOutputData(); <br><br> uint16_t temp16 = (uint16_t)GPL_GetOutputData(); <br><br> uint32_t temp32 = (uint32_t)GPL_GetOutputData(); |
|---|

7. GPL 旗標(Flag)：

(1) 抓取 GPL 的所有旗標狀態：

| uint32_t | GPL_GetAllFlagStatus (void) |
|---|---|
| 返回：uint32_t=計算結果 | |
| 範例： uint32_t temp32 = GPL_GetAllFlagStatus(GPL);  if((GPL_GetAllFlagStatus(GPL) & GPL_FLAG_PARITY32) == GPL_FLAG_PARITY32) | |

(2) 抓取 GPL 的所有旗標狀態：

| DRV_Return | GPL_GetFlagStatus (uint32_t **GPL_FLAG**) |
|---|---|
| 輸入：GPL_FLAG= GPL_Flag_MASK , GPL_Flag_PAR32 , GPL_Flag_PAR16 ,  GPL_Flag_PAR16_0 , GPL_Flag_PAR16_1 , GPL_Flag_PAR8 :  GPL_Flag_PAR8_0 , GPL_Flag_PAR8_1 , GPL_Flag_PAR8_2 :  GPL_Flag_PAR8_3 :  返回：DRV_Return=計算結果 | |
| 範例：if(GPL_GetFlagStatus(GPL, GPL_Flag_PAR32) != DRV_True)  if(GPL_GetFlagStatus(GPL, GPL_Flag_PAR16_0) != DRV_True)  if(GPL_GetFlagStatus(GPL, GPL_Flag_PAR8_0) != DRV_True) | |

## 4-5.3 通用邏輯(GPL)與 CRC 實習

1. 範例 GPL1：應用 GPL 進行 8/16/32-bit 資料交換，GPL 設定如下圖所示：

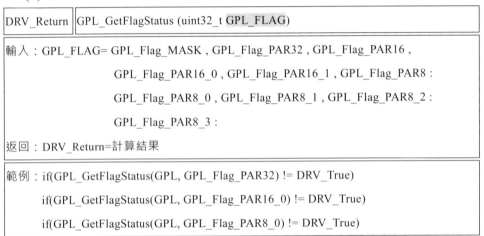

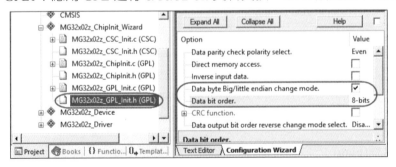

圖 4-32　　GPL 初始設定(8-bit 大端/小端交換模式)

開啟 watch1 視窗，單步執行，觀察資料的變化如下圖(a)~(d)所示：

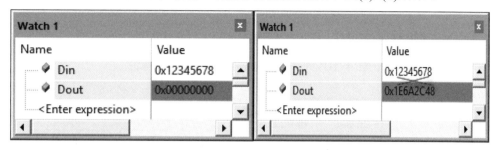

圖 4-33(a) 開始未交換資料　　　　圖 4-33(b) 執行 8-bit 交換後

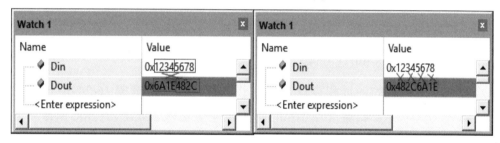

圖 4-33(c) 執行 16-bit 交換後　　　圖 4-33(d) 執行 32-bit 交換後

2. 範例 CRC1_DMA：使用 DMA 導入校驗資料包到 CRC 中進行 CRC32 類型運算，運算結果會在 LED 顯示是否正確。

3. 範例 CRC2_DMA：使用 DMA 導入校驗資料封包到 CRC 中進行各種 CRC 類型運算，運算結果會在 UART 顯 示是否正確。

```
helloPOSIX CRC32 Check OK
```

## 4-6 外部記憶體匯流排(EMB)控制實習

外部記憶體匯流排(EMB: External Memory Bus)的特性如下表所示：

表 4-10 外部記憶體匯流排(EMB)特性

| Functions<br>Chip | MG32F02A132 | MG32F02A072 | MG32F02A032 | MG32F02A128<br>MG32F02U128 | MG32F02A064<br>MG32F02U064 |
|---|---|---|---|---|---|
| EMB | 16-Bit Bus | 16-Bit Bus | - | 16/8-Bit Bus | 16/8-Bit Bus |
| EMB Address Mode | 16/24/30-bit | 16/24/30-bit | - | 16/24/30-bit | 16/24/30-bit |

◎ 提供 SRAM、NOR/NAND-flash 及 LCD 界面。

◎ 提供同步或非同步定時(timing)模式控制。

◎ 提供 16-bit 或 8-bit(僅 064/128)資料寬度。

◎ 提供多種類型的地址和資料共用(multiplex)模式。可選擇 16/24/30-bit 位址模式，其中在資料寬度為 16-bit 時，記憶空間有 2G/32M/128K-byte。

◎ 可配置位址鎖存時間和資料存取時間作為週期時間。

◎ 透過 DMA 功能，可進行資料緩衝的接收和發送功能，對 DMA 而言內部與外部記憶體空間存取方式相同。

◎ 允許在外部 SRAM 上執行 CPU 程式碼。

## 4-6.1 外部記憶體匯流排(EMB)控制

EMB 的配置方式，如下表所示：

表 4-11 EMB 的配置方式

| Chip | Package | EMB Bus<br>Bus Width | EMB Interface Modes | | | | | |
|---|---|---|---|---|---|---|---|---|
| | | | 16bit-MA<br>16bit-MD | 16bit-MA<br>16bit-MAD | 16bit-MAD | 16bit-MA<br>8bit-MD | 16bit-MA<br>8bit-MAD | 8bit-MAD |
| MG32F02A132 | LQFP80/64 | 16-bit | V | V | V | | | |
| MG32F02A072 | LQFP64 | 16-bit | V | V | V | | | |
| MG32F02A032 | LQFP48 | 16-bit | | | | | | |
| MG32F02A128/U128 | LQFP80/64 | 8/16-bit | V | V | V | V | V | V |
| MG32F02A064/U064 | LQFP64 | 8/16-bit | V | V | V | V | V | V |
| MG32F02A064/U064 | LQFP48 | 8/16-bit | | | | | | |

注：MA :記憶位址，MD :記憶體資料，MAD :記憶體位址/資料

EMB 控制接腳以 128/132 為例，如下圖及下表所示：

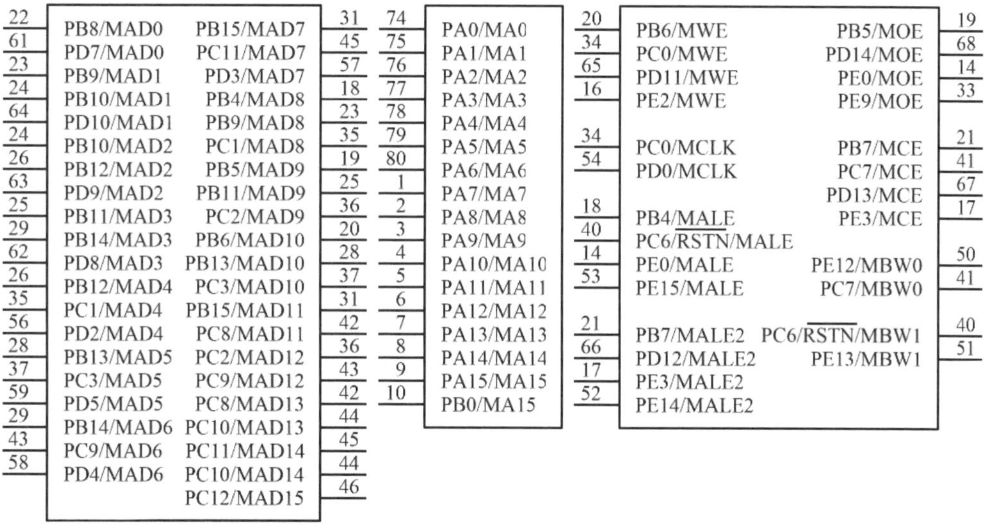

```
22  PB8/MAD0    PB15/MAD7   31    74  PA0/MA0     20    PB6/MWE          PB5/MOE      19
61  PD7/MAD0    PC11/MAD7   45    75  PA1/MA1     34    PC0/MWE          PD14/MOE     68
23  PB9/MAD1    PD3/MAD7    57    76  PA2/MA2     65    PD11/MWE         PE0/MOE      14
24  PB10/MAD1   PB4/MAD8    18    77  PA3/MA3     16    PE2/MWE          PE9/MOE      33
64  PD10/MAD1   PB9/MAD8    23    78  PA4/MA4
24  PB10/MAD2   PC1/MAD8    35    79  PA5/MA5     34    PC0/MCLK         PB7/MCE      21
26  PB12/MAD2   PB5/MAD9    19    80  PA6/MA6     54    PD0/MCLK         PC7/MCE      41
63  PD9/MAD2    PB11/MAD9   25     1  PA7/MA7                           PD13/MCE     67
25  PB11/MAD3   PC2/MAD9    36     2  PA8/MA8     18    PB4/MALE         PE3/MCE      17
29  PB14/MAD3   PB6/MAD10   20     3  PA9/MA9     40    PC6/RSTN/MALE
62  PD8/MAD3    PB13/MAD10  28     4  PA10/MA10   14    PE0/MALE         PE12/MBW0    50
26  PB12/MAD4   PC3/MAD10   37     5  PA11/MA11   53    PE15/MALE        PC7/MBW0     41
35  PC1/MAD4    PB15/MAD11  31     6  PA12/MA12
56  PD2/MAD4    PC8/MAD11   42     7  PA13/MA13   21    PB7/MALE2  PC6/RSTN/MBW1     40
28  PB13/MAD5   PC2/MAD12   36     8  PA14/MA14   66    PD12/MALE2       PE13/MBW1    51
37  PC3/MAD5    PC9/MAD12   43     9  PA15/MA15   17    PE3/MALE2
59  PD5/MAD5    PC10/MAD13  42    10  PB0/MA15    52    PE14/MALE2
29  PB14/MAD6   PC11/MAD14  44
43  PC9/MAD6    PC10/MAD14  45
58  PD4/MAD6    PC10/MAD14  44
                PC12/MAD15  46
```

圖 4-34　EMB 控制接腳(128/132)

表 4-12　EMB 控制接腳

| 信號腳 | 說明 | 信號腳 | 說明 |
|---|---|---|---|
| MAD0~15 | 記憶體位址/資料匯流排 | MALE | 記憶體位址栓鎖致能 |
| MA0~15 | 記憶體位址匯流排 | MALE2 | 記憶體位址栓鎖致能 2 |
| MWE | 記憶體寫入致能 | MOE | 記憶體輸出致能 |
| MCLK | 同步時脈 | MCE | 記憶體晶片致能 |
| MWE | 記憶體寫入致能 | MBW0~1 | 記憶體低/高 byte 寫入 |

1. EMB 記憶體的存取方式有位址與資料匯流排分開(Sepated)與多工 (multiplexed)，以存取 16-bit 的記憶體為例，如下圖所示：

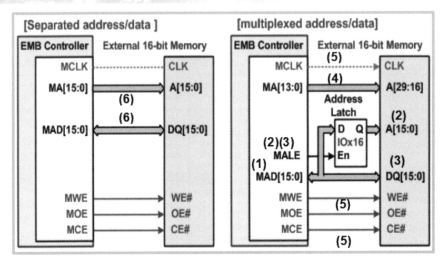

圖 4-35　EMB 記憶體的存取方式

(1) 位址與資料匯流排多工(multiplexed)時，由 MAD[15:0]送出位址 A0~15 或資料 D0~15。

(2) 當位址栓鎖致能(MALE)=1 時，MAD[15:0]為位址 A0~15 送到記憶體。

(3) 當位址栓鎖致能(MALE)=0 時會將位址 A0~15 栓鎖，此時 MAD[15:0] 為資料 D0~15 送到記憶體。

(4) 在 MA[13:0]送出位址 A[29:16]，配合 MAD[15:0]，形成 A0~29 有 1M 的記憶空間。

(5) 控制線有寫入致能(MWE)、輸出致能(MOE)及晶體致能(MCE)，配合 同步時脈(MCLK)即可存取 1M*16-bit 的記憶體。

(6) 位址與資料匯流排分開(Sepated)時，MA[15:0]送出位址 A0~15 及 MAD[15:0]送出資料 D0~15，只能存取 64K*16-bit 的記憶體。

2. EMB 控制器包含 AHB 邏輯介面和外部記憶體匯流排介面、16-bit 資料緩 衝和匯流排時脈產生器。EMB 的 IO 介面可控制位址、資料和控制信號用 於外部裝置或記憶體。EMB 控制器方塊圖，如下圖所示：

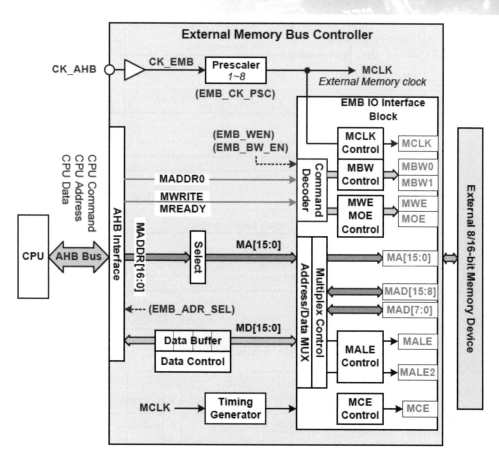

圖 4-36　EMB 控制器方塊圖

3. EMB 的控制線同步時脈(MCLK)、寫入致能(MWE)、輸出致能(MOE)、 晶體致能(MCE)及位址栓鎖致能(MALE) (MALE2)可以由不同方式來產生, 如下圖(a)(b)所示：

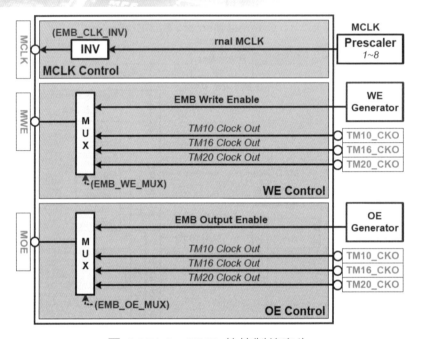

圖 4-37(a) EMB 的控制線產生

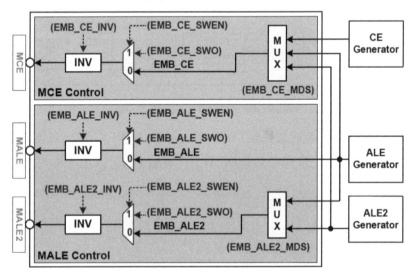

圖 4-37(b) EMB 的控制線產生

4. EMB 介面可存取不同的記憶體及裝置，如下表所示：

表 4-13　EMB 介面記憶體及裝置接腳

| Signal \ Device | SRAM 16-bit data | NOR 16-bit data | NAND 16-bit data | LCD RAM 16-bit data |
|---|---|---|---|---|
| MCLK | CLK | CLK (*3) | - | - |
| MA[15:0] | A[15:0] | A[15:0] | - | - |
| MAD[15:0] | DQ[15:0] | DQ[15:0] | DQ[15:0] | DB[15:0] |
| MCE | CE# | CE# | CE# | /CS (*1) |
| MWE | WE# | WE# | WE# | /WR |
| MOE | OE# | OE# | RE# | /RD |
| MALE | ADSP# | ADV# (*3) | ALE (*1) | RS (*1) |
| MALE2 | - | RST# (*1) | CLE (*1) | RESET (*1) |
| MBW0 | BW0 | BYTE# | - | - |
| MBW1 | BW1 | WP# (*1) | WP# (*1) | - |
| GPIO (*2) | - | RY/BY# (*4) | RY/BY# | - |

*1 : Output control directly by software mode register setting

*2 : Any unused GPIO pin (input)

*3 : Only for synchronous NOR

*4 : Only for asynchronous NOR

5. EMB 可外接 SRAM、NOR/NAND flash 及繪圖型 LCD 模組等。可存取記憶體及裝置的空間，如下表及下圖所示：

表 4-14　EMB 可存取記憶體及裝置的空間

| External Device | 0xC000 0000 | 0xDFFF FFFF | 512MB | Reserved | External memory (SRAM, Flash) |
|---|---|---|---|---|---|
| External Device | 0xA000 0000 | 0xBFFF FFFF | 512MB | Reserved | External memory (SRAM, Flash) |
| External RAM | 0x8000 0000 | 0x9FFF FFFF | 512MB | Reserved | External memory (SRAM, Flash) |
| External RAM | 0x6000 0000 | 0x7FFF FFFF | 512MB | Reserved | External memory (SRAM, Flash) |

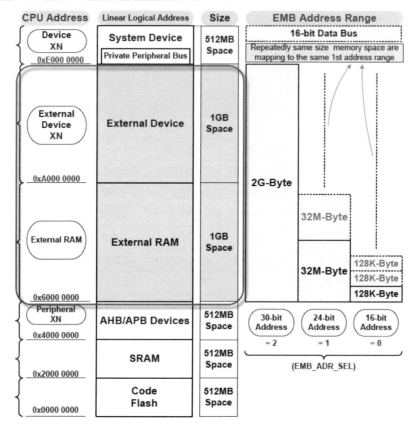

圖 4-38　EMB 可存取記憶體及裝置的空間

(1) 外部記憶體(External RAM)：位址 0x6000_0000~0x9FFF_FFFF。

(2) 外部裝置(External Device)：位址 0xA000_0000~0xDFFF_FFFF。

## 4-6.2　外部記憶體匯流排(EMB)函數式

EMB 函數式如下所示：其中輸入參數：DMAx= DMA。

1.　操作模式(Mode)：

(1)EMB 功能致能：

| void | EMB_Cmd (FunctionalState EMB_EN) |
|---|---|
| 輸入 : EMB_EN= ENABLE , DISABLE | |
| 範例 : EMB_Cmd(ENABLE); | |

(2) EMB 同步事務致能 :

| void | EMB_Synchonous_Cmd (FunctionalState EMB_SYNC_Cmd) |
|---|---|
| 輸入 : EMB_SYNC_Cmd= ENABLE , DISABLE | |
| 範例 : EMB_Synchonous_Cmd(ENABLE); | |

(3) EMB 模式配置 :

| void | EMB_AddressDataBusMode_Config (EMB_AddressDataTypeDef *EMB_AddressDataMode) |
|---|---|
| 輸入 : *EMB_AddressDataMode=EMB_AddressBit: EMB address bit select.<br><br>　　　　　-EMB_AddressBit_16 : EMB address is 16 bits.<br><br>　　　　　-EMB_AddressBit_24 : EMB address is 24 bits.<br><br>　　　　　-EMB_AddressBit_30 : EMB address is 30 bits.<br><br>　　　EMB_BusMode: EMB bus address and data bus mode select.<br><br>　　　　　-EMB_BUS_Multiplex :<br><br>　　　　　-EMB_BUS_Separated :<br><br>　EMB_ALE2_EN: EMB two address phase timing mode enable or disable select.<br><br>　　　　　-EMB_ALE2_DISABLE : Disable. (If EMB_BusMode =<br><br>　　　　　EMB_BUS_Separated will be no address phase)<br><br>　　　　　-EMB_ALE2_ENABLE : Enable. (If EMB_BusMode =<br><br>　　　　　EMB_BUS_Multiplex will be two address phase)<br><br>　　　EMB_ALE2Mode:<br><br>　　　　　-EMB_ALE2Mode_ALE2 : 2nd phase address latch enable.<br><br>　　　　　-EMB_ALE2Mode_ALE : Same as ALE timing. | |

範例：EMB_AddressDataTypeDef EMB_AddressDataMode;

EMB_AddressDataMode.EMB_AddressBit = EMB_AddressBit_16;

EMB_AddressDataMode.EMB_BusMode = EMB_BUS_Multiplex;

EMB_AddressDataMode.EMB_ALE2_EN = EMB_ALE2_ENABLE;

EMB_AddressDataMode.EMB_ALE2Mode = EMB_ALE2Mode_ALE2;

EMB_AddressDataBusMode_Config(&EMB_AddressDataMode);

　或

EMB_AddressDataTypeDef EMB_AddressDataMode;

EMB_AddressDataMode.EMB_AddressBit = EMB_AddressBit_16;

EMB_AddressDataMode.EMB_BusMode = EMB_BUS_Multiplex;

EMB_AddressDataMode.EMB_ALE2_EN = EMB_ALE2_DISABLE;

EMB_AddressDataBusMode_Config(&EMB_AddressDataMode);

(4) EMB 寫入模式選擇：

| void | EMB_WriteMode_Select (EMB_WriteMode_TypeDef EMB_WriteMode) |
|---|---|
| 輸入：EMB_WriteMode= EMB_Write_Disable : EMB write disable.<br>EMB_Write_Enable : EMB write enable. | |
| 範例：EMB_WriteMode_Select(EMB_Write_Enable); | |

2. EMB 存取時間(Access Time)：

(1) EMB 存取控制時間狀態：

| void | EMB_AccessTime_Config (EMB_TimeStateTypeDef *EMB_TimeState) |
|---|---|
| 輸入：*EMB_TimeState=EMB_ALES: EMB SRAM/NOR bus ALE/ALE2 setup time.<br>-(EMB_ALES_0MCLK ~ EMB_ALES_1MCLK)<br>EMB_ALEW: EMB SRAM/NOR bus ALE/ALE2 pulse width.<br>-(EMB_ALEW_1MCLK ~ EMB_ALEW_4MCLK)<br>EMB_ALEH: EMB SRAM/NOR bus ALE/ALE2 hold time. | |

<table>
<tr><td colspan="2">-(EMB_ALEH_0MCLK ~ EMB_ALEH_1MCLK)<br><br>EMB_ACCS: SRAM/NOR bus data access setup time.<br><br>-(EMB_ACCS_0MCLK ~ EMB_ACCS_1MCLK)<br><br>EMB_ACCW: SRAM/NOR bus data access time.<br><br>-(EMB_ACCW_1MCLK ~ EMB_ACCW_16MCLK)<br><br>EMB_ACCH: SRAM/NOR bus data access hold time.<br><br>-(EMB_ACCH_0MCLK ~ EMB_ACCH_1MCLK)</td></tr>
<tr><td colspan="2">範例：EMB_TimeStateTypeDef EMB_TimeState;<br><br>EMB_TimeState.EMB_ALES = EMB_ALES_0MCLK;<br><br>EMB_TimeState.EMB_ALEW = EMB_ALEW_1MCLK;<br><br>EMB_TimeState.EMB_ALEH = EMB_ALEH_1MCLK;<br><br>EMB_TimeState.EMB_ACCS = EMB_ACCS_0MCLK;<br><br>EMB_TimeState.EMB_ACCW = EMB_ACCW_1MCLK;<br><br>EMB_TimeState.EMB_ACCH = EMB_ACCH_1MCLK;<br><br>EMB_AccessTime_Config(&EMB_TimeState);</td></tr>
</table>

3. EMB 中斷及事件(Interrupt And Event)：EMB 相關驅動程式的中斷和事件。

    (1) EMB 本地中斷致能或禁能：

| void | EMB_IT_Cmd (uint32_t EMB_IT, FunctionalState EMB_IT_State) |
|---|---|
| 輸入：EMB_IT= EMB_WPE : EMB bus write protect error detect.<br><br>               EMB_BWE : EMB bus byte write eorror detect.<br><br>輸入：EMB_IT_State= ENABLE , DISABLE | |
| 範例：EMB_IT_Cmd((EMB_WPE \| EMB_BWE) , ENABLE); | |

    (2) EMB 所有中斷致能或禁能：

| void | EMB_ITEA_Cmd (FunctionalState EMB_ITEA_State) |
|---|---|
| 輸入：EMB_ITEA_State= ENABLE , DISABLE | |

範例：EMB_ITEA_Cmd(ENABLE);

### (3) 抓取 EMB 中斷旗標：

| DRV_Return | EMB_GetSingleFlagStatus (uint32_t EMB_Flag) |
|---|---|
| 輸入：EMB_Flag= EMB_WPE：EMB bus write protect error detect flag.<br><br>　　　　　　　EMB_BWE：EMB bus byte write error flag.<br><br>　　　　　　　EMB_BUSY: EMB write/read access busy flag. | |
| 範例：EMB_GetSingleFlagStatus(EMB_WPE); | |

### (4) 抓取 EMB 所有中斷旗標：

| uint32_t | EMB_GetAllFlagStatus (void) |
|---|---|
| 返回：uint32_t= EMB 所有中斷旗標 | |
| 範例：tem=EMB_GetAllFlagStatus(); | |

### (5) 清除 EMB 中斷旗標：

| void | EMB_ClearFlag (uint32_t EMB_Flag) |
|---|---|
| 輸入：EMB_Flag= EMB_WPE：EMB bus write protect error detect flag.<br><br>　　　　　　　EMB_BWE：EMB bus byte write error flag. | |
| 範例：EMB_ClearFlag(EMB_WPE|EMB_BWE); | |

4. EMB 信號控制(Signal Control)：EMB 輸出信號控制相關驅動。

### (1) EMB 信號交換致能或禁能：

| DRV_Return | EMB_SignalSWAP_Cmd (uint32_t EMB_SWAPSignal,<br><br>　　　　　　　　　　　　　　　FunctionalState EMB_SWAPSignal_Status) |
|---|---|
| 輸入：EMB_SWAPSignal=EMB_MAD_BSWP：EMB MAD[15:8]and MAD[7:0]<br><br>　　　　　　　ignals byte swap.<br><br>　　　　　　　EMB_MAD_SWP：MAD[15:0] signal msb/lsb swap. | |

| EMB_MA_SWP : MA[15:0] signal msb/lsb swap. |
|---|
| 輸入：EMB_SWAPSignal_Status= ENABLE , DISABLE |
| 返回：DRV_Return= DRV_Failure : EMB_SWAPSignal source is fail. |
|     DRV_Success : Configuration is success. |
| 範例：EMB_SignalSWAP_Cmd((EMB_MAD_BSWP | EMB_MAD_SWP | EMB_MA_SWP) , ENABLE); |

(2) EMB 信號反相致能或禁能：

| DRV_Return | EMB_SignalInverse_Cmd (uint32_t EMD_InverseSignal, <br>         FunctionalState EMB_InverseSignal_Status) |
|---|---|
| 輸入：EMD_InverseSignal =EMB_CLK_INV : MCLK clock output inverse <br>        EMB_ALE2_INV : MALE2 output inverse <br>        EMB_ALE_INV : MALE output inverse <br>        EMB_CE_INV : MCE output inverse <br> 輸入：EMB_InverseSignal_Status = ENABLE , DISABLE <br> 返回：DRV_Return= DRV_ERR_FAILURE : EMD_InverseSignal source is fail. <br>     DRV_SUCCESS : Configuration is success. ||
| 範例：EMB_SignalInverse_Cmd((EMB_CLK_INV | EMB_ALE2_INV | EMB_ALE_INV) , ENABLE); ||

(3) EMB 信號軟體控制輸出致能或禁能：

| DRV_Return | EMB_SignalSW_Cmd (uint32_t EMB_SWSignal, <br>       FunctionalState EMB_SignalSW_Status) |
|---|---|
| 輸入：EMB_SWSignal= EMB_BW1_SWEN，EMB_BW0_SWEN，EMB_ALE2_SWEN， <br>       EMB_ALE_SWEN，EMB_CE_SWEN <br> 輸入：EMB_SignalSW_Status= ENABLE , DISABLE <br> 返回：DRV_Return= DRV_ERR_FAILURE : EMB_SWSignal source is fail. <br>     DRV_SUCCESS : Configuration is success. ||

| 範例：EMB_SignalSW_Cmd((EMB_BW1_SWEN | EMB_BW0_SWEN | EMB_ALE2_SWEN) , ENABLE); |
| --- |

(4) EMB 軟體控制 EMB 信號：

| DRV_Return | EMB_SendSignalStatus_SW (uint32_t EMB_SWSignal, BitAction EMB_SWSingal_Status) |
| --- | --- |

| 輸入：EMB_SWSignal= EMB_BW1_SWO，EMB_BW0_SWO ，EMB_ALE2_SWO ，<br>　　　　　　EMB_ALE_SWO ，EMB_CE_SWO<br>輸入：EMB_SignalSW_Status= SET : EMB signal output 1.<br>　　　　　　　　　CLR : EMB signal output 0.<br>返回：DRV_Return= DRV_ERR_FAILURE : EMB_SWSignal source is fail.<br>　　　　　　DRV_SUCCESS : Configuration is success. |
| --- |

| 範例：EMB_SendSignalStatus_SW((EMB_BW1_SWO | EMB_BW0_SWO | EMB_ALE2_SWO) , SET); |
| --- |

(5) EMB 的 MWE 輸出信號選擇：

| void | EMB_MWESignal_Select (EMB_MWE_TypeDef EMB_MWE) |
| --- | --- |

| 輸入：EMB_MWE= EMB_MWE_WE : EMB write enable signal.<br>　　　　　　EMB_MWE_TM10: TM10 CKO.<br>　　　　　　EMB_MWE_TM16: TM16 CKO.<br>　　　　　　EMB_MWE_TM20: TM20 CKO |
| --- |

| 範例：EMB_MWESignal_Select(EMB_MWE_WE); |
| --- |

(6) EMB 的 MDE 輸出信號選擇：

| void | EMB_MOESignal_Select (EMB_MOE_TypeDef EMB_MOE) |
| --- | --- |

| 輸入：EMB_MOE= EMB_MWE_OE : EMB output enable signal.<br>　　　　　　EMB_MWE_TM10: TM10 CKO，EMB_MWE_TM16: TM16 CKO，<br>　　　　　　EMB_MWE_TM20: TM20 CKO. |
| --- |

範例：EMB_MOESignal_Select(EMB_MOE_OE);

(7) EMB 的輸出時脈 MCK 預除器選擇：

| void | EMB_MCLKPreescaler_Select (EMB_MCLK_TypeDef EMB_MCLK) |
|---|---|

輸入：EMB_MCL=EMB_PREMCLK_1～EMB_PREMCLK_7

範例： EMB_MCLKPreescaler_Select(EMB_PREMCLK_1);

(8) EMB 的 MWE 控制時序選擇：

| void | EMB_WESignalMode_Select (EMB_RWSignalMode_TypeDef EMB_WE) |
|---|---|

輸入：EMB_WE= EMB_TOGGLE: High to low change.

EMB_LOW : Drive low during read access.

範例：EMB_WESignalMode_Select(EMB_TOGGLE);

(9) EMB 的 MOE 控制時序選擇：

| void | EMB_OESignalMode_Select (EMB_RWSignalMode_TypeDef EMB_OE) |
|---|---|

輸入：EMB_OE= EMB_TOGGLE: High to low change.

EMB_LOW : Drive low during read access.

範例：EMB_OESignalMode_Select(EMB_TOGGLE);

(10) EMB 的 MCE 信號模式選擇：

| void | EMB_CEMode_Select (EMB_CEMode_TypeDef EMB_CE) |
|---|---|

輸入：EMB_CE= EMB_CE: Chip enable signal.

EMB_ALE: Same as ALE timing.

EMB_ALE2: 2nd phase address latch enable.

範例：EMB_CEMode_Select(EMB_CE);

(11) EMB 的 MA1 信號輸出腳選擇：

| void | EMB_MA1SignalOutputPin_Select (EMB_MA1OutputPin_TypeDef EMB_MA1_PIN) |
|---|---|

| 輸入：EMB_MA1_PIN= EMB_MA1_NoOutput : No output MA1 signal. |
|---|
|                           EMB_MA1_OutputToMAD15: MA1 output pin is MAD15. |
|                           EMB_MA1_OutputToBW1 : MA1 output pin is BW1. |
|                           EMB_MA1_OutputToALE2 : MA1 output pin is ALE2. |
| 範例：EMB_MA1SignalOutputPin_Select(EMB_MA1_OutputToMAD15); |

5. EMB 的 DMA 控制：

(1) EMB 的 DMA 致能或禁能：

| void | EMB_DMA_Cmd (FunctionalState EMB_DMAState) |
|---|---|
| 輸入：EMB_DMAState= ENABLE , DISABLE | |
| 範例：EMB_DMA_Cmd(ENABLE); | |

## 4-6.3 外部記憶體匯流排(EMB)實習

可藉由外部記憶體匯流排(EMB)來外接 RAM、Flash 或 LCD 等。以 16-bit 資料匯流排用於 8080 界面的 LCD 為例，如下圖所示：

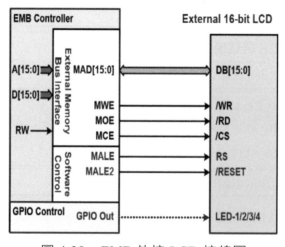

圖 4-39　EMB 外接 LCD 接線圖

EMB 實習為外接 LCD 為例，可使用 MG32F02A LCD Demo 板，如下圖 (a)(b)所示：

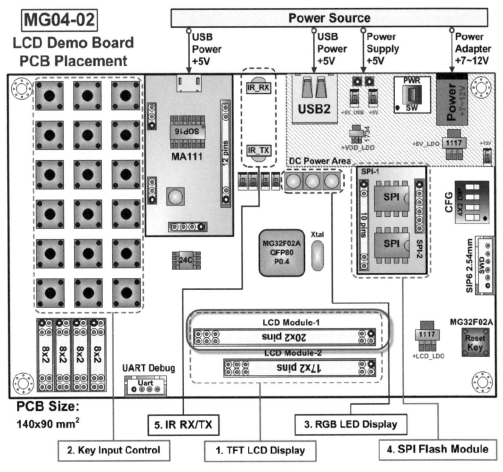

圖 4-40(a)　MG32F02A LCD Demo 板外型

圖 4-40(b)　MG32F02A LCD Demo 板實體外型

1. LCD 介面電路：如下圖(a)~(c)所示：

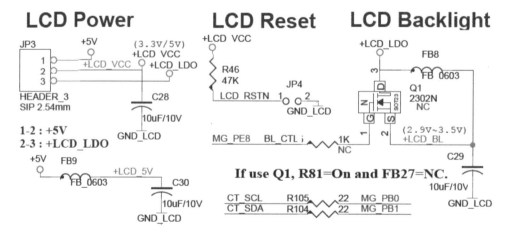

圖 4-41(a)　LCD 電路-電源及背光

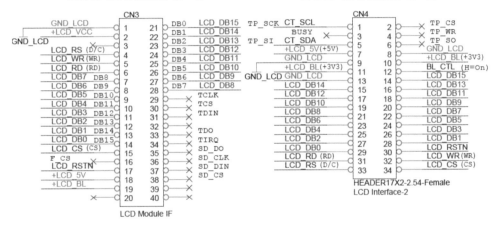

圖 4-41(b)　LCD 介面電路

圖 4-41(c)　LCD 介面電路

2. 範例 EMB1_LCD：以 EMB 界面控制 LCD 顯示字串及圖形。

# CHAPTER 5

# 串列埠 UART 控制實習

## 本章單元

● UART 控制實習(串列式全彩 LED)

● UART 應用實習(藍牙、串列式全彩 LED)

　　MG32x02z 系列內含萬用非同步串列接收/發射傳輸埠(UART: Universal Asynchronous Receiver/Transmitter)，UART 界面有四組(072/132)、二組(032)、或七組(064/128)，其特性特如下表所示：

表 5-1　MG32x02z 系列 UART 界面特性

| Functions Chip | MG32F02A132 | MG32F02A072 | MG32F02A032 | MG32F02A128 MG32F02U128 | MG32F02A064 MG32F02U064 |
|---|---|---|---|---|---|
| UART Units | Advanced *4 | Advanced *4 | Advanced *2 | Advanced *3 Basic *4 | Advanced *3 Basic *4 |
| UART as SPI | Master *4 | Master *4 | Master *2 | Master/Slave *3 | Master/Slave *3 |
| UART Max. Baud Rate | 6Mbps | 6Mbps | 6Mbps | 6Mbps | 6Mbps |
| UART SPI mode Max. Clock Rate (3.3V/1.8V) | Master: 12MHz | Master: 12MHz | Master: 16/12 MHz | Master: 24/12 MHz Slave: 12/12 MHz | Master: 24/12 MHz Slave: 12/12 MHz |

　　若僅列出 TX 及 RX 接腳，以 MG32F02A032AD48 及 MG32F02A132AD80 為例，如下圖及下表所示。其中 TH223A 主控板預定使用 PB8(URT0_TX)及 PB9(URT0_RX)。

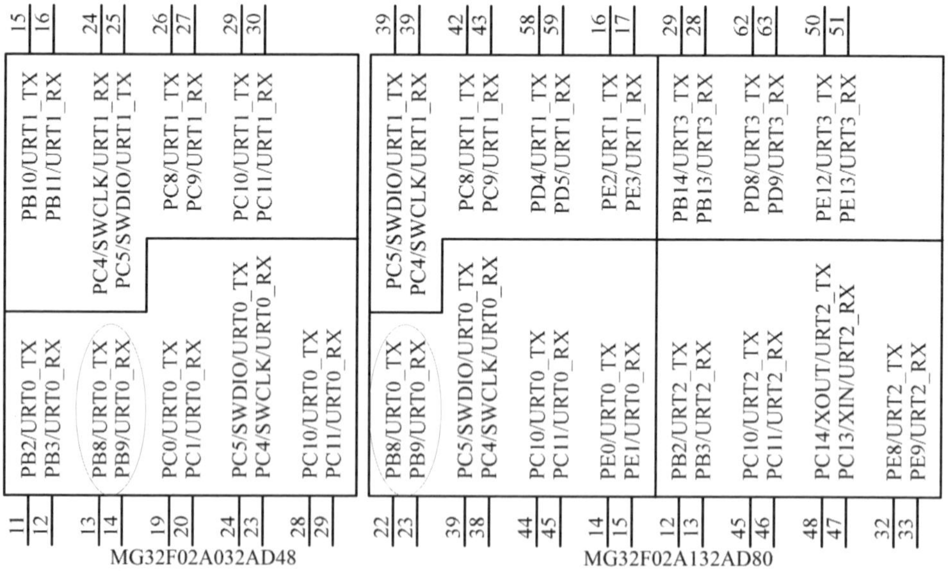

圖 5-1(a)　UART 接腳(032/072/132)

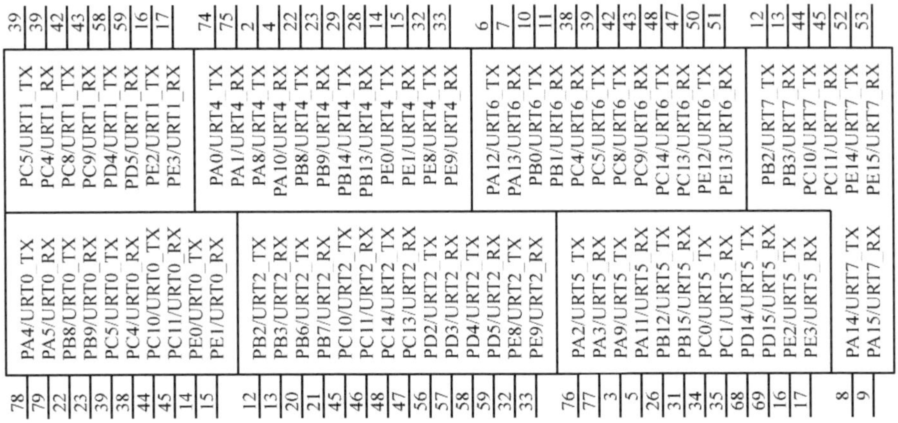

| 39 | 39 | 42 | 43 | 58 | 59 | 16 | 17 | | 74 | 75 | 2 | 4 | 22 | 29 | 28 | 14 | 15 | 32 | 33 | | 6 | 7 | 10 | 38 | 39 | 42 | 43 | 48 | 47 | 50 | 51 | | 12 | 13 | 44 | 45 | 52 | 53 |
|---|---|---|---|---|---|---|---|---|---|---|---|---|---|---|---|---|---|---|---|---|---|---|---|---|---|---|---|---|---|---|---|---|---|---|---|---|---|---|
| PC5/URT1_TX | PC4/URT1_RX | PC8/URT1_TX | PC9/URT1_RX | PD4/URT1_TX | PD5/URT1_RX | PE2/URT1_TX | PE3/URT1_RX | | PA0/URT4_TX | PA1/URT4_RX | PA8/URT4_TX | PA10/URT4_RX | PB8/URT4_TX | PB9/URT4_RX | PB13/URT4_RX | PE0/URT4_TX | PE1/URT4_RX | PE8/URT4_TX | PE9/URT4_RX | | PA12/URT6_TX | PA13/URT6_RX | PB0/URT6_TX | PB1/URT6_RX | PC4/URT6_RX | PC8/URT6_TX | PC9/URT6_RX | PC14/URT6_TX | PC13/URT6_RX | PE12/URT6_TX | PE13/URT6_RX | | PB2/URT7_TX | PB3/URT7_RX | PC10/URT7_TX | PC11/URT7_RX | PE14/URT7_TX | PE15/URT7_RX |
| PA4/URT0_TX | PA5/URT0_RX | PB8/URT0_TX | PB9/URT0_RX | PC5/URT0_TX | PC4/URT0_RX | PC10/URT0_TX | PC11/URT0_RX | PE0/URT0_TX | PE1/URT0_RX | PB2/URT2_TX | PB3/URT2_RX | PB6/URT2_TX | PB7/URT2_RX | PC10/URT2_TX | PC11/URT2_RX | PC14/URT2_TX | PD2/URT2_RX | PD3/URT2_TX | PD4/URT2_RX | PD5/URT2_TX | PE8/URT2_RX | PE9/URT2_RX | PA2/URT5_TX | PA3/URT5_RX | PA9/URT5_RX | PA11/URT5_RX | PB12/URT5_TX | PB15/URT5_RX | PC0/URT5_RX | PC1/URT5_RX | PD14/URT5_RX | PD15/URT5_RX | PE2/URT5_RX | PE3/URT5_RX | PA14/URT7_TX | PA15/URT7_RX | | |
| 78 | 79 | 22 | 23 | 39 | 38 | 44 | 45 | 14 | 15 | 12 | 13 | 20 | 21 | 45 | 46 | 48 | 47 | 56 | 57 | 58 | 59 | 32 | 33 | 76 | 77 | 3 | 5 | 26 | 31 | 34 | 35 | 68 | 69 | 16 | 17 | 8 | 9 | |

圖 5-1(b)　UART 接腳(MG32F02U128AD80)(無 URT3)

表 5-2　UART 接腳

| 信號腳 | IO | 說明 |
|---|---|---|
| TX | O | UART 發射(transmits)串列資料輸出 |
| RX | I | UART 接收(receives)串列資料輸入 |

經由交替功能選擇(AFS: Alternate Function Select)可將 GPIO 設定為 UART 接腳，下表(a)~(c)所示：

表 5-3(a) MG32F02A032AD48 的 UART 接腳

| Pin Name | AF0 | AF1 | AF2 | AF3 | AF4 | AF5 | AF6 | AF7 | AF10 |
|---|---|---|---|---|---|---|---|---|---|
| PB2 | GPB2 | ADC0_TRG | SPI0_CLK | TM01_CKO | | TM16_CKO | | I2C0_SDA | URT0_TX |
| PB3 | GPB3 | ADC0_OUT | SPI0_MOS | | | TM36_CKO | | I2C0_SCL | URT0_RX |
| PB8 | GPB8 | CMP0_P0 | RTC_OUT | URT0_TX | | | TM36_OC01 | SPI0_D3 | OBM_P0 |
| PB9 | GPB9 | CMP1_P0 | RTC_TS | URT0_RX | | | TM36_OC02 | SPI0_D2 | OBM_P1 |
| PB10 | GPB10 | | I2C0_SCL | URT0_NSS | | | TM36_OC11 | URT1_TX | SPI0_NSSI |
| PB11 | GPB11 | | I2C0_SDA | URT0_DE | IR_OUT | | TM36_OC12 | URT1_RX | DMA_TRG0 |
| PC0 | GPC0 | ICKO | TM00_CKO | URT0_CLK | | | TM36_OC00 | I2C0_SCL | URT0_TX |
| PC1 | GPC1 | ADC0_TRG | TM01_CKO | TM36_IC0 | URT1_CLK | | TM36_OC0N | I2C0_SDA | URT0_RX |
| PC4 | GPC4 | SWCLK | I2C0_SCL | URT0_RX | URT1_RX | | TM36_OC2 | | |
| PC5 | GPC5 | SWDIO | I2C0_SDA | URT0_TX | URT1_TX | | TM36_OC3 | | |
| PC8 | GPC8 | ADC0_OUT | I2C0_SCL | URT0_BRO | URT1_TX | | TM36_OC0H | TM36_OC0N | |
| PC9 | GPC9 | CMP0_P0 | I2C0_SDA | URT0_TMO | URT1_RX | | TM36_OC1H | TM36_OC1N | |
| PC10 | GPC10 | CMP1_P0 | | URT0_TX | | URT1_TX | TM36_OC2H | TM36_OC2N | |
| PC11 | GPC11 | | | URT0_RX | | URT1_RX | TM36_OC3H | | |

表 5-3(b)　MG32F02U128AD80 的 UART 接腳(PA)

| Pin | AFS=0 | AFS=1 | AFS=2 | AFS=3 | AFS=4 | AFS=5 | AFS=6 | AFS=7 | AFS=8 | AFS=9 | AFS=10 | AFS=11 |
|---|---|---|---|---|---|---|---|---|---|---|---|---|
| PA0 | GPA0 | | | | | | SDT_P0 | CCL_P0 | MA0 | MAD0 | TM36_OC00 | URT4_TX |
| PA1 | GPA1 | | | | | | | CCL_P1 | MA1 | MAD1 | TM36_OC10 | URT4_RX |
| PA2 | GPA2 | | | | | | SDT_I0 | | MA2 | MAD2 | TM36_OC2 | URT5_TX |
| PA3 | GPA3 | | | | | | SDT_I1 | | MA3 | MAD3 | TM36_OC2N | URT5_RX |
| PA4 | GPA4 | | | | | | | | MA4 | MAD4 | TM20_OC00 | URT0_TX |
| PA5 | GPA5 | | | | | | | | MA5 | MAD5 | TM20_OC10 | URT0_RX |
| PA6 | GPA6 | | | | | | | SPI0_D3 | MA6 | MAD6 | TM20_OC0H | URT0_CLK |
| PA7 | GPA7 | | | | | | | SPI0_D2 | MA7 | MAD7 | TM20_OC1H | URT0_NSS |
| PA8 | GPA8 | DMA_TRG0 | | I2C0_SCL | URT2_BRO | SDT_I0 | TM20_IC0 | SPI0_NSS | MA8 | MAD0 | TM36_OC0H | URT4_TX |
| PA9 | GPA9 | DMA_TRG1 | | I2C1_SCL | URT2_TMO | | TM20_IC1 | SPI0_MISO | MA9 | MAD1 | TM36_OC1H | URT5_TX |
| PA10 | GPA10 | TM36_BK0 | SPI0_D2 | I2C0_SDA | URT2_CTS | SDT_I1 | TM26_IC0 | SPI0_CLK | MA10 | MAD2 | TM36_OC2H | URT4_RX |
| PA11 | GPA11 | DAC_TRG0 | SPI0_D3 | I2C1_SDA | URT2_RTS | | TM26_IC1 | SPI0_MOSI | MA11 | MAD3 | TM36_OC3H | URT5_RX |
| PA12 | GPA12 | | USB_S0 | | URT1_BRO | TM10_ETR | TM36_IC0 | SPI0_D5 | MA12 | MAD4 | TM26_OC00 | URT6_TX |
| PA13 | GPA13 | CPU_TXEV | USB_S1 | URT0_BRO | URT1_TMO | TM10_TRGO | TM36_IC1 | SPI0_D6 | MA13 | MAD5 | TM26_OC10 | URT6_RX |
| PA14 | GPA14 | CPU_RXEV | OBM_I0 | URT0_TMO | URT1_CTS | TM16_ETR | TM36_IC2 | SPI0_D7 | MA14 | MAD6 | TM26_OC0H | URT7_TX |
| PA15 | GPA15 | CPU_NMI | OBM_I1 | URT0_DE | URT1_RTS | TM16_TRGO | TM36_IC3 | SPI0_D4 | MA15 | MAD7 | TM26_OC1H | URT7_RX |

表 5-3(c)　MG32F02U128AD80 的 UART 接腳(PB)

| Pin | AFS=0 | AFS=1 | AFS=2 | AFS=3 | AFS=4 | AFS=5 | AFS=6 | AFS=7 | AFS=8 | AFS=9 | AFS=10 | AFS=11 |
|---|---|---|---|---|---|---|---|---|---|---|---|---|
| PB0 | GPB0 | I2C1_SCL | SPI0_NSS | TM01_ETR | TM00_CKO | TM16_ETR | TM26_IC0 | TM36_ETR | MA15 | URT1_NSS | | URT6_TX |
| PB1 | GPB1 | I2C1_SDA | SPI0_MISO | TM01_TRGO | TM10_CKO | TM16_TRGO | TM26_IC1 | TM36_TRGO | | URT1_RX | | URT6_RX |
| PB2 | GPB2 | ADC0_TRG | SPI0_CLK | TM01_CKO | URT2_TX | TM16_CKO | TM26_OC0H | I2C0_SDA | | URT1_CLK | URT0_TX | URT7_TX |
| PB3 | GPB3 | ADC0_OUT | SPI0_MOSI | NCO_P0 | URT2_RX | TM36_CKO | TM26_OC1H | I2C0_SCL | | URT1_TX | URT0_RX | URT7_RX |
| PB4 | GPB4 | TM01_CKO | SPI0_D3 | TM26_TRGO | URT2_CLK | TM20_IC0 | TM36_IC0 | | MALE | MAD8 | | |
| PB5 | GPB5 | TM16_CKO | SPI0_D2 | TM26_ETR | URT2_NSS | TM20_IC1 | TM36_IC1 | | MOE | MAD9 | | |
| PB6 | GPB6 | CPU_RXEV | SPI0_NSSI | URT0_BRO | URT2_CTS | TM20_ETR | TM36_IC2 | | MWE | MAD10 | | URT2_TX |
| PB7 | GPB7 | CPU_TXEV | | URT0_TMO | URT2_RTS | TM20_TRGO | TM36_IC3 | | MCE | MALE2 | | URT2_RX |
| PB8 | GPB8 | CMP0_P0 | RTC_OUT | URT0_TX | URT2_BRO | TM20_OC01 | TM36_OC01 | SPI0_D3 | MAD0 | SDT_P0 | OBM_P0 | URT4_TX |
| PB9 | GPB9 | CMP1_P0 | RTC_TS | URT0_RX | URT2_TMO | TM20_OC02 | TM36_OC02 | SPI0_D2 | MAD1 | MAD8 | OBM_P1 | URT4_RX |
| PB10 | GPB10 | I2C0_SCL | | URT0_NSS | URT2_DE | TM20_OC11 | TM36_OC11 | URT1_TX | MAD2 | MAD1 | SPI0_NSSI | |
| PB11 | GPB11 | I2C0_SDA | | URT0_DE | IR_OUT | TM20_OC12 | TM36_OC12 | URT1_RX | MAD3 | MAD9 | DMA_TRG0 | URT0_CLK |
| PB12 | GPB12 | DMA_TRG0 | | NCO_P0 | USB_S0 | | | URT1_CLK | MAD4 | MAD2 | | URT5_TX |
| PB13 | GPB13 | DAC_TRG0 | TM00_ETR | URT0_CTS | | TM20_ETR | TM36_ETR | URT0_CLK | MAD5 | MAD10 | CCL_P0 | URT4_RX |
| PB14 | GPB14 | DMA_TRG0 | TM00_TRGO | URT0_RTS | | TM20_TRGO | TM36_BK0 | URT0_NSS | MAD6 | MAD3 | CCL_P1 | URT4_TX |
| PB15 | GPB15 | IR_OUT | NCO_CKO | USB_S1 | | | | URT1_NSS | MAD7 | MAD11 | | URT5_RX |

表 5-3(d)　MG32F02U128AD80 的 UART 接腳(PC)

| Pin | AFS=0 | AFS=1 | AFS=2 | AFS=3 | AFS=4 | AFS=5 | AFS=6 | AFS=7 | AFS=8 | AFS=9 | AFS=10 | AFS=11 |
|---|---|---|---|---|---|---|---|---|---|---|---|---|
| PC0 | GPC0 | ICKO | TM00_CKO | URT0_CLK | URT2_CLK | TM20_OC00 | TM36_OC00 | I2C0_SCL | MCLK | MWE | URT0_TX | URT5_TX |
| PC1 | GPC1 | ADC0_TRG | TM01_CKO | TM36_IC0 | URT1_CLK | TM20_OC0N | TM36_OC0N | I2C0_SDA | MAD8 | MAD4 | URT0_RX | URT5_RX |
| PC2 | GPC2 | ADC0_OUT | TM10_CKO | OBM_P0 | URT2_CLK | TM20_OC10 | TM36_OC10 | SDT_I0 | MAD9 | MAD12 | | |
| PC3 | GPC3 | OBM_P1 | TM16_CKO | URT0_CLK | URT1_CLK | TM20_OC1N | TM36_OC1N | SDT_I1 | MAD10 | MAD5 | | |
| PC4 | GPC4 | SWCLK | I2C0_SCL | URT0_RX | URT1_RX | | TM36_OC2 | SDT_I0 | | | | URT6_RX |
| PC5 | GPC5 | SWDIO | I2C0_SDA | URT0_TX | URT1_TX | | TM36_OC3 | SDT_I1 | | | | URT6_TX |
| PC6 | GPC6 | RSTN | RTC_TS | URT0_NSS | URT1_NSS | TM20_ETR | TM26_ETR | | MBW1 | MALE | | |
| PC7 | GPC7 | ADC0_TRG | RTC_OUT | URT0_DE | URT1_NSS | | TM36_TRGO | | MBW0 | MCE | | |
| PC8 | GPC8 | ADC0_OUT | I2C0_SCL | URT0_BRO | URT1_TX | TM20_OC0H | TM36_OC0H | TM36_OC0N | MAD11 | MAD13 | CCL_P0 | URT6_TX |
| PC9 | GPC9 | CMP0_P0 | I2C0_SDA | URT0_TMO | URT1_RX | TM20_OC1H | TM36_OC1H | TM36_OC1N | MAD12 | MAD6 | CCL_P1 | URT6_RX |
| PC10 | GPC10 | CMP1_P0 | I2C1_SCL | URT0_TX | URT2_TX | URT1_TX | TM36_OC2H | TM36_OC2N | MAD13 | MAD14 | | URT7_TX |
| PC11 | GPC11 | I2C1_SDA | URT0_RX | URT2_RX | URT1_RX | TM36_OC3H | TM26_OC01 | | MAD14 | MAD7 | | URT7_RX |
| PC12 | GPC12 | | IR_OUT | DAC_TRG0 | URT1_DE | TM10_TRGO | TM36_OC3 | TM26_OC02 | MAD15 | SDT_P0 | | |
| PC13 | GPC13 | XIN | URT1_NSS | URT0_CTS | URT2_RX | TM10_ETR | TM26_ETR | TM36_OC00 | TM20_IC0 | SDT_I0 | | URT6_RX |
| PC14 | GPC14 | XOUT | URT1_TMO | URT0_RTS | URT2_TX | TM10_CKO | TM26_TRGO | TM36_OC10 | TM20_IC1 | SDT_I1 | | URT6_TX |

表 5-3(e)　MG32F02U128AD80 的 UART 接腳(PD)

| Pin | AFS=0 | AFS=1 | AFS=2 | AFS=3 | AFS=4 | AFS=5 | AFS=6 | AFS=7 | AFS=8 | AFS=9 | AFS=10 | AFS=11 |
|---|---|---|---|---|---|---|---|---|---|---|---|---|
| PD0 | GPD0 | OBM_I0 | TM10_CKO | URT0_CLK | TM26_OC1N | TM20_CKO | TM36_OC2 | SPI0_NSS | MA0 | MCLK | | URT2_NSS |
| PD1 | GPD1 | OBM_I1 | TM16_CKO | URT0_CLK | NCO_CK0 | TM26_CKO | TM36_OC2N | SPI0_CLK | MA1 | | | URT2_CLK |
| PD2 | GPD2 | USB_S0 | TM00_CKO | URT1_CLK | TM26_OC00 | TM20_CKO | TM36_CKO | SPI0_MOSI | MA2 | MAD4 | | URT2_TX |
| PD3 | GPD3 | USB_S1 | TM01_CKO | URT1_CLK | | SPI0_MISO | TM26_CKO | SPI0_D3 | MA3 | MAD7 | TM36_TRGO | URT2_RX |
| PD4 | GPD4 | TM00_TRGO | TM01_TRGO | URT1_TX | | | TM26_OC00 | SPI0_D2 | MA4 | MAD6 | | URT2_TX |
| PD5 | GPD5 | TM00_ETR | I2C0_SCL | URT1_RX | | | TM26_OC01 | SPI0_MISO | MA5 | MAD5 | | URT2_RX |
| PD6 | GPD6 | CPU_NMI | I2C0_SDA | URT1_NSS | | SPI0_NSSI | TM26_OC02 | SPI0_NSS | MA6 | SDT_P0 | | URT2_NSS |
| PD7 | GPD7 | TM00_CKO | TM01_ETR | URT1_DE | | SPI0_MISO | TM26_OC0N | SPI0_D4 | MA7 | MAD0 | TM36_IC0 | |
| PD8 | GPD8 | CPU_TXEV | TM01_TRGO | URT1_RTS | | SPI0_D2 | TM26_OC10 | SPI0_D7 | MA8 | MAD3 | TM36_IC1 | SPI0_CLK |
| PD9 | GPD9 | CPU_RXEV | TM00_TRGO | URT1_CTS | | SPI0_NSSI | TM26_OC11 | SPI0_D6 | MA9 | MAD2 | TM36_IC2 | SPI0_NSS |
| PD10 | GPD10 | CPU_NMI | TM00_ETR | URT1_BRO | | RTC_OUT | TM26_OC12 | SPI0_D5 | MA10 | MAD1 | TM36_IC3 | SPI0_MOSI |
| PD11 | GPD11 | CPU_NMI | DMA_TRG1 | URT1_TMO | | SPI0_D3 | TM26_OC1N | SPI0_NSS | MA11 | MWE | | |
| PD12 | GPD12 | CMP0_P0 | TM10_CKO | OBM_P0 | TM00_CKO | SPI0_CLK | TM20_OC0H | TM26_OC0H | MA12 | MALE2 | | |
| PD13 | GPD13 | CMP1_P0 | TM10_TRGO | OBM_P1 | TM00_TRGO | NCO_CK0 | TM20_OC1H | TM26_OC1H | MA13 | MCE | | |
| PD14 | GPD14 | | TM10_ETR | DAC_TRG0 | TM00_ETR | | TM20_IC0 | TM26_IC0 | MA14 | MOE | CCL_P0 | URT5_TX |
| PD15 | GPD15 | | NCO_P0 | IR_OUT | DMA_TRG0 | | TM20_IC1 | TM26_IC1 | MA15 | | CCL_P1 | URT5_RX |

表 5-3(f)　MG32F02U128AD80 的 UART 接腳(PE)

| Pin | AFS=0 | AFS=1 | AFS=2 | AFS=3 | AFS=4 | AFS=5 | AFS=6 | AFS=7 | AFS=8 | AFS=9 | AFS=10 | AFS=11 |
|------|-------|--------|---------|---------|----------|----------|----------|----------|-------|--------|----------|---------|
| PE0 | GPE0 | OBM_I0 | | URT0_TX | DAC_TRG0 | SPI0_NSS | TM20_OC00 | TM26_OC00 | MALE | MAD8 | | URT4_TX |
| PE1 | GPE1 | OBM_I1 | | URT0_RX | DMA_TRG1 | SPI0_MISO | TM20_OC01 | TM26_OC01 | MOE | MAD9 | TM36_OC0H | URT4_RX |
| PE2 | GPE2 | OBM_P0 | I2C1_SCL | URT1_TX | NCO_P0 | SPI0_CLK | TM20_OC02 | TM26_OC02 | MWE | MAD10 | TM36_OC1H | URT5_TX |
| PE3 | GPE3 | OBM_P1 | I2C1_SDA | URT1_RX | NCO_CK0 | SPI0_MOSI | TM20_OC0N | TM26_OC0N | MCE | MALE2 | | URT5_RX |
| PE8 | GPE8 | CPU_TXEV | OBM_I0 | URT2_TX | SDT_I0 | TM36_CKO | TM20_CKO | TM26_CKO | | MAD11 | | URT4_TX |
| PE9 | GPE9 | CPU_RXEV | OBM_I1 | URT2_RX | SDT_I1 | TM36_TRGO | TM20_TRGO | TM26_TRGO | | MOE | | URT4_RX |
| PE12 | GPE12 | ADC0_TRG | USB_S0 | | TM01_CKO | TM16_CKO | TM20_OC10 | TM26_OC10 | MBW0 | | | URT6_TX |
| PE13 | GPE13 | ADC0_OUT | USB_S1 | | TM01_TRGO | TM16_TRGO | TM20_OC11 | TM26_OC11 | MBW1 | | TM36_OC2H | URT6_RX |
| PE14 | GPE14 | RTC_OUT | I2C1_SCL | | TM01_ETR | TM16_ETR | TM20_OC12 | TM26_OC12 | MALE2 | CCL_P0 | TM36_OC3H | URT7_TX |
| PE15 | GPE15 | RTC_TS | I2C1_SDA | | TM36_BK0 | TM36_ETR | TM20_OC1N | TM26_OC1N | MALE | CCL_P1 | | URT7_RX |

# 5-1　UART 控制實習

　　TH223A 主控板內含 USB 轉 UART 電路，預定使用 PB8(URT0_TX)及 PB9(URT0_RX)傳輸資料，已在 JP15 與 JP5 連接 MLink；當 J3 短路時，即令 MLink 具有 USB 虛擬 COM 埠(VCP)功能，如下圖所示：

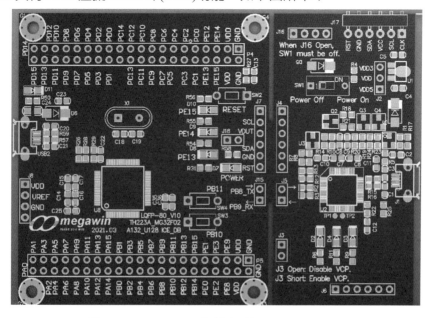

圖 5-2　TH223A 主控板的虛擬 COM 埠

## 5-1.1　UART 控制

　　UART 模組支援全雙工傳輸，可以同時發送和接收。該模組內含資料緩衝器和資料暫存器，可各自獨立發射和接收，以提高發射和接收傳輸性能。UART 的特性如下所示：

1. UART 模組一般功能

    (1) 透過可程式設定過取率速率(oversampling rate)，提供精確的 UART 串列傳輸速率控制。

    (2) 可規劃傳輸資料寬度為 7 或 8-bits。

    (3) 可選擇先傳送高位元(MSB)或低位元(LSB)資料。

    (4) 可配置停止(stop)位元為 1 或 2-bit，MG32F02A032 另外增加 0.5-bit 及 1.5-bit 停止(stop)位元。

    (5) 硬體同位元(parity)檢查及同位元產生器。

    (6) 可規劃 8~32 過取速率(oversampling rate)。

    (7) 提供閒置(Idle)、接收(RX)、中斷(Break)、校準(Calibration)超時(timeout)檢測的超時計時器。

    (8) 提供 4-byte 資料緩衝和 32-bit 資料暫存器，可用於高速傳輸。

    (9) 透過 DMA 功能，可進行資料緩衝的接收和發送功能。

    (10)提供自動傳輸速率(baud-rate)的檢測和校準。

    (11)提供主和從模式下的多處理器傳輸，有 Idle-Line 及 Address-Bit 模式。

    (12)提供低速的類 UART 封包的紅外線(IrDA)傳輸格式。

    (13)提供透過 CTS/RTS 信號，進行傳輸的硬體流量控制。

    (14)提供在智能卡(Smart-card)傳輸錯誤的硬體檢測和自動重發(auto resent)控

制。

(15) 提供接收同位元(parity)錯誤硬體檢測和智能卡(Smart-card)的自動重試 (auto retry)控制及接收串列傳輸速率最高 6 Mbit/s。

(16) 提供驅動致能信號以啟動傳輸用於單線通信。

(17) 支援 RX 超時檢測用於字元時效檢測

(18) 可將 UART 轉換成 SPI 界面。

2. UART 模組功能如下表(a)(b)所示：

表 5-4(a)　　UART 模組功能(1)

| Module Functions | URT0/1/2 | URT4/5/6/7 | Comment |
|---|---|---|---|
| UART - asynchronous | yes | yes | |
| Synchronous - SPI Master mode | yes | | Synchronous - Master 2 data lines |
| Synchronous - SPI Slave mode | yes | | Synchronous - Slave 2 data lines |
| SmartCard - ISO7816-3 | yes | | |
| LIN | yes | | |
| Multiprocessor - Address Bit | yes | | |
| Multiprocessor - Idle Line | yes | | |
| IrDA - UART Like | yes | | low speed UART-like frame format IrDA (SIR Normal Mode) |
| Hardware flow control | yes | | only support CTS/RTS |
| External Clock pin | 1 | | |
| Timer BRO,TMO pins | 2 | | |
| Shadow Buffer | 4-byte | | |
| Data 7-bit option | yes | yes | |
| TX parity bit generation | yes | yes | hardware auto generate the parity bit from the data byte |
| Msb/Lsb transfer option | yes | | |
| Configurable stop bits | 0.5, 1, 1.5, 2 | 1, 2 | programmable Stop bit length |
| Auto Baud-Rate calibration | yes | | auto Baud-Rate detection and calibration |
| Mute mode auto enter/exit | yes | | enter mute mode if address match does not occur |
| Break condition detect | yes | | |
| Idle line detect | yes | | |
| Programmable over sampling number | 4~32 | 4~32 | |

表 5-4(b)　UART 模組功能(2)

| Module Functions | URT0/1/2 | URT4/5/6/7 | Comment |
|---|---|---|---|
| General timer control | yes | yes | baud-rate timer and timeout timer as general timer |
| Drive enable | yes | | Drive enable signal of the transmission mode for the external transceiver. |
| RX parity error detect | yes | yes | checks parity of received data byte |
| Frame error detect | yes | yes | |
| Data overrun detect | yes | yes | receive buffer over threshold level; transmit buffer empty |
| TX error detect | yes | | SmartCard/LIN |
| Noise character detect | yes | | skip or not for noise character |
| Idle timeout detect | yes | | for SmartCard application |
| RX timeout detect | yes | | aging character detection |
| Break timeout detect | yes | | for LIN application |
| Calibration timeout detect | yes | | for LIN application |
| DMA request capability | yes | | |

3. UART 界面的資料封包(Data frame)基本傳輸格式，如下圖所示：：

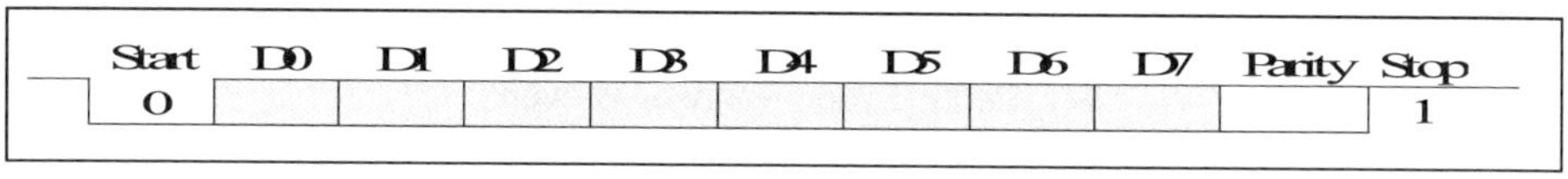

| Start | D0 | D1 | D2 | D3 | D4 | D5 | D6 | D7 | Parity | Stop |
|---|---|---|---|---|---|---|---|---|---|---|
| 0 | | | | | | | | | | 1 |

圖 5-3　UART 傳輸格式

(1) 啟始位元(Start Bit)：固定為 1-bit 的低準位信號。

(2) 傳輸字元長度(Word length)：可選擇 7 或 8-bit，一般為 8-bit 及由低位元 D0(Bit 0)先傳輸。

(3) 同位元(Parity)：可選擇偶(Even)、奇(odd)或無同位元產生來提供偵錯，一般省略。

(4) 停止(Stop )位元：可選擇 0.5、1、1.5 或 2-bit 的高準位信號，一般為 1-bit。

## 5-1.2 UART 函數式

UART 常用函數式如下所示：其中輸入參數：URTX = URT0~URT7。

1. UART 操作模式(Mode)：

(1) UART 傳輸資料格式配置：

| void | URT_DataCharacter_Config (URT_Struct *URTX,<br>                                        URT_Data_TypeDef *URT_InitStruct) |
|------|------|
| 輸入：URT_InitStruct= | • **URT_TX_DataLength** / URT_RX_DataLength:<br>　-URT_DataLength_8: Data length is 8 bit.<br>　-URT_DataLength_7: Data length is 7 bit.<br>• **URT_TX_DataOrder** / URT_RX_DataOrder:<br>　-URT_DataTyped_LSB: Data order is LSB.<br>　-URT_DataTyped_MSB: Data order is MSB.<br>• **URT_TX_Parity** / URT_RX_Parity:<br>　-URT_Parity_No : No parity bit.<br>　-URT_Parity_Even : Parity bit is even.<br>　-URT_Parity_Odd : Parity bit is odd.<br>　-URT_Parity_All_H: Parity bit always is H.<br>　-URT_Parity_All_L: Parity bit always is L.<br>• **URT_TX_StopBits** / URT_RX_StopBit:<br>　-URT_StopBits_1_0: Stop bit is 1 bit.<br>　-URT_StopBits_2_0: Stop bit is 2 bit.<br>• **URT_TX_DataInverse** / URT_RX_DataInverse:<br>　-DISABLE: Data bit no inverse.<br>　-ENABLE : Data bit inverse. |
| 範例：URT_Data_TypeDef URT_Datastruct;<br>　　　URT_Datastruct.URT_TX_DataLength = URT_DataLength_8;<br>　　　URT_Datastruct.URT_RX_DataLength = URT_DataLength_8;<br>　　　URT_Datastruct.URT_TX_DataOrder = URT_DataTyped_LSB;<br>　　　URT_Datastruct.URT_RX_DataOrder = URT_DataTyped_LSB;<br>　　　URT_Datastruct.URT_TX_Parity = URT_Parity_No;<br>　　　URT_Datastruct.URT_RX_Parity = URT_Parity_No;<br>　　　URT_Datastruct.URT_TX_StopBits = URT_StopBits_1_0;<br>　　　URT_Datastruct.URT_RX_StopBits = URT_StopBits_1_0;<br>　　　URT_Datastruct.URT_TX_DataInverse= DISABLE;<br>　　　URT_Datastruct.URT_RX_DataInverse= DISABLE;<br>　　　URT_DataCharacter_Config(URT0,&URT_Datastruct); | |

(2) UART 模式(mode)選擇：

| void | URT_Mode_Select (URT_Struct *URTX, URT_Mode_TypeDef URT_MDS) |
|------|------|
| 輸入：URT_MDS= | • **URT_URT_mode**：URT mode.<br>• **URT_SYNC_mode:** Synchronous/shift register mode.<br>• **URT_IDLE_mode:** Idle line mode for multi processor.<br>• **URT_ADR_mode**：Address bit mode for multi processor. |
| 範例：URT_Mode_Select( URT0 , URT_URT_mode);//選擇 UART 模式 | |

(3) UART 資料線(data line)選擇：

| void | URT_DataLine_Select (URT_Struct *URTX,URT_DataLine_TypeDef URT_DAT_LINE) |
|------|------|
| 輸入：URT_DAT_LINE = URT_DataLine_2 或 URT_DataLine_1 | |
| 範例：URT_DataLine_Select(URT0,URT_DataLine_2); | |

(4) UART 半雙工(half-duplex)模式致能/禁能：

| void | URT_HalfDuplexMode_Cmd (URT_Struct *URTX, FunctionalState URT_HDX_EN) |
|------|------|
| 輸入：URT_HDX_EN =ENABLE 或 DISABLE | |
| 範例：URT_HalfDuplexMode_Cmd(URT0,ENABLE); | |

(5) UART 迴路(loop back)模式致能/禁能：

| void | URT_LoopBackMode_Cmd (URT_Struct *URTX, FunctionalState URT_LBM_EN) |
|------|------|
| 輸入：URT_LBM_EN=ENABLE 或 DISABLE | |
| 範例：URT_LoopBackMode_Cmd(URT0,ENABLE); | |

(6) UART 發射(TX)功能致能/禁能：

| void | URT_TX_Cmd (URT_Struct *URTX, FunctionalState URT_TX_EN) |
|------|------|
| 輸入：URT_TX_EN=ENABLE 或 DISABLE | |
| 範例：URT_TX_Cmd(URT0,ENABLE); | |

(7) UART 接收(RX)功能致能/禁能：

| void | URT_RX_Cmd( URT_Struct* URTX , FunctionalState URT_RX_EN) |
|------|------|
| 輸入：URT_RX_EN =ENABLE 或 DISABLE | |
| 範例：URT_RX_Cmd(URT0,ENABLE); | |

(8) UART 接收(RX)輸入信號反相致能/禁能：

| void | URT_RXInverse_Cmd (URT_Struct *URTX, FunctionalState URT_RX_INV) |
|------|------|

| 輸入：URT_RX_INV =ENABLE 或 DISABLE |
|---|
| 範例：URT_RXInverse_Cmd(URT0,ENABLE); |

(9) UART 發射(TX)輸入信號反相致能/禁能：

| void | URT_TXInverse_Cmd (URT_Struct *URTX, FunctionalState URT_TX_INV) |
|---|---|
| 輸入：URT_TX_INV =ENABLE 或 DISABLE | |
| 範例：URT_TXInverse_Cmd (URT0,ENABLE); | |

(10) UART 功能致能/禁能：

| void | URT_Cmd (URT_Struct *URTX, FunctionalState URT_EN) |
|---|---|
| 輸入：URT_EN =ENABLE 或 DISABLE | |
| 範例：URT_Cmd(URT0,ENABLE); | |

2. UART 時脈(Clock)：TX / RX 可以選擇不同時脈來源。計算公式如下：

傳輸鮑率 = 時脈來源頻率 / 過取速率(oversampling rate)

(1) UART 傳輸速率(baud rate)產生器配置：

| void | URT_BaudRateGenerator_Config (URT_Struct *URTX, URT_BRG_TypeDef *URT_BRGStruct) |
|---|---|
| 輸入：URT_BRGStruct = | • **URT_InteranlClockSource**<br>　-URT_BDClock_PROC：<br>　-URT_BDClock_LS：<br>　-URT_BDClock_Timer00TRGO:<br>• **URT_BaudRateMode**<br>　-URT_BDMode_Separated：<br>　-URT_BDMode_Combined：<br>• **URT_PrescalerCounterReload**：<br>• **URT_BaudRateCounterReload**： |
| 範例：URT_BRG_TypeDef URT_BRGStruct;<br>　　URT_BRGStruct.URT_InteranlClockSource = URT_BDClock_PROC;<br>　　URT_BRGStruct.URT_BaudRateMode = URT_BDMode_Separated;<br>　　URT_BRGStruct.URT_BaudRateCounterReload = 214;<br>　　URT_BRGStruct.URT_PrescalerCounterReload = 14;<br>　　URT_BaudRateGenerator_Config(URT0,&URT_BRGStruct); | |

(2) UART 選擇傳輸速率(baud rate)產生器模式：

| void | URT_BaudRateGeneratorMode_Select (URT_Struct *URTX, URT_BDMode_TypeDef URT_BD_MDS) |
|---|---|

| 輸入：URT_BD_MDS =URT_BDMode_Separated 或 URT_BDMode_Combined |
|---|
| 範例：URT_BaudRateGeneratorMode_Select(URT0 , URT_BDMode_Separated); |

### (3) UART 選擇傳輸速率(baud rate)產生器時脈來源：

| void | URT_BaudRateGeneratorClock_Select (URT_Struct *URTX, URT_BDClock_TypeDef URT_CK_SEL) |
|---|---|
| 輸入：URT_CK_SEL =URT_BDClock_PROC,URT_BDClock_LS , URT_BDClock_Timer00TRGO | |
| 範例：URT_BaudRateGeneratorClock_Select(URT0 , URT_BDClock_PROC); | |

### (4) UART 傳輸速率(baud rate)產生器致能/禁能：

| void | URT_BaudRateGenerator_Cmd (URT_Struct *URTX, FunctionalState URT_BR_EN) |
|---|---|
| 輸入：URT_BR_EN =ENABLE 或 DISABLE | |
| 範例：URT_BaudRateGenerator_Cmd(URT0 , ENABLE); | |

### (5) URT_CLK 時脈來源選擇：

| void | URT_CLKSignalSource_Select (URT_Struct *URTX, URT_CLKSource_TypeDef URT_CLK_CKS) |
|---|---|
| 輸入：URT_CLK_CKS = URT_CK_OUT 或 URT_CK_SC | |
| 範例：URT_CLKSignalSource_Select(URT0 , URT_CK_SC); | |

### (6) URT_CLK 信號輸出致能/禁能：

| void | URT_CLKSignal_Cmd (URT_Struct *URTX, FunctionalState URT_CLK_EN) |
|---|---|
| 輸入：URT_CLK_EN =ENABLE 或 DISABLE | |
| 範例：URT_CLKSignal_Cmd(URT0 , ENABLE); | |

### (7) UART 傳輸速率(baud rate)超時信號輸出狀態：

| void | URT_CtrlBROSignalStatus_SW (URT_Struct *URTX, BitAction URT_BRO_STA) |
|---|---|
| 輸入：URT_BRO_STA = CLR 或 SET | |
| 範例：URT_CtrlBROSignalStatus_SW(URT0 , SET); | |

### (8) UART 預除器(PSC)時脈輸出信號狀態：

| void | URT_CtrlCLKSignalStatus_SW (URT_Struct *URTX, BitAction URT_CKO_STA) |
|---|---|
| 輸入：URT_CKO_STA = CLR 或 SET | |
| 範例：URT_CtrlCLKSignalStatus_SW(URT0 , SET); | |

(9) UART 發射(TX)時脈來源選擇：

| void | URT_TXClockSource_Select (URT_Struct *URTX,<br>                              URT_TXClock_TypeDef URT_TX_CKS) |
|---|---|
| 輸入：URT_TX_CKS =URT_TXClock_Internal，URT_TXClock_Timer01TRGO<br>                      URT_TXClock_Timer10TRGO | |
| 範例：URT_TXClockSource_Select(URT0 , URT_TXClock_Internal); | |

(10) UART 發射(TX)資料過取樣(oversampling sample)選擇：

| DRV_Return | URT_TXOverSamplingSampleNumber_Select (URT_Struct *URTX,<br>                              uint8_t URT_TXOS_NUM) |
|---|---|
| 輸入：URT_TXOS_NUM=3~31，返回：DRV_Return=DRV_Failure 或 DRV_Success | |
| 範例：URT_TXOverSamplingSampleNumber_Select( URT0, 7); | |

(11) UART 接收(RX)資料過取樣(oversampling sample)選擇：

| DRV_Return | URT_RXOverSamplingSampleNumber_Select (URT_Struct *URTX,<br>                              uint8_t URT_RXOS_NUM) |
|---|---|
| 輸入：URT_RXOS_NUM=3~31，返回：DRV_Return=DRV_Failure 或 DRV_Success | |
| 範例：URT_RXOverSamplingSampleNumber_Select( URT0, 7); | |

3. UART 中斷及事件：

(1) UART 區域(local)中斷致能/禁能.：

| void | URT_IT_Config (URT_Struct *URTX, uint32_t URT_IT, FunctionalState URT_IT_State) |
|---|---|
| 輸入：URT_IT =                                  ，URT_IT_State =ENABLE 或 DISABLE | |

- **URT_IT_CALTMO** : Baud rate calibration sync field receive time out.
- **URT_IT_BKTMO** : Break receive time out.
- **URT_IT_IDTMO** : Idle state time out.
- **URT_IT_RXTMO** : Receive time out.
- **URT_IT_TXE** : TX error detect.
- **URT_IT_ROVR** : Receive overrun error.
- **URT_IT_NCE** : Receive noised character error detect.
- **URT_IT_FE** : Receive frame error detect.
- **URT_IT_PE** : Receive parity error detect.
- **URT_IT_CTS** : CTS change detect.
- **URT_IT_IDL** : RX idle line detect.
- **URT_IT_BK** : Break condition detect.
- **URT_IT_CALC** : Auto baudrate calibration complete.
- **URT_IT_TMO** : Timeout timer timeout.
- **URT_IT_BRT** : Baud rate generator timer timeout.

---

- **URT_IT_SADR** : Slave address matched.
- **URT_IT_TX** : Transmit data register empty.
- **URT_IT_RX** : Receive data register not empty.
- **URT_IT_LS** : URT line status relationship interrupt.
- **URT_IT_ERR** : URT error relationship interrupt.
- **URT_IT_TC** : Transmission complete.(shadow buffer , data register , shift buffer empty)
- **URT_IT_UG** : URT genernal event relationship interrupt.

| 範例：URT_IT_Config (URT0, (URT_IT_TC \| URT_IT_TX \| URT_IT_RX) , ENABLE);<br>        URT_IT_Config (URT0, 0x000000C4 , ENABLE); |
|---|

### (2) 抓取 UART 中斷致能暫存器：

| uint32_t | URT_GetITStatus (URT_Struct *URTX) |
|---|---|
| 返回：uint32_t =URTX 中斷致能暫存器數值 | |
| 範例：tmp = URT_GetITStatus(URT0); | |

### (3) UART 整體(global)所有中斷事件致能/禁能控制：

| void | URT_ITEA_Cmd (URT_Struct *URTX, FunctionalState URT_ITEA_State) |
|---|---|
| 輸入：URT_ITEA_State = ENABLE 或 DISABLE | |
| 範例：URT_ITEA_Cmd(URT0,ENABLE); | |

### (4) 抓取 UART 中斷旗標：

| DRV_Return | URT_GetITSingleFlagStatus (URT_Struct *URTX, uint32_t URT_ITF) |
|---|---|
| 輸入：URT_ITF =                      返回：DRV_Return =信號中斷旗標是或否發生 | |

- **URT_IT_CALTMO** : Baud rate calibration sync field receive time out.
- **URT_IT_BKTMO** : Break receive time out.
- **URT_IT_IDTMO** : Idle state time out.
- **URT_IT_RXTMO** : Receive time out.
- **URT_IT_TXE** : TX error detect.
- **URT_IT_ROVR** : Receive overrun error.
- **URT_IT_NCE** : Receive noised character error detect.
- **URT_IT_FE** : Receive frame error detect.
- **URT_IT_PE** : Receive parity error detect.
- **URT_IT_CTS** : CTS change detect.
- **URT_IT_IDL** : RX idle line detect.
- **URT_IT_BK** : Break condition detect.
- **URT_IT_CALC** : Auto baudrate calibration complete.
- **URT_IT_TMO** : Timeout timer timeout.
- **URT_IT_BRT** : Baud rate generator timer timeout.
- **URT_IT_SADR** : Slave address matched.

| • **URT_IT_TX** : Transmit data register empty. |
|---|
| • **URT_IT_RX** : Receive data register not empty. |
| • **URT_IT_LS** : URT line status relationship interrupt. |
| • **URT_IT_ERR** : URT error relationship interrupt. |
| • **URT_IT_TC** : Transmission complete.(shadow buffer , data register , shift buffer empty) |
| • **URT_IT_UG** : URT genernal event relationship interrupt. |
| 範例：tmp = URT_GetITSingleFlagStatus(URT0, URT_IT_RX); |

### (5) 清除 UART 中斷旗標：

| void | URT_ClearITFlag (URT_Struct *URTX, uint32_t URT_ITF) |
|---|---|

| 輸入：URT_ITF = |
|---|
| • **URT_IT_CALTMO** : Baud rate calibration sync field receive time out. |
| • **URT_IT_BKTMO** : Break receive time out. |
| • **URT_IT_IDTMO** : Idle state time out. |
| • **URT_IT_RXTMO** : Receive time out. |
| • **URT_IT_TXE** : TX error detect. |
| • **URT_IT_ROVR** : Receive overrun error. |
| • **URT_IT_NCE** : Receive noised character error detect. |
| • **URT_IT_FE** : Receive frame error detect. |
| • **URT_IT_PE** : Receive parity error detect. |
| • **URT_IT_CTS** : CTS change detect. |
| • **URT_IT_IDL** : RX idle line detect. |
| • **URT_IT_BK** : Break condition detect. |
| • **URT_IT_CALC** : Auto baudrate calibration complete. |
| • **URT_IT_TMO** : Timeout timer timeout. |
| • **URT_IT_BRT** : Baud rate generator timer timeout. |
| • **URT_IT_SADR** : Slave address matched. |
| • **URT_IT_TX** : Transmit data register empty. |
| • **URT_IT_RX** : Receive data register not empty. |
| • **URT_IT_LS** : URT line status relationship interrupt. |
| • **URT_IT_ERR** : URT error relationship interrupt. |
| • **URT_IT_TC** : Transmission complete.(shadow buffer , data register , shift buffer empty) |
| • **URT_IT_UG** : URT genernal event relationship interrupt. |

| 範例：URT_ClearITFlag(URT0, (URT_IT_TX \| URT_IT_TC) ); 或 |
|---|
|      URT_ClearITFlag(URT0, 0x00000084 ); |

### (6) 抓取 UART 接收(RXDF)事件旗標：

| DRV_Return | URT_GetRxDifferentFlag (URT_Struct *URTX) |
|---|---|

| 返回：DRV_Return = RXDF 事件旗標狀態 |
|---|
| 範例：tmp = URT_GetRxDifferentFlag(URT0); |

(7) 抓取 UART 接收保持(hold)事件旗標：

| DRV_Return | URT_GetRxHoldFlag (URT_Struct *URTX) |
|---|---|
| 返回：DRV_Return =接收保持(hold)事件旗標狀態 | |
| 範例：tmp = URT_GetRxHoldFlag(URT0); | |

(8) 清除 UART 接收保持(hold)事件旗標：

| void | URT_ClearRxHoldFlag (URT_Struct *URTX) |
|---|---|
| 範例：URT_ClearRxHoldFlag(URT0); | |

(9) 抓取接收(RX)忙碌(busy)旗標：

| DRV_Return | URT_GetRxBusyFlag (URT_Struct *URTX) |
|---|---|
| 返回：DRV_Return =接收(RX)忙碌事件旗標狀態 | |
| 範例：tmp = URT_GetRxBusyFlag(URT0); | |

4. UART 傳輸資料控制(Data Control)：UART 傳輸資料控制相關驅動程式。

(1) UART 發射(TX) Gaud 時間選擇：

| void | URT_TXGaudTime_Select (URT_Struct *URTX, uint8_t URT_TXGT_LEN) |
|---|---|
| 輸入： URT_TXGT_LEN=0~255 | |
| 範例： URT_TXGaudTime_Select(URT0 , 48); | |

(2) UART 發射資料：

| DRV_Return | URT_SetTXData (URT_Struct *URTX, uint8_t Data_len, uint32_t URT_TDAT) |
|---|---|
| 輸入：Data_len =byte 數 ， URT_TDAT =發射資料 | |
| 範例：URT_SetTXData(URT0 , 1 , 0x48); | |

(3) 清除 UART 發射(TX)資料：

| void | URT_ClearTXData (URT_Struct *URTX) |
|---|---|
| 範例：URT_ClearTXData(URT0); | |

(4) 清除 UART 接收(RX)資料：

| void | URT_ClearRXData (URT_Struct *URTX) |
|---|---|

| 範例：URT_ClearTXData(URT0); |
| --- |

### (5) 抓取 UART 接收資料暫存器：

| uint32_t | URT_GetRXData (URT_Struct *URTX) |
| --- | --- |
| 返回： uint32_t =接收資料 | |
| 範例：tmp = URT_GetRXData(URT0); | |

### (6) 抓取 UART 捕捉(capture)資料：

| uint8_t | URT_GetCaptureData (URT_Struct *URTX) |
| --- | --- |
| 返回：uint8_t =捕捉(capture)資料 | |
| 範例：tmp = URT_GetRXData(URT0); | |

### (7) 抓取 UART 捕捉(capture)狀態位元數值：

| uint8_t | URT_GetCaptureStatusBit (URT_Struct *URTX,<br>                                     URT_RCAP_TypeDef URT_RCAP) |
| --- | --- |
| 輸入：URT_RCAP = • **URT_RCAP_ADR** : capture address bit value.<br>                   • **URT_RCAP_PAR** : capture parity bit value.<br>                   • **URT_RCAP_STP** : capture stop bit value. | |
| 返回：uint8_t =捕捉(capture)狀態位元數值 | |
| 範例：tmp = URT_GetCaptureStatusBit( URT0, URT_RCAP_PAR); | |

## 5-1.3　UART 傳輸軟體

請先安裝 UART 傳輸軟體令 UART 與電腦連線，步驟如下：

1. 在 TH223A 主控板內含有 USB 虛擬 COM 埠來連接電腦，可在裝置管理員顯示 USB 序列裝置(COMx)，如下圖所示：

圖 5-4　USB 虛擬 COM 埠

2. 本書在範例程式內含有提供串列 UART 傳輸軟體(SSCOM)，請執行 sscom32E.exe 後設定 UART 傳輸格式，如下圖所示：

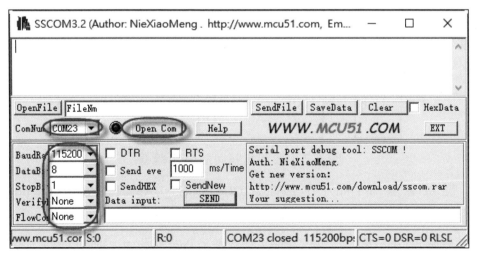

圖 5-5　設定 UART 傳輸格式

3. 按 Open Com 後會進入連線，上方會顯示 PC 接收的字串。若 PC 要發射可在下方輸入字串，再按 SEND 即可，再如下圖所示：

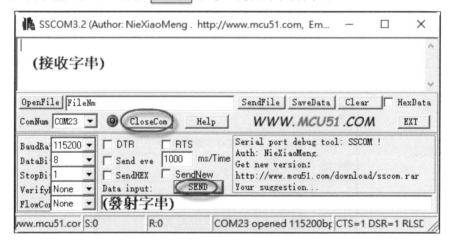

圖 5-6　UART 傳輸軟體進入連線

## 5-1.4　UART 實習

在 TH223A 主控板預定使用 PB8(URT0_TX)及 PB9(URT0_RX)，經 MLink 產生虛擬 COM 埠連接個人電腦，故 PB8 及 PB9 盡量避免連接其他電路，以免會影響 UART 的傳輸動作。如下圖所示：

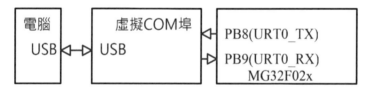

圖 5-7　預定電腦與 UART 連線

開啟專案檔（如：D:\MG32F02U128\CH5_UART\1_UART1_TX_printf\ MG32x02z.uvprojx）。請看各範例資料夾內的設定與測試.docx。

1. 範例 UART1_TX_printf：使用系統函數 UART 發射字串到電腦顯示，操作步驟如下：

(1) 設定 UART 接腳，如下圖所示：

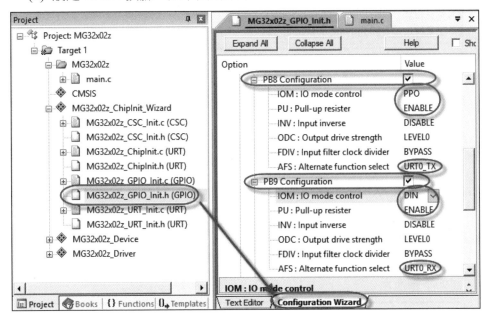

圖 5-8(a) 設定 UART 接腳

(2) 設定 UART 傳輸格式，如下圖所示：

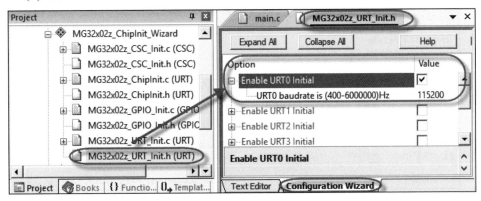

圖 5-8(b) 設定 UART 傳輸格式

(3) UART 傳輸結果，系統函數顯示字串如下圖所示：

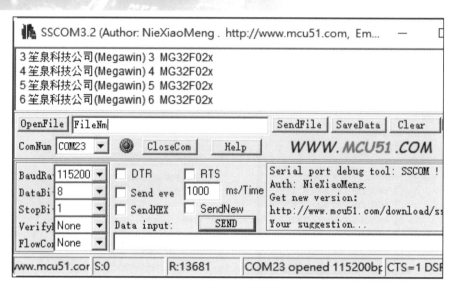

圖 5-8(c)　系統函數顯示字串

2. 範例 UART2_TX_Send：使用 UART 函數，發射字串到電腦顯示。顯示畫面如下圖所示

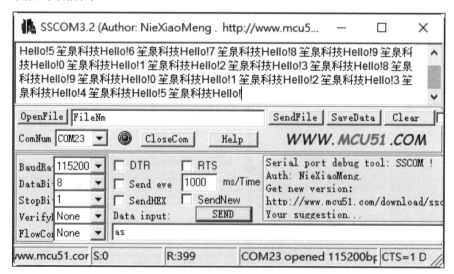

圖 5-9　UART 函數顯示字串

3. 範例 UART3_RX：UART 接收電腦傳輸字元，如下圖所示：

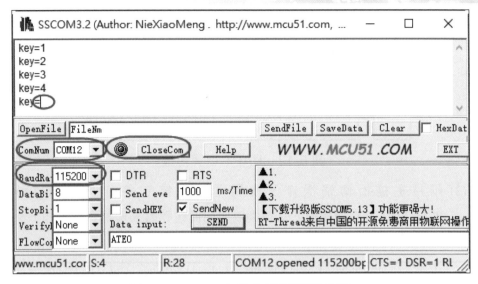

圖 5-10　UART 接收電腦傳輸字元

4.　範例 UART4_RX_IT：UART 接收中斷電腦顯示字元，UART 中斷設定，如
　　下圖所示：

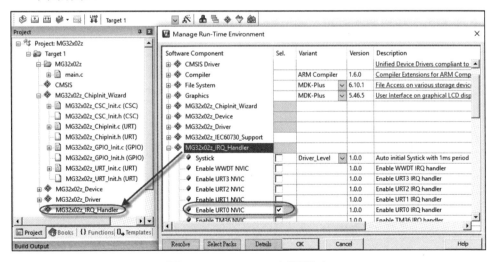

圖 5-11　UART 中斷設定

5.　範例 UART5_RX01_IT：自我傳輸或兩片主控板傳輸，在個人電腦顯示。

(1) 自我傳輸操作：將 PC8(URT1_TX)與 PC9(URT1_RX)短路，以串列傳輸軟體來傳輸資料，如下圖所示：

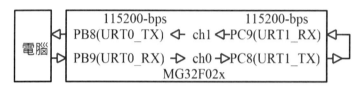

圖 5-12　UART 自我傳輸

(2) 兩片主控板傳輸操作：使用兩片主控制將 PC8(URT1_TX) 與 PC9(URT1_RX)連接對方，各別以串列傳輸軟體來傳輸資料，如下圖所示：

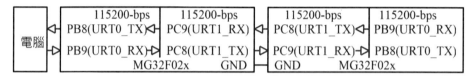

圖 5-13　兩片主控板 UART 傳輸

(3) 兩片主控板傳輸設定，如下圖(a)~(d)所示：

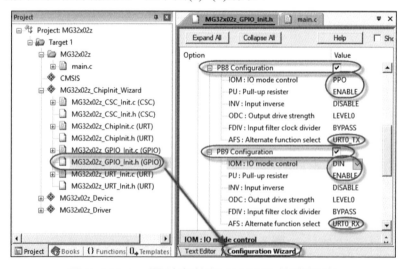

圖 5-14(a)　兩片主控板 UART0 接腳設定

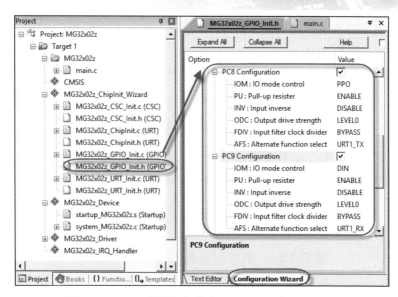

圖 5-14(b)　兩片主控板 UART1 接腳設定

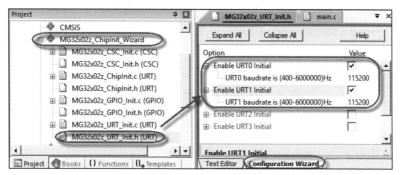

圖 5-14(c)　兩片主控板 UART 格式設定

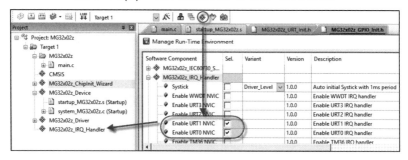

圖 5-14(d)　兩片主控板 UART 中斷致能

(4) 在底下輸入字元(如 A)按 SEND，會發射到對方主控板的 SSCOM 顯示出來，如下圖所示：

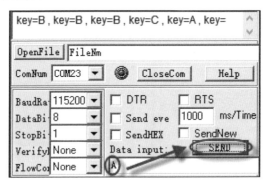

圖 5-15　兩片主控板 UART 傳輸操作

6. 範例 UART6_TX_DMA：UART 發射 DMA 傳輸控制，使用 DMA 傳輸字串經 UART 輸出到電腦顯示。如下圖所示：

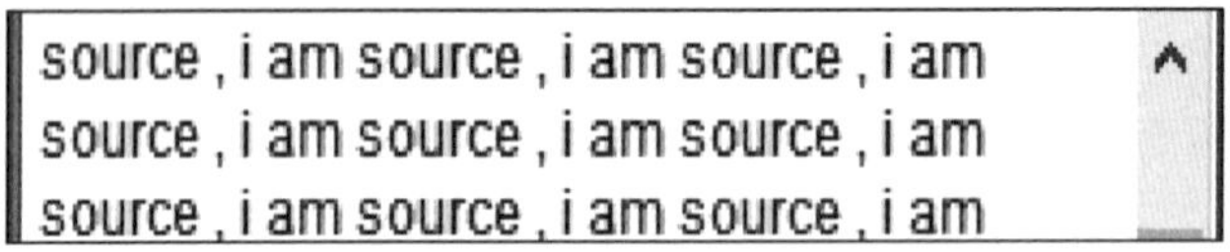

```
source , i am source , i am source , i am
source , i am source , i am source , i am
source , i am source , i am source , i am
```

圖 5-16　UART 發射 DMA 傳輸

7. 範例 UART7_RX_DMA：UART 接收 DMA 傳輸控制，將電腦字串使用 DMA 傳輸到 UART 接收。如下圖所示：

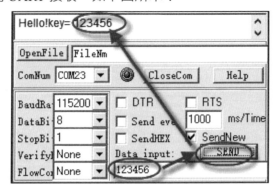

圖 5-17　UART 接收 DMA 傳輸

## 5-2 UART 應用實習

本章介紹包括藍牙(Bluetooth)及串列式全彩 LED，如下：

### 5-2.1 藍牙無線傳輸控制

藍牙(Bluetooth)一般是透過UART界面的無線技術標準，主要是用在短距離的交換資料。它使用 2.4 GHz 載波進行通信，以便能夠連結多個行動裝置。目前已發展至藍牙 4.x 版，主要是支援省電功能又稱為「低功耗藍牙」。如下：

◎ 工作頻率：2.4~2.48GHz，ISM 頻寬。傳輸距離：30~100 公尺。

◎ 傳輸介面：UART，輸入電壓：3.3V ~ 6V。工作溫度：-20℃ ~ +75℃。

本章採用藍牙 4.0 版的 HC-05 藍牙模組，將主/從(master/slave)傳輸在同一模組，出廠時預設為從(slave)模式，但可以透過 AT 命令(command)自行修改內部的各項格式，如下表所示：

表 5-5　藍牙模組外型與接腳

| | 接腳 | 說明 |
|---|---|---|
| | EN/KEY | 1=致能或按鍵，可輸入 AT 命令 |
| | VCC | 輸入電源電壓 |
| | GND | 電源地線 |
| | TX | UART TXD 輸出 |
| | RX | UART RXD 輸入 |
| | STATE | 狀態(LED)指示，顯示工作狀態 |

HC-05 藍牙有三種工作狀態，會在藍牙狀態 LED 顯示不同的閃爍動作，如下：

1. 藍牙送電時會進入等待模式，LED 為 1Hz 快閃。

2. 與手機連線時，LED 間隔 1Hz 快閃兩次、再停 2 秒(閃、閃、停)為傳輸模式，此時可藉由 UART 界面傳輸速率為 9600-bps，使用手機 APP 軟體來傳輸資料。

3. 當按壓 KEY 及藍牙送電時，會進入 AT 命令模式， LED 為 2 秒慢閃。此時可藉由串列傳輸軟體或超級終端機，UART 傳輸速率為 38400-bps 來下達 AT 命令。

## 5-2.2 藍牙無線傳輸實習

藍牙模組實習經 UART 界面制控 HC-05 藍牙模組，將 PC8(URT1_TX)與 PC9(URT1_RX)連接從(SLAVE)藍牙模組(RXD、TXD)，與手機的主(MASTER)藍牙來傳輸資料，如下圖(a)(b)所示：

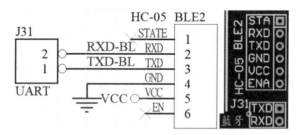

圖 5-18(a)　藍牙模組電路與外型

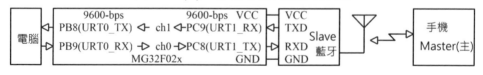

圖 5-18(b)　藍牙模組與手機實習電路

1. 範例 BLE1：使用串列傳輸軟體(SSCOM)與手機互傳訊息。

操作：PB8(URT0_TX)與 PB9(URT0_RX)9600-bps-->USB 轉 UART-->電腦

　　　 PC8(URT1_TX)與 PC9(URT1_RX)9600-bps-->藍牙-->手機

(1) 開啟串列傳輸軟體(SSCOM)，設定傳輸格式(9600-bps)，再按 Open
Com 開始進行 UART 傳輸工作。

(2) 在安卓(Android)手機開啟藍牙功能及掃瞄藍牙模組名稱(如
HC05-SLAVE97)，如下圖所示：

圖 5-19　掃瞄藍牙模組

(3) 在安卓(Android)手機下載及安裝藍牙 APP 軟體(如 Bluetooth Terminal
HC-05)，如下圖所示：

圖 5-20　安裝藍牙 APP 軟體

(4) 由 APP 軟體掃瞄(SCAN)藍牙模組，會顯示藍牙模組的名稱及位址，如
下圖所示：

圖 5-21(a) APP 軟體掃瞄藍牙模組名稱及位址

(5) 選擇自已的藍牙模組後，再輸入密碼(如 1234)，然後按確定開始配對，若配對成功會令 LED 閃爍方式為(閃、閃、停)，如下圖所示：

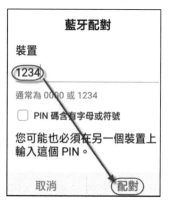

圖 5-21(b) 藍牙模組配對

(6) 在手機執行藍牙 APP 軟體(如 Bluetooth Terminal HC-05)，若配對會顯示模組名稱，再長按 Btn 1~Btn 5，設定所代的字元 0~4 及儲存(Save)，如下圖所示：

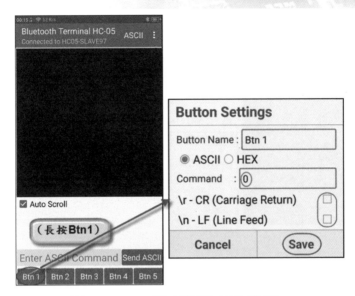

圖 5-22(a)　設定藍牙 APP 軟體

(7) 然後按 Btn 1~Btn 5 會由藍牙送出元字元 0~4，也可以輸入字串按 Send
ASCII 發射出去，若有接收字串時會顯示，如下圖所示：

圖 5-22(b)　執行藍牙 APP 軟體

(8) 手機與電腦雙向傳輸：在手機執行藍牙 APP 軟體上方會顯示接收字

串，同時按 Btn 1~Btn 4 會立即發射字元 0~3 到 SSCOM 上方顯示，如下圖所示：

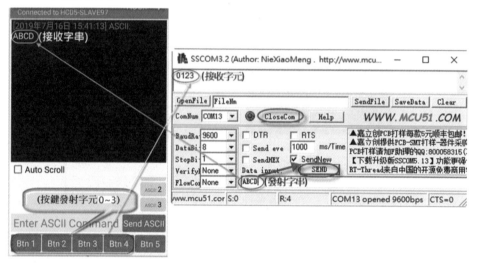

圖 5-23　手機與電腦雙向傳輸

2. 範例 BLE2：主/從式藍牙模組互傳輸資料，如下圖所示：

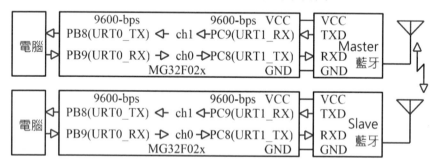

圖 5-24　主從式藍牙模組傳輸

兩片主控板各別插入一片已配對的主/從藍牙模組，兩者配對時 LED(閃、閃、停)，即可在兩台電腦以串列傳輸軟體(如 SSCOM)互傳資料。

## 5-2.3 藍牙 AT 命令實習

在藍牙模組按壓 KEY 及藍牙送電時，會進入 AT 命令(COMMAND)設定模式，LED 為 2 秒慢閃。此時可藉由串列傳輸軟體(如 SSCOM)，UART 傳輸速率為 38400-bps 來下達 AT 命令，如下表所示：

表 5-6　HC-05 常用 AT 命令

| 項目 | 動作 | 指令 | 回應 | 參數 |
|------|------|------|------|------|
| 1 | 測試指令 | AT | OK | 無 |
| 2 | 讀取藍牙模組位址 | AT+ADDR? | +ADDR：<Param><br>OK | Param：自己模組位址<br>例如：18:91:d68cd2 |
| 3 | 設定藍牙模組名稱 | AT+NAME=<Param> | OK | Param：自己模組名稱<br>預定為 "HC-05" |
| 4 | 查詢藍牙模組名稱 | AT+NAME?<br>(按壓 KEY 查詢) | +NAME:<Param><br>OK 或 FAIL(失敗) | |
| 5 | 設定格式 | AT+UART=<Param1>,<br><Param2>,<Param3> | OK | Param1：波特率(bps)<br>Param2：停止位元 |
| 6 | 查詢格式 | AT+ UART? | + UART=<Param1>,<br><Param2>,<Param3><br>OK | Param3：同位元<br>預定：9600，0，0 |
| 7 | 設定藍牙模組角色 | AT+ROLE=<Param> | OK | Param：<br>預定 0(Slave)、<br>1(Master) |
| 8 | 查詢藍牙模組角色 | AT+ROLE? | + ROLE:<Param><br>OK | |
| 9 | 設定密碼 | AT+PSWD =<Param> | OK | Param：查詢密碼<br>預定：1234 |
| 10 | 查詢密碼 | AT+PSWD? | + PSWD:<Param><br>OK | |

| 11 | 設定綁定對方位址 | AT+BIND=\<Param> | OK | Param：對方模組位址 |
|---|---|---|---|---|
| 12 | 查詢綁定對方位址 | AT+BIND? | +BIND：\<Param>　　　OK | 例　如　：　輸　入 18,e4,351728 例　如　：　顯　示 18:e4:351728 |
| 13 | 查詢版本 | AT+VERSION? | + VERSION：\<Param>　　OK | Param：版本 |

1. 範例 BLE3：使用串列傳輸軟體(SSCOM)速率 38400-bps，設定藍牙模組的 AT 命令。

   (1) 按壓著 KEY 藍牙模組上電(VCC、GND)，等待進入 AT 命令模式(2 秒慢閃)再放開 KEY，如下圖所示：

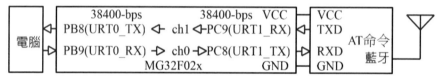

圖 5-25　藍牙模組 AT 命令傳輸

   (2) 使用 SSCOM 設定 AT 命令，如下圖所示：

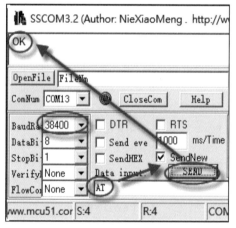

圖 5-26　使用 SSCOM 設定 AT 命令

(3) 設定 AT 命令範例如下：

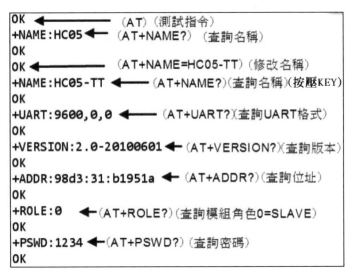

```
OK ◀─────────── (AT)(測試指令)
+NAME:HC05 ◀──── (AT+NAME?)(查詢名稱)
OK
OK ◀─────────── (AT+NAME=HC05-TT)(修改名稱)
+NAME:HC05-TT ◀── (AT+NAME?)(查詢名稱)(按壓KEY)
OK
+UART:9600,0,0 ◀── (AT+UART?)(查詢UART格式)
OK
+VERSION:2.0-20100601 ◀─ (AT+VERSION?)(查詢版本)
OK
+ADDR:98d3:31:b1951a ◀── (AT+ADDR?)(查詢位址)
OK
+ROLE:0 ◀─(AT+ROLE?)(查詢模組角色0=SLAVE)
OK
+PSWD:1234 ◀─(AT+PSWD?)(查詢密碼)
OK
```

2. 若要設定藍牙模組的主/從角色，必須互相綁定(BIND)藍牙模組地址，使兩者能夠配對，可使用串列傳輸軟體(SSCON)設定如下：

(1) 先設定 BaudRade=38400 及 ComNum，及選擇右邊的 EXT 改為 Hide 並設定各項 AT 命令，若勾選 Round Send interval 會開始定時連續輪循輸入 AT 命令，再如下圖所示：

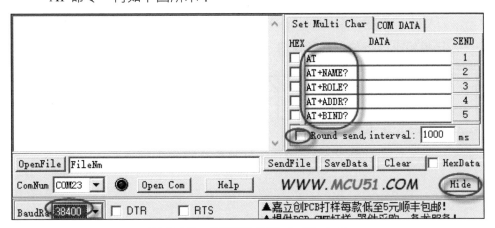

圖 5-27　連續輪循輸入 AT 命令

(2) 分別在SLAVE(從)及MASTER(主)藍牙模組按壓著藍牙模組上的KEY不放，勾選Round Send interval定時連續輪循輸入AT命令，執行結果會顯示主/從藍牙模組兩者配對資訊，如下圖(a)(b)所示：

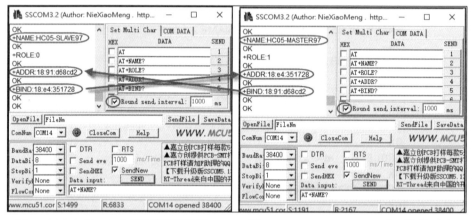

圖 5-28(a) SLAVE(從)藍牙資訊　　圖 5-28(b) MASTER(主)藍牙資訊

其中 SLAVE(從)藍牙模組必須綁定(BIND)(主)藍牙模組的地址(ADDR)，而 MASTER(主)藍牙模組必須綁定(BIND)SLAVE(從)藍牙模組的地址(ADDR)。

(3) 當同時主/從藍牙模組上的 LED(閃、閃、停)表示已配對連線，可設定UART 界面速率為 9600-bps，不用透過手機，直接由雙方主控板藉由藍牙模組來進行無線傳輸資料，如下圖所示：

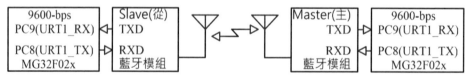

圖 5-29　兩片主控板藍牙模組無線傳輸

## 5-2.4 串列式全彩 LED 控制實習

串列式全彩 LED(WS2812B)可輸入串列資料，分別改變三色 LED 紅、綠、藍的亮度來達到全彩的效果，WS2812B 接腳及電氣特性，如下表所示：

表 5-7 WS2812B 接腳

| 接腳圖 | 腳位 | 名稱 | 功　能　描　述 |
|---|---|---|---|
| 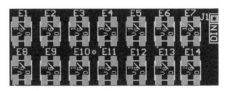 | 1 | VDD | 電源 3.5V~5.3V |
| | 2 | DOUT | 串列資料輸出 |
| | 3 | VSS | 電源接地 |
| | 4 | DIN | 串列資料輸入 |

在 J1(DIN)輸入串列資料，控制 14 顆串列式全彩 LED 燈條。如下圖所示：

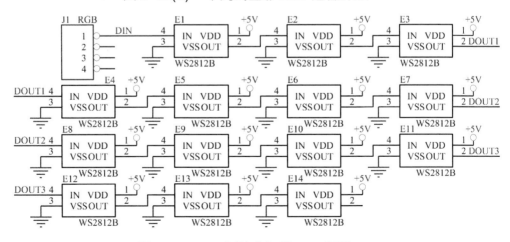

圖 5-30(a) 串列式全彩 LED 燈條外型

圖 5-30(b) 串列式全彩 LED 電路

　　每個全彩 LED(WS2812B)內含有 R、G、B 三色 LED，分別由三組 8-bit 的 PWM 值來設定其亮度，所以必須串列輸入 3*8-bit 共 24-bit(3-byte)的資料來控制第一個全彩 LED(WS2812B)色彩；若串列資料超過 24-bit 會傳給下一個全彩 LED(WS2812B)，如果有 14 個全彩 LED(WS2812B)則必須輸入 14*3*8-bit 串列的資料。

1.其控制時序如下：

　(1) 速度要達到 800KHz，每個 bit 的週期時間為 1.25uS±0.3uS。

　(2) 要輸入 bit 資料為 1 時，高電位脈寬為 0.8uS±0.15uS 及低電位脈寬為 0.45uS±0.15uS。

　(3) 要輸入 bit 資料為 0 時，高電位脈寬為 0.4uS±0.15 及低電位脈寬為 0.85uS ±0.15，如下圖所示。

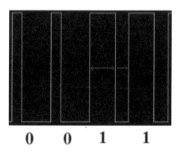

圖 5-31　輸入串列 bit 資料

　(4) 每個全彩 LED(WS2812B)要輸入 3-bye 的串列資料，順序是綠(G)→紅 (R)→藍(G)；若輸入 0x000000 則該全彩 LED 熄滅，如下圖所示。

| G7 | G6 | G5 | G4 | G3 | G2 | G1 | G0 | R7 | R6 | R5 | R4 | R3 | R2 | R1 | R0 | B7 | B6 | B5 | B4 | B3 | B2 | B1 | B0 |
|----|----|----|----|----|----|----|----|----|----|----|----|----|----|----|----|----|----|----|----|----|----|----|----|

圖 5-32　全彩 LED(WS2812B)串列資料

　(5) 如果輸入低電位超過 50uS 時為重置(Reset)信號，重置(Reset)信號不會影響原有 LED 的色彩，表示必須重新輸入串列資料。

2. 全彩 LED(WS2812B)實習範例如下：

請注意：全彩 LED(WS2812B)必須使用+5V 工作，請將主控板 J2(VDD、VDD5)
短路，提供 MCU 使用 5V 工作。

(1) 範例 ARGB1：使用 UART 輸出控制 2 個串列式全彩 LED，顯示固定色彩。

(2) 範例 ARGB2：使用 UART 輸出控制六個串列式全彩 LED，由 PB10(SW3)產生外部中斷，令串列式全彩 LED 產生變化顯示不同色彩。

CHAPTER

6

# 計時器控制實習

## 本章單元

- 時脈來源控制(CSC)控制實習
- 系統節拍(SysTick)計時器控制實習
- 通用計時模組(TM)控制實習
- 看門狗計時器(WDT)控制實習
- 即時時脈(RTC)控制實習

MG32x02z 內含有時脈來源控制(CSC: Clock Source Controller)、系統節拍(SysTick)計時器、通用計時模組(TM)、看門狗計時器(WDT)及即時時脈(RTC)，如下：

# 6-1時脈來源控制(CSC)控制實習

MG32x02z 時脈來源控制(CSC: Clock Source Controller)可配置內部低頻 RC 振盪器(ILRCO=32KHz)、內部高頻 RC 振盪器(IHRCO=12/11.0592MHz)、外部石英振盪器(XOSC=32.768KHz 或 4~25MHz)及外部時脈(CK_EXT 最高36MHz)，且輸入高頻時可經由 PLL 倍頻到 48MHz，如下表所示：

表 6-1 時脈來源控制(CSC)特性

| Functions Chip | MG32F02A132 | MG32F02A072 | MG32F02A032 | MG32F02A128 MG32F02U128 | MG32F02A064 MG32F02U064 |
|---|---|---|---|---|---|
| Max. CPU Frequency | 48MHz | 48MHz | 48MHz | 48MHz | 48MHz |
| Internal Clock Source | ILRCO+IHRCO | ILRCO+IHRCO | ILRCO+IHRCO | ILRCO+IHRCO | ILRCO+IHRCO |
| External Clock Source | XTAL+EXTCK | XTAL+EXTCK | XTAL+EXTCK | XTAL+EXTCK | XTAL+EXTCK |
| ILRCO Frequency | ILRCO=32KHz | ILRCO=32KHz | ILRCO=32KHz | ILRCO=32KHz | ILRCO=32KHz |
| IHRCO Frequency | 12 / 11.059MHz | 12 / 11.059MHz | 12 / 11.059MHz | 12 / 11.059MHz | 12 / 11.059MHz |
| XTAL Frequency | 32KHz, 4 to 25MHz | 32KHz, 4 to 25MHz | 32KHz, 4 to 25MHz | 32KHz, 4 to 25MHz | 32KHz, 4 to 25MHz |
| EXTCK Frequency | up to 36MHz | up to 36MHz | up to 36MHz | up to 36MHz | up to 36MHz |
| XTAL Clock Detect | MCD | MCD | MCD | MCD | MCD |

## 6-1.1　時脈來源控制(CSC)控制

時脈來源控制(CSC: Clock Source Controller)的功能，如下圖(a)(b)所示：

1. MG32x02z 的時脈來源控制(CSC: Clock Source Controller)特性如下：

    (1) 內部高頻 RC 振盪器(IHRCO)可選擇輸出 12MHz(預定)或 11.059MHz，成為 CK_IHRCO。

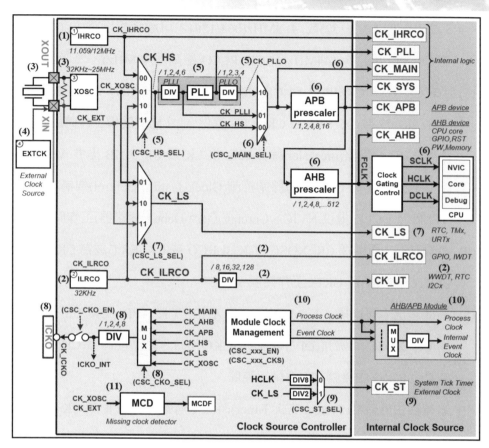

圖 6-1　時脈來源控制(CSC)方塊圖

(2) 內部低頻 RC 振盪器(ILRCO)輸出 32KHz 成為 CK_ILRCO，提供 GPIO
及 IWDT(獨立看門狗計時器)工作時脈，再經除頻(DIV)後成為 CK_UT 提
供 WWDT(視窗看門狗計時器)、RTC(即時時脈)及 I2Cx 工作時脈。

(3) XOSC 可外接石英晶體 32.768KHz 或 4~25MHz，成為 CK_XOSC。

(4) 外部時脈(EXTCK)由 XIN 腳輸入，最高 36MHz 成為 CK_EXT。

(5) 高頻時脈：可選擇 CK_IHRCO、CK_XOSC、CK_ILRCO 或 CK_EXT 成
為 CK_HS 或 CK_HS2，經除頻(/1,2,4,6)後成為 CK_PLLI，但僅限

5~7MHz(032/072/132)或 4~8MHz(064/128)才可經鎖相迴路(PLL)倍頻成為 CK_PLL(限 96~144MHz)及 CK_PLLO(最高限 48MHz)。

(6) 選擇 CK_HS、CK_PLLI 或 CK_PLLO 成為 CK_MAIN，經 APB 預除器 (prescaler)成為 CK_SYS 及 CK_APB 提供 APB 周邊設備工作時脈。

再經 AHB 預除器(prescaler)除頻成為 FCLK 及 CK_AHB 提供 AHB 周邊設備工作時脈。FCLK 經時脈閘控制(Clock Gating Control)成為 SCLK、HCLK 及 DCLK 提供 NVIC、Core(核心)及 Debug(偵錯器)工作時脈。

(7) 低頻時脈：可選擇 CK_XOSC、CK_ILRCO 或 CK_EXT 成為 CK_LS，提供 RTC、TMx 及 URTx 工作時脈。

(8) 時脈輸出：可選擇 CK_MAIN、CK_AHB、CK_APB、CK_HS、CK_LS 或 CK_XOSC 經除頻(DIV)後成為 ICKO_INT，若致能時脈(CKO_EN)成為 CK_ICKO 由接腳 ICKO 輸出時脈。

(9) 系統節拍計時器(System Tick Timer)時脈：可選擇 HCLK 或 CK_LS 經除頻後成為 CK_ST，提供系統節拍計時器外部時脈。

(10) 模組時脈管理(Module Clock Management)：可控制時脈送到各個 AHB 及 APB 模組，提供各模組的工作時脈。

(11) 時脈檢測：外部石英振盪器(XOSC)及外部時脈輸入(CK_EXT)，內含時脈檢測失敗(MCD: Missing Clock Detect)會產生 CSC 重置(RST_CSC)，改由內部 RC 時脈 IHRCO 或 ILRCO 取代輸出時脈。

2. CSC 中斷：若致能時脈中斷，當各項時脈有事件發生時，會產生 CSC 中斷(INT_CSC)信號源，送到 EXIC 系統中斷(System Interrupt)的 SYS 中斷向量。CSC 中斷如下圖及各模組時脈來源如下表所示：

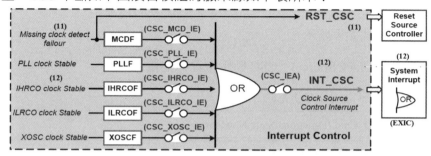

圖 6-2　CSC 的重置與中斷

表 6-2　CSC 各模組時脈來源

| Module Name | High Speed | | Low Speed Clock | | | Timer Output as Clock | |
|---|---|---|---|---|---|---|---|
| | CK_AHB | CK_APB | CK_LS | CK_ILRCO | CK_UT | TM00_TRGO | TM01_TRG1 |
| SYS | V | | | | | | |
| CFG | V | | | | | | |
| PW | V | | | | | | |
| RST | V | | | | | | |
| MEM | V | | | | | | |
| EMB | V | | | | | | |
| IOP | V | | | | | | |
| Px | V | | | V | | V | |
| AFS | V | | | | | | |
| GPL | V | | | | | | |
| DMA | | V | | | | | |
| EXIC | | V | | | | | |
| I2C0/1 | V | V | | | TMO | V | |
| URT0/1/2/3 | V | V | V | | | V | |
| URT4/5/6/7 | V | V | V | | | V | |
| SPI0 | V | V | | | | V | |
| USB | | V | | | | | |
| TM0x | V | V | V | | | | |
| TM1x | V | V | V | | | | |
| TM2x | V | V | V | | | | |
| TM3x | V | V | V | | | | |
| ADC0 | V | V | | | | V | V |
| CMP | V | V | | | | | |
| DAC | | V | | | | | |
| IWDT | | | | V | | | |
| WWDT | | V | | | V | | |
| RTC | | V | V | | V | | V |
| APB | | V | | | | | |
| APX | V | V | | | | | |

## 6-1.2 時脈來源控制(CSC)函數式

CSC 函數式如下所示：

1. 時脈來源(Clock Source)：CSC 時脈來源的配置。

   (1) 致能/禁能 IHRCO 電路工作：

| void | CSC_IHRCO_Cmd (FunctionalState NewState) |
|---|---|
| 輸入：NewState=ENABLE, DISABLE | |
| 範例：CSC_IHRCO_Cmd(ENABLE); //致能 IHRCO 電路工作 | |

   (2) IHRCO 時脈來源選擇：

| void | CSC_IHRCO_Select (CSC_IHRCO_TypeDef Freq) |
|---|---|
| 輸入：Freq = IHRCO_12MHz , IHRCO_11M0592Hz | |
| 範例：CSC_IHRCO_Select(IHRCO_12MHz); // IHRCO 時脈來源選擇 12MHz | |

   (3) 致能/禁能 XOSC 電路工作：

| void | CSC_XOSC_Cmd (FunctionalState NewState) |
|---|---|
| 輸入：NewState= ENABLE, DISABLE | |
| 範例：CSC_XOSC_Cmd(ENABLE); //致能 XOSC 電路工作 | |

   (4) XOSC 閘(gain)選擇：

| void | CSC_XOSCGain_Select (CSC_XOSC_GN_TypeDef CSC_XoscGain) |
|---|---|
| 輸入：CSC_XoscGain= Gain_Low, Gain_Medium, Gain_Lowest | |
| 範例：CSC_XOSCGain_Select(Gain_Lowest); //選擇 XOS 為 32.768KHz | |

   (5) CK_ST(系統節拍計時器)時脈來源選擇：

| void | CSC_CK_ST_Select (CSC_ST_SEL_TypeDef CSC_CK_ST_SEL) |
|---|---|
| 輸入：CSC_CK_ST_SEL=ST_HCLK_DIV_8 , ST_CK_LS_DIV_2. | |

範例：CSC_CK_ST_Select(ST_CK_LS_DIV_2); // CK_ST 時脈來源選擇 CK_LS/2

(6) CK_MAIN 時脈來源選擇：

| void | CSC_CK_MAIN_Select (CSC_MAIN_SEL_TypeDef CSC_CK_MAIN_SEL) |
|---|---|

輸入：CSC_CK_MAIN_SEL= MAIN_CK_HS, MAIN_CK_PLLI, MAIN_CK_PLLO

範例：CSC_CK_MAIN_Select(MAIN_CK_HS);　// CK_MAIN 時脈來源選擇 CK_HS

(7) CK_HS 時脈來源選擇：

| void | CSC_CK_HS_Select (CSC_HS_SEL_TypeDef CSC_CK_HS_SEL) |
|---|---|

輸入：CSC_CK_HS_SEL=HS_CK_IHRCO, HS_CK_XOSC, HS_CK_ILRCO, HS_CK_EXT

範例：CSC_CK_HS_Select(HS_CK_IHRCO);　// CK_HS 時脈來源選擇 CK_IHRCO

(8) CK_LS 時脈來源選擇：

| void | CSC_CK_LS_Select (CSC_LS_SEL_TypeDef CSC_CK_LS_SEL) |
|---|---|

輸入：CSC_CK_LS_SEL=LS_CK_ILRCO, LS_CK_XOSCCO, LS_CK_EXT

範例：CSC_CK_LS_Select(LS_CK_ILRCO);　// CK_LS 時脈來源選擇 CK_ILRCO

2. 鎖相迴路(PLL)：。

(1) PLL 功能配置：

| void | CSC_PLL_Config (CSC_PLL_TyprDef *CSC_PLL_CFG) |
|---|---|

輸入：CSC_PLL_CFG= PLLI_DIV_1, PLLI_DIV_2, PLLI_DIV_4, PLLI_DIV_6
輸入：Multiplication= PLLIx16, PLLIx24
輸入：OutputDivider= PLLO_DIV_1. PLLO_DIV_2. PLLO_DIV_3. PLLO_DIV_4

範例：CSC_PLL_TyprDef CSC_PLL_Init;　//定義 PLL 初始化,若 CK_HS=12MHz
　　　CSC_PLL_Init.InputDivider = PLLI_DIV_2; //PLLI=CK_HS/2=6MHz，限 5~7MHz

```
CSC_PLL_Init.Multiplication = PLLIx16; //PLL=PLLI*16=96MHz，限 96~144MHz

CSC_PLL_Init.OutputDivider = PLLO_DIV_2;   // PLLO =PLL/2=48 MHz

CSC_PLL_Config(&CSC_PLL_Init);   //配置 PLL 初始化
```

(2) 致能/禁能 PLL 功能：

| void | CSC_PLL_Cmd (FunctionalState NewState) |
|------|----------------------------------------|
| 輸入：NewState= ENABLE, DISABLE | |
| 範例：CSC_PLL_Cmd(ENABLE); //致能 PLL 功能 | |

3. 時脈除頻(Clock Divider)：

(1) CK_APB 時脈除頻選擇：

| void | CSC_CK_APB_Divider_Select (CSC_APB_DIV_TypeDef CSC_CK_APB_DIVS) |
|------|-----------------------------------------------------------------|
| 輸入：CSC_CK_APB_DIVS= APB_DIV_1、2、4、8、16、32、64、128、256、512 | |
| 範例：CSC_CK_APB_Divider_Select(APB_DIV_1); //CK_APB 時脈除 1 倍 | |

(2) CK_UT 時脈除頻選擇：

| void | CSC_CK_UT_Divider_Select (CSC_UT_DIV_TypeDef CSC_CK_UT_DIVS) |
|------|--------------------------------------------------------------|
| 輸入：CSC_CK_APB_DIVS= UT_DIV_8、UT_DIV_16、UT_DIV_32、UT_DIV_128 | |
| 範例：CSC_CK_UT_Divider_Select(UT_DIV_8);; // CK_UT 時脈除 8 CSC_ClearFlag 倍 | |

(3) CK_AHB 時脈除頻選擇：

| void | CSC_CK_AHB_Divider_Select (CSC_AHB_DIV_TypeDef CSC_CK_AHB_DIVS) |
|------|-----------------------------------------------------------------|
| 輸入：CSC_CK_UT_DIVS=AHB_DIV_1、2、4、8、16、32、64、128、256、512 | |
| 範例：CSC_CK_AHB_Divider_Select(AHB_DIV_1); //CK_AHB 時脈除 1 倍 | |

4. 時脈輸出(ICKO)：

(1) ICKO 時脈來源選擇：

| void | CSC_ICKO_ClockSource_Select (CSC_CKO_SEL_TypeDef ICKO_CKS_SEL) |
|---|---|
| 輸入：ICKO_CKS_SEL= ICKO_CK_MAIN, ICKO_CK_AHB, ICKO_CK_APB, ICKO_CK_HS, ICKO_CK_LS, ICKO_CK_XOSC ||
| 範例：CSC_ICKO_ClockSource_Select(ICKO_CK_HS);　// ICKO 時脈來源為 CK_HS ||

(2) ICKO 除頻選擇：

| void | CSC_ICKO_Divider_Select (CSC_CKO_DIV_TypeDef CSC_ICKO_DIVS) |
|---|---|
| 輸入：CSC_ICKO_DIVS= ICKO_DIV_1, ICKO_DIV_2, ICKO_DIV_4, ICKO_DIV_8 ||
| 範例：CSC_ICKO_Divider_Select(ICKO_DIV_8);　//ICKO 除頻除頻 8 倍輸出 ||

(3) 致能/禁能 ICKO 功能：

| void | CSC_ICKO_Cmd (FunctionalState NewState) |
|---|---|
| 輸入：NewState= ENABLE, DISABLE ||
| 範例：CSC_ICKO_Cmd(ENABLE);　//致能 ICKO 輸出時脈 ||

5. 時脈失敗偵測(MCD: Miss Clock Detect)：

(1) 時脈失敗偵測(MCD)持續(Duration)選擇：

| void | CSC_MissingClockDetectionDuration_Select (CSC_MCD_SEL_TypeDef CSC_MCDDuration) |
|---|---|
| 輸入：CSC_MCDDuration= MCD_Duration_125us, MCD_Duration_225us, MCD_Duration_500us, MCD_Duration_1ms ||
| 範例：CSC_MissingClockDetectionDuration_Select(MCD_Duration_1ms);//MCD 持續 1ms ||

(2) 致能/禁能時脈失敗偵測(MCD)：

| void | CSC_MissingClockDetection_Cmd (FunctionalState NewState) |
|---|---|
| 輸入：NewState= ENABLE, DISABLE ||
| 範例：CSC_MissingClockDetection_Cmd(ENABLE); //致能時脈失敗偵測(MCD) ||

6. 周邊設備時脈來源及時脈模式( Peripheral Clock Source & Clock Mode)：

    (1) 周邊設備時脈來源配置：

| void | CSC_PeriphProcessClockSource_Config (CSC_CKS_TypeDef CSC_Periph, <br> CSC_CKSS_TypeDef CSC_CKS) |
|---|---|
| 輸入：CSC_Periph= CSC_ON_PortA~ CSC_ON_TM36 <br> 輸入：CSC_CKS = CK_APB, CK_AHB | |
| 範例：CSC_PeriphProcessClockSource_Config(CSC_CMP_CKS,CK_APB);//CMP 時脈為 APB | |

    (2) 致能/禁能 AHB 及 APB 周邊設備時脈：

| void | CSC_PeriphOnModeClock_Config (CSC_PeriphOnMode_TypeDef CSC_Periph, <br> FunctionalState NewState) |
|---|---|
| 輸入：CSC_Periph= CSC_ON_PortA~ CSC_ON_TM36 <br> 輸入：NewState= ENABLE, DISABLE | |
| 範例：CSC_PeriphOnModeClock_Config(CSC_ON_PortC, ENABLE); //致能 PC 工作時脈 | |

    (3) 致能/禁能睡眠(sleep)模式 AHB 及 APB 周邊設備時脈：

| void | CSC_PeriphSleepModeClock_Config (CSC_PeriphSleepMode_TypeDef CSC_Periph, <br> FunctionalState NewState) |
|---|---|
| 輸入：CSC_Periph= CSC_SLP_ADC0~ CSC_SLP_EMB <br> 輸入：NewState= ENABLE, DISABLE | |
| 範例：CSC_PeriphSleepModeClock_Config(CSC_SLP_SPI0, ENABLE);//致能 SPI0 睡眠 | |

    (4) 致能/禁能停止(stop)模式 AHB 及 APB 周邊設備時脈：

| void | CSC_PeriphStopModeClock_Config (CSC_PeriphStopMode_TypeDef CSC_Periph, <br> FunctionalState NewState) |
|---|---|

| 輸入：CSC_Periph= CSC_STP_RTC, CSC_STP_IWDT |
|---|
| 輸入：NewState= ENABLE, DISABLE |
| 範例：CSC_PeriphStopModeClock_Config(CSC_STP_IWDT, ENABLE);//致能 IWDT 停止 |

7. 中斷(Interrupt)：

(1) 抓取所有中斷旗標狀態：

| uint32_t | CSC_GetAllFlagStatus (void) |
|---|---|
| 返回：uint32_t=CSC 狀態暫存器數值 | |
| 範例：Status = CSC_GetAllFlagStatus(); //抓取所有中斷旗標狀態 | |

(2) 抓取一個中斷旗標狀態：

| DRV_Return | CSC_GetSingleFlagStatus (uint32_t CSC_ITSrc) |
|---|---|
| 輸入：CSC_ITSrc= CSC_MCDF, CSC_PLLF, CSC_IHRCOF, CSC_ILRCOF, CSC_XOSCF | |
| 返回：CSC_ITSrc 狀態暫存器數值= DRV_Happened, DRV_UnHappened | |
| 範例：Status = CSC_GetSingleFlagStatus(CSC_XOSCF);\\ 抓取 XOSC 中斷旗標狀態 | |

(3) 清除中斷旗標狀態：

| void | CSC_ClearFlag (uint32_t CSC_ITSrc) |
|---|---|
| 輸入：CSC_ITSrc=CSC_MCDF,CSC_PLLFCSC_IHRCOF,CSC_ILRCOF,CSC_XOSCF, CSC_ALLF | |
| 範例：CSC_ClearFlag(CSC_IHRCOF \| CSC_ILRCOF); //清除 CSC_IHRCOF 及 CSC_ILRCOF | |

(4) 配置中斷來源：

| void | CSC_IT_Config (uint32_t CSC_ITSrc, FunctionalState NewState) |
|---|---|
| 輸入：CSC_ITSrc= CSC_INT_MCD, CSC_INT_PLL, CSC_INT_IHRCO, CSC_INT_ILRCO, CSC_INT_XOSC | |
| 輸入：NewStat= ENABLE, DISABLE | |

範例：CSC_IT_Config((CSC_INT_MCD | CSC_INT_PLL), ENABLE);//致能 MCD 及 PLL

    (5)　致能/禁能所有中斷：

| void | CSC_ITEA_Cmd (FunctionalState NewState) |
|------|----------------------------------------|
| 輸入：NewState= ENABLE, DISABLE | |
| 範例：CSC_ITEA_Cmd(ENABLE);　//致能所有中斷 | |

## 6-1.3　鎖相迴路(PLL)控制與時脈實習

    鎖相迴路(PLL：Phase Locked Loop)將 CK_HS 倍頻最高可達 48MHz，而 PLL 另一功能是令幾個頻率均能相位鎖住同步工作，不會因受溫度等外在影響，而致使工作時脈有相位漂移現像，令時脈產生不穩定，如下表所示：

表 6-3　PLL 倍頻特性

| Chip | Embedded PLL | | | | Embedded Clock Device | | | External |
|------|-------------|-----------|---------|-------------|-------|--------------------|----------------|----------|
| | Input Range | Multiplier | PLL VCO | Lock Status | ILRCO | IHRCO | XOSC | EXTCK |
| MG32F02A132/A072<br>MG32F02A032 | 5 ~ 7 MHz | x16, x32 | Max.<br>144MHz | - | 32KHz | 11.059 or<br>12MHz | 32KHz and<br>4 ~ 25MHz | Max.<br>36MHz |
| MG32F02A128/A064<br>MG32F02U128/U064 | 4 ~ 8 MHz | x4 ~ x48 | | V | | | | |

1. PLL 控制方塊圖如下圖(a)所示：

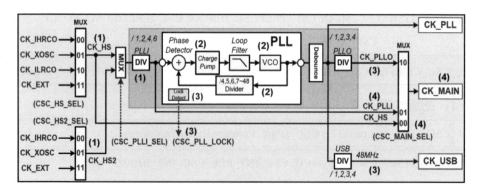

圖 6-3(a)　鎖相迴路(PLL)控制(064/128)

(1) 選擇 CK_IHRCO、CK_XOSC、CK_ILRCO 或 CK_EXT 成為 CK_HS 或 CK_HS2，經 PLLI 除頻成為 CK_PLLI，且限 5~7 MHz(032/072/132)或 4~8MHz(064/128)才能送入鎖相迴路(PLL)產生倍頻。

(2) 電壓控制振盪器(VCO: current controlled oscillator)會產生很高的頻率，經除頻後與 CK_PLLI 一起進行相位偵測(Phase Detector)，再經迴路濾波器(Loop Filter)調整 VCO 的頻率。其中 VCO 倍頻限 16 或 24 倍 (032/072/132)或限 4~32 倍(064/128)。

(3) 若兩者相位鎖住(lock)形成倍數時，VCO 的頻率輸出為 CK_PLL(限 96MHz~144MHz)，經除頻成為 CK_PLLO 及經除頻成為 CK_USB。

(4) 選 CK_HS、CK_PLLI 或 CK_PLLO 成為 CK_MAIN 提供核心及周邊。

2. 鎖相迴路(PLL：Phase Locked Loop)計算公式如下：

例如：若頻率 CK_HS=12MHz、PLLI 除頻=2 倍，乘頻=16 倍及除頻=2 倍，計算 PLL 輸出頻率(CK_PLLO)及 VCO 頻率(CK_PLL)的數值如下：

(1) PLL 輸入頻率(PLLI) = CK_HS/2 = 6MHz(限 5~7MHz 或 4~8MHz)。

(2) VCO 頻率(PLL)倍頻 = PLLI*16 = 96MHz(限 96~144MHz)。

(3) PLL 輸出頻率(PLLO) = PLL/2 = 48MHz(限 PLLO ≤ 48MHz)。

## 6-1.4 時脈輸出(ICKO)控制實習

可選擇不同的時脈由外部接腳 ICKO(PC0)輸出，如下圖所示：

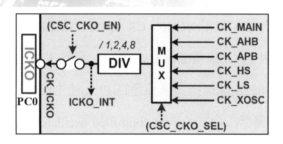

圖 6-4　時脈輸出控制

由(CSC_CKO_SEL)選擇 CK_MAIN、CK_AHB、CK_APB、CK_HS、CK_LS 或 CK_XOSC 經除頻 (/1,2,4,8) 倍後成為 ICKO_INT，若致能時脈輸出 (CSC_CKO_EN)，會由接腳 ICKO(PC0)輸出時脈(CK_ICKO)。

開啟專案檔 ( 如 D:\MG32F02U128\CH6_TIMER\1_CSC1_IHRCO_ICKO\ MG32x02z.uvprojx)，ICKO(PC0)接腳設定，如下圖所示：

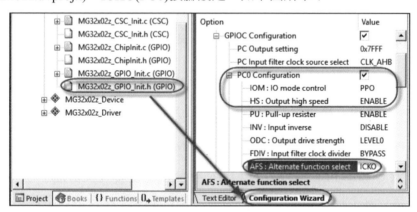

圖 6-5　ICKO(PC0)接腳設定

1. 範例 CSC_IHRCO_ICKO：CK_MAIN=CK_HS=CK_IHRCO=12MHz，設定 由 ICKO(PC0)腳輸出頻率 CK_MAIN/8=12MHz/8=1.5MHz 及令 LED 閃爍。 CSC 設定及 ICKO 輸出波形，如下圖(a)(b)所示：

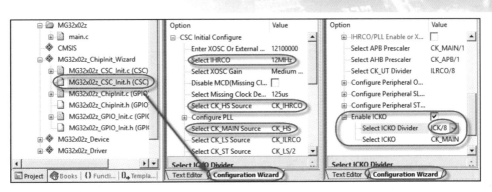

圖 6-6(a)　IHRCO_ICKO 的 CSC 及 ICKO 設定

圖 6-6(b)　IHRCO_ICKO 的 ICKO 輸出波形

2. 範例 CSC_IHRCO_PLL_ICKO：CK_MAIN=PLLO=IHRCO/4*16=48MHz，
設定由 ICKO(PC0)腳輸出頻率 CK_MAIN/8=48MHz/8=6MHz 及令 LED 閃
爍。CSC 設定及 ICKO 輸出波形，如下圖(a)(b)所示：：

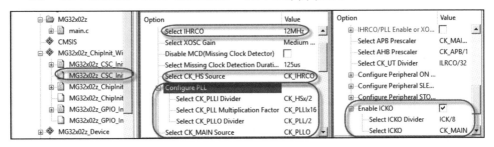

圖 6-7(a)　IHRCO_PLL_ICKO 的 CSC 及 ICKO 設定

圖 6-7(b)　IHRCO_PLL_ICKO 的 ICKO 輸出波形

3. 範例 CSC_ILRCO_ICKO：CK_MAIN=CK_HS=CK_ILRCO=32KHz，設定由
ICKO(PC0)腳輸出頻率 CK_MAIN/8=32KHz/8=4KHz 及令 LED 閃爍。此時
必須禁止 PLL 及 USB 的時脈。因 ILRCO 誤差較大，輸出頻率較不準確。

CSC 設定及 ICKO 輸出波形,如下圖(a)(b)所示:

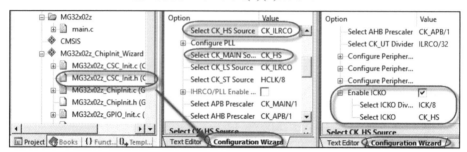

圖 6-8(a) ILRCO_ICKO 的 CSC 及 ICKO 設定

圖 6-8(b) ILRCO_ICKO 的 ICKO 輸出波形

4. 範例 CSC_XOSC_ICKO:CK_MAIN=CK_HS=CK_XOSC=32.768KHz,由 ICKO(PC0)腳輸出頻率及令 LED 閃爍。此時必須禁止 PLL 及 USB 的時脈。 XOSC 接腳設定、CSC 設定及 ICKO 輸出波形,如下圖(a)~(c)所示:

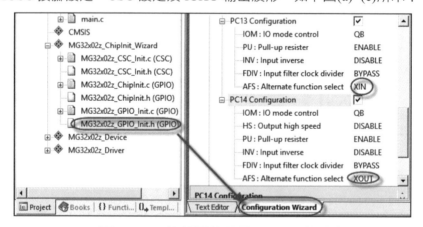

圖 6-9(a) 外部石英晶體(XOSC)接腳設定

圖 6-9(b) CSC_XOSC_ICKO 的 CSC 及 ICKO 設定

圖 6-9(c) CSC_XOSC_ICKO 的 ICKO 輸出波形

## 6-2 系統節拍計時器控制實習

系統節拍(SysTick)計時器在 ARM Cortex-M0 核心內，可用於 24-bit 系統計時器，並有獨立的異常向量(exception vector)，它將 ARM 核心時脈(core clock)送到系統節拍(SysTick)計時器，主要提供系統用於高速的 RTOS(即時作業系統)，其工作方塊圖，如下圖所示：

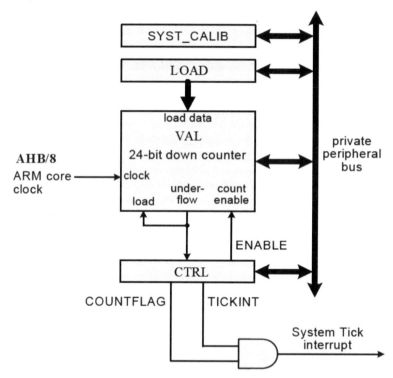

圖 6-10 系統節拍(SysTick)計時器工作方塊圖

### 6-2.1 系統節拍(SysTick)計時器控制

1. 和系統節拍(SysTick)計時器相關的暫存器，如下表所示：

表 6-4 系統節拍(SysTick)計時器相關的暫存器

| 暫存器 | 暫存器說明 | 存取 | 預定 |
|---|---|---|---|
| SYST_CTRL | System Timer Control and status register<br>系統計時器控制及狀態暫存器 | RW | 0 |
| SYST_VAL | System Timer Current value register<br>系統計時器目前數值暫存器 | RW | NA |
| SYST_LOAD | System Timer Reload value register<br>系統計時器重新載入數值暫存器 | RW | NA |
| SYST_CALIB | System Timer Calibration value register<br>系統計時器校準數值暫存器 | RO | 0 |

在 core_cm0.h 內定義 SysTick 暫存器名稱，如下所示：

| | |
|---|---|
| SysTick->CTRL; //控制及狀態暫存器 | SysTick->VAL;　//目前數值暫存器 |
| SysTick->LOAD; //重新載入數值暫存器 | SysTick->CALIB; //校準數值暫存器 |

(1) SYST_CTRL 暫存器：設定及顯示 SysTick 計時器工作，如下表所示：

表 6-5　SysTick 計時器控制及狀態暫存器(SYST_CTRL)

| 位元 | 名稱 | 說明 |
|---|---|---|
| 16 | COUNTFLAG | 當 SYST_CVR 下數到 0 時，顯示 COUNTFLAG=1 |
| 2 | CLKSOURCE | 設定時脈來源：0=外部時脈，1=內部核心時脈 |
| 1 | TICKINT | 0=禁能，1=致能 SysTick 計時器異常中斷要求 |
| 0 | ENABLE | 0=禁能，1=致能 SysTick 計時器開始啟動計數 |

在 config.h 內定義 SYST_CSR 暫存器位元名稱，如下所示：

| |
|---|
| //SysTick->CTRL　　　　SysTick計時器控制及狀態暫存器(SYST_CSR) |
| #define ENABLE　　　　(1<<0)　//致能SysTick計時器開始啟動計數 |

```
#define TICKINT      (1<<1)   //致能SysTick計時器異常中斷要求
#define CLKSOURCE    (1<<2)   //時脈來源：0=外部參考時脈，1=內部核心時脈
#define COUNTFLAG    (1<<16)  //SYST_VAL下數到0
```

(2) SysTick 計時目前數值暫存器(SYST_VAL)：它是 24-bit 的計數器，時脈來源可選擇外部的 HCLK/8、CK_LS/2 或內部 ARM 核心時脈(core clock)、令 SYST_VAL 不斷的下數。它可讀取目前 SysTick 計時器的 24-bit 計數值，若寫入任何值均會清除 SYST_VAL=0。

(3) SysTick 計時重新載入數值暫存器(SYST_LOAD)：將 24-bit 計數值存入 SYST_VAL 內，當 SYST_VAL 下數到 0 時，會自動將 SYST_LOAD 的數值載入到 SYST_VAL 內重新下數。

(4) SysTick 計時器校準數值暫存器(SYST_CALIB)：提供晶片出廠 SysTick 計時校正，一般較少使用，故省略之。

2. 系統節拍(SysTick)計時器操作步驟如下：

(1) 將要計時的數值寫入 SYST_LOAD 暫存器，作為重新載入(reload)之用，計時時間計算如下：

若核心時脈(core clock)=12MHz，要求計時時間=1ms，範例如下：
SYST_LOAD = (core clock * 1ms) -1 = (12MHz * 1ms) -1= 12000 -1 = 11999
　　　(限24-bit=16777216，故最長時間=16777216 /12000000 =1.3981秒)

(2) 寫入 SYST_VAL 任何數值，會清除 SYST_VAL=0，令 SYST_LOAD 的計數值自動載入到 SYST_VAL 內。

(3) 寫入 SYST_CTRL =0x07，致能 SYST_VAL 開始下數，如下表所示：

表 6-6　SYST_CTRL 致能開始計時

| 位元 | 名稱 | 說明 |
|---|---|---|
| 16 | COUNTFLAG | 當 SysTick 計時器下數到 0 時，旗標 COUNTFLAG =1 |
| 2 | CLKSOURCE | 1=選擇內部核心時脈來源 |
| 1 | TICKINT | 1=致能 SysTick 計時器異常中斷要求 |
| 0 | ENABLE | 1=致能 SysTick 計時器開始啟動計數 |

(4) 設定致能SysTick計時中斷要求(IRQ)及優先順序，如下：

```
NVIC_SetPriority (SysTick_IRQn, (1<<__NVIC_PRIO_BITS) - 1);
```

(5) 若 SysTick 計時器下數到 SYST_VAL=0，會令旗標 COUNTFLAG=1，同時會產生 SysTick 中斷。

## 6-2.2　系統節拍(SysTick)計時器函數式

系統節拍(SysTick)計時器與系統模組函數式如下：

1. 系統節拍(SysTick)計時器函數式：

(1)系統節拍(SysTick)計時器初始化：

| DRV_Return | InitTick (uint32_t TickClock, uint32_t TickPriority) |
|---|---|
| 輸入：TickClock=操作時脈，TickPriority=優先順序<br>返回：DRV_Return= DRV_Success(完成)，DRV_Failure(失敗) ||
| 範例：InitTick(12000000,0);//設定系統節拍(SysTick)計時器時脈為 12MHz，0=最優先 ||

(2)系統節拍(SysTick)計時器計數值遞加：

| void | IncTick (void) |
|---|---|
| 範例：IncTick(); ||

(3)抓取系統節拍(SysTick)計時器計數值：

| uint32_t | GetTick (void) |
|---|---|
| 返回：uint32_t=抓取系統節拍(SysTick)計時器計數值 ||
| 範例：temp=GetTick (void); ||

(4)設定系統節拍(SysTick)計時器以 mS 為單位的延時時間：

| void | Delay (__IO uint32_t DelayTime) |
|---|---|
| 輸入：DelayTime=以 mS 為單位數值 ||
| 範例：Delay (500); //延時 500mS ||

(5)暫停系統節拍(SysTick)計時器計數值遞加：

| void | SuspendTick (void) |
|---|---|
| 範例：SuspendTick (); ||

(6)恢復系統節拍(SysTick)計時器計數值遞加：

| void | ResumeTick (void) |
|---|---|
| 範例：ResumeTick(); ||

2. 系統模組函數式：

(1) 保護系統模組暫存器：

| DRV_Return | ProtectModuleReg (Protect_Type Module) |
|---|---|
| 輸入：Module= RSTprotect , CSCprotect , PWprotect , MEMprotect , MEMsprotect , CFGprotect , IWDTprotect , WWDTprotect , RTCprotect<br>返回：DRV_Return= DRV_Success(完成)，DRV_Failure(失敗) ||
| 範例：ProtectModuleReg(RSTprotect);<br>    ProtectModuleReg(CSCprotect);<br>    ProtectModuleReg(PWprotect); ||

```
        ProtectModuleReg(MEMprotect);

        ProtectModuleReg(MEMsprotect);

        ProtectModuleReg(CFGprotect);

        ProtectModuleReg(IWDTprotect);

        ProtectModuleReg(WWDTprotect);

        ProtectModuleReg(RTCprotect);
```

(2) 取消保護系統模組暫存器：

| DRV_Return | UnProtectModuleReg (Protect_Type Module) |
|---|---|

| 輸入：Module= RSTLock : Reset Module Lock |
|---|
|             CFGLock : CFG Module Lock |
|             IWDTLock : IWDT Module Lock |
|             RTCLock : RTC Module Lock |
| 返回：DRV_Return= DRV_Success(完成)，DRV_Failure(失敗) |

| 範例：UnProtectModuleReg (RSTprotect); |
|---|
|     UnProtectModuleReg (CSCprotect); |
|     UnProtectModuleReg (PWprotect); |
|     UnProtectModuleReg (MEMprotect); |
|     UnProtectModuleReg (MEMsprotect); |
|     UnProtectModuleReg (CFGprotect); |
|     UnProtectModuleReg (IWDTprotect); |
|     ProtectModuleReg(WWDTprotect); |
|     UnProtectModuleReg (RTCprotect); |

(3) 鎖住系統模組暫存器：

| DRV_Return | LockModuleReg (Lock_Type Module) |
|---|---|

| 輸入：Module= RSTLock : Reset Module Lock |
|---|
|             CFGLock : CFG Module Lock |

| |
|---|
| IWDTLock：IWDT Module Lock |
| RTCLock：RTC Module Lock |
| 返回：DRV_Return= DRV_Success(完成)、DRV_Failure(失敗) |

| |
|---|
| 範例：LockModuleReg(RSTLock); |
| LockModuleReg(IWDTLock); |
| LockModuleReg(RTCLock); |

## 6-2.3 系統節拍(SysTick)計時器實習

系統節拍(SysTick)計時器實習範例如下：

1. 範例 SysTick1：使用核心時脈，由系統節拍(SysTick)計時器延時，令 LED 閃爍輸出，量測波形以 "#define dly 500 "為例，如下圖所示：

圖 6-11　SysTick1 計時範例

2. 範例 SysTick2：使用核心時脈，由系統節拍(SysTick)計時器中斷延時，令 LED 閃爍輸出。

3. 範例 SysTick3：使用外部時脈(HCLK/2)，由系統節拍(SysTick)計時器中斷延時，令 LED 閃爍輸出。

4. 範例 SysTick4：使用系統函數，預定設定使用核心時脈，由系統節拍(SysTick)計時器中斷延時，令 LED 閃爍輸出。

5. 範例 SysTick5_XOSC：使用外部石英晶體(32.768KHz/2)作為系統節拍(SysTick)的外部時脈(CK_XOSC)，令 LED 閃爍輸出。如下圖(a)~(c)所示：

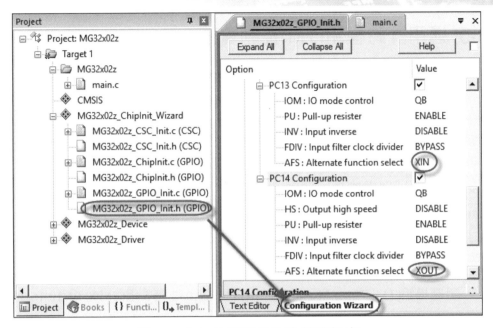

圖 6-12(a) 外部石英晶體-接腳設定

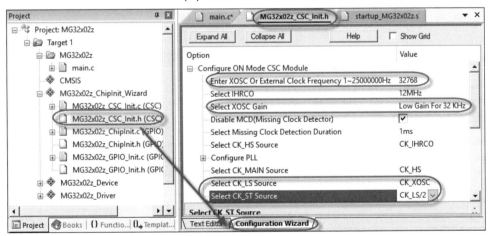

圖 6-12(b) 外部石英晶體-SysTick 設定

圖 6-12(c) 外部石英晶體-SysTick 波形量測(以 1 秒為例)

# 6-3 通用計時模組(TM)控制實習

MG32x02z 相關計時功能模組(TM: Timer Module)，如下表所示：

表 6-7　MG32x02z 相關計時功能模組

| Functions<br>Chip | MG32F02A132 | MG32F02A072 | MG32F02A032 | MG32F02A128<br>MG32F02U128 | MG32F02A064<br>MG32F02U064 |
|---|---|---|---|---|---|
| Timers | 16-bit*2: TM00/01<br>32-bit*5: TM1x/2x/36 | 16-bit*2: TM00/01<br>32-bit*5: TM1x/2x/36 | 16-bit*2: TM00/01<br>32-bit*3: TM10/16/36 | 16-bit*2: TM00/01<br>32-bit*5: TM1x/2x/36 | 16-bit*2: TM00/01<br>32-bit*5: TM1x/2x/36 |
| IC/OC/PWM Channels | 8-CH (16-bit) or<br>16-CH(8-bit) | 8-CH (16-bit) or<br>16-CH(8-bit) | 4-CH (16-bit) or<br>8-CH(8-bit) | 8-CH (16-bit) or<br>16-CH(8-bit) | 8-CH (16-bit) or<br>16-CH(8-bit) |
| Complement PWM | 7-CH | 7-CH | 3-CH | 7-CH | 7-CH |
| PWM Feature | edge/center align | edge/center align | edge/center align | edge/center align | edge/center align |
| Repetition Counter | - | - | - | 8-Bit | 8-Bit |
| WDT | IWDT + WWDT | IWDT + WWDT | IWDT + WWDT | IWDT + WWDT | IWDT + WWDT |
| RTC | 32-Bit | 32-Bit | 32-Bit | 32-Bit | 32-Bit |

計時模組(TM: Timer Module)在 MG32F02A032 有 5 組(TM00/01/10/16/36)
及 064/072/128/132 有 7 組(TM00/01/10/16/20/26/36)，全部都可以被設定為計時
器或事件計數器，如下表所示：

表 6-8　計時模組(TM)功能

| Module Functions | TM0x | TM1x | TM20 | TM26 | TM36 | Module Functions | TM0x | TM1x | TM20 | TM26 | TM36 |
|---|---|---|---|---|---|---|---|---|---|---|---|
| Timer/Counter total bits | 16 | 32 | 32 | 32 | 32 | Output OCH lines | | | 2 | 2 | 4 |
| Timer Cascade Mode | yes | yes | yes | yes | yes | Input Break lines | | | | | 1 |
| Timer Separate Mode | yes | yes | yes | yes | yes | PWM separated two | | | yes | yes | yes |
| Timer Full-CounterMode | yes | yes | yes | yes | yes | PWM edge-align | | | yes | yes | yes |
| Independent channels | | | 2 | 2 | 4 | PWM center-align | | | | | yes |
| Internal TRGI lines | 8 | 8 | 8 | 8 | 8 | Dead-time generator | | | | | yes |
| External TRGI lines | 1 | 1 | 1 | 1 | 1 | Up/Down of 1st Timer | U | U | U | U/D | U/D |
| Output TRGO lines | 1 | 1 | 1 | 1 | 1 | Up/Down of 2nd Timer | U/D | U/D | U/D | U/D | U/D |
| Output CKO lines | 1 | 1 | 1 | 1 | 1 | Timer auto Stop | yes | yes | yes | yes | yes |
| Input Capture IC lines | | | 2 | 2 | 4 | QEI timer U/D control | | | | yes | yes |
| Output OC lines | | | 2 | 2 | 4 | 3-input XOR to CH-0 | | | | | yes |
| Output OCN lines | | | 2 | 2 | 3 | DMA request capability | | | | | yes |

Note 1. Timer Cascade Mode ~ 16-bit_counter+16-bit_prescaler or 8-bit_counter+8-bit_prescaler

2. Timer Separate Mode ~ two 16-bit_counter or 8-bit_counter

3. Timer Full-Counter　Mode ~ 32-bit_counter or 16-bit counter

通用計時模組特性如下：

◎ 計時器模組一般功能：

※ 串聯(Cascade)操作模式：分為預除器及主計數器兩級串聯在一起。

※ 獨立(Separate)操作模式：預除器與主計數器各別工作。

※ 全計數器(Full-counter)操作模式：預除器及主計數器合一為全計數器。

※ 多個內部和外部信號，可作為計時器的時脈來源或觸發來源。

※ 將內部計時器事件輸出到接腳或其他模組，作為觸發輸入事件。

※ 提供計時器重置、觸發啟動和時脈閘控，用於觸發來源功能。

※ 計時器溢位時，可作為時脈輸出到外部接腳。

※ 可規劃設計/計數器自動停止(auto-stop)模式。

※ 主要計數器有上數/下數控制(僅 TM16/TM26/TM36)

※ 第二預除計數器有上數/下數控制(限串聯及獨立模式 )。

※ 064/128 增加 8-bit 重複計數器(Repetition Counter)功能。

◎ TM0x 計時器模組(TM00,TM01)為 8-bit 預除器及 8-bit 計時/計數器，共提供 16-bit 上數計數功能，且只能用於內部基本計時(Time Base)。

◎ TM1x 計時器模組(TM10,TM16)為 16-bit 預除器及 16-bit 計時/計數器，共提供 32-bit 上數計數功能，且只能用於內部基本計時(Time Base)。

◎ 提供 TM2x 計時器模組(TM20,TM26)：MG32F0A032 無此功能。

※ 為 16-bit 預除器及 16-bit 計時/計數器，共 32-bit 計數功能。

※ 2 組捕捉/比較(CCP: Capture/Compare)通道及含互補比較輸出(OCN)。

※ 提供正交編碼器界面(QEI: Quadrature Encoder Interface)，可應用於伺服馬達的光學編碼器(Encoder)回路用，僅 TM26 有。

※ 提供比較器輸出(OC)，分為兩個獨立的比較器模式。

◎ TM36 計時器模組為 16-bit 預除器及 16-bit 計時/計數器，共提供 32-bit 計數功能如下：

※ 內含 4 組捕捉輸入/比較輸出/PWM(CCP: input Capture / output Compare /PWM)模組通道，用於比較輸出(OC)及捕捉輸入(IC)及含 3 組捕捉/比較(CCP)通道用於互補比較輸出(OCN: complementary output compare)。

※ PWM 功能含中央/邊界(center/edge)對齊、互補比較輸出(OCN)的空載死區(dead)時間控制和煞車(break)控制，來控制三相馬達運轉。

※ 提供正交編碼器界面(QEI: Quadrature Encoder Interface)，可應用於伺服馬達的光學編碼器(Encoder)回路用。

※ 1 個 IC(捕捉輸入)及 3 個具有 DMA 功能的 OC(比較輸出)。

※ 外部輸入計時器上/下數控制(僅 TM36)。

MG32F02A 計時器模組接腳，如下圖(a)~(c)所示：

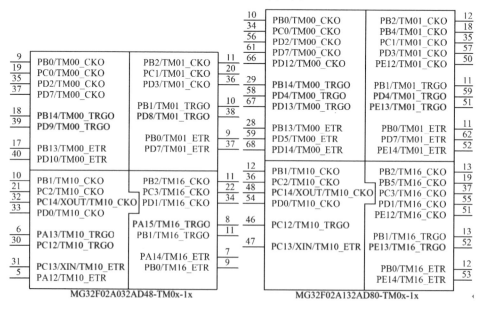

圖 6-13(a)　TM0x 及 TM1x 接腳

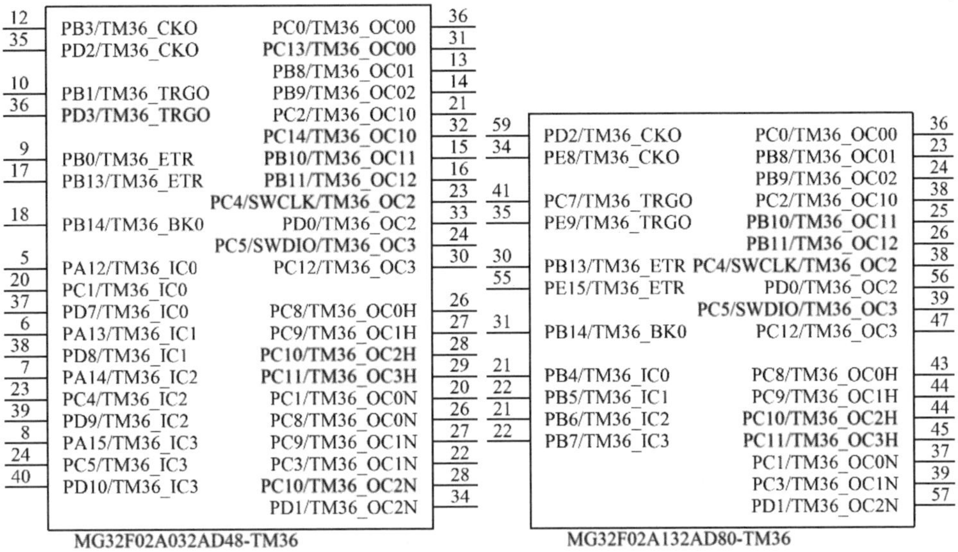

**MG32F02A032AD48-TM36**

| 12 / 35 | PB3/TM36_CKO / PD2/TM36_CKO | PC0/TM36_OC00 / PC13/TM36_OC00 | 36 / 31 |
|---|---|---|---|
| | | PB8/TM36_OC01 | 13 |
| 10 / 36 | PB1/TM36_TRGO / PD3/TM36_TRGO | PB9/TM36_OC02 | 14 |
| | | PC2/TM36_OC10 | 21 |
| | | PC14/TM36_OC10 | 32 |
| 9 / 17 | PB0/TM36_ETR / PB13/TM36_ETR | PB10/TM36_OC11 | 15 |
| | | PB11/TM36_OC12 | 16 |
| | | PC4/SWCLK/TM36_OC2 / PD0/TM36_OC2 | 23 / 33 |
| 18 | PB14/TM36_BK0 | PC5/SWDIO/TM36_OC3 | 24 |
| 5 / 20 / 37 | PA12/TM36_IC0 / PC1/TM36_IC0 / PD7/TM36_IC0 | PC12/TM36_OC3 | 30 |
| 6 / 38 | PA13/TM36_IC1 / PD8/TM36_IC1 | PC8/TM36_OC0H | 26 |
| 7 / 23 / 39 | PA14/TM36_IC2 / PC4/TM36_IC2 / PD9/TM36_IC2 | PC9/TM36_OC1H | 27 |
| | | PC10/TM36_OC2H | 28 |
| 8 / 24 / 40 | PA15/TM36_IC3 / PC5/TM36_IC3 / PD10/TM36_IC3 | PC11/TM36_OC3H | 29 |
| | | PC1/TM36_OC0N | 20 |
| | | PC8/TM36_OC0N | 26 |
| | | PC9/TM36_OC1N | 27 |
| | | PC3/TM36_OC1N | 22 |
| | | PC10/TM36_OC2N | 28 |
| | | PD1/TM36_OC2N | 34 |

**MG32F02A132AD80-TM36**

| 59 / 34 | PD2/TM36_CKO / PE8/TM36_CKO | PC0/TM36_OC00 | 36 |
| | | PB8/TM36_OC01 | 23 |
| | | PB9/TM36_OC02 | 24 |
| 41 / 35 | PC7/TM36_TRGO / PE9/TM36_TRGO | PC2/TM36_OC10 | 38 |
| | | PB10/TM36_OC11 | 25 |
| | | PB11/TM36_OC12 | 26 |
| 30 / 55 | PB13/TM36_ETR / PE15/TM36_ETR | PC4/SWCLK/TM36_OC2 | 38 |
| | | PD0/TM36_OC2 | 56 |
| | | PC5/SWDIO/TM36_OC3 | 39 |
| 31 | PB14/TM36_BK0 | PC12/TM36_OC3 | 47 |
| 21 / 22 | PB4/TM36_IC0 | PC8/TM36_OC0H | 43 |
| 21 / 22 | PB5/TM36_IC1 | PC9/TM36_OC1H | 44 |
| 26 / 21 | PB6/TM36_IC2 | PC10/TM36_OC2H | 44 |
| 27 / 22 | PB7/TM36_IC3 | PC11/TM36_OC3H | 45 |
| | | PC1/TM36_OC0N | 37 |
| | | PC3/TM36_OC1N | 39 |
| | | PD1/TM36_OC2N | 57 |

圖 6-13(b)　TM36 接腳

**MG32F02A132AD80-TM20**

| 55 / 57 / 32 | PD0/TM20_CKO / PD2/TM20_CKO / PE8/TM20_CKO | PC0/TM20_OC00 | 35 |
| | | PE0/TM20_OC00 | 14 |
| | | PB8/TM20_OC01 | 22 |
| | | PE1/TM20_OC01 | 15 |
| 21 / 30 / 33 | PB7/TM20_TRGO / PB14/TM20_TRGO / PE9/TM20_TRGO | PB9/TM20_OC02 | 23 |
| | | PE2/TM20_OC02 | 16 |
| | | PC8/TM20_OC0H | 42 |
| 20 / 29 / 40 | PB6/TM20_ETR / PB13/TM20_ETR / PC6/RSTN/TM20_ETR | PD12/TM20_OC0H | 67 |
| | | PC1/TM20_OC0N | 36 |
| | | PE3/TM20_OC0N | 17 |
| 19 / 69 | PB4/TM20_IC0 / PD14/TM20_IC0 | PC2/TM20_OC10 | 37 |
| | | PE12/TM20_OC10 | 52 |
| 20 / 69 | PB5/TM20_IC1 / PD15/TM20_IC1 | PB10/TM20_OC11 | 24 |
| | | PE13/TM20_OC11 | 53 |
| | | PB11/TM20_OC12 | 25 |
| | | PE14/TM20_OC12 | 54 |
| | | PC9/TM20_OC1H | 43 |
| | | PD13/TM20_OC1H | 68 |
| | | PC3/TM20_OC1N | 38 |
| | | PE15/TM20_OC1N | 53 |

**MG32F02A132AD80-TM26**

| 56 / 58 / 33 | PD1/TM26_CKO / PD3/TM26_CKO / PE8/TM26_CKO | PB2/TM26_OC0H | 14 |
| | | PD12/TM26_OC0H | 68 |
| | | PD7/TM26_OC0N | 63 |
| | | PE3/TM26_OC0N | 18 |
| 49 / 20 / 34 | PC14/XOUT/TM26_TRGO / PB4/TM26_TRGO / PE9/TM26_TRGO | PD8/TM26_OC10 | 62 |
| | | PE12/TM26_OC10 | 53 |
| | | PD9/TM26_OC11 | 63 |
| 21 / 41 / 48 | PB5/TM26_ETR / PC6/RSTN/TM26_ETR / PC13/XIN/TM26_ETR | PE13/TM26_OC11 | 54 |
| | | PD10/TM26_OC12 | 64 |
| | | PE14/TM26_OC12 | 55 |
| 58 / 60 / 15 | PD2/TM26_OC00 / PD4/TM26_OC00 / PE0/TM26_OC00 | PB3/TM26_OC1H | 13 |
| | | PD13/TM26_OC1H | 69 |
| | | PD11/TM26_OC1N | 65 |
| | | PE15/TM26_OC1N | 54 |
| 60 / 16 | PD5/TM26_OC01 / PE1/TM26_OC01 | PB0/TM26_IC0 | 13 |
| | | PD14/TM26_IC0 | 70 |
| 60 / 17 | PD6/TM26_OC02 / PE2/TM26_OC02 | PB1/TM26_IC1 | 14 |
| | | PD15/TM26_IC1 | 70 |

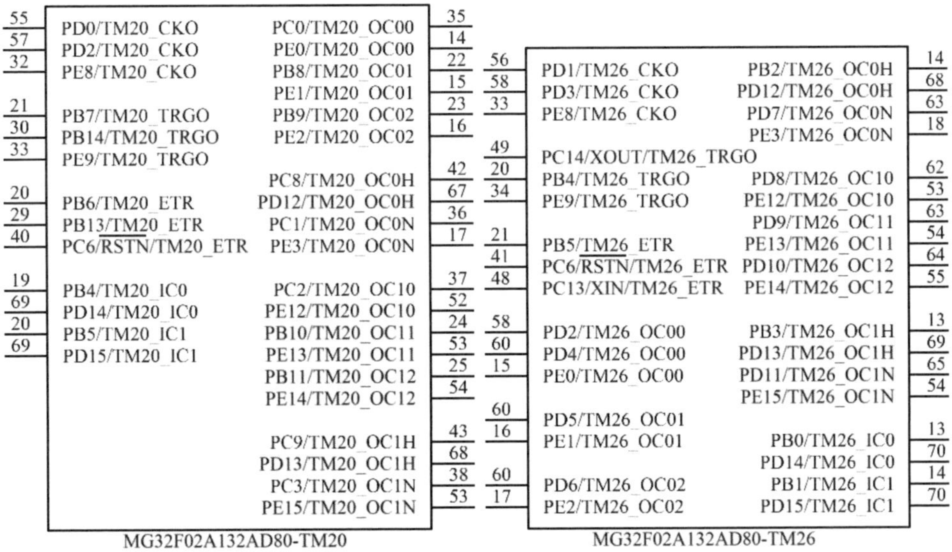

圖 6-13(c)　TM20 及 TM 26 接腳(僅 064/72/128/132)

計時器模組接腳說明，如下表所示：

表 6-9　計時器模組接腳說明(x=模組，n=通道)

| 信號腳 | IO | 說明 |
|---|---|---|
| TMx_CKO | O | 計時器溢位輸出(clock output timing)時脈信號 |
| TMx_ETR | IO | 外部觸發/時脈輸入(external trigger/clock input)信號 |
| TMx_TRGO | O | 內部觸發輸出(trigger output)信號 |
| TMx_ICn | I | 捕捉輸入(input Capture)通道信號 |
| TMx_OCnn | O | 比較輸出(output compare)通道信號 |
| TMx_OCnN | O | 互補比較輸出(complementary output compare)通道信號 |
| TMx_OCnH | O | 比較輸出/PWM 高(output compare/PWM high)通道信號<br>該信號僅用於 2 個 8-bit 比較/PWM 模式 |
| TMx_BK0 | I | 用於單獨停止(剎車)或暫停計時器中止輸入信號 |

　　經由交替功能選擇(AFS: Alternate Function Select)可將 GPIO 設定為計時模組(TM)接腳，MG32F02U128AD80 計時器模組(TM)接腳更多，如下表(a)~(e)所示：

表 6-10(a)　MG32F02U128AD80-PE 計時器模組接腳

| Pin | AFS=0 | AFS=1 | AFS=2 | AFS=3 | AFS=4 | AFS=5 | AFS=6 | AFS=7 | AFS=8 | AFS=9 | AFS=10 | AFS=11 |
|---|---|---|---|---|---|---|---|---|---|---|---|---|
| PE0 | GPE0 | OBM_I0 | | URT0_TX | DAC_TRG0 | SPI0_NSS | TM20_OC00 | TM26_OC00 | MALE | MAD8 | | URT4_TX |
| PE1 | GPE1 | OBM_I1 | | URT0_RX | DMA_TRG1 | SPI0_MISO | TM20_OC01 | TM26_OC01 | MOE | MAD9 | TM36_OC0H | URT4_RX |
| PE2 | GPE2 | OBM_P0 | I2C1_SCL | URT1_TX | NCO_P0 | SPI0_CLK | TM20_OC02 | TM26_OC02 | MWE | MAD10 | TM36_OC1H | URT5_TX |
| PE3 | GPE3 | OBM_P1 | I2C1_SDA | URT1_RX | NCO_CK0 | SPI0_MOSI | TM20_OC0N | TM26_OC0N | MCE | MALE2 | | URT5_RX |
| PE8 | GPE8 | CPU_TXEV | OBM_I0 | URT2_TX | SDT_I0 | TM36_CKO | TM20_CKO | TM26_CKO | | MAD11 | | URT4_TX |
| PE9 | GPE9 | CPU_RXEV | OBM_I1 | URT2_RX | SDT_I1 | TM36_TRGO | TM20_TRGO | TM26_TRGO | | MOE | | URT4_RX |
| PE12 | GPE12 | ADC0_TRG | USB_S0 | | TM01_CKO | TM16_CKO | TM20_OC10 | TM26_OC10 | MBW0 | | | URT6_TX |
| PE13 | GPE13 | ADC0_OUT | USB_S1 | | TM01_TRGO | TM16_TRGO | TM20_OC11 | TM26_OC11 | MBW1 | | TM36_OC2H | URT6_RX |
| PE14 | GPE14 | RTC_OUT | I2C1_SCL | | TM01_ETR | TM16_ETR | TM20_OC12 | TM26_OC12 | MALE2 | CCL_P0 | TM36_OC3H | URT7_TX |
| PE15 | GPE15 | RTC_TS | I2C1_SDA | | TM36_BK0 | TM36_ETR | TM20_OC1N | TM26_OC1N | MALE | CCL_P1 | | URT7_RX |

## 表 6-10(b)　MG32F02U128AD80-PA 計時器模組接腳

| Pin | AFS=0 | AFS=1 | AFS=2 | AFS=3 | AFS=4 | AFS=5 | AFS=6 | AFS=7 | AFS=8 | AFS=9 | AFS=10 | AFS=11 |
|---|---|---|---|---|---|---|---|---|---|---|---|---|
| PA0 | GPA0 | | | | | | SDT_P0 | CCL_P0 | MA0 | MAD0 | TM36_OC00 | URT4_TX |
| PA1 | GPA1 | | | | | | | CCL_P1 | MA1 | MAD1 | TM36_OC10 | URT4_RX |
| PA2 | GPA2 | | | | | | SDT_I0 | | MA2 | MAD2 | TM36_OC2 | URT5_TX |
| PA3 | GPA3 | | | | | | SDT_I1 | | MA3 | MAD3 | TM36_OC2N | URT5_RX |
| PA4 | GPA4 | | | | | | | | MA4 | MAD4 | TM20_OC00 | URT0_TX |
| PA5 | GPA5 | | | | | | | | MA5 | MAD5 | TM20_OC10 | URT0_RX |
| PA6 | GPA6 | | | | | | | SPI0_D3 | MA6 | MAD6 | TM20_OC0H | URT0_CLK |
| PA7 | GPA7 | | | | | | | SPI0_D2 | MA7 | MAD7 | TM20_OC1H | URT0_NSS |
| PA8 | GPA8 | DMA_TRG0 | | I2C0_SCL | URT2_BRO | SDT_I0 | TM20_IC0 | SPI0_NSS | MA8 | MAD0 | TM36_OC0H | URT4_TX |
| PA9 | GPA9 | DMA_TRG1 | | I2C1_SCL | URT2_TMO | | TM20_IC1 | SPI0_MISO | MA9 | MAD1 | TM36_OC1H | URT5_TX |
| PA10 | GPA10 | TM36_BK0 | SPI0_D2 | I2C0_SDA | URT2_CTS | SDT_I1 | TM26_IC0 | SPI0_CLK | MA10 | MAD2 | TM36_OC2H | URT4_RX |
| PA11 | GPA11 | DAC_TRG0 | SPI0_D3 | I2C1_SDA | URT2_RTS | | TM26_IC1 | SPI0_MOSI | MA11 | MAD3 | TM36_OC3H | URT5_RX |
| PA12 | GPA12 | | USB_S0 | | URT1_BRO | TM10_ETR | TM36_IC0 | SPI0_D5 | MA12 | MAD4 | TM26_OC00 | URT6_TX |
| PA13 | GPA13 | CPU_TXEV | USB_S1 | URT0_BRO | URT1_TMO | TM10_TRGO | TM36_IC1 | SPI0_D6 | MA13 | MAD5 | TM26_OC10 | URT6_RX |
| PA14 | GPA14 | CPU_RXEV | OBM_I0 | URT0_TMO | URT1_CTS | TM16_ETR | TM36_IC2 | SPI0_D7 | MA14 | MAD6 | TM26_OC0H | URT7_TX |
| PA15 | GPA15 | CPU_NMI | OBM_I1 | URT0_DE | URT1_RTS | TM16_TRGO | TM36_IC3 | SPI0_D4 | MA15 | MAD7 | TM26_OC1H | URT7_RX |

## 表 6-10(c)　MG32F02U128AD80-PB 計時器模組接腳

| Pin | AFS=0 | AFS=1 | AFS=2 | AFS=3 | AFS=4 | AFS=5 | AFS=6 | AFS=7 | AFS=8 | AFS=9 | AFS=10 | AFS=11 |
|---|---|---|---|---|---|---|---|---|---|---|---|---|
| PB0 | GPB0 | I2C1_SCL | SPI0_NSS | TM01_ETR | TM00_CKO | TM16_ETR | TM26_IC0 | TM36_ETR | MA15 | URT1_NSS | | URT6_TX |
| PB1 | GPB1 | I2C1_SDA | SPI0_MISO | TM01_TRGO | TM10_CKO | TM16_TRGO | TM26_IC1 | TM36_TRGO | | URT1_RX | | URT6_RX |
| PB2 | GPB2 | ADC0_TRG | SPI0_CLK | TM01_CKO | URT2_TX | TM16_CKO | TM26_OC0H | I2C0_SDA | | URT1_CLK | URT0_TX | URT7_TX |
| PB3 | GPB3 | ADC0_OUT | SPI0_MOSI | NCO_P0 | URT2_RX | TM36_CKO | TM26_OC1H | I2C0_SCL | | URT1_TX | URT0_RX | URT7_RX |
| PB4 | GPB4 | TM01_CKO | SPI0_D3 | TM26_TRGO | URT2_CLK | TM20_IC0 | TM36_IC0 | | MALE | MAD8 | | |
| PB5 | GPB5 | TM16_CKO | SPI0_D2 | TM26_ETR | URT2_NSS | TM20_IC1 | TM36_IC1 | | MOE | MAD9 | | |
| PB6 | GPB6 | CPU_RXEV | SPI0_NSSI | URT0_BRO | URT2_CTS | TM20_ETR | TM36_IC2 | | MWE | MAD10 | | URT2_TX |
| PB7 | GPB7 | CPU_TXEV | | URT0_TMO | URT2_RTS | TM20_TRGO | TM36_IC3 | | MCE | MALE2 | | URT2_TX |
| PB8 | GPB8 | CMP0_P0 | RTC_OUT | URT0_TX | URT2_BRO | TM20_OC01 | TM36_OC01 | SPI0_D3 | MAD0 | SDT_P0 | OBM_P0 | URT4_TX |
| PB9 | GPB9 | CMP1_P0 | RTC_TS | URT0_RX | URT2_TMO | TM20_OC02 | TM36_OC02 | SPI0_D2 | MAD1 | MAD8 | OBM_P1 | URT4_RX |
| PB10 | GPB10 | | I2C0_SCL | URT0_NSS | URT2_DE | TM20_OC11 | TM36_OC11 | URT1_TX | MAD2 | MAD1 | SPI0_NSSI | |
| PB11 | GPB11 | | I2C0_SDA | URT0_DE | IR_OUT | TM20_OC12 | TM36_OC12 | URT1_RX | MAD3 | MAD9 | DMA_TRG0 | URT0_CLK |
| PB12 | GPB12 | DMA_TRG0 | NCO_P0 | USB_S0 | | | | URT1_CLK | MAD4 | MAD2 | | URT5_TX |
| PB13 | GPB13 | DAC_TRG0 | TM00_ETR | URT0_CTS | | TM20_ETR | TM36_ETR | URT0_CLK | MAD5 | MAD10 | CCL_P0 | URT4_RX |
| PB14 | GPB14 | DMA_TRG0 | TM00_TRGO | URT0_RTS | | TM20_TRGO | TM36_BK0 | URT0_NSS | MAD6 | MAD3 | CCL_P1 | URT4_TX |
| PB15 | GPB15 | IR_OUT | NCO_CK0 | USB_S1 | | | | URT1_NSS | MAD7 | MAD11 | | URT5_RX |

表 6-10(d)　MG32F02U128AD80-PC 計時器模組接腳

| Pin | AFS=0 | AFS=1 | AFS=2 | AFS=3 | AFS=4 | AFS=5 | AFS=6 | AFS=7 | AFS=8 | AFS=9 | AFS=10 | AFS=11 |
|---|---|---|---|---|---|---|---|---|---|---|---|---|
| PC0 | GPC0 | ICKO | TM00_CKO | URT0_CLK | URT2_CLK | TM20_OC00 | TM36_OC00 | I2C0_SCL | MCLK | MWE | URT0_TX | URT5_TX |
| PC1 | GPC1 | ADC0_TRG | TM01_CKO | TM36_IC0 | URT1_CLK | TM20_OC0N | TM36_OC0N | I2C0_SDA | MAD8 | MAD4 | URT0_RX | URT5_RX |
| PC2 | GPC2 | ADC0_OUT | TM10_CKO | OBM_P0 | URT2_CLK | TM20_OC10 | TM36_OC10 | SDT_I0 | MAD9 | MAD12 | | |
| PC3 | GPC3 | OBM_P1 | TM16_CKO | URT0_CLK | URT1_CLK | TM20_OC1N | TM36_OC1N | SDT_I1 | MAD10 | MAD5 | | |
| PC4 | GPC4 | SWCLK | I2C0_SCL | URT0_RX | URT1_RX | | TM36_OC2 | SDT_I0 | | | | URT6_RX |
| PC5 | GPC5 | SWDIO | I2C0_SDA | URT0_TX | URT1_TX | | TM36_OC3 | SDT_I1 | | | | URT6_TX |
| PC6 | GPC6 | RSTN | RTC_TS | URT0_NSS | URT1_NSS | TM20_ETR | TM26_ETR | | MBW1 | MALE | | |
| PC7 | GPC7 | ADC0_TRG | RTC_OUT | URT0_DE | URT1_NSS | | TM36_TRGO | | MBW0 | MCE | | |
| PC8 | GPC8 | ADC0_OUT | I2C0_SCL | URT0_BRO | URT1_TX | TM20_OC0H | TM36_OC0H | TM36_OC0N | MAD11 | MAD13 | CCL_P0 | URT6_TX |
| PC9 | GPC9 | CMP0_P0 | I2C0_SDA | URT0_TMO | URT1_RX | TM20_OC1H | TM36_OC1H | TM36_OC1N | MAD12 | MAD6 | CCL_P1 | URT6_RX |
| PC10 | GPC10 | CMP1_P0 | I2C1_SCL | URT0_TX | URT2_TX | URT1_TX | TM36_OC2H | TM36_OC2N | MAD13 | MAD14 | | URT7_TX |
| PC11 | GPC11 | | I2C1_SDA | URT0_RX | URT2_RX | URT1_RX | TM36_OC3H | TM26_OC01 | MAD14 | MAD7 | | URT7_RX |
| PC12 | GPC12 | | IR_OUT | DAC_TRG0 | URT1_DE | TM10_TRGO | TM36_OC3 | TM26_OC02 | MAD15 | SDT_P0 | | |
| PC13 | GPC13 | XIN | URT1_NSS | URT0_CTS | URT2_RX | TM10_ETR | TM26_ETR | TM36_OC00 | TM20_IC0 | SDT_I0 | | URT6_RX |
| PC14 | GPC14 | XOUT | URT1_TMO | URT0_RTS | URT2_TX | TM10_CKO | TM26_TRGO | TM36_OC10 | TM20_IC1 | SDT_I1 | | URT6_TX |

表 6-10(e)　MG32F02U128AD80-PD 計時器模組接腳

| Pin | AFS=0 | AFS=1 | AFS=2 | AFS=3 | AFS=4 | AFS=5 | AFS=6 | AFS=7 | AFS=8 | AFS=9 | AFS=10 | AFS=11 |
|---|---|---|---|---|---|---|---|---|---|---|---|---|
| PD0 | GPD0 | OBM_I0 | TM10_CKO | URT0_CLK | TM26_OC1N | TM20_CKO | TM36_OC2 | SPI0_NSS | MA0 | MCLK | | URT2_NSS |
| PD1 | GPD1 | OBM_I1 | TM16_CKO | URT0_CLK | NCO_CK0 | TM26_CKO | TM36_OC2N | SPI0_CLK | MA1 | | | URT2_CLK |
| PD2 | GPD2 | USB_S0 | TM00_CKO | URT1_CLK | TM26_OC00 | TM20_CKO | TM36_CKO | SPI0_MOSI | MA2 | MAD4 | | URT2_TX |
| PD3 | GPD3 | USB_S1 | TM01_CKO | URT1_CLK | | SPI0_MISO | TM26_CKO | SPI0_D3 | MA3 | MAD7 | TM36_TRGO | URT2_RX |
| PD4 | GPD4 | TM00_TRGO | TM01_TRGO | URT1_TX | | | TM26_OC00 | SPI0_D2 | MA4 | MAD6 | | URT2_TX |
| PD5 | GPD5 | TM00_ETR | I2C0_SCL | URT1_RX | | | TM26_OC01 | SPI0_MISO | MA5 | MAD5 | | URT2_RX |
| PD6 | GPD6 | CPU_NMI | I2C0_SDA | URT1_NSS | | SPI0_NSSI | TM26_OC02 | SPI0_NSS | MA6 | SDT_P0 | | URT2_NSS |
| PD7 | GPD7 | TM00_CKO | TM01_ETR | URT1_DE | | SPI0_MISO | TM26_OC0N | SPI0_D4 | MA7 | MAD0 | TM36_IC0 | |
| PD8 | GPD8 | CPU_TXEV | TM01_TRGO | URT1_RTS | | SPI0_D2 | TM26_OC10 | SPI0_D7 | MA8 | MAD3 | TM36_IC1 | SPI0_CLK |
| PD9 | GPD9 | CPU_RXEV | TM00_TRGO | URT1_CTS | | SPI0_NSSI | TM26_OC11 | SPI0_D6 | MA9 | MAD2 | TM36_IC2 | SPI0_NSS |
| PD10 | GPD10 | CPU_NMI | TM00_ETR | URT1_BRO | | RTC_OUT | TM26_OC12 | SPI0_D5 | MA10 | MAD1 | TM36_IC3 | SPI0_MOSI |
| PD11 | GPD11 | CPU_NMI | DMA_TRG1 | URT1_TMO | | SPI0_D3 | TM26_OC1N | SPI0_NSS | MA11 | MWE | | |
| PD12 | GPD12 | CMP0_P0 | TM10_CKO | OBM_P0 | TM00_CKO | SPI0_CLK | TM20_OC0H | TM26_OC0H | MA12 | MALE2 | | |
| PD13 | GPD13 | CMP1_P0 | TM10_TRGO | OBM_P1 | TM00_TRGO | NCO_CK0 | TM20_OC1H | TM26_OC1H | MA13 | MCE | | |
| PD14 | GPD14 | | TM10_ETR | DAC_TRG0 | TM00_ETR | | TM20_IC0 | TM26_IC0 | MA14 | MOE | CCL_P0 | URT5_TX |
| PD15 | GPD15 | | NCO_P0 | IR_OUT | DMA_TRG0 | | TM20_IC1 | TM26_IC1 | MA15 | | CCL_P1 | URT5_RX |

## 6-3.1 通用計時模組(TM)控制

1. 計時器模組 TM0x 及 TM1x 只能用於基本計時(Time Base)，如下圖所示：

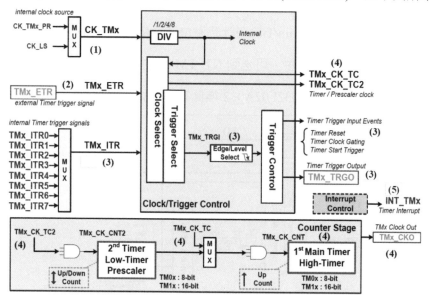

圖 6-14 通用計時模組 TM0x 及 TM1x 控制方塊圖

(1) 內部時脈來源可選擇 CK_TMx_PR 或 CK_LS 經除頻(DIV)後成為內部計時時脈(Internal Clock)。

(2) 可由外部接腳(TMx_ETR)輸入時脈，作為外部計時觸發信號。

(3) 可選擇內部 TMx_ITR0~7 輸入計時觸發信號，再經邊緣/準位選擇(Edge/Level Select)來控制計時觸發輸入事件(Timer Trigger Input Events)如計時重置(Timer Reset)、計時時脈閘(Timer Clock Gati)及計時啟動觸發(Timer Start Trigger)，並由外部接腳(TMx_TRGO)輸出。

(4) 可選擇 TMx_CK_TC 及 TMx_CK_TC2 作為計時時脈，若計時操作為全計數器或串聯(Cascade)，TMx_CK_TC2 會送到第二計時器(2nd Timer)作為低計時器(Low-Timer)或預除器(Prescaler)，再送到第一主計時器

(1$^{st}$Main Timer)作為高計時器(High-Timer)。若計時操作為獨立(Separate)，則由 TMx_CK_TC2 送到第二計時器(2$^{nd}$ Timer)，TMx_CK_TC 直接送到第一主計時器(1$^{st}$Main Timer)各別計時。可設定第一主計時器(1$^{st}$Main Timer)計時溢位時，由接腳 TMx_CKO 輸出。

(5) 只要有計時事件產生，可送到 NT_TMx 產生中斷要求。

2. 計時器模組 TM2x：MG32F02A032 無此功能，如下圖所示：

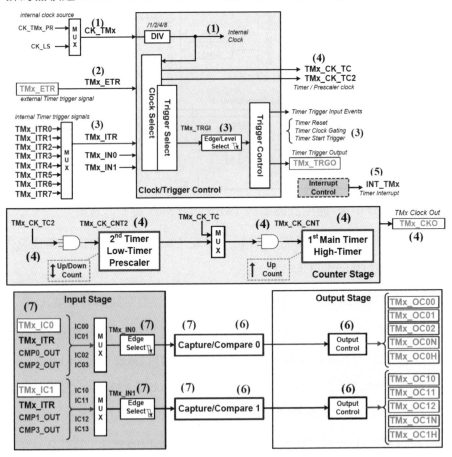

圖 6-15　通用計時模組 TM2x 控制方塊圖

(1)~(5)和 TM0x、TM0x 相同。

(6) 比較輸出(OC)：有兩組，將資料寫入 CCP0~1 可與計時器比較，控制外部接腳(TMx_OC0x~TMx_OC1x)產生變化，同時具有互補比較輸出(OCN)功能。

(7) 捕捉輸入(IC)：有兩組，由外部接腳(TMx_IC0~1)輸入觸發信號，會捕捉計時值存入 CCP(Capture/Compare0~1)內。

3. 計時器模組 TM36 控制，如下圖(a)(b)所示：

(1)~(5)和 TM0x、TM0x 相同。

(6) 比較輸出(OC: Output Compare)：有四組，將資料寫入捕捉/比較(CCP：Capture/Compare)暫存器，可與計時器相比較，控制外部接腳(TMx_OC)產生變化。其中 TMx_OC0~2 與 TMx_OC0N~2N 具有互補比較輸出(OCN)及空載死區時間產生器(DTG: Dead Time Generator)可用於三相馬達控制。

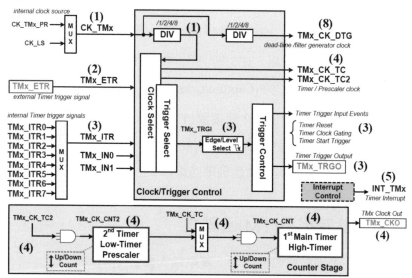

圖 6-16(a) 通用計時模組 TM36 控制方塊圖

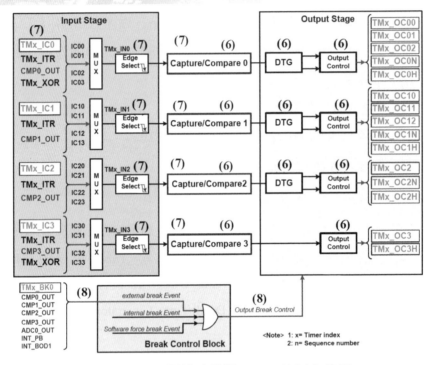

圖 6-16(b) 通用計時模組 TM36 控制方塊圖

(7) 捕捉輸入(IC)：有四組，由外部接腳(TMx_IC0~3)輸入邊緣觸發信號，會捕捉計時值存入 CCP(Capture/Compare0~3)內。

(8) 剎車(Break)功能：可由外部接腳(TMx_BK0)、內部剎車事件(internal break Event)或軟體強制剎車事件(Software force break Event)來控制比較輸出(OC)停止，具有馬達剎車功能。

## 6-3.2　通用計時模組(TM)函數式

通用計時(TM)函數式如下所示，其中輸入參數 TMx：

MG32F02A032= TM00,TM01,TM10,TM16,TM36

064/072/128/132= TM00,TM01,TM10,TM16,TM20,TM26,TM36

1.初始化計時器為預定狀態。

    (1) 將 TMx 周邊設備暫存器初始化為預定值：

| void | TM_DeInit (TM_Struct *TMx) |
|------|----------------------------|
| 範例：TM_DeInit(TM10); | |

2.具有內部時脈輸入的自動初始計時器。

    (1) 用其預定值填充每個 TM_TMBaseInitStruct 成員：

| void | TM_TimeBaseStruct_Init (TM_TimeBaseInitTypeDef *TM_TMBaseInitStruct) |
|------|----------------------------------------------------------------------|
| 輸入：TM_TMBaseInitStruct=定義初始值 | |
| 範例：TM_TimeBaseInitTypeDef TM_TMBaseInitStruct;<br>    TM_TimeBaseStruct_Init(&TM_TMBaseInitStruct); | |

    (2) 根據 TM_TMBaseInitStruct 中的指定參數初始化 TMx 時基單元周邊設備：

| void | TM_TimeBase_Init (TM_Struct *TMx,<br>                     TM_TimeBaseInitTypeDef *TM_TMBaseInitStruct) |
|------|----------------------------------------------------------------------|
| 輸入：TM_TMBaseInitStruct=定義初始值 | |
| 範例：TM_TimeBase_Init(TM26, &TM_TMBaseInitStruct); | |

3.計時器時脈配置功能。

    (1) 配置 TMx 內部時脈來源：

| void | TM_InternalClockSource_Select (TM_Struct *TMx, TM_INTClockSrcDef INTClockSrc) |
|------|------------------------------------------------------------------------------|
| 輸入：INTClockSrc= TM_PROC (CK_SYS or CK_APB), TM_CK_LS | |
| 範例：TM_InternalClockSource_Select(TM00, TM_PROC); // AHB or APB clock | |

    (2) 選擇主計數器時脈來源：

| void | TM_CounterClock_Select (TM_Struct *TMx, TM_ClockSourceDef TMClockSelect) |
|------|--------------------------------------------------------------------------|

| 輸入：TMClockSelect= TM_CK_INT 內部時脈(CK_APB 或 CK_LS)<br>, TM_CK_EXT 外部時脈(ETR, ITRx, IN0 或 IN1) |
|---|
| 範例：TM_CounterClock_Select(TM36, TM_CK_INT); |

(3) 配置計時器內部時脈 CK_TMx_INT 輸入除頻器：

| void | TM_SetInternalClockDivider (TM_Struct *TMx, TM_INTClockDivDef INTClockSrc) |
|---|---|

| 輸入：INTClockSrc= TM_IntDIV1 , TM_IntDIV2 , TM_IntDIV4 , TM_IntDIV8 |
|---|
| 範例：TM_SetInternalClockDivider (TM36, TM_IntDIV2); |

(4) 選擇預除器時脈來源：

| void | TM_PrescalerClock_Select (TM_Struct *TMx, TM_ClockSourceDef TMClockSelect) |
|---|---|

| 輸入：TMClockSelect= TM_CK_INT 內部時脈(CK_APB 或 CK_LS)<br>, TM_CK_EXT 外部時脈(ETR, ITRx, IN0 或 IN1) |
|---|
| 範例：TM_PrescalerClock_Select(TM36, TM_CK_INT); |

(5) 配置外部時脈來源：

| void | TM_ExternalClock_Select (TM_Struct *TMx,<br>　　　　　　　　TM_ExternalClockSourceDef TMExtClockSelect) |
|---|---|

| 輸入：TMExtClockSelect=<br>　TM_CKETR : external Timer trigger signals (reference GPIO AFS function)<br>　TM_CKITR : internal Timer trigger signals (from another Timer's TRGO)<br>　TM_CKIN0 : external Timer trigger signals (reference GPIO AFS function)<br>　TM_CKIN1 : external Timer trigger signals (reference GPIO AFS function) |
|---|
| 範例：TM_ExternalClock_Select(TM16, TM_CKITR); |

(6) 配置內部計時器觸發信號：

| void | TM_ITRx_Select (TM_Struct *TMx, TM_ITRSourceDef TM_ITRSource) |
|---|---|

| 輸入：TM_ITRSource= ITR0~ITR7 |
|---|
| 範例：TM_ITRx_Select(TM16, ITR2); |

4.計時器模式(串聯/獨立/全計數器)。

(1) 選擇 TMx 計時器操作模式：

| void | TM_TimerMode_Select (TM_Struct *TMx, TM_CounterModeDef TM_TimerMode) |
|---|---|
| 輸入：TM_TimerMode= Cascade , Separate , Full_Counter | |
| 範例：TM_TimerMode_Select(TM10, Separate); | |

5.計時主計數器配置功能。

(1) 配置 TMx 主計數器方向：

| void | TM_SetCounterDirection (TM_Struct *TMx, TM_DirectionDef DIR) |
|---|---|
| 輸入：DIR=TM_UpCount , TM_DownCount | |
| 範例：TM_SetCounterDirection(TM26, TM_DownCount); | |

(2) 抓取 TMx 主計數器當前值：

| uint16_t | TM_GetCounter (TM_Struct *TMx) |
|---|---|
| 返回：uint16_t =主計數器當前值 | |
| 範例： tmp = TM_GetCounter(TM36); | |

(3) 配置 TMx 主計數器並重新加載數值：

| void | TM_Counter_Config (TM_Struct *TMx, uint16_t TM_Counter, |
|---|---|
| | uint16_t TM_CounterReload) |
| 輸入：TM_Counter=指定主計數器數值 | |
| 輸入：TM_CounterReload=指定主計數器重新加載數值 | |
| 範例：TM_Counter_Config(TM01, 0x10, 0x50); | |

(4) 打開/關閉 TMx 主計數器：

| void | TM_Counter_Cmd (TM_Struct *TMx, FunctionalState NewState) |
|---|---|
| 輸入：NewState= ENABLE , DISABLE | |
| 範例：TM_Counter_Cmd(TM01, ENABLE); | |

(5) 主計數器的重置或門控功能：

| void | TM_Counter_SW (TM_Struct *TMx, TM_CounterResetGateSW_Def CMode, FunctionalState NewState) |
|---|---|
| 輸入：CMode=ResetCounter , GatingCounter　　輸入：NewState= ENABLE , DISABLE | |
| 範例：TM_Counter_SW(TM36, ResetCounter, ENABLE); | |

6.計時預除計數器配置功能。

(1) 配置 TMx 預除頻計數器方向：

| void | TM_SetPrescalerDirection (TM_Struct *TMx, TM_DirectionDef DIR) |
|---|---|
| 輸入：DIR=TM_UpCount , TM_DownCount | |
| 範例：TM_SetPrescalerDirection (TM36, TM_DownCount); | |

(2) 獲取 TMx 預除計數器數值：

| uint16_t | TM_GetPrescaler (TM_Struct *TMx) |
|---|---|
| 返回：uint16_t=TMx 預除計數器數值 | |
| 範例： tmp = TM_GetPrescaler(TM16); | |

(3) 配置 TMx 預除計數器和重載(reload)數值：

| void | TM_Prescaler_Config (TM_Struct *TMx, uint16_t TM_Prescaler, uint16_t TM_PrescalerReload ) |
|---|---|
| 輸入：TM_Prescaler=設定預除計數器數值， | |
| 輸入：TM_PrescalerReload =設定預除計數器重載(reload)數值， | |

範例：TM_Prescaler_Config(TM10, 0x1010, 0xFFFF);

(4) 打開/關閉 TMx 預除計數器數值：

| void | TM_Prescaler_Cmd (TM_Struct *TMx, FunctionalState NewState) |
|------|------|

輸入：NewState= ENABLE , DISABLE

範例：TM_Prescaler_Cmd(TM26, ENABLE);

(5)預除計數器的重置或門控功能：

| void | TM_Prescaler_SW (TM_Struct *TMx, TM_PrescalerResetGateSW_Def CMode, FunctionalState NewState) |
|------|------|

輸入：CMode= ResetCounter , GatingCounter　　輸入：NewState= ENABLE , DISABLE

範例：TM_Prescaler_SW(TM16, GatingCounter, ENABLE);

7.打開/關閉計時器(主計數器和預除器)功能。

(1) 打開/關閉主計數器和預除器：

| void | TM_Timer_Cmd (TM_Struct *TMx, FunctionalState NewState) |
|------|------|

輸入：NewState= ENABLE , DISABLE

範例：TM_Timer_Cmd(TM20, ENABLE);

(其餘詳細內容請看檔案 MG32x02z.chm)

## 6-3.3　基本計時(Time Base)控制實習

每個計時模組(TM)內含預除器(Prescaler)及主計時器(Main Timer)，其中 TM00 為 8-bit+8-bit 及 TM10 為 16-bit+16-bit。

1. 計時操作模式(Timer Operation Mode)分為串聯(Cascade)、獨立(Separate)及全計數(Full-Counter)，如下圖(a)~(c)所示：

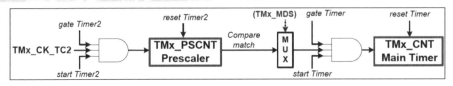

圖 6-17(a) 串聯(Cascade)計時操作模式

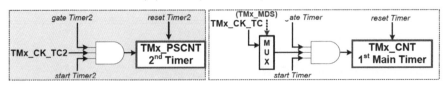

圖 6-17(b) 獨立(Separate)計時操作模式

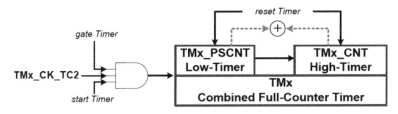

圖 6-17(c) 全計數(Full-Counter)計時操作模式

2. 計時器重載入(Reload)事件控制和計時器旗標，如下圖所示：

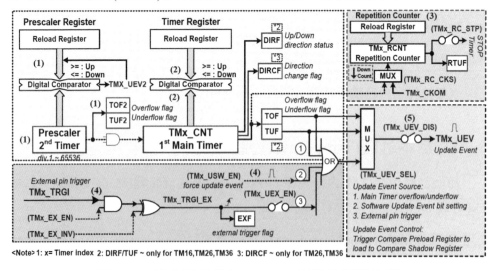

圖 6-18 計時器重載入(Reload)事件控制與旗標

(1) 以上數為例，計時器時脈(TMx_CK)送入預除器(第二計數器)由 0 開始
上數，同時和預除暫存器(Prescaler Register)相比較；若相符會清除預
除器(第二計數器)為 0 及旗標 TOF2=1。並向第一主計數器進位。

(2) 第一主計數器(Main Timer)由 0 上數，同時和計時暫存器(Timer Register)
相比較；若相符會清除第一主計數器(Main Timer)為 0 及旗標 TOF=1。
此時必須用軟體清除旗標 TOF=0。

(3) TM2x、TM3x 內含重複計數器(Repetition Counter)，用於停止主計時器
和第二計時器。 用戶可以使用重複計數器及設定計數值，以停止計時
器 時 脈 輸 出 信 號 (TMx_CKO) 或 計 時 器 輸 出 比 較 /PWM 信 號
(TMx_OCn)。

(4) 可由外部接腳(TMx_ETR)輸入脈波觸發事件(TMx_TRGI)，形成外部計
數器。

(5) 除了旗標外，若有軟體更新事件(force update event)或外部輸入脈波觸
發事件(TMx_TRGI)，皆會產生計時更新事件(TMx_UEV)，而產生計時
中斷。

4. TM0x 及 TM1x 的計時狀態與中斷控制，如下圖所示：

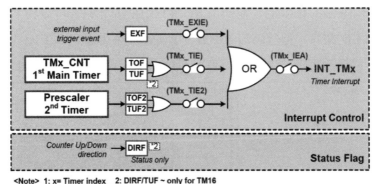

圖 6-19　TM0x/1x 計時狀態及中斷控制

5. 基本計時(Time Base)TM0x 及 TM1x 範例，如下：

(1) 範例 Timer1_TM00：使用 IHRCO(12MHz)基本計時 TM00 延時 1 秒，令 LED 閃爍輸出。TM 計時設定為 12MHz/120/100/1000=1Hz，如下圖：

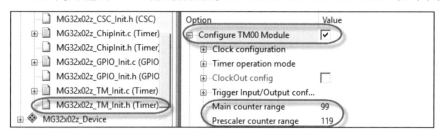

圖 6-20　　Timer1_TM00 計時設定

(2) 範例 Timer2_TM10：使用 IHRCO(12MHz)基本計時 TM10 延時 1 秒，令 LED 閃爍。TM 計時設定為 12MHz/12000/1000=1Hz，如下圖所示：

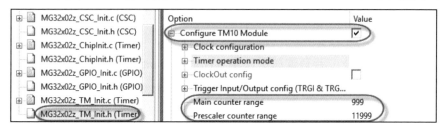

圖 6-21　　Timer2_TM10 計時使用 IHRCO 設定

(3) 範例 Timer3_ILRCO：使用 ILRCO(32KHz)基本計時 TM10 延時 1 秒，令 LED 閃爍，但計時較不準確。TM 時脈來源設定 32KHz/1=32KHz、TM 計時設定為 32KHz/32000/1=1Hz 及輸出波形，如下圖(a)~(c)所示：

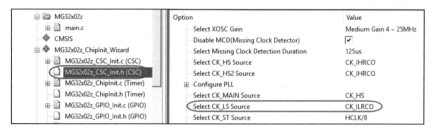

圖 6-22(a)　　使用 ILRCO 作為低頻(CK_LS)時脈來源

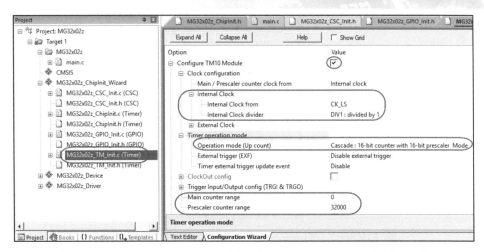

圖 6-22(b)　Timer2_TM10 計時使用低頻(CK_LS)設定 1 秒

圖 6-22(c)　使用 ILRCO 延時 1 秒輸出波形(較不精準)

(4) 範例 Timer4_XOSC：使用 XOSC(32.768KHz)基本計時 TM10 延時 1 秒，令 LED 閃爍。TM 時脈來源設定為 XOSC=32768Hz、TM 計時設定為 32768Hz/32768 =1Hz 及輸出波形，如下圖(a)~(c)所示：

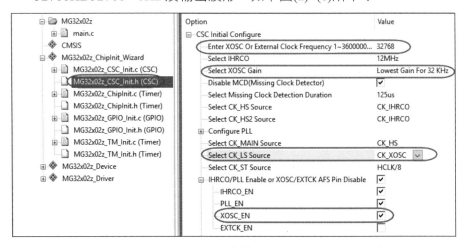

圖 6-23(a)　使用 XOSC 作為低頻(CK_LS)時脈來源

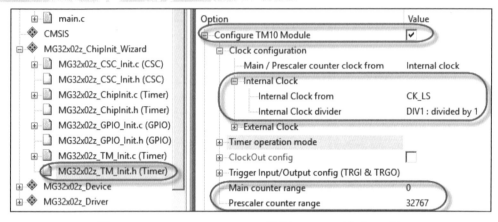

圖 6-23(b)　Timer2_TM10 使用 XOSC 設定 1 秒

圖 6-23(c)　使用 XOSC 延時 1 秒輸出波形(較為精準)

(5) 範例 Timer5_IT：使用 IHRCO(12MHz)，TM10 全計數中斷延時 1 秒，令 LED 閃爍。設定主計數 12M/65536=183 及預除 12M%65536=6912 如下圖所示：

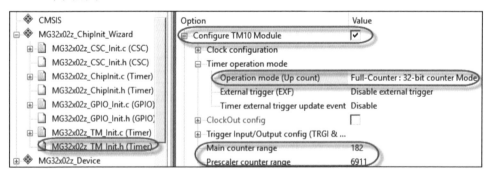

圖 6-24　Timer5_IT 全計數計時設定

(6) 範例 Timer6_CKO：使用 IHRCO(12MHz)的 TM10 全計數中斷延時 1 秒，令 LED 閃爍輸出。並由接腳 TM10_CKO(PB1)輸出 TM10 頻率，接腳設定、計時設定及輸出波形，如下圖(a)~(c)所示：

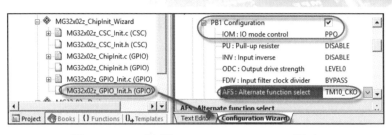

圖 6-25(a) 接腳 TM10_CKO(PB1)設定

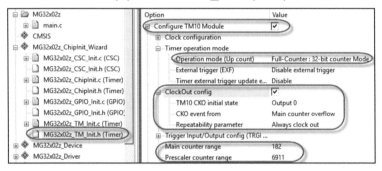

圖 6-25(b) Timer6_CKO 全計數計時及時脈輸出設定

圖 6-25(c) 範例 Timer6_CKO 輸出波形

(7) 範例 Timer7_ETR：使用 TM00 獨立計數中斷，由外部觸發(ETR)接腳輸入時脈。令 LED3(PE15)閃爍輸出，輸入 5 個脈波送到外部觸發接腳 TM00_ETR(PB13)產生中斷，令 LED2(PE14)反相。TM00_ETR(PB13) 接腳設定、外部觸發計時設定及外部觸發波形，如下圖(a)~(c)所示：

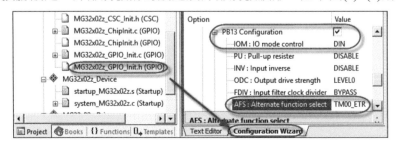

圖 6-26(a) 外部觸發 TM00_ETR(PB13)設定

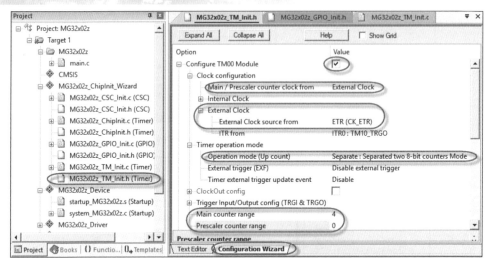

圖 6-26(b) 外部觸發計時設定

圖 6-26(c) 範例 Timer4_ETR 外部觸發波形

## 6-3.4 比較輸出(OC)與捕捉輸入(IC)控制實習

TM2x 有雙相互補比較輸出，而 TM3x 有三相互補比較輸出，如下：

1. 比較輸出(OC: Output Compare)及捕捉輸入(IC: Intput Capture)，如下圖(a)(b)所示：

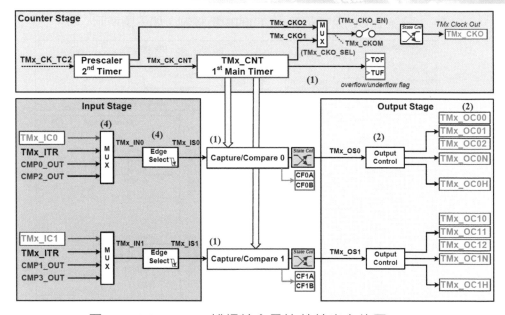

圖 6-27(a)　TM2x 捕捉輸入及比較輸出方塊圖

(1) 當比較輸出(OC)模式時，可將資料寫入捕捉/比較(CCP：Capture/Compare)暫存器，主計時器(Main Timer)或計數器(TMx_CNT)上/下數時，會與捕捉/比較暫存器(CC0A~CC3A)的內容相比較，若相符合可產生中斷，並控制接腳(TMx_OC)輸出準位變化。

(2) 若是 TM3x 有互補比較輸出，可在接腳輸出互補反相的 PWM 波形，同時可在空載死區時間產生器(DTG: Dead Time Generator)設定死區時間。再經輸出控制(Output Control)輸出比較波形或由接腳(TMx_OCnN、TMx_OCnH)輸出互補(complement)比較波形。

(3) 若是 TM3x 可在接腳 TMx_BKI 輸入信號控制互補比較輸出，令三相馬達剎車。

(4) 當捕捉輸入出(IC)模式時，可在多工器(MUX)選擇輸入信號，將主計時器(Main Timer)或計數器(TMx_CNT)的計數值存入捕捉/比較(CC0A~CC3A)，同時可設定產生中斷。

(5) 比較輸出(OC)及捕捉輸入(IC)的中斷控制，如下圖所示：

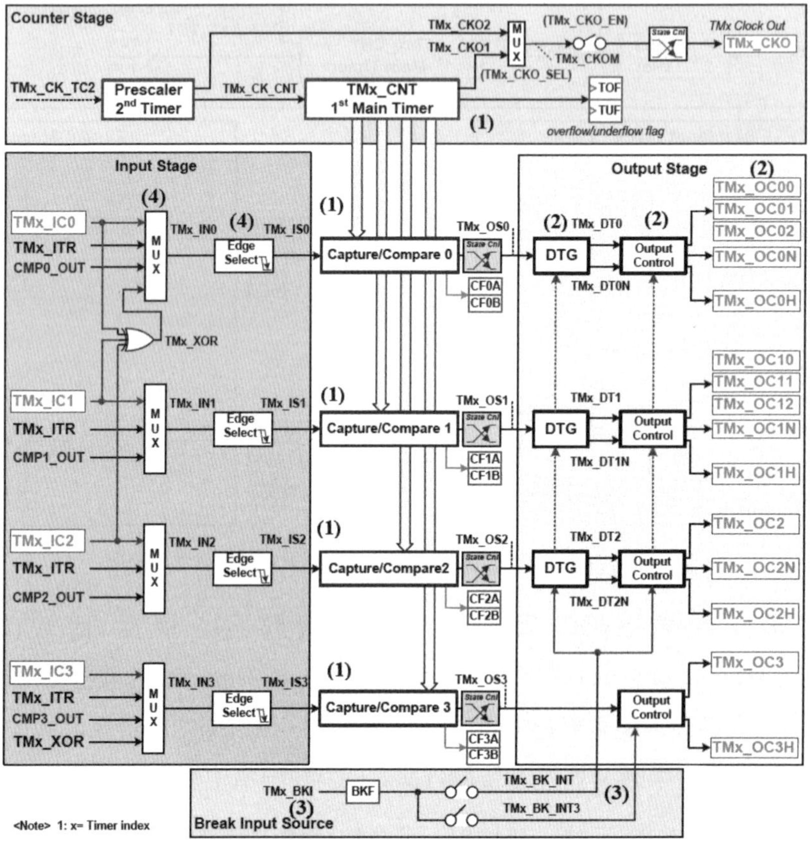

圖 6-27(b)　TM3x 捕捉輸入及比較輸出方塊圖

2. TM2x 及 TM3x 的比較輸出(OC: Output Compare)及捕捉輸入(IC: Intput Capture)會產生各種中斷，如下圖所示：

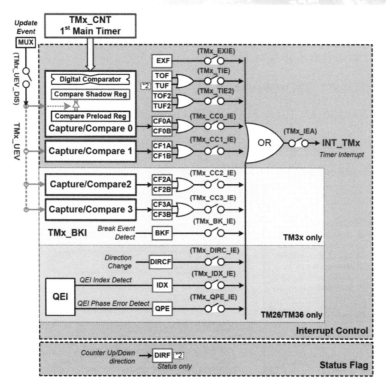

圖 6-28 TM2x 及 TM3x 計時狀態及中斷控制

3. 脈波寬度調變(PWM：Pulse Width Modulation)可調整電功率，它應用電路的全開(ON)和全關(OFF)來控制電路，工作時損耗極低，有很高的能源效率。可調整喇叭音量、LED 亮度及馬達速度。如下圖所示：

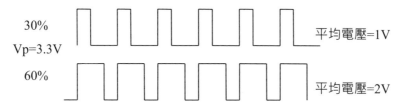

圖 6-29 波寬調變(PWM)輸出波形

PWM 波形以輸出高電位(HI)的脈波佔空比(duty)時間與工作週期(period)時間(HI+LO)的比率，來決定平均電壓。平均電壓(Va)的定義如下：

$$平均電壓(Va) = 工作週期 * HI / (HI+LO) * 峰值電壓(Vp)$$

4. TM36 比較輸出(OC)PWM 範例，如下：

(1) 範例 OC1_TM36_PWM1：由 TM36 在接腳 PC0(TM36_OC00)、PC2(TM36_OC10)及 PD0(TM36_OC2)輸出不同的 PWM 波形。

M36_OCxx 接腳設定如下圖(a)所示及 Duty 為 10%、20%、30%輸出 PWM 波形及計時設定，如下圖(b)~(c)所示

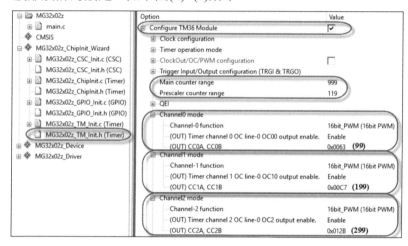

圖 6-30(a) 範例 OC1_TM36_PWM 計時設定

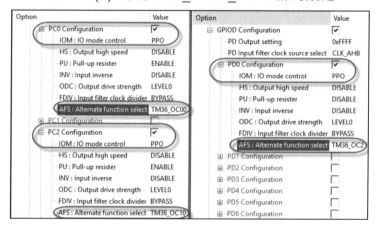

圖 6-30(b) TM36_OCxx 接腳設定(在 MG32x02z_GPIO_Init.h)

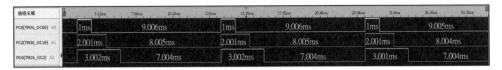

圖 6-30(c) 範例 OC1_TM36_PWM 輸出 PWM 波形

(2) 範例 OC1_TM36_PWM2：由 TM36 在接腳 PC0(TM36_OC00)輸出 PWM 波形，形成呼吸燈動作。

(3) 範例 OC2_TM36_Fre：由 TM36 在接腳 PC0(TM36_OC00)輸出指定頻率。以輸出 2020Hz 為例，如下圖所示：

圖 6-31 範例 OC3_TM36_Fre 輸出指定頻率

5. 音頻輸出控制實習：可藉由比較輸出(OC)來產生音頻及音樂，首先必須知道各種音階的頻率。如下表所示：

表 6-11 音階的頻率

| 八度音 | DO | DO# | RE | RE# | MI | FA | FA# | SO | SO# | LA | LA# | SI |
|---|---|---|---|---|---|---|---|---|---|---|---|---|
| 第 0 度 | 65 | 69 | 73 | 78 | 82 | 87 | 93 | 98 | 104 | 110 | 116 | 123 |
| 第 1 度 | 131 | 139 | 147 | 156 | 165 | 175 | 185 | 196 | 208 | 220 | 233 | 247 |
| 第 2 度 | 262 | 277 | 294 | 311 | 330 | 349 | 370 | 392 | 415 | 440 | 466 | 494 |
| 第 3 度 | 523 | 554 | 587 | 622 | 659 | 698 | 740 | 784 | 831 | 880 | 932 | 988 |
| 第 4 度 | 1046 | 1109 | 1175 | 1245 | 1318 | 1397 | 1480 | 1568 | 1661 | 1760 | 1865 | 1976 |
| 第 5 度 | 2093 | 2217 | 2349 | 2489 | 2637 | 2794 | 2960 | 3136 | 3322 | 3520 | 3729 | 3951 |
| 第 6 度 | 4186 | 4435 | 4699 | 4978 | 5274 | 5587 | 5919 | 6271 | 6645 | 7040 | 7459 | 7902 |

將這些音階定義在 music.h 內，再依順序讀取資料，將音頻輸出即可演奏音樂。music.h 內容如下：

```
/************************************************************
```

```
*檔名：music.h
*功能：節拍和簡譜頻率
*********************************************************/
//---第 0 八度音階---
#define    DO0        65
#define    DO_0       69     //DO0#
#define    RE0        73
#define    RE_0       78     //RE0#
#define    MI0        82
#define    FA0        87
#define    FA_0       93     //FA0#
#define    SO0        98
#define    SO_0       104    //SO0#
#define    LA0        110
#define    LA_0       116    //LA0#
#define    SI0        123
//---第 1 八度音階---
#define    DO1        131
#define    DO_1       139    //DO1#
#define    RE1        147
#define    RE_1       156    //RE1#
#define    MI1        165
#define    FA1        175
(後面省略)
```

(1) 範例 OC3_Music1：由 TM36 在接腳 PC0(TM36_OC00)輸出音頻。

(2) 範例 OC3_Music2：由 TM36 在接腳 PC0(TM36_OC00)輸出音樂。

6. TM36 互補比較輸出(OCN)PWM：TM36_OC0~2 與 TM36_OC0N~2N 具有互補比較輸出(OCN)及空載死區時間產生器(DTG: Dead Time Generator)可用於三相馬達控制。範例如下：

    (1) 範例 OC4_TM36_OCN1：互補比較輸出(OCN)含空載死區時間，在接腳 PC0(TM36_OC0)和 PC1(TM36_OC0N)輸出互補 PWM 波形，以 duty=800 為例，量測波形及接腳設定如下圖(a)~(d)所示：

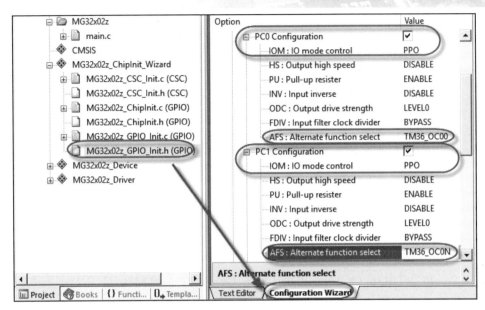

圖 6-32(a)　互補比較輸出(OCN)-接腳設定

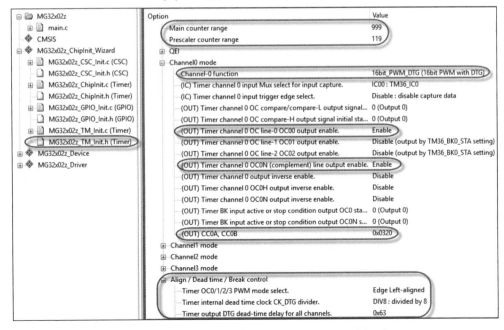

圖 6-32(b)　互補比較輸出(OCN)-計時設定

圖 6-32(c)　OC4_TM36_OCN1 互補比較輸出波形(duty=80%)

圖 6-32(d)　互補比較輸出(OCN)-空載死區時間(約 8uS)

(2) 範例 OC4_TM36_OCN2：三相互補比較輸出(OCN)含空載死區時間，
在 PC0(TM36_OC00) 和 PC1(TM36_OC0N)、PC2(TM36_OC10) 和
PC3(TM36_OC1N)、PD0(TM36_OC2)和 PD1(TM36_OC2N)，可設定邊
緣對齊模式或中央對齊模式，輸出三相互補 PWM 波形，如下：

(a) 邊緣對齊模式互補比較輸出(OCN)，以 Duty=800、700、600 為例，
如下圖所示：

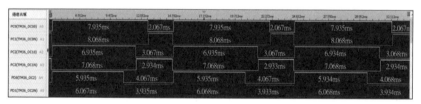

圖 6-33(a)　邊緣對齊模式互補比較輸出(OCN)

(b) 中央對齊模式互補比較輸出(OCN)，以 Duty=800、700、600 為例
時間會加倍，如下圖所示：

圖 6-33(b)　中央對齊模式互補比較輸出(OCN)

(c) 邊緣對齊模式與中央對齊模式互補比較輸出(OCN)，空載死區時間相同約為 9uS。

7. TM2x 比較輸出(OC)PWM：

(1) 範例 OC5_TM26_PWM1：由 TM26 在接腳 PE12(TM26_OC10)、PE13(TM26_OC11)、PE14(TM26_OC12)輸出同相及 PE15 (TM26_OC1N) 輸出反相的 PWM 波形，接腳設定及量測波形如下圖(a)~(c)所示：

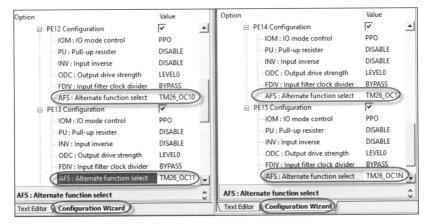

圖 6-34(a)　OC5_TM26_PWM1 接腳設定

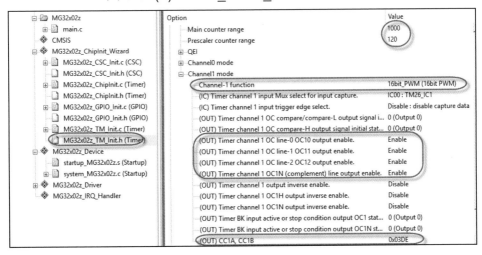

圖 6-34(b)　OC5_TM26_PWM1 計時設定

| 通道名稱 | | 5.9ms | 8.9ms | 12.9ms | 15.9ms | 18.9ms | 21.9ms | 24.9ms | 26.9ms | 31.9ms | 33.9ms | 37.9ms |
|---|---|---|---|---|---|---|---|---|---|---|---|---|
| PE12(TM26_OC10) | A0 | 9.9ms | | | 9.91ms | | | 9.9ms | | | 9.9ms | |
| PE13(TM26_OC11) | A1 | 9.9ms | | | 9.91ms | | | 9.9ms | | | 9.9ms | |
| PE14(TM26_OC12) | A2 | 9.9ms | | | 9.91ms | | | 9.9ms | | | 9.9ms | |
| PE15(TM26_OC1N) | A3 | 9.9ms | | | 9.91ms | | | 9.9ms | | | 9.9ms | |

圖 6-34(c)　OC5_TM26_PWM1 波形量測(Duty=99%)

(2) 範例 OC5_TM26_PWM2：由 TM26 在 PE13(TM26_OC11)、PE14(TM26_OC12)、PE15(TM26_OC1N)輸出呼吸燈動作。

8. 捕捉輸入(IC)：由外部接腳(TMx_IC0~3)輸入邊緣觸發信號，會捕捉主計數器(Main Counter)的數值存入 CC0A~CC3A 內。範例如下：

(1) 範例 IC1_TM36_Capture：由 TM36_IC0 捕捉輸入 LED 閃爍時間，並在 UART 顯示時間。操作：LED3(PE15)-->TM36_IC0(PB4)。設定及 UART 顯示捕捉時間，如下圖(a)~(c)所示：

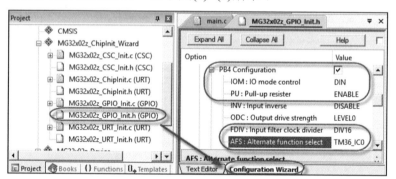

圖 6-35(a) IC1_TM36_Capture 接腳設定

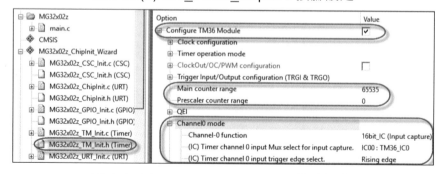

圖 6-35(b) IC1_TM36_Capture 計時設定

Capture time=1009uS , Capture time=1009uS , Capture time=1009uS , Capture time=1009uS , Capture time=1009uS , Capture time=1009uS , Capture time=1009uS , Capture time=1009uS , Capture time=1009uS , Capture time=1009uS , Capture time=1009uS , Capture time=1009uS ,

圖 6-35(c) IC1_TM36_Capture(1mS)的 UART 顯示

(2) 範例 IC2_TM20_Capture：由 TM20_IC0 捕捉輸入 LED 閃爍時間，並在 UART 顯示時間。操作：LED3(PE15)-->TM20_IC0(PB4)。設定及 UART 顯示捕捉時間，如下圖(a)(b)所示：

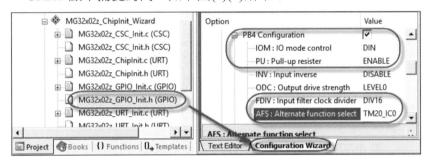

圖 6-36(a) IC2_TM20_Capture(50uS)接腳設定

Capture time=59uS , Capture time=59uS , Capture time=59uS , Capture time=59uS , Capture time=59uS , Capture time=59uS , Capture time=59uS , Capture time=59uS , Capture time=59uS , Capture time=59uS , Capture time=59uS , Capture time=59uS , Capture time=59uS , Capture time=59uS , Capture time=59uS ,

圖 6-36(b) IC2_TM20_Capture 的 UART 顯示

(3) 範例 IC3_TM36_Capture_DMA：由 TM36_IC3(PB7)以 DMA 捕捉輸入的 10 個脈衝 PWM 波形，並在 UART 顯示 10 個時間。設定及 UART 顯示捕捉時間，如下圖(a)~(c)所示：

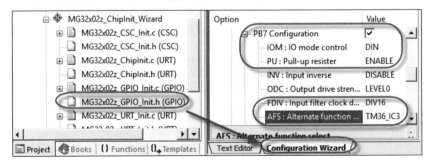

圖 6-37(a) IC3_TM36_Capture_DMA 接腳設定

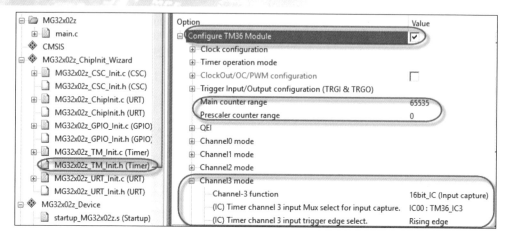

圖 6-37(b) IC3_TM36_Capture_DMA 計時設定

| 326uS , 487uS , 680uS , 2184uS , 5175uS , 4666uS , 901uS , 1019uS , 1021uS , 4656uS , 1189uS , 1314uS , 1631uS , 1858uS , 1085uS , 1378uS , 3155uS , 3492uS , 3721uS , 4031uS |
| --- |

圖 6-37(c) IC3_TM36_Capture_DMA 的 UART 顯示

# 6-4 看門狗計時器(WDT)控制實習

MG32x02z 內含獨立看門狗計時器(IWDT: Independent Watch Dog Timer)及視窗看門狗計時器(WWDT: Window Watch Dog Timer)。

## 6-4.1 IWDT 控制

IWDT 看門狗計時器包括 12-bit 預除頻器、8-bit 計時器和 2 個早期喚醒(Early wakeup)比較器。看門狗計時器啟動後 WDT 計時器會由 0xFF 不停的下數,必須在 WDT 計時器下數到 0 之前重新載入計時器為 0xFF,然後再重新開始下數計數。

如果由於受到干擾而令 MCU 當機,無法重新載入 WDT 計時器,在 WDT

計時器下數到 0 時,會自動令系統重置(Reset),避免系統當機時間過長而產生嚴重後果。

1. 獨立看門狗計時器(IWDT)特性如下:

  (1) 由內部低頻 RC 振盪器(ILRCO)提供時脈,經 12-bit 預除器及 8-bit 下數計數器。

  (2) 在睡眠和停止模式下的仍然可維持運作。

  (3) 計數器下數到 0(underflow)時,可選擇系統重置或產生中斷。

  (4) 提供兩個早期(early)喚醒比較器,來產生中斷。

2. IWDT 控制方塊圖,如下圖所示:

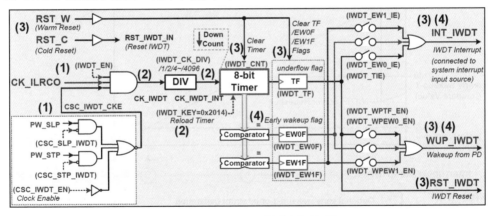

圖 6-38　IWDT 控制方塊圖

  (1) 由內部低頻 RC 振盪器(ILRCO)提供 32KHz 時脈,可在時脈來源控制(CSC)設定在睡眠和停止模式下是否維持 IWDT 運作,當致能(IWDT_EN)後會送出時脈(CK_IWDT)。

  (2) 時脈(CK_IWDT)經 12-bit 預除頻器和一個 8-bit 計時器往下計數,必須在下數到 0 之前,用軟體指令(IWDT_KEY=0x2014)載入 WDT 數值,重新下數。

(3) 若 MCU 當機，無法重新載入 IWDT 計時器，在 IWDT 計時器下數到 0
時，會自動令系統重置(Reset)，可設定為暖重置(Warm Reset)或冷重置
(Cold Reset)來開機。也可以經設定產生中斷(INT_IWDT)或喚醒
(WUP_IWDT)。

(4) 提供兩個早期(early)喚醒比較器(Comparator)，經設定可產生中斷
(INT_IWDT)或喚醒(WUP_IWDT)。

3. IWDT 工作時序，如下圖所示：

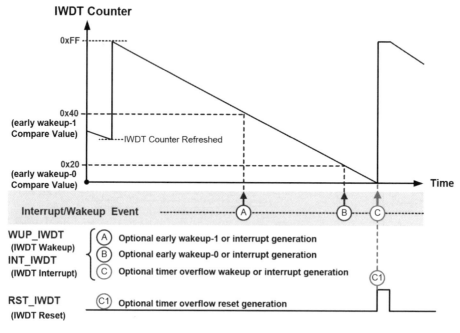

圖 6-39　IWDT 工作時序

## 6-4.2 WWDT 控制

系統視窗看門狗計時器(WWDT)用於檢測當應用程式異常，導致軟體錯誤發生。在計數器達到預定的超時值時看門狗電路將產生系統重置。

1. 視窗看門狗計時器(WWDT)特性：

   (1) ILRCO 提供時脈，經兩級 8-bit(/1 或/256)及 7-bit(/1/2/4/8~/128)預頻器後，送到 10-bit 下數計數器。

   (2) 可配置的時間視窗(time-window)，以檢測異常的太晚或太早的應用程式操作。

   (3) 當計數器下數到 0 或所設定上下時間以外來重新更新時間，可選擇系統重置或產生中斷。

   (4) 提供警告中斷(warning interrupt)

2. WWDT 控制方塊圖，如下圖所示：

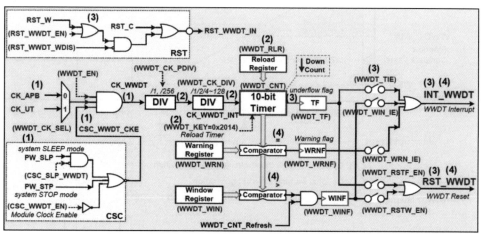

圖 6-40　WWDT 控制方塊圖

   (1) 由 CK_APB 或 CK_UT 提供高頻時脈，可在時脈來源控制(CSC：Clock

Source Controller)設定在睡眠模式下(不支援 STOP 模式)是否維持 WWDT 運作，當致能(WWDT_EN)後會送出時脈(CK_WWDT)。

(2) 時脈(CK_WWDT)經兩個預除器和一個 10-bit 計時器往下計數，必須在下數到 0 之前，用軟體指令(WWDT_KEY=0x2014)載入 WDT 數值，重新下數。

(3) 若 MCU 當機，無法重新載入 WWDT 計時器，在 WWDT 計時器下數到 0 時，經設定可產生系統重置(RST_WWDT)或中斷(INT_WWDT)。

(4) 提供兩個早期(early)喚醒比較器(Comparator)，經設定可產生系統重置(RST_WWDT)或中斷(INT_WWDT)。

3. WWDT 工作時序，如下圖所示：

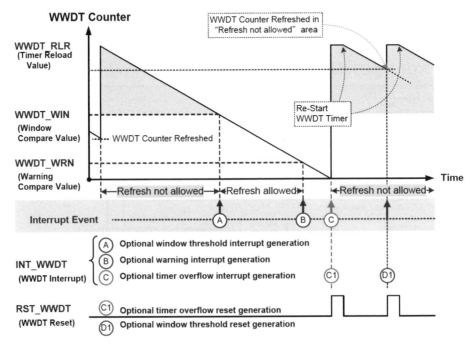

圖 6-41　WWDT 工作時序

## 6-4.3　WDT 函數式

　　分為獨立看門狗計時器(IWDT)及視窗看門狗計時器(WWDT)函數式如下：

1. 獨立看門狗計時器(IWDT)時脈除頻(Divider)：

　　(1) 選擇 IWDT 內部時脈(CK_IWDT_INT)輸入除頻：

| void | IWDT_Divider_Select (IWDT_DIVS_TypeDef IWDT_DIVS) |
|---|---|
| 輸入：IWDT_DIVS=IWDT_DIV_1 , IWDT_DIV_2 , IWDT_DIV_4 , IWDT_DIV_8 | |
| 　　　　　　IWDT_DIV_16 , IWDT_DIV_32 , IWDT_DIV_64 , IWDT_DIV_128 | |
| 　　　　　　IWDT_DIV_256 , IWDT_DIV_512 , IWDT_DIV_1024 | |
| 　　　　　　IWDT_DIV_2048 , IWDT_DIV_4096 | |
| 範例：IWDT_Divider_Select(IWDT_DIV_4096); | |

2. IWDT 計數器：

　　(1) 抓取 IWDT 計數數值：

| uint8_t | IWDT_GetCounter (void) |
|---|---|
| 範例：CNT = IWDT_GetCounter(); | |

　　　(2) 重載入及刷新 IWDT 計數：

| void | IWDT_RefreshCounter (void) |
|---|---|
| 範例：IWDT_RefreshCounter(); | |

3. IWDT 喚醒：

　　(1) 配置 IWDT 從 STOP 模式喚醒檢測 IWDT XXXX 標誌

| void | IWDT_StopModeWakeUpEvent_Config (uint32_t IWDT_WK, FunctionalState NewState) |
|---|---|
| 輸入：IWDT_WK=IWDT_EW1_WPEN , IWDT_EW0_WPEN , IWDT_TF_WPEN | |
| 輸入：NewState=ENABLE , DISABLE | |

| 範例： IWDT_StopModeWakeUpEvent_Config((IWDT_EW1_WPEN \| IWDT_EW0_WPEN), ENABLE); |
| --- |

4. IWDT 命令：

(1) 致能或禁能 IWDT 模組：

| void | IWDT_Cmd (FunctionalState NewState) |
| --- | --- |
| 輸入：NewState=ENABLE , DISABLE | |
| 範例： IWDT_Cmd (ENABLE) | |

5. IWDT 中斷：

(1) 抓取所有 IWDT 中斷來源狀態：

| uint32_t | IWDT_GetAllFlagStatus (void) |
| --- | --- |
| 輸入：uint32_t = CSC 狀態暫存器數值 | |
| 範例：Status = IWDT_GetAllFlagStatus(); | |

(2) 抓取一個 IWDT 中斷來源狀態：

| DRV_Return | IWDT_GetSingleFlagStatus (uint32_t IWDT_ITSrc) |
| --- | --- |
| 輸入：IWDT_ITSrc=IWDT_EW1F , IWDT_EW0F , IWDT_T 返回：DRV_Return= DRV_Happened , DRV_UnHappened | |
| 範例： Status = IWDT_GetSingleFlagStatus(IWDT_EW1F); | |

(3) 清除 IWDT 中斷來源狀態旗標：

| void | IWDT_ClearFlag (uint32_t IWDT_ITSrc) |
| --- | --- |
| 輸入：IWDT_ITSrc=IWDT_EW1F , IWDT_EW0F , IWDT_TF | |
| 範例：IWDT_ClearFlag(IWDT_EW1F \| IWDT_EW0F); | |

(4) 配置 IWDT 中斷來源：

| void | IWDT_IT_Config (uint32_t IWDT_ITSrc, FunctionalState NewState) |
|------|----------------------------------------------------------------|

| 輸入：IWDT_ITSrc=IWDT_INT_EW1 , IWDT_INT_EW0 , IWDT_INT_TF |
|------|
| 輸入：NewState=ENABLE , DISABLE |

| 範例：IWDT_IT_Config((IWDT_INT_EW1 | IWDT_INT_EW0), ENABLE); |
|------|

6. 視窗看門狗計時器(WWDT)時脈：

(1) WWDT 輸入時脈(CK_WWDT)來源選擇：

| void | WWDT_CLK_Select (WWDT_CLKS_TypeDef WWDT_CLKS) |
|------|-----------------------------------------------|

| 輸入：WWDT_CLKS=WWDT_CK_APB , WWDT_CK_UT |
|------|

| 範例：WWDT_CLK_Select(WWDT_CK_UT); |
|------|

(2) WWDT 內部時脈(CK_WWDT_INT) 輸入除頻選擇：

| void | WWDT_DIV_Select (WWDT_DIVS_TypeDef WWDT_DIVS) |
|------|-----------------------------------------------|

| 輸入：WWDT_DIVS =WWDT_DIV_1 , WWDT_DIV_2 , WWDT_DIV_4 , WWDT_DIV_8 WWDT_DIV_16 , WWDT_DIV_32 , WWDT_DIV_64 , WWDT_DIV_128 |
|------|

| 範例：WWDT_DIV_Select(WWDT_DIV_128); |
|------|

(3) WWDT 內部時脈(CK_WWDT_INT)預除器數值：

| void | WWDT_PDIV_Select (WWDT_PDIVS_TypeDef WWDT_PDIVS) |
|------|--------------------------------------------------|

| 輸入：WWDT_PDIVS =WWDT_PDIV_1 , WWDT_PDIV_256 |
|------|

| 範例：WWDT_PDIV_Select(WWDT_PDIV_256); |
|------|

7. WWDT 命令：

(1) 致能或禁能 WWDT 模組：

| void | WWDT_Cmd (FunctionalState NewState) |
|------|-------------------------------------|

| 輸入：NewState=ENABLE , DISABLE |
|------|

範例：WWDT_Cmd (ENABLE)

8. WWDT 計數、重載入(Reload)及臨限(Threshold)：

(1) 抓取 WWDT 計數器數值：

| uint16_t | WWDT_GetCounter (void) |
|---|---|
| 返回：uint16_t= 0x000 ~ 0x3FF | |
| 範例：CNT = WWDT_GetCounter(); | |

(2) 重載入及刷新 WWDT 計數：

| void | WWDT_RefreshCounter (void) |
|---|---|
| 範例：WWDT_RefreshCounter(); | |

(3) 抓取 WWDT 計數器重載入暫存器：

| uint16_t | WWDT_GetReloadReg (void) |
|---|---|
| 返回：uint16_t= 0 ~ 1023 | |
| 範例：CNT = WWDT_GetReloadReg(); | |

(4) 設定 WWDT 計數器重載入暫存器：

| void | WWDT_SetReloadReg (uint16_t **WWDT_RLR**) |
|---|---|
| 輸入：WWDT_RLR = 0 ~ 1023 | |
| 範例：WWDT_SetReloadReg(0x3FF); | |

(5) 抓取 WWDT 視窗比較臨限(threshold)暫存器：

| uint16_t | WWDT_GetWindowThreshold (void) |
|---|---|
| 返回：uint16_t=0 ~ 1023 | |
| 範例：CNT = WWDT_GetWindowThreshold(); | |

(6) 設定 WWDT 視窗比較臨限(threshold)暫存器：

| void | WWDT_SetWindowThreshold (uint16_t WWDT_WIN) |
|------|---------------------------------------------|
| 輸入：WWDT_WIN =**0** ~ 1023 | |
| 範例：WWDT_SetWindowThreshold(0x1FF); | |

(7) 抓取 WWDT 警告中斷比較臨限(threshold)暫存器：

| uint16_t | WWDT_GetWarningThreshold (void) |
|----------|--------------------------------|
| 返回：uint16_t=**0** ~ 1023 | |
| 範例：CNT = WWDT_GetWarningThreshold(); | |

(8) 抓取 WWDT 計數器重載入暫存器：

| void | WWDT_SetWarningThreshold (uint16_t WWDT_WRN) |
|------|----------------------------------------------|
| 輸入：WWDT_WRN =**0** ~ 1023 | |
| 範例：WWDT_SetWarningThreshold(0x0FF); | |

9. WWDT 重置產生器：

(1) WWDT 重置事件來源配置：

| void | WWDT_RstEvent_Config (uint8_t WWDT_RSTGS, FunctionalState NewState) |
|------|--------------------------------------------------------------------|
| 輸入：WWDT_RSTGS=WWDT_RSTW , WWDT_RSTF | |
| 輸入：NewState=ENABLE , DISABLE | |
| 範例：Status = WWDT_GetAllFlagStatus(); | |

10. WWDT 中斷：

(1) 抓取所有 WWDT 中斷來源狀態：

| uint32_t | WWDT_GetAllFlagStatus (void) |
|----------|------------------------------|
| 輸入：uint32_t = WWDT 狀態暫存器數值 | |
| 範例：Status = WWDT_GetAllFlagStatus(); | |

(2) 抓取一個 WWDT 中斷來源狀態：

| DRV_Return | WWDT_GetSingleFlagStatus (uint32_t WWDT_ITSrc) |
|---|---|
| 輸入：WWDT_ITSrc=WWDT_WRNF , WWDT_WINF , WWDT_TF | |
| 返回：DRV_Return= DRV_Happened , DRV_UnHappened | |
| 範例： Status = WWDT_GetSingleFlagStatus(WWDT_WRNF); | |

(3) 清除 WWDT 中斷來源狀態旗標：

| void | WWDT_ClearFlag (uint32_t WWDT_ITSrc) |
|---|---|
| 輸入：WWDT_ITSrc =WWDT_WRNF , WWDT_WINF , WWDT_TF , WWDT_ALLF | |
| 範例：WWDT_ClearFlag(WWDT_WRNF | WWDT_WINF); | |

(4) 配置 WWDT 中斷來源：

| void | WWDT_IT_Config (uint32_t WWDT_ITSrc, FunctionalState NewState) |
|---|---|
| 輸入：WWDT_ITSrc =WWDT_INT_WRN , WWDT_INT_WIN , WWDT_INT_TF | |
| 輸入：NewState=ENABLE , DISABLE | |
| 範例： WWDT_IT_Config((WWDT_INT_WRN | WWDT_INT_WIN), ENABLE); | |

## 6-4.3　WDT 實習

1. 範例 IWDT1_RST：LED 閃爍，若延時超過 IWDT 時間，則不斷重置，LED 不閃爍。實習 IWDT 時間=1/32KHz*32*256=256mS。

2. 範例 IWDT2_RST：LED 閃爍，IDWT 數值送到 UART 顯示，若 IDWT 下數為 0，可產生系統重置，LED 停止閃爍，如下圖(a)(b)所示：

   實習 IWDT 時間=1/32KHz*256*256=2.048 秒。

圖 6-42(a)　IWDT2_RST 波形量測

```
hello
254 , 253 , 251 , 250 , 248 , 247 , 245 , 244 , 242 , 241 , 239 , 238 , 236 , 235 , 233 , 232 , 230
, 229 , 227 , 226 , 224 , 223 , 221 , 220 , 218 , 217 , 215 , 214 , 212 , 211 , 209 , 208 , 206 ,
205 , 203 , 202 , 200 , 199 , 197 , 196 , 194 , 193 , 191 , 190 , 188 , 187 , 185 , 184 , 182 , 181
, 180 , 178 , 177 , 175 , 174 , 172 , 171 , 169 , 168 , 166 , 165 , 163 , 162 , 160 , 159 , 157 ,
156 , 154 , 153 , 151 , 150 , 148 , 147 , 145 , 144 , 142 , 141 , 139 , 138 , 136 , 135 , 133 , 132
, 130 , 129 , 127 , 126 , 124 , 123 , 121 , 120 , 118 , 117 , 115 , 114 , 112 , 111 , 109 , 108 , 106
, 105 , 103 , 102 , 100 , 99 , 98 , 96 , 95 , 93 , 92 , 90 , 89 , 87 , 86 , 84 , 83 , 81 , 80 , 78 , 77 ,
75 , 74 , 72 , 71 , 70 , 68 , 67 , 65 , 64 , 62 , 61 , 59 , 58 , 56 , 55 , 53 , 52 , 50 , 49 , 47 , 46 , 44
, 43 , 42 , 40 , 39 , 37 , 36 , 34 , 33 , 31 , 30 , 28 , 27 , 25 , 24 , 22 , 21 , 19 , 18 , 16 , 15 , 14 ,
12 , 11 , 9 , 8 , 6 , 5 , 3 , 2 , 0 ,
```

圖 6-42(b)　IWDT2_RST 的 UART 顯示

3.  範例 IWDT3_INT：LED 閃爍，IDWT 數值送到 UART 顯示，若 IDWT 下

數為 0 會產生中斷，如下圖所示：

```
hello254 , 253 , 251 , 250 , 248 , 247 , 245 , 244 , 242 , 241 , 239 , 238 , 236 , 235 , 233 , 232 , 230
, 229 , 227 , 226 , 224 , 223 , 221 , 220 , 218 , 217 , 215 , 214 , 212 , 211 , 209 , 208 , 206 , 205 ,
203 , 202 , 200 , 199 , 197 , 196 , 194 , 193 , 191 , 190 , 188 , 187 , 185 , 184 , 183 , 181 , 180 ,
178 , 177 , 175 , 174 , 172 , 171 , 169 , 168 , 166 , 165 , 163 , 162 , 160 , 159 , 157 , 156 , 154 ,
153 , 151 , 150 , 148 , 147 , 145 , 144 , 142 , 141 , 139 , 138 , 136 , 135 , 133 , 132 , 130 , 129 ,
127 , 126 , 124 , 123 , 121 , 120 , 118 , 117 , 115 , 114 , 112 , 111 , 109 , 108 , 106 , 105 , 104 , 102
, 101 , 99 , 98 , 96 , 95 , 93 , 92 , 90 , 89 , 87 , 86 , 84 , 83 , 81 , 80 , 78 , 77 , 75 , 74 , 73 , 71 , 70 ,
68 , 67 , 65 , 64 , 62 , 61 , 59 , 58 , 56 , 55 , 53 , 52 , 50 , 49 , 47 , 46 , 45 , 43 , 42 , 40 , 39 , 37 , 36 ,
34 , 33 , 31 , 30 , 28 , 27 , 25 , 24 , 22 , 21 , 19 , 18 , 17 , 15 , 14 , 12 , 11 , 9 , 8 , 6 , 5 , 3 , 2 , 0 ,
IWDT Timeout! , 255 , 254 , 252 , 251 , 249 , 248 , 246 , 245 , 243 , 242 , 240 , 239 , 237 , 236 ,
```

圖 6-43　IWDT3_INT 的 UART 顯示

## 6-5 即時時脈(RTC)控制實習

即時時脈(RTC: Real Time Clock )是一個獨立的 32-bit 的計時器。 RTC 提供帶有可程式的鬧鐘警告(alarm)中斷，使用者可以用來設定鬧鐘(alarm)與時間。

RTC 並且提供喚醒旗標，可以從電源下降(power down)模式進行自動喚醒並產生中斷。

即時時脈(RTC: Real Time Clock )特性如下：

◎ 內含 32-bit 計數含可選擇時脈來源。

◎ 提供鬧鐘警告(alarm)功能及時間戳記(time-stamp)功能，可設定 32-bit 比較暫存器用於報警功能。

◎ 提供停止(STOP)省電模式喚醒功能。

◎ 提供節拍計時器(timer tick)定時中斷或喚醒功能。

◎ 提供暫存器鍵保護(key-protected)和重置鎖定(reset-locked)功能。

◎ 注意：在 MG32F2A072/132 的 RTC 時脈不能使用 XOSC。

RTC 接腳如下圖所示：

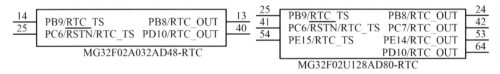

圖 6-44　RTC 接腳

## 6-5.1 即時時脈(RTC)控制

RTC 是由 1 個時脈預除頻器(prescaler)和 1 個時脈除頻器(divider)、1 個 32-bit 計時器(timer)、鬧鐘(alarm)數位比較器和時間戳記(time-stamp)控制邏輯所組成。

1. RTC 控制方圖塊，如下圖所示：

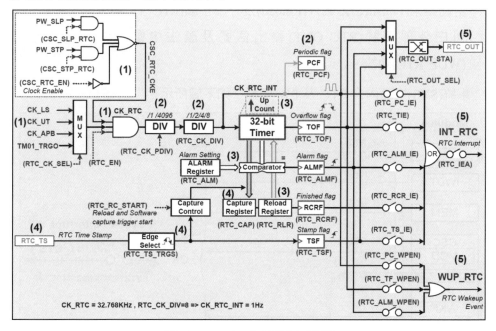

圖 6-45　RTC 控制方圖塊

(1) 可選擇 RTC 的工作時脈來源為 CK_LS(在 MG32F2A072/132 不能使用 XOSC)、CK_UT、CK_APB 或 TM01_TRGO，可在時脈來源控制(CSC)設定在睡眠和停止模式下是否維持 RTC 運作，當致能(RTC_EN)後會送出時脈(CK_RTC)。

(2) 時脈(CK_RTC)經時脈預除頻器(prescaler)和時脈除頻器(divider)成為 CK_RTC_INT，可定時(Periodic)產生一些動作。

(3) 送到 32-bit 計時器(timer)不斷的上數，同時與鬧鐘(alarm)暫存器相比較，當兩者符合時可產生一些動作。

(4) 可由外部接腳(RTC_TS)輸入觸發信號，來重載入(Reload)計時器及捕捉計時器的時間戳記(time-stamp)，並可設定產生一些動作。

(5) 可選擇定時(Periodic)、計時器上數溢位(Overflow)、鬧鐘(alarm)時間相符、計時結束(Finished)重載入(Reload)及外部接腳(RTC_TS)輸入觸發信號，均可由外部接腳(RTC_OUT)輸出信號及產生中斷(INT_RTC)或喚醒(WUP_RTC)功能。

2. 系統(SYS)中斷內含 RTC 及 PW 中斷，如下圖所示：

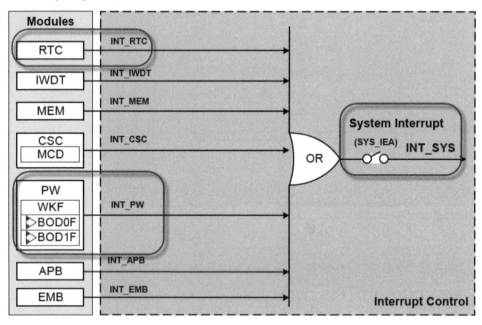

圖 6-46　RTC 及 PW 中斷

## 6-5.2 即時時脈(RTC)函數式

即時時脈(RTC)函數式如下所示：

11. 即時時脈(RTC)時脈(Clock)設定：

(1) 選擇 RTC 輸入時脈(CK_RTC)

| void | RTC_CLK_Select (RTC_CLKS_TypeDef RTC_CLKS) |
|------|---------------------------------------------|
| 輸入：RTC_CLKS= RTC_CK_LS、RTC_CK_UT、RTC_CK_APB、RTC_TM01_TRGO | |
| 範例：RTC_CLK_Select(RTC_CK_LS); | |

(2) RTC 內部時脈(CK_RTC_INT)輸入預除器選擇：

| void | RTC_PreDivider_Select (RTC_PDIVS_TypeDef RTC_PDIV) |
|------|----------------------------------------------------|
| 輸入：RTC_PDIV=RTC_PDIV_4096、RTC_PDIV_1 | |
| 範例：RTC_PreDivider_Select(RTC_PDIV_4096); | |

(3) RTC 內部時脈(CK_RTC_INT)輸入除頻：

| void | RTC_Divider_Select (RTC_DIVS_TypeDef RTC_DIV) |
|------|------------------------------------------------|
| 輸入：RTC_DIV= RTC_DIV_1、RTC_DIV_2、RTC_DIV_4 RTC_DIV_8 | |
| 範例：RTC_Divider_Select(RTC_DIV_8); | |

12. RTC 鬧鐘(Alarm)設定：

(1) 抓取 RTC 鬧鐘(Alarm)比較值暫存器

| uint32_t | RTC_GetAlarmCompareValue (void) |
|----------|----------------------------------|
| 返回：uint32_t = 0 ~ 4294967295 | |
| 範例： Time = RTC_GetAlarmCompareValue(); | |

(2) 設定 RTC 鬧鐘(Alarm)比較值暫存器

| void | RTC_SetAlarmCompareValue (uint32_t RTC_ALM) |
|------|----------------------------------------------|

| 輸入：RTC_ALM= 0 ~ 4294967295 |
|---|

| 範例： RTC_SetAlarmCompareValue(65535); |
|---|

### (3) 抓取 RTC 鬧鐘(Alarm)功能狀態

| DRV_Return | RTC_GetAlarmState (void) |
|---|---|

| 返回：DRV_Return=DRV_True，DRV_False |
|---|

| 範例：temp=RTC_GetAlarmState(); |
|---|

### (4) 致能/禁能 RTC 鬧鐘(Alarm)功能：

| void | RTC_Alarm_Cmd (FunctionalState NewState) |
|---|---|

| 輸入：NewState =ENABLE, DISABLE |
|---|

| 範例：RTC_Alarm_Cmd(ENABLE); |
|---|

## 13.RTC 捕捉(Capture)、重載入(Reload)及模式(Mode)

### (1) 抓取 RTC 計數重載入(Reload)暫存器：

| uint32_t | RTC_GetReladReg (void) |
|---|---|

| 返回：uint32_t = 0 ~ 4294967295 |
|---|

| 範例：Time = RTC_GetReladReg(); |
|---|

### (2) 抓取 RTC 計數捕捉(Capture)暫存器：

| uint32_t | RTC_GetCaptureReg (void) |
|---|---|

| 返回：uint32_t = 0 ~ 4294967295 |
|---|

| 範例：Time = RTC_GetCaptureReg(); |
|---|

### (3) 設定 RTC 計數重載入(Reload)暫存器：

| void | RTC_SetReladReg (uint32_t RTC_RCR) |
|---|---|

| 輸入：RTC_RCR=0 ~ 4294967295 |
|---|

範例：RTC_SetReladReg(65536);

14.RTC 命令(Command)及模式(Mode)：

(1) 致能或禁能 RTC 功能：

| void | RTC_Cmd (FunctionalState NewState) |
|---|---|
| 輸入：NewState =ENABLE, DISABLE | |
| 範例：RTC_Cmd(ENABLE); | |

(2) RTC_RCR 暫存器控制模式選擇：

| void | RTC_RCR_Mode_Select (RTC_RCR_MODS_TypeDef RTC_MODS) |
|---|---|
| 輸入：RTC_MODS= RTC_RCR_MOD_DirectlyCapture , RTC_RCR_MOD_DelayedCapture RTC_RCR_MOD_ForceReload , RTC_RCR_MOD_AutoReload | |
| 範例：RTC_RCR_Mode_Select(RTC_RCR_MOD_ForceReload); | |

15.喚醒(Wake Up)：

(1) 從停止模式喚醒，配置 RTC 檢測 RTC_XXXX 旗標：

| void | RTC_StopModeWakeUpEvent_Config (uint32_t RTC_WK, FunctionalState NewState) |
|---|---|
| 輸入：RTC_WK=RTC_TF_WPEN , RTC_PC_WPEN , RTC_ALM_WPEN 輸入：NewState =ENABLE , DISABLE | |
| 範例：RTC_StopModeWakeUpEvent_Config((RTC_TF_WPEN \| RTC_PC_WPEN), ENABLE); | |

16.RTC 輸出信號(Output Signal)：

(1) RTC 輸出信號選擇：

| void | RTC_OutputSignal_Select (RTC_OUTS_TypeDef RTC_OUTS) |
|---|---|
| 輸入：RTC_OUT=RTC_ALM , RTC_PC , RTC_TS , RTC_TO | |
| 範例：RTC_OutputSignal_Select(RTC_PC); | |

(2) RTC 輸出信號初始狀態：

| void | RTC_InitOutputSignalState_Cmd (FunctionalState NewState) |
|---|---|
| 輸入：NewState =ENABLE, DISABLE | |
| 範例：RTC_OutputSignal_Select(RTC_PC); | |

17.觸發(Trigger)：

(1) RTC 時間戳(stamp)觸發邊緣選擇：

| void | RTC_TriggerStamp_Select (RTC_TS_TRGS_TypeDef RTC_TSS) |
|---|---|
| 輸入：RTC_TSS=RTC_TS_TRGS_Disable , RTC_TS_TRGS_RisingEdge　　　　　　RTC_TS_TRGS_FallingEdge , RTC_TS_TRGS_DualEdge | |
| 範例：RTC_TriggerStamp_Select(RTC_TS_TRGS_FallingEdge); | |

(2) 觸發 RTC 時間計數器重載入並啟動軟體捕捉：

| void | RTC_TriggerStamp_SW (void) |
|---|---|
| 範例：RTC_TriggerStamp_SW(); | |

18.RTC 中斷(Interrupt)：

(1) 抓取 RTC 所有中斷來源狀態：

| uint32_t | RTC_GetAllFlagStatus (void) |
|---|---|
| 輸入：uint32_t = | |
| 範例：FLAG = RTC_GetAllFlagStatus(); | |

(2) 抓取一個 RTC 中斷來源狀態：

| DRV_Return | RTC_GetSingleFlagStatus (uint32_t RTC_Flag) |
|---|---|
| 輸入：RTC_Flag=RTC_RCRF , RTC_TOF , RTC_TSF , RTC_PCF , RTC_ALMF　　返回：DRV_Return=DRV_Happened , DRV_UnHappened | |
| 範例：temp= RTC_GetSingleFlagStatus(RTC_RCRF); | |

(3) 清除 RTC 中斷來源旗標：

| void | RTC_ClearFlag (uint32_t RTC_Flag) |
|---|---|
| 輸入：RTC_Flag= RTC_RCRF , RTC_TOF , RTC_TSF , RTC_PCF , RTC_ALMF , RTC_ALLF | |
| 範例：RTC_ClearFlag(RTC_TSF | RTC_PCF); | |

(4) 配置中斷來源：

| void | RTC_IT_Config (uint32_t RTC_INT, FunctionalState NewState) |
|---|---|
| 輸入：RTC_INT=RTC_INT_RCR , RTC_INT_TO , RTC_INT_TS , RTC_INT_PC , RTC_INT_ALM | |
| 輸入：NewState =ENABLE, DISABLE | |
| 範例：RTC_IT_Config(RTC_INT_RCR, ENABLE); | |

(5) 致能或禁能 RTC 所有中斷：

| void | RTC_ITEA_Cmd (FunctionalState NewState) |
|---|---|
| 輸入：NewState =ENABLE, DISABLE | |
| 範例： RTC_ITEA_Cmd(ENABLE); | |

## 6-5.3　即時時脈(RTC)實習

1. 範例 RTC1_OUT_ILRCO：RTC 使用 ILRCO 令接腳 RTC_OUT(PC7)輸出 RTC 時脈。量測輸出波形(不準確)及接腳設定，如下圖(a)~(c)所示：RCT_OUT(PC7) 輸出頻率：RTC_PC=32768Hz/4096/8=1Hz。

　　　　　　　RTC_TO=32768Hz/4096/8/10=0.1Hz。

圖 6-47(a)　　使用 ILRCO 輸出 RTC_PC 波形

圖 6-47(b)　使用 ILRCO 輸出 RTC_TO 波形

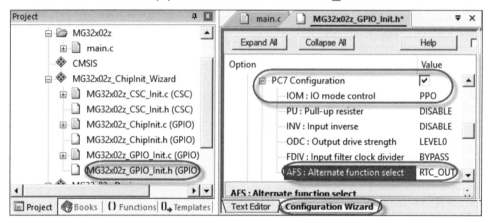

圖 6-47(c)　RCT_OUT(PC7)接腳設定

2. 範例 RTC2_OUT_XOSC：RTC 使用 XOSC，令接腳 RTC_OUT(PC7)輸出 RTC 時脈。量測輸出波形及時脈設定，如下圖(a)~(c)所示。

RCT_OUT(PC7)輸出頻率：同上。

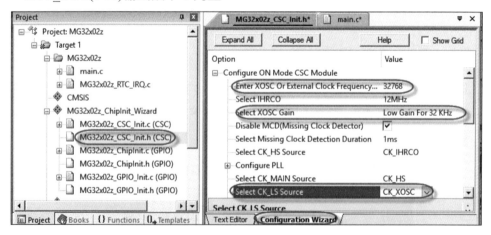

圖 6-48(a)　RCT 時脈 XOSC 設定

圖 6-48(b)　　RTC 使用 XOSC 輸出 RTC_PC 波形

圖 6-48(c)　　RTC 使用 XOSC 輸出 RTC_TO 波形

3. 範例 RTC3_INT：RTC 溢位產生中斷令 LED 反相，同時在接腳 RTC_OUT(PC7)輸出 RTC 時脈，如下圖所示：

　　輸出頻率：RTC_OUT=RTC 溢位=32768Hz/4096/2/10=0.4Hz。

圖 6-49　　使用 ILRCO 的 RTC3_INT 輸出波形

4. 範例 RTC3_STOP_Wakeup：LED3 閃爍 5 次後進入 STOP 模式，RTC 溢位中斷時，令 LED1 反相及喚醒 MCU。同時在接腳 RTC_OUT(PC7)輸出 RTC 時脈，如下圖所示。RCT_OUT(PC7)輸出頻率 RTC_OUT=RTC 溢位 =32768Hz/4096/2/10=0.4Hz=2.5 秒。

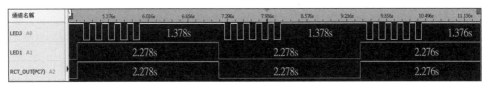

圖 6-50　　使用 ILRCO 的 RTC3_STOP_Wakeup 輸出波形

# SPI 與 I²C 控制實習

## 本章單元

- 串列埠 SPI 界面控制實習
- 串列埠 SPI 界面應用實習
- 串列埠 I²C 界面控制實習
- 串列埠 I²C 界面應用實習

MG32x02z 內含串列周邊界面(SPI：Serial Peripheral Interface)及積體電路介面電路(I²C：Inter-Integrated Circuit)匯流排，如下表(a)(b)所示：

表 7-1(a) 串列埠 SPI 界面

| Chip | SPI Max.Clock Rate | | SPI Data Mode | | | |
|---|---|---|---|---|---|---|
| | Master | Slave | 1/2/4-Line SPI | 8-Line SPI | 4-Line Duplicate | DTR |
| MG32F02A132 | 12MHz | 6MHz | V | V | | |
| MG32F02A072 | 12MHz | 6MHz | V | V | | |
| MG32F02A032 | 24MHz | 16MHz | V | | | V |
| MG32F02A128/U128 | 22MHz | 18MHz | V | V | V | V |
| MG32F02A064/U064 | 22MHz | 18MHz | V | V | V | V |

表 7-1(b) 串列埠 I²C 界面

| Chip | I2C Module | | I2C Functions | I2C Clock |
|---|---|---|---|---|
| | I2C0 | I2C1 | STOP Wakeup | Max. Rate |
| MG32F02A132 | V | V | | 1MHz |
| MG32F02A072 | V | V | | 1MHz |
| MG32F02A032 | V | | V | 1MHz |
| MG32F02A128/U128 | V | V | V | 1MHz |
| MG32F02A064/U064 | V | V | V | 1MHz |

# 7-1 串列埠 SPI 界面控制實習

MG32x02z 的串列周邊界面(SPI)是個高速同步式傳輸的串列界面，具有 Master(主)/Slave(僕)模式架構，由主控制器(Master)來連接數個僕(Slave)裝置 (Device)，如 CPU、EEPROM、ADC 及 DAC 等，如下圖所示：

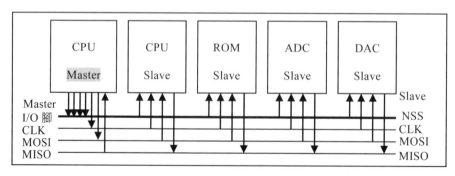

圖 7-1 SPI 界面 Master/Slave 架構

MG32x02z 的 SPI 接腳如下表及下圖所示：

表 7-2　SPI 界面接腳說明

| SPI 腳 | IO | 說明 |
|---|---|---|
| NSS | IO | 作為僕裝置時，由主控制器(Master)輸入 0 作為晶片選擇信號 |
| NSSI | I | 用於多主機應用程序時，額外的 NSS 輸入 |
| CLK | IO | 串列同步時脈信號 |
| MISO/D0 | IO | 串列資料主輸入/僕輸出或 data-0 用於 4-I/O 模式(mode) |
| MOSI/D1 | IO | 串列資料主輸出/僕輸入或 data-1 用於 4-I/O 模式(mode) |
| SPI_D2~D7 | IO | data-2~7 用於 4-I/O 模式(mode) |

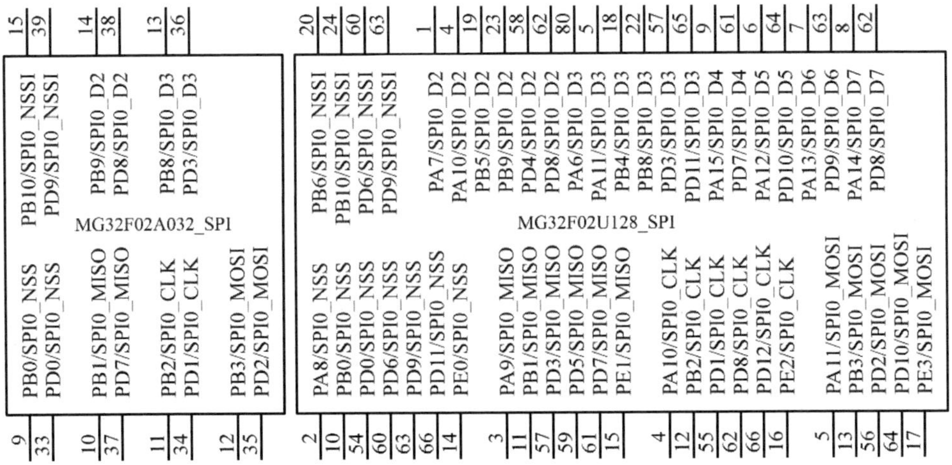

圖 7-2　SPI 接腳

經交替功能選擇(AFS)可將 GPIO 設定為 SPI 接腳，如下表(a)(b)所示：

表 7-3(a)　MG32F02A032 的 SPI 接腳

| Pin Name | AF0 | AF1 | AF2 | AF3 | AF4 | AF5 | AF6 | AF7 | AF10 |
|---|---|---|---|---|---|---|---|---|---|
| PB0 | GPB0 | | SPI0_NSS | TM01_ETR | TM00_CKO | TM16_ETR | | TM36_ETR | |
| PB1 | GPB1 | | SPI0_MISO | TM01_TRGO | TM10_CKO | TM16_TRGO | | TM36_TRGO | |
| PB2 | GPB2 | ADC0_TRG | SPI0_CLK | TM01_CKO | | TM16_CKO | | I2C0_SDA | URT0_TX |
| PB3 | GPB3 | ADC0_OUT | SPI0_MOSI | | | TM36_CKO | | I2C0_SCL | URT0_RX |
| PB8 | GPB8 | CMP0_P0 | RTC_OUT | URT0_TX | | | TM36_OC01 | SPI0_D3 | OBM_P0 |
| PB9 | GPB9 | CMP1_P0 | RTC_TS | URT0_RX | | | TM36_OC02 | SPI0_D2 | OBM_P1 |
| PB10 | GPB10 | | I2C0_SCL | URT0_NSS | | | TM36_OC11 | URT1_TX | SPI0_NSSI |
| PD0 | GPD0 | OBM_I0 | TM10_CKO | URT0_CLK | | | TM36_OC2 | SPI0_NSS | |
| PD1 | GPD1 | OBM_I1 | TM16_CKO | URT0_CLK | | | TM36_OC2N | SPI0_CLK | |
| PD2 | GPD2 | | TM00_CKO | URT1_CLK | | | TM36_CKO | SPI0_MOSI | |
| PD3 | GPD3 | | TM01_CKO | URT1_CLK | | | | SPI0_D3 | TM36_TRGO |
| PD7 | GPD7 | TM00_CKO | TM01_ETR | URT1_DE | | SPI0_MISO | | | TM36_IC0 |
| PD8 | GPD8 | CPU_TXEV | TM01_TRGO | URT1_RTS | | SPI0_D2 | | | TM36_IC1 |
| PD9 | GPD9 | CPU_RXEV | TM00_TRGO | URT1_CTS | | SPI0_NSSI | | | TM36_IC2 |

表 7-3(b)　MG32F02A128/U128AD80-PA 的 SPI 接腳

| Pin | AFS=0 | AFS=1 | AFS=2 | AFS=3 | AFS=4 | AFS=5 | AFS=6 | AFS=7 | AFS=8 | AFS=9 | AFS=10 | AFS=11 |
|---|---|---|---|---|---|---|---|---|---|---|---|---|
| PA7 | GPA7 | | | | | | | SPI0_D2 | MA7 | MAD7 | TM20_OC1H | URT0_NSS |
| PA8 | GPA8 | DMA_TRG0 | | I2C0_SCL | URT2_BRO | SDT_I0 | TM20_IC0 | SPI0_NSS | MA8 | MAD0 | TM36_OC0H | URT4_TX |
| PA9 | GPA9 | DMA_TRG1 | | I2C1_SCL | URT2_TMO | | TM20_IC1 | SPI0_MISO | MA9 | MAD1 | TM36_OC1H | URT5_TX |
| PA10 | GPA10 | TM36_BK0 | SPI0_D2 | I2C0_SDA | URT2_CTS | SDT_I1 | TM26_IC0 | SPI0_CLK | MA10 | MAD2 | TM36_OC2H | URT4_RX |
| PA11 | GPA11 | DAC_TRG0 | SPI0_D3 | I2C1_SDA | URT2_RTS | | TM26_IC1 | SPI0_MOSI | MA11 | MAD3 | TM36_OC3H | URT5_RX |
| PA12 | GPA12 | | USB_S0 | | URT1_BRO | TM10_ETR | TM36_IC0 | SPI0_D5 | MA12 | MAD4 | TM26_OC00 | URT6_TX |
| PA13 | GPA13 | CPU_TXEV | USB_S1 | URT0_BRC | URT1_TMO | TM10_TRGO | TM36_IC1 | SPI0_D6 | MA13 | MAD5 | TM26_OC10 | URT6_RX |
| PA14 | GPA14 | CPU_RXEV | OBM_I0 | URT0_TMC | URT1_CTS | TM16_ETR | TM36_IC2 | SPI0_D7 | MA14 | MAD6 | TM26_OC0H | URT7_TX |
| PA15 | GPA15 | CPU_NMI | OBM_I1 | URT0_DE | URT1_RTS | TM16_TRGO | TM36_IC3 | SPI0_D4 | MA15 | MAD7 | TM26_OC1H | URT7_RX |

表 7-3(c)　MG32F02A128/U128AD80-PD 的 SPI 接腳

| Pin | AFS=0 | AFS=1 | AFS=2 | AFS=3 | AFS=4 | AFS=5 | AFS=6 | AFS=7 | AFS=8 | AFS=9 | AFS=10 | AFS=11 |
|---|---|---|---|---|---|---|---|---|---|---|---|---|
| PD3 | GPD3 | USB_S1 | TM01_CKO | URT1_CLK | | SPI0_MISO | TM26_CKO | SPI0_D3 | MA3 | MAD7 | TM36_TRGO | URT2_RX |
| PD4 | GPD4 | TM00_TRGO | TM01_TRGO | URT1_TX | | | TM26_OC00 | SPI0_D2 | MA4 | MAD6 | | URT2_TX |
| PD5 | GPD5 | TM00_ETR | I2C0_SCL | URT1_RX | | | TM26_OC01 | SPI0_MISO | MA5 | MAD5 | | URT2_RX |
| PD6 | GPD6 | CPU_NMI | I2C0_SDA | URT1_NSS | | SPI0_NSSI | TM26_OC02 | SPI0_NSS | MA6 | SDT_P0 | | URT2_NSS |
| PD7 | GPD7 | TM00_CKO | TM01_ETR | URT1_DE | | SPI0_MISO | TM26_OC0N | SPI0_D4 | MA7 | MAD0 | TM36_IC0 | |
| PD8 | GPD8 | CPU_TXEV | TM01_TRGO | URT1_RTS | | SPI0_D2 | TM26_OC10 | SPI0_D7 | MA8 | MAD3 | TM36_IC1 | SPI0_CLK |
| PD9 | GPD9 | CPU_RXEV | TM00_TRGO | URT1_CTS | | SPI0_NSSI | TM26_OC11 | SPI0_D6 | MA9 | MAD2 | TM36_IC2 | SPI0_NSS |
| PD10 | GPD10 | CPU_NMI | TM00_ETR | URT1_BRO | | RTC_OUT | TM26_OC12 | SPI0_D5 | MA10 | MAD1 | TM36_IC3 | SPI0_MOSI |
| PD11 | GPD11 | CPU_NMI | DMA_TRG1 | URT1_TMO | | SPI0_D3 | TM26_OC1N | SPI0_NSS | MA11 | MWE | | |
| PD12 | GPD12 | CMP0_P0 | TM10_CKO | OBM_P0 | TM00_CKO | SPI0_CLK | TM20_OC0H | TM26_OC0I | MA12 | MALE2 | | |

表 7-3(d)　MG32F02A128/U128AD80-PB 的 SPI 接腳

| Pin | AFS=0 | AFS=1 | AFS=2 | AFS=3 | AFS=4 | AFS=5 | AFS=6 | AFS=7 | AFS=8 | AFS=9 | AFS=10 | AFS=11 |
|---|---|---|---|---|---|---|---|---|---|---|---|---|
| PB0 | GPB0 | I2C1_SCL | SPI0_NSS | TM01_ETR | TM00_CKO | TM16_ETR | TM26_IC0 | TM36_ETR | MA15 | URT1_NSS | | URT6_TX |
| PB1 | GPB1 | I2C1_SDA | SPI0_MISO | TM01_TRGO | TM10_CKO | TM16_TRGO | TM26_IC1 | TM36_TRGO | | URT1_RX | | URT6_RX |
| PB2 | GPB2 | ADC0_TRG | SPI0_CLK | TM01_CKO | URT2_TX | TM16_CKO | TM26_OC0H | I2C0_SDA | | URT1_CLK | URT0_TX | URT7_TX |
| PB3 | GPB3 | ADC0_OUT | SPI0_MOSI | NCO_P0 | URT2_RX | TM36_CKO | TM26_OC1H | I2C0_SCL | | URT1_TX | URT0_RX | URT7_RX |
| PB4 | GPB4 | TM01_CKO | SPI0_D3 | TM26_TRGO | URT2_CLK | TM20_IC0 | TM36_IC0 | | MALE | MAD8 | | |
| PB5 | GPB5 | TM16_CKO | SPI0_D2 | TM26_ETR | URT2_NSS | TM20_IC1 | TM36_IC1 | | MOE | MAD9 | | |
| PB6 | GPB6 | CPU_RXEV | SPI0_NSSI | URT0_BRO | URT2_CTS | TM20_ETR | TM36_IC2 | | MWE | MAD10 | | URT2_TX |
| PB7 | GPB7 | CPU_TXEV | | URT0_TMO | URT2_RTS | TM20_TRGO | TM36_IC3 | | MCE | MALE2 | | URT2_RX |
| PB8 | GPB8 | CMP0_P0 | RTC_OUT | URT0_TX | URT2_BRO | TM20_OC01 | TM36_OC01 | SPI0_D3 | MAD0 | SDT_P0 | OBM_P0 | URT4_TX |
| PB9 | GPB9 | CMP1_P0 | RTC_TS | URT0_RX | URT2_TMO | TM20_OC02 | TM36_OC02 | SPI0_D2 | MAD1 | MAD8 | OBM_P1 | URT4_RX |
| PB10 | GPB10 | | I2C0_SCL | URT0_NSS | URT2_DE | TM20_OC11 | TM36_OC11 | URT1_TX | MAD2 | MAD1 | SPI0_NSSI | |

表 7-3(e)　MG32F02A128/U128AD80-PE 的 SPI 接腳

| Pin | AFS=0 | AFS=1 | AFS=2 | AFS=3 | AFS=4 | AFS=5 | AFS=6 | AFS=7 | AFS=8 | AFS=9 | AFS=10 | AFS=11 |
|---|---|---|---|---|---|---|---|---|---|---|---|---|
| PE0 | GPE0 | OBM_I0 | | URT0_TX | DAC_TRG0 | SPI0_NSS | TM20_OC00 | TM26_OC00 | MALE | MAD8 | | URT4_TX |
| PE1 | GPE1 | OBM_I1 | | URT0_RX | DMA_TRG1 | SPI0_MISO | TM20_OC01 | TM26_OC01 | MOE | MAD9 | TM36_OC0H | URT4_RX |
| PE2 | GPE2 | OBM_P0 | I2C1_SCL | URT1_TX | NCO_P0 | SPI0_CLK | TM20_OC02 | TM26_OC02 | MWE | MAD10 | TM36_OC1H | URT5_TX |
| PE3 | GPE3 | OBM_P1 | I2C1_SDA | URT1_RX | NCO_CK0 | SPI0_MOSI | TM20_OCN | TM26_OCN | MCE | MALE2 | | URT5_RX |

## 7-1.1　串列埠 SPI 控制

1. 串列埠 SPI 界面的特性，如下表(a)(b)所示：

表 7-4(a)　串列埠 SPI 界面特性(1)

| Chip<br>Module Functions | MG32F02A032<br>SPI0 | MG32F02A128<br>MG32F02U128<br>MG32F02A064<br>MG32F02U064<br>SPI0 | Comment |
|---|---|---|---|
| SPI Standard Mode | yes | yes | 2 data line full-duplex communication |
| SPI 1/2/4-Line Mode | yes | yes | 1/2/4 data lines, half-duplex communication |
| SPI 4-Line Duplicate | - | yes | 8 data lines with two duplicated 4 data lines, half-duplex communication |
| SPI 8-Line Mode | - | yes | 8 data lines, half-duplex communication |
| Data line copy mode | yes | yes | all data lines with same data for 2/4 data lines mode |
| DTR mode | yes | yes | dual transfer rate mode |
| CLK pin | 1 | 1 | clock signal |
| Data pins | 4 | 8 | MOSI(D0),MSIO(D1),D[2..7] signals for Full/Half Duplex |

表 7-4(b) 串列埠 SPI 界面特性(2)

| Chip / Module Functions | MG32F02A032 SPI0 | MG32F02A128 MG32F02U128 MG32F02A064 MG32F02U064 SPI0 | Comment |
|---|---|---|---|
| NSS pin | 1 | 1 | NSS line management by hardware or software for master mode |
| NSSI pin | 1 | 1 | extra NSS input for multi-master application |
| SDT Events Input | | yes | SDT_E0/1/2 input as SPIx_NSS/SPIx_MOSI/SPIx_CLK |
| Master mode | yes | yes | |
| Slave mode | yes | yes | |
| Shadow Buffer | 4-byte | 4-byte | RX/TX 32-bit |
| Msb/Lsb transfer option | yes | yes | |
| Programmable data bit size | 4~32 bits | 4~32 bits | 4~32 bits |
| Programmable clock phase and polarity | yes | yes | |
| Hardware NSS control | yes | yes | control by hardware for both master and slave |
| NSS pulse mode | yes | yes | optional pulse between two sequent data frame |
| Programmable NSS pulse width | yes | yes | |
| Mode fault detect | yes | yes | master mode failure/change detect |
| Bus Idle detect | yes | yes | slave mode bus idle detect |
| Receive overrun detect | yes | yes | |
| Transmit underrun detect | yes | yes | slave mode data transmit underrun |
| Transmit write error detect | yes | yes | slave mode NSS invalid termination; Bit count error |
| DMA request capability | yes | yes | |

(1) 為主(master)及從(slave)模式，提供全雙工(full duplex)、半雙工(half duplex)或單工(simplex)傳輸模式。

(2) 在從(slave)模式，提供無 NSS 信號來進行資料傳輸。

(3) 提供可規劃時脈速率控制。

(4) 可選擇 4~32-bit 傳輸格式，提供 32-bit 資料緩衝器(buffer)和 32-bit 資料暫存器，用於獨立地發送和接收，以提高發送和接收通信性能。。

(5) 透過 DMA 功能，可進行資料緩衝的接收和發送功能。

(6) 提供提供多主(master)機處理能力。

(7) 可選擇時脈的極性及相位。

(8) 可選擇高位元(MSB)或低位元(LSB)先傳輸。

(9) 在主(master)模式，可用硬體或軟體對 NSS 線進行管理。

(10) 可配置的資料傳輸方式有：標準 SPI 模式(有獨立的發射和接收線)、 具有雙向資料傳輸的單/雙/四/八通道 SPI 模式。

(11) 資料發射與接收覆蓋(overrun)檢測。

(12) 提供硬體主(master)模式故障檢測和自動從(slave)模式更改。

(13) 可設定最高速率 MG32F02A072/132 主機為 12MHz/從機 6MHz、 MG32F02A032 主機 24MHz/從機 16MHz，MG32F02A064/128 及 MG32F02U064/128 主機/從機均為 24MHz。

(14) 可設定資料傳輸拓展模式，具有雙向資料傳輸 SPI 的 IO 模式，其中 MG32F02A032 為 4-bit(D0~D3)與 064/072/128/132 為 8-bit(D0~D7)。

2. 串列埠 SPI 界面標準(Standard)控制：主(Master)及僕(Slave)的分別在於 Master 會送出時脈具有主控權能夠主動傳輸資料，而 Slave 則接收時脈被動 傳輸資料。SPI 主(Master)控制方式如下圖所示：

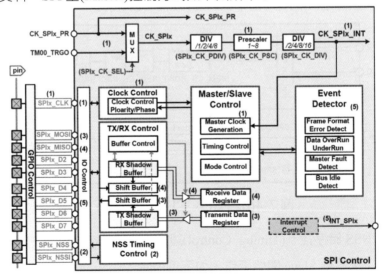

圖 7-3　SPI 主(Master)控制方式

以 Master(主 SPI)傳送資料給 Slave(僕 SPI)為例：

(1) 可設定 CK_SPIx_PR 時脈為 CK_APB 或 CK_AHB 如下圖所示：

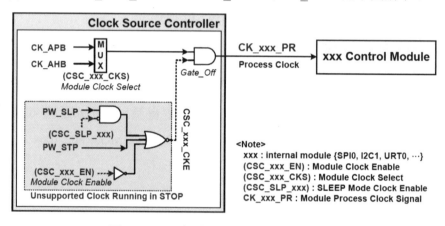

圖 7-4(a)　設定 CK_SPIx_PR 時脈

再選擇時脈來源 CK_SPIx_PR 或 TM00_TRGO 成為 CK_SPIx，經三次除頻後成為 CK_SPIx_INT，經過時脈控制器(Clock Control)設定時脈的極性(Ploarity)及相位(Phase)成為串列時脈(SPIx_CLK)信號，如下圖所示：

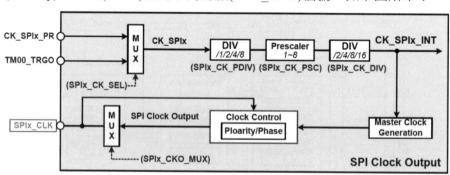

圖 7-4(b)　SPIx_CLK 時脈輸出

(2) 由 NSS 時序控制(Timing Control)設定接腳 SPIx_NSS 及 SPIx_NSSI 信號，來啟動 Slave 開始工作。如下圖所示：

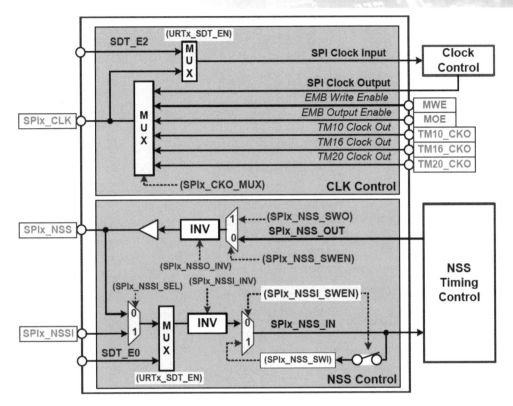

<Note> 1: x= SPI module index
2: EMB/TM20 modules are not support for MG32F02A032

圖 7-5　NSS 時序控制

(3) 當 Master(主)SPI 發射資料時，須將資料寫入發射資料暫存器(Transmit Data Register)，經 TX Shadow Buffer 及 Shift Buffer 後，串列資料會由接腳 SPIx_MOSI 配合串列時脈(SPIx_CLK)發射到 Slave(僕 SPI)。資料以串列方式由 SPIx_MOSI 腳輸出，每輸出 1-bit 同時會在 SPIx_CLK 腳輸出一個同步時脈(Clock)。

在 Slave 不須設定時脈頻率，但傳輸格式須和 Master 相同。Slave 會隨著 Master 的 SPIx_CLK 腳輸入的同步時脈，由 MOSI 腳接收串列資料進入移位暫存器內，使兩者能夠同步傳輸資料。

(4) 當 Master(主)SPI 接收資料時，配合串列時脈(SPIx_CLK)由 SPIx_MISO 輸入串列資料，經 Shift Buffer 及 RX Shadow Buffer 後送到接收資料暫存器(Receive Data Register)。

(5) 由事件偵錯器(Event Detector)檢查是否發射完畢、接收完畢或傳輸錯誤會，會令狀態旗標(Status Flag)發生變化，此時可產生 SPI 事件中斷信號(INT_SPIx)。SPI 的狀態(Status)及中斷，如下圖所示：

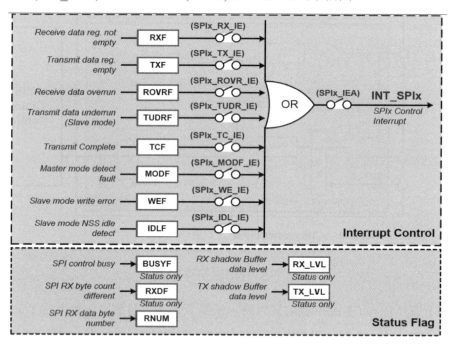

圖 7-6　SPI 狀態及中斷

3. 串列埠 SPI 界面 IO 控制(本書不使用)：

　　SPI 界面的 IO 控制提供最多 8-bit 資料信號(SPIx_D[7:0])，其中 SPIx_D0/SPIx_D1 與 SPIx_MOSI/SPIx_MISO 共用，再配合 SPIx_CLK、SPIx_NSS 和 SPIx_NSSI，來進行 SPI 界面的 IO 控制。其中 SPIx_IO_SWP 暫存器用於致能 MOSI 和 MISO 信號的交換。如下圖所示：

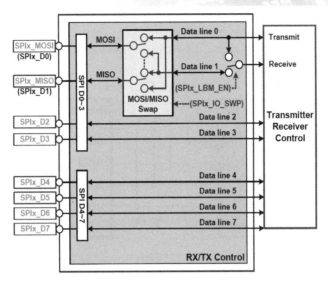

圖 7-7　SPI 界面 IO 控制

4. 串列埠 SPI 界面標準(Standard)傳輸：

(1) 由主控制器(Master)以三支 GPIO(NSS、NSS2、NSS3)腳用軟體輸出 0 準位，分別送到三個僕(Slave)裝置的 NSS 腳作為晶片選擇信號。再配合串列時脈(CLK)，由 MOSI 或 MISO 傳輸串列資料，如下圖所示：

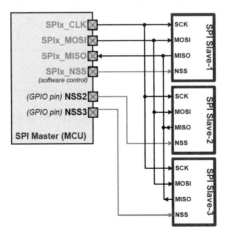

圖 7-8　主(Master)控制器連接數個僕(Slave)裝置傳輸

(2) 主(Master)控制器與(Slave)裝置兩者角色可互相交換傳輸，此時接腳最好設定為開洩極(Open Drain)，再外加提升電阻，如下圖所示：

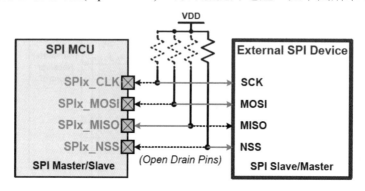

圖 7-9　主(Master)控制器與(Slave)裝置交換傳輸

5. 串列埠 SPI 界面主(Master)控制器傳輸時序，如下圖所示：

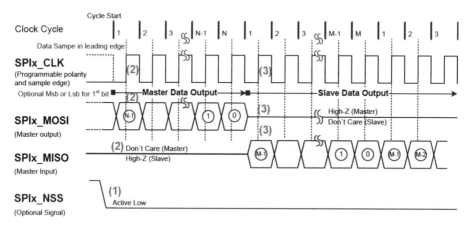

圖 7-10　SPI 界面主(Master)控制器傳輸時序

(1) 由主控制器(Master)以 GPIO(NSS)腳用軟體輸出 0 準位，送到僕(Slave)裝置的 NSS 腳作為晶片選擇信號。啟動僕(Slave)裝置工作。

(2) 主控制器(Master)發射資料給僕(Slave)裝置時，由主控制器(Master)的(CLK)腳輸出同步時脈，配合 MOSI 腳來傳輸串列資料，此時僕(Slave)

裝置的 MISO 腳為高阻抗(High-z)。

(3) 主控制器(Master)接收僕(Slave)裝置的資料時，由主控制器(Master)的 (CLK)腳輸出同步時脈，配合 MISO 腳來傳輸串列資料，此時主控制器 (Master)的 MOSI 腳為高阻抗(High-z)。

(4) 串列時脈(CLK)可設定極性(CPOL)及相位(CPHA)來傳輸，同時 MOSI 及 MISO 可選擇低 bit(Msb)先傳輸或高 bit(Lsb)先傳輸，基本時序如下 圖所示：

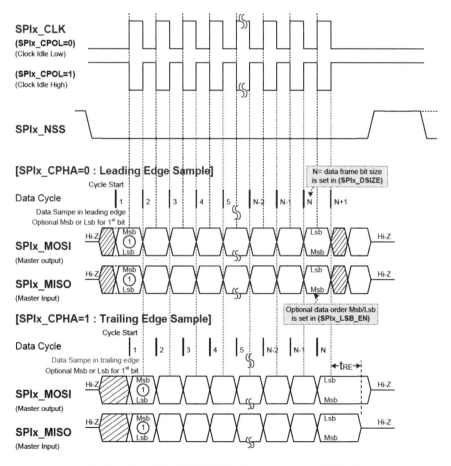

圖 7-11　SPI 界面基本(Fundamental)時序

## 7-1.2 串列埠 SPI 函數式

串列埠 SPI 函數式如下：其中 SPIx= SPI0。

1. SPI 初始化(DeInit)：

(1) SPI 開機預定初始化：

| void | SPI_DeInit (SPI_Struct *SPIx) |
|---|---|
| 範例： SPI_DeInit(SPI0); | |

2. SPI 時脈(Clock)：

(1)SPI0 內部時脈(CK_SPI0)來源選擇：

| void | SPI_Clock_Select (SPI_Struct *SPIx, SPI_CLKS_Enum SPI_CLKS) |
|---|---|
| 輸入： SPI_CLKS = SPI_CK_SPIx_PR , SPI_TM00_TRGO | |
| 範例： SPI_Clock_Select(SPI0, SPI_CK_SPIx_PR); | |

(2)SPI0 處理時脈(CK_SPI0_PR)輸入除頻器：

| void | SPI_PreDivider_Select (SPI_Struct *SPIx, SPI_PDIV_Enum SPI_PDIVS) |
|---|---|
| 輸入： SPI_PDIVS= SPI_PDIV_1 , SPI_PDIV_2 , SPI_PDIV_4 , SPI_PDIV_8 | |
| 範例： SPI_PreDivider_Select(SPI0, SPI_PDIV_1); | |

(3)SPI0 內部時脈(CK_SPI0_INT)預除器選擇：

| void | SPI_Prescaler_Select (SPI_Struct *SPIx, SPI_PSC_Enum SPI_PSCS) |
|---|---|
| 輸入： SPI_PSCS= SPI_PSC_1~ SPI_PSC_8 | |
| 範例： SPI_Prescaler_Select(SPI0, SPI_PSC_1); | |

(4)SPI 內部時脈(CK_SPI0_INT)輸入除頻選擇：

| void | SPI_Divider_Select (SPI_Struct *SPIx, SPI_DIV_Enum SPI_DIVS) |
|---|---|
| 輸入： SPI_DIVS= SPI_DIV_2 , SPI_DIV_4 , SPI_DIV_8 , SPI_DIV_16 | |

範例：SPI_Divider_Select(SPI0, SPI_DIV_2);

## 3. 模式及 NSS 信號(Mode & NSS)：

### (1) SPI 模式及 NSS 信號選擇：

| void | SPI_ModeAndNss_Select (SPI_Struct *SPIx, MODNSS_Enum SPI_MNS) |
|------|-------------------------------------------------------------|
| 輸入：SPI_MNS= SPI_Master , SPI_MasterWithNss , SPI_MasterWithMODF | |
| SPI_MasterWithNssAndMODF , SPI_Slave , SPI_SlaveWithNss | |
| 範例：SPI_ModeAndNss_Select(SPI0, SPI_Master); | |

### (2) SPI 當檢測到主模式故障(fault)時，選擇 SPIx 功能：

| void | SPI_ModfHappenedAction_Select (SPI_Struct *SPIx, MODF_Enum SPI_MODFS) |
|------|----------------------------------------------------------------------|
| 輸入：SPI_MODFS= SPI_DisableSPI , SPI_SwitchToSlave | |
| 範例：SPI_ModfHappenedAction_Select(SPI0, SPI_SwitchToSlave); | |

### (3) SPI 的 NSS 腳輸入信號選擇：

| void | SPI_NSSInputSignal_Select (SPI_Struct *SPIx, NSSI_Enum SPI_NSSIS) |
|------|------------------------------------------------------------------|
| 輸入：SPI_NSSIS= SPI_NssPin , SPI_NssPin | |
| 範例：SPI_NSSInputSignal_Select(SPI0, SPI_NssPin); | |

### (4) SPI 主(Master)模式致能 NSS 脈衝：

| void | SPI_SingleMasterModeNssPulse_Cmd (SPI_Struct *SPIx, FunctionalState NewState) |
|------|------------------------------------------------------------------------------|
| 輸入：NewState=ENABLE , DISABLE | |
| 範例：SPI_SingleMasterModeNssPulse_Cmd(SPI0, DISABLE); | |

### (5) SPI 致能 NSS 腳輸入信號反相：

| void | SPI_NssInputInverse_Cmd (SPI_Struct *SPIx, FunctionalState NewState) |
|------|---------------------------------------------------------------------|
| 輸入：NewState=ENABLE , DISABLE | |

| 範例：SPI_NssInputInverse_Cmd(SPI0, DISABLE); |
| --- |

(6) SPI 致能 NSS 腳輸出信號反相：

| void | SPI_NssOutputInverse_Cmd (SPI_Struct *SPIx, FunctionalState NewState) |
| --- | --- |
| 輸入：NewState=ENABLE , DISABLE | |
| 範例：SPI_NssOutputInverse_Cmd (SPI0, DISABLE); | |

(7) SPI 的 NSS 信號輸出/輸入使用軟體控制位元致能：

| void | SPI_NssInputOutputSoftwareControl_Cmd (SPI_Struct *SPIx, FunctionalState NewState) |
| --- | --- |
| 輸入：NewState=ENABLE , DISABLE | |
| 範例：SPI_NssInputOutputSoftwareControl_Cmd(SPI0, DISABLE); | |

(8) SPI 該位元用於 NSS 信號輸入狀態位元：

| DRV_Return | SPI_GetNSSInputStatust (SPI_Struct *SPIx) |
| --- | --- |
| 返回：DRV_Return= DRV_Low , DRV_High | |
| 範例：NSS_Status = SPI_GetNSSInputStatust(SPI0); | |

(9) SPI 模式及 NSS 輸出信號選擇：

| void | SPI_NSSOutputStatusControl_SW (SPI_Struct *SPIx, DRV_Return NewStatus) |
| --- | --- |
| 輸入：NewState= DRV_Low , DRV_High | |
| 範例：SPI_NSSOutputStatusControl_SW(SPI0, DRV_High); | |

(10) SPI 功能致能：

| void | SPI_Cmd (SPI_Struct *SPIx, FunctionalState NewState) |
| --- | --- |
| 輸入：NewState=ENABLE , DISABLE | |
| 範例：SPI_Cmd(SPI0, ENABLE); | |

4. SPI 時序(Timing)：

   (1) SPI 時脈相位(phase)選擇：

| void | SPI_ClockPhase_Select (SPI_Struct *SPIx, CPHA_Enum SPI_CPHAS) |
|------|---------------------------------------------------------------|
| 輸入：SPI_CPHAS= SPI_LeadingEdge , SPI_TrailingEdge | |
| 範例：SPI_ClockPhase_Select(SPI0, SPI_LeadingEdge); | |

   (2) SPI 時脈極性(polarity)選擇：

| void | SPI_ClockPolarity_Select (SPI_Struct *SPIx, CPOL_Enum SPI_CPOLS) |
|------|------------------------------------------------------------------|
| 輸入：SPI_CPOLS= SPI_Low , SPI_High | |
| 範例：SPI_ClockPolarity_Select(SPI0, SPI_Low); | |

   (3) SPI 資料順序(order)先傳輸位元選擇：

| void | SPI_FirstBit_Select (SPI_Struct *SPIx, SPI_FBS_Enum SPI_FBS) |
|------|--------------------------------------------------------------|
| 輸入：SPI_FBS= SPI_MSB , SPI_LSB | |
| 範例：SPI_FirstBit_Select(SPI0, SPI_MSB); | |

5. SPI 資料緩衝器(Buffer)：

   (1) SPI 資料緩衝器接收位階(level)顯示：

| uint8_t | SPI_GetRxShadowBufferLevel (SPI_Struct *SPIx) |
|---------|------------------------------------------------|
| 返回：uint8_t=0~4 | |
| 範例：RxShadowBuffer = SPI_GetRxShadowBufferLevel(SPI0); | |

   (2) SPI 清除接收資料致能：

| void | SPI_ClearRxData (SPI_Struct *SPIx) |
|------|------------------------------------|
| 範例：SPI_ClearRxData(SPI0); | |

   (3) SPI 抓取接收資料緩衝器(RNUM)資料 byte 數：

| uint8_t | SPI_GetDataBufferReceivedBytes (SPI_Struct *SPIx) |
|---|---|
| 返回：uint8_t=0~4 | |
| 範例：SPI_RNUM = SPI_GetDataBufferReceivedBytes(SPI0); | |

(4) SPI 設定接收資料緩衝器(RNUM)資料 byte 數：

| void | SPI_SetDataBufferReceivedBytes (SPI_Struct *SPIx, RNUM_Enum SPI_RNUMS) |
|---|---|
| 輸入：SPI_RNUMS= SPI_RNUM_0Byte ~ SPI_RNUM_4Byte | |
| 範例：SPI_SetDataBufferReceivedBytes(SPI0, SPI_RNUM_4Byte); | |

(5) SPI 清除發射資料致能：

| void | SPI_ClearTxData (SPI_Struct *SPIx) |
|---|---|
| 範例：SPI_ClearTxData(SPI0); | |

(6) SPI 資料緩衝器傳輸剩餘位階(level)顯示：

| uint8_t | SPI_GetTxShadowBufferLevel (SPI_Struct *SPIx) |
|---|---|
| 返回：uint8_t =0~4 | |
| 範例：TxShadowBuffer = SPI_GetTxShadowBufferLevel(SPI0); | |

(7) SPI 抓取接收資料：

| uint32_t | SPI_GetRxData (SPI_Struct *SPIx) |
|---|---|
| 返回：uint32_t = 0x00000000 ~ 0xFFFFFFFF | |
| 範例：Data = SPI_GetRxData(SPI0); | |

(8) SPI 設定發射資料：

| void | SPI_SetTxData (SPI_Struct *SPIx, Byte_Enum SPI_Byte, uint32_t SPI_DAT) |
|---|---|
| 輸入：SPI_ Byte = SPI_1Byte~ SPI_4Byte，SPI_DAT=0x00000000 ~ 0xFFFFFFFF | |
| 範例：SPI_SetTxData(SPI0, SPI_3Byte, 0x012345); | |

(9) SPI 抓取發射資料：

| uint32_t | SPI_GetTxData (SPI_Struct *SPIx) |
|---|---|
| 返回：uint32_t=0x00000000 ~ 0xFFFFFFF |
| 範例：Data = SPI_GetTxData(SPI0); |

(10)SPI 僕(slave)模式接收資料緩衝器高臨限()選擇：

| void | SPI_SlaveModeReceivedThreshold_Select (SPI_Struct *SPIx, Byte_Enum SPI_RxTH) |
|---|---|
| 輸入：SPI_RxTH= SPI_1Byte~ SPI_4Byte |
| 範例：SPI_SlaveModeReceivedThreshold_Select(SPI0, SPI_2Byte); |

6. SPI 資料模式(Mode)：

(1) SPI 傳輸資料容量選擇：

| void | SPI_DataSize_Select (SPI_Struct *SPIx, DSIZE_Enum SPI_DSIZES) |
|---|---|
| 輸入：SPI_DSIZES= SPI_4bits~SPI_32bits |
| 範例：SPI_DataSize_Select(SPI0, SPI_8bits); |

(2) SPI 資料線編號選擇：

| void | SPI_DataLine_Select (SPI_Struct *SPIx, DATALINE_Enum SPI_LINES) |
|---|---|
| 輸入：SPI_LINES=SPI_Standard , SPI_1LineBidirection , SPI_2LinesBidirection , SPI_4LinesBidirection , SPI_4LinesDuplicate , SPI_8LinesBidirection |
| 範例：SPI_DataLine_Select(SPI0, SPI_Standard); |

(3) SPI 資料線輸出致能：

| void | SPI_DataLineOutput_Cmd (SPI_Struct *SPIx, FunctionalState NewState) |
|---|---|
| 輸入：NewState=ENABLE , DISABLE |
| 範例：SPI_DataLineOutput_Cmd(SPI0, ENABLE); |

(4) SPI 資料傳輸複製(copy)模式致能：

| void | SPI_SendCopyMode_Cmd (SPI_Struct *SPIx, FunctionalState NewState) |
|---|---|
| 輸入：NewState=ENABLE , DISABLE<br>註解：提供資料為 1 線、2 線及 4 線 | |
| 範例：SPI_SendCopyMode_Cmd(SPI0, DISABLE); | |

(5) SPI 資料線雙向輸出致能：

| void | SPI_BidirectionalOutput_Cmd (SPI_Struct *SPIx, FunctionalState NewState) |
|---|---|
| 輸入：NewState=ENABLE , DISABLE | |
| SPI_BidirectionalOutput_Cmd (SPI0, ENABLE); | |

(6) SPI 雙向傳輸輸入/輸出選擇：

| void | SPI_TransferBidirection_Select (SPI_Struct *SPIx, SPI_BDIR_Enum BDIR_SEL) |
|---|---|
| 輸入：BDIR_SEL= SPI_BDIR_IN , SPI_BDIR_OUT | |
| 範例：SPI_TransferBidirection_Select (SPI0, SPI_BDIR_OUT); | |

(7) SPI 的 MOSI 及 MISO 信號交換致能：

| void | SPI_MosiMisoSignalSwap_Cmd (SPI_Struct *SPIx, FunctionalState NewState) |
|---|---|
| 輸入：NewState=ENABLE , DISABLE | |
| 範例：SPI_MosiMisoSignalSwap_Cmd(SPI0, DISABLE); | |

(8) SPI 迴路(Loop back)模式致能：

| void | SPI_LoopBackMode_Cmd (SPI_Struct *SPIx, FunctionalState NewState) |
|---|---|
| 輸入：NewState=ENABLE , DISABLE | |
| 範例：SPI_LoopBackMode_Cmd(SPI0, DISABLE); | |

(9) SPI 時脈輸出信號選擇：

| void | SPI_ClockOutputSignal_Select (SPI_Struct *SPIx, CKOMUX_Enum SPI_CKOS) |
|---|---|
| 輸入：SPI_CKOS=SPI_Clock , EMB_MweSignal , EMB_OeSignal , TM10_CKO , TM16_CKO , TM20_CKO. | |
| 範例： SPI_ClockOutputSignal_Select (SPI0, SPI_Clock); | |

## 7. SPI 直接記憶存取(DMA)：

### (1) SPI 的 DMA 發射致能：

| void | SPI_TXDMA_Cmd (SPI_Struct *SPIx, FunctionalState NewState) |
|---|---|
| 輸入：NewState=ENABLE , DISABLE | |
| 範例：SPI_TXDMA_Cmd (SPI0, DISABLE) | |

### (2) SPI 的 DMA 接收致能：

| void | SPI_RXDMA_Cmd (SPI_Struct *SPIx, FunctionalState NewState) |
|---|---|
| 輸入：NewState=ENABLE , DISABLE | |
| 範例：SPI_RXDMA_Cmd (SPI0, DISABLE) | |

## 8. SPI 中斷(Interrupt)：

### (1) SPI 抓取所有旗標資料：

| uint32_t | SPI_GetAllFlagStatus (SPI_Struct *SPIx) |
|---|---|
| 返回：uint32_t | |
| 範例：AllFlag = SPI_GetAllFlagStatus(SPI0); | |

### (2) SPI 抓取信號旗標狀態：

| DRV_Return | SPI_GetSingleFlagStatus (SPI_Struct *SPIx, uint32_t SPI_Flag) |
|---|---|
| 輸入：SPI_Flag=SPI_BSYF , SPI_IDLF , SPI_TCF , SPI_RXDF , SPI_RXF , SPI_TXF SPI_MODF , SPI_WEF , SPI_ROVRF , SPI_TUDRF , SPI_IDL_STA | |
| 返回：DRV_Return=DRV_Normal , DRV_Happened | |

| | |
|---|---|
| 範例：temp=SPI_GetSingleFlagStatus(SPI0, SPI_TXF); | |

(3) SPI 清除中斷旗標：

| void | SPI_ClearFlag (SPI_Struct *SPIx, uint32_t SPI_Flag) |
|---|---|
| 輸入：SPI_Flag=SPI_BSYF , SPI_IDLF , SPI_TCF , SPI_RXDF , SPI_RXF , SPI_TXF                 SPI_MODF , SPI_WEF , SPI_ROVRF , SPI_TUDRF , SPI_ALLF | |
| 範例：SPI_ClearFlag(SPI0, SPI_TXF \| SPI_RXF); | |

(4) SPI 配置中斷來源：

| void | SPI_IT_Config (SPI_Struct *SPIx, uint32_t SPI_INTS, FunctionalState NewState) |
|---|---|
| 輸入：SPI_INTS=SPI_INT_IDL , SPI_INT_TC , SPI_INT_RX , SPI_INT_TX ,                   SPI_INT_MODF , SPI_INT_WE , SPI_INT_ROVR , SPI_INT_TUDR | |
| 輸入：NewState=ENABLE , DISABLE | |
| 範例：SPI_IT_Config(SPI0, SPI_INT_TC \| SPI_INT_RX, ENABLE); | |

(5) SPI 致能/禁能所有中斷：

| void | SPI_ITEA_Cmd (SPI_Struct *SPIx, FunctionalState NewState) |
|---|---|
| 輸入：NewState=ENABLE , DISABLE | |
| 範例：SPI_ITEA_Cmd (SPI0, DISABLE) | |

## 7-1.3 串列埠 SPI 實習

1. 範例 SPI1_Loop：SPI 主機自我傳輸中斷控制，由 SPI0_MOSI 發射計數值
   給 SPI0_MISO 接收，在 LED 顯示接收計數值。實習電路、接腳設定及波
   形邏輯分析儀量測如下圖(a)~(c)所示：

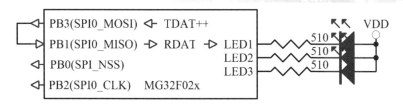

圖 7-12(a)　SPI 實習電路

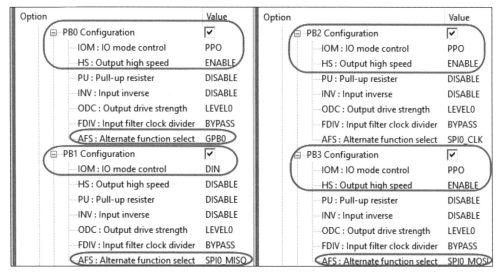

圖 7-12(b)　SPI 接腳設定(MG32x02z_GPIO_Init.h)

圖 7-12(c)　SPI 自我傳輸-邏輯分析儀量測

2. 範例 SPI2_Master_TX：SPI 主機發射計數值給 SPI 從機，同時 LED 顯示計數值。

3. 範例 SPI2_Slave_RX：SPI 從機中斷接收資料，並 LED 顯示計數值。實習電路如下圖所示：

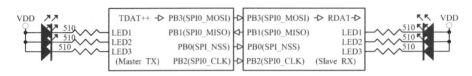

圖 7-13　兩個 SPI 傳輸實習電路

4. 範例 SPI3_Master_TX_DMA：DMA 傳輸 SPI 主機發射控制，DMA 傳輸多筆資料給 SPI 主機發射到 SPI 從機，LED 亮發射，LED 暗停止發射。

5. 範例 SPI3_Master_RX_DMA：DMA 傳輸 SPI 主機接收控制，DMA 一次接收 6-byte 資料，類似 SPI Flash 讀取。

## 7-1.4　SPI 界面串入並出控制實習

藉由 SPI 界面控制串入並出移位暫存器晶片(74HC595)，可輸入串列資料轉為並列資料輸出，使用時必須將 J24(OE)短路，如下圖(a)(b)所示：

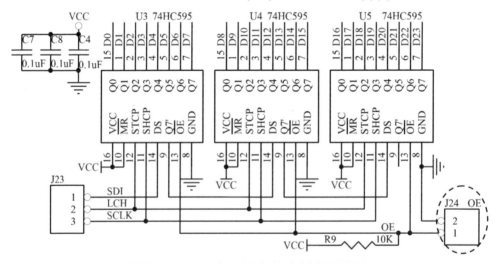

圖 7-14(a)　串入並出移位暫存器電路

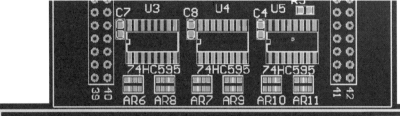

圖 7-14(b)　　串入並出移位暫存器外型

連線：J24(OE,GND)ON，PB3、PB0、PB2 -->J23(SDI、LCH、SCK)。

SPI 界面控制串入並出移位暫存器範例如下：

1. 範例 SPI4_SHIFT_LED1：以 SPI 界面串列傳輸，經 74595 串入並出，令 8-bit LED 遞加輸出。

2. 範例 SPI4_SHIFT_LED2：以 SPI 界面串列傳輸，經 74595 串入並出，令 16-bit LED 遞加輸出。

3. 範例 SPI5_SHIFT_SEG1：以 SPI 界面串列傳輸，經 74595 串入並出，令 七段顯示器顯示 0~F。

4. 範例 SPI5_SHIFT_SEG2：以 SPI 界面串列傳輸，經 74595 串入並出，令 七段顯示器顯示 0000~9999。

5. 範例 SPI5_SHIFT_SEG3：以 SPI 界面串列傳輸，經 74595 串入並出，令 七段顯示器顯示電子鐘時、分及秒為閃爍。

6. 範例 SPI6_SHIFT_DOT1：以 SPI 界面串列傳輸，經 74595 串入並出，輸 出陣列字型資料，顯示不同彩色的字型。

7. 範例 SPI6_SHIFT_DOT2：以 SPI 界面串列傳輸，經 74595 串入並出，輸

出 4 個陣列字型資料，顯示不同彩色的字型。

## 7-1.5 SPI 界面 Flash 控制實習

SPI 界面 Flash MX25L3206E，表示它的記憶容量為 32M-bit，以位元組來計算 16384/8=2048-byte，其特性如下：

•高性能 ，-快速存取時間：串列時脈為 86MHz 或 66MHz3。

-連續編程模式（在字元燒錄模式下可自動增加地址）.

•可清除/燒錄的 100,000 次。• 裝以 SOIC 為例其接腳，如下表所示：

表 7-5 MX25L3206E 接腳

| 零件接腳 | 腳名 | 說明 |
|---|---|---|
| 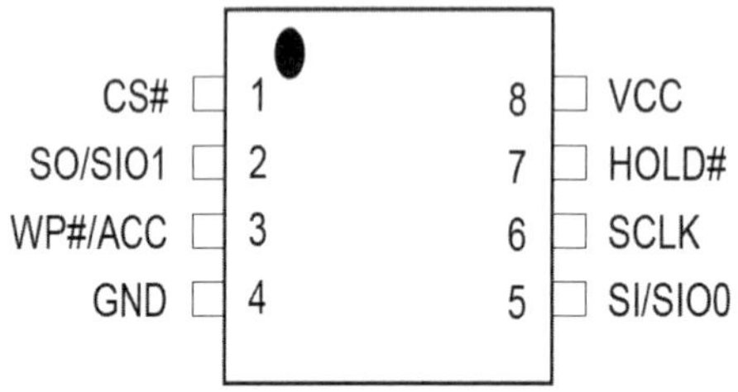 CS# ☐ 1　　8 ☐ VCC<br>SO/SIO1 ☐ 2　　7 ☐ HOLD#<br>WP#/ACC ☐ 3　　6 ☐ SCLK<br>GND ☐ 4　　5 ☐ SI/SIO0 | VCC/GND | 電源電壓 2.7~3.6V |
| | CS# | 輸入 0 晶片選擇 |
| | SI/SIO0 | 串列資料輸入/輸出入 0 |
| | SO/SIO1 | 串列資料輸出/輸出入 1 |
| | SCLK | 時脈輸入 |
| | WP/ACC | 輸入 0 寫入保護 |
| | HOLD | 輸入 0 暫停設備 |

1. SPI 界面串列 Flash，MX25L3206E 內部的結構，如下圖所示：

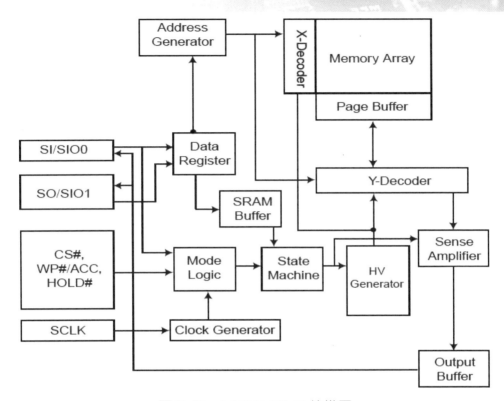

圖 7-15　MX25L3206E 結構圖

2. SPI 界面串列 Flash：實習電路如下圖所示：

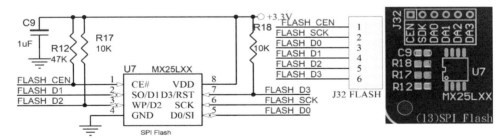

圖 7-16　Flash 實習電路

## 7-2 串列埠 I²C 界面控制原理

MG32x02z 內含串列埠積體電路匯流排(I²C: Inter-Integrated Circuit)界面有一組(032)或兩組(064/072/128/132)可連接 I²C 界面的晶片,如串列 RAM、串列 EEPROM、DIO、ADC、DAC、LCD、CCD、RTC 或其它 MCU 等。其接腳如下圖及下表所示:

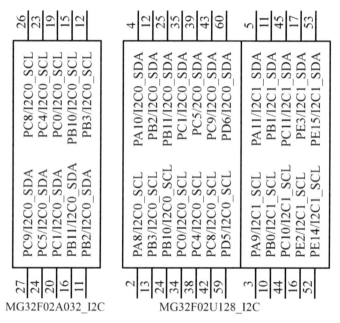

圖 7-17　串列埠 I²C 接腳

表 7-6　串列埠 I²C 接腳說明

| 信號腳 | IO | 說明 | 信號腳 | IO | 說明 |
|---|---|---|---|---|---|
| SDA | IO | I²C-bus 串列資料/位址 | SCL | IO | I²C-bus 同步時脈信號 |

經由交替功能選擇(AFS: Alternate Function Select)可將 GPIO 設定為 I²C 接腳,如下表(a)(b)所示:

### 表 7-7(a)　MG32F02A032 的 I²C 接腳

| Pin Name | AF0 | AF1 | AF2 | AF3 | AF4 | AF5 | AF6 | AF7 | AF10 |
|---|---|---|---|---|---|---|---|---|---|
| PB2 | GPB2 | ADC0_TRG | SPI0_CLK | TM01_CKO | | TM16_CKO | | I2C0_SDA | URT0_TX |
| PB3 | GPB3 | ADC0_OUT | SPI0_MOSI | | | TM36_CKO | | I2C0_SCL | URT0_RX |
| PB10 | GPB10 | | I2C0_SCL | URT0_NSS | | | TM36_OC11 | URT1_TX | SPI0_NSSI |
| PB11 | GPB11 | | I2C0_SDA | URT0_DE | IR_OUT | | TM36_OC12 | URT1_RX | DMA_TRG0 |
| PC0 | GPC0 | ICKO | TM00_CKO | URT0_CLK | | | TM36_OC00 | I2C0_SCL | URT0_TX |
| PC1 | GPC1 | ADC0_TRG | TM01_CKO | TM36_IC0 | URT1_CLK | | TM36_OC0N | I2C0_SDA | URT0_RX |
| PC4 | GPC4 | SWCLK | I2C0_SCL | URT0_RX | URT1_RX | | TM36_OC2 | | |
| PC5 | GPC5 | SWDIO | I2C0_SDA | URT0_TX | URT1_TX | | TM36_OC3 | | |
| PC8 | GPC8 | ADC0_OUT | I2C0_SCL | URT0_BRO | URT1_TX | | TM36_OC0H | TM36_OC0N | |
| PC9 | GPC9 | CMP0_P0 | I2C0_SDA | URT0_TMO | URT1_RX | | TM36_OC1H | TM36_OC1N | |

### 表 7-7(b)　MG32F02U128 的 I²C 接腳

| Pin | AFS=0 | AFS=1 | AFS=2 | AFS=3 | AFS=4 | AFS=5 | AFS=6 | AFS=7 | AFS=8 | AFS=9 | AFS=10 | AFS=11 |
|---|---|---|---|---|---|---|---|---|---|---|---|---|
| PA8 | GPA8 | DMA_TRG0 | I2C0_SCL | URT2_BRO | SDT_I0 | | TM20_IC0 | SPI0_NSS | MA8 | MAD0 | TM36_OC0H | URT4_TX |
| PA9 | GPA9 | DMA_TRG1 | I2C1_SCL | URT2_TMO | | | TM20_IC1 | SPI0_MISO | MA9 | MAD1 | TM36_OC1H | URT5_TX |
| PA10 | GPA10 | TM36_BK0 | SPI0_D2 | I2C0_SDA | URT2_CTS | SDT_I1 | TM26_IC0 | SPI0_CLK | MA10 | MAD2 | TM36_OC2H | URT4_RX |
| PA11 | GPA11 | DAC_TRG0 | SPI0_D3 | I2C1_SDA | URT2_RTS | | TM26_IC1 | SPI0_MOSI | MA11 | MAD3 | TM36_OC3H | URT5_RX |
| PB0 | GPB0 | I2C1_SCL | SPI0_NSS | TM01_ETR | TM00_CKO | TM16_ETR | TM26_IC0 | TM36_ETR | MA15 | URT1_NSS | | URT6_TX |
| PB1 | GPB1 | I2C1_SDA | SPI0_MISO | TM01_TRGO | TM10_CKO | TM16_TRGO | TM26_IC1 | TM36_TRGO | | URT1_RX | | URT6_RX |
| PB2 | GPB2 | ADC0_TRG | SPI0_CLK | TM01_CKO | URT2_TX | TM16_CKO | TM26_OC0H | I2C0_SDA | | URT1_CLK | URT0_TX | URT7_TX |
| PB3 | GPB3 | ADC0_OUT | SPI0_MOSI | NCO_P0 | URT2_RX | TM36_CKO | TM26_OC1H | I2C0_SCL | | URT1_TX | URT0_RX | URT7_RX |
| PB10 | GPB10 | | I2C0_SCL | URT0_NSS | URT2_DE | TM20_OC11 | TM36_OC11 | URT1_TX | MAD2 | MAD1 | SPI0_NSSI | |
| PB11 | GPB11 | | I2C0_SDA | URT0_DE | IR_OUT | TM20_OC12 | TM36_OC12 | URT1_RX | MAD3 | MAD9 | DMA_TRG0 | URT0_CLK |
| PC0 | GPC0 | ICKO | TM00_CKO | URT0_CLK | URT2_CLK | TM20_OC00 | TM36_OC00 | I2C0_SCL | MCLK | MWE | URT0_TX | URT5_TX |
| PC1 | GPC1 | ADC0_TRG | TM01_CKO | TM36_IC0 | URT1_CLK | TM20_OC0N | TM36_OC0N | I2C0_SDA | MAD8 | MAD4 | URT0_RX | URT5_TX |
| PC4 | GPC4 | SWCLK | I2C0_SCL | URT0_RX | URT1_RX | | TM36_OC2 | SDT_I0 | | | | URT6_RX |
| PC5 | GPC5 | SWDIO | I2C0_SDA | URT0_TX | URT1_TX | | TM36_OC3 | SDT_I1 | | | | URT6_TX |
| PC8 | GPC8 | ADC0_OUT | I2C0_SCL | URT0_BRO | URT1_TX | TM20_OC0H | TM36_OC0H | TM36_OC0N | MAD11 | MAD13 | CCL_P0 | URT6_TX |
| PC9 | GPC9 | CMP0_P0 | I2C0_SDA | URT0_TMO | URT1_RX | TM20_OC1H | TM36_OC1H | TM36_OC1N | MAD12 | MAD6 | CCL_P1 | URT6_RX |
| PC10 | GPC10 | CMP1_P0 | I2C1_SCL | URT0_TX | URT2_TX | URT1_TX | TM36_OC2H | TM36_OC2N | MAD13 | MAD14 | | URT7_TX |
| PC11 | GPC11 | | I2C1_SDA | URT0_RX | URT2_RX | URT1_RX | TM36_OC3H | TM26_OC01 | MAD14 | MAD7 | | URT7_RX |
| PD5 | GPD5 | TM00_ETR | I2C0_SCL | URT1_RX | | | TM26_OC01 | SPI0_MISO | MA5 | MAD5 | | URT2_RX |
| PD6 | GPD6 | CPU_NMI | I2C0_SDA | URT1_NSS | | SPI0_NSSI | TM26_OC02 | SPI0_NSS | MA6 | SDT_P0 | | URT2_NSS |
| PE2 | GPE2 | OBM_P0 | I2C1_SCL | URT1_TX | NCO_P0 | SPI0_CLK | TM20_OC02 | TM26_OC02 | MWE | MAD10 | TM36_OC1H | URT5_TX |
| PE3 | GPE3 | OBM_P1 | I2C1_SDA | URT1_RX | NCO_CK0 | SPI0_MOSI | TM20_OC0N | TM26_OC0N | MCE | MALE2 | | URT5_RX |
| PE10 | GPE10 | I2C0_SCL | I2C1_SCL | URT0_TX | URT4_TX | | | | | SDT_I0 | | |
| PE11 | GPE11 | I2C0_SDA | I2C1_SDA | URT0_RX | URT4_RX | | | | | SDT_I1 | | |
| PE14 | GPE14 | RTC_OUT | I2C1_SCL | | TM01_ETR | TM16_ETR | TM20_OC12 | TM26_OC12 | MALE2 | CCL_P0 | TM36_OC3H | URT7_TX |
| PE15 | GPE15 | RTC_TS | I2C1_SDA | | TM36_BK0 | TM36_ETR | TM20_OC1N | TM26_OC1N | MALE | CCL_P1 | | URT7_RX |

I²C 使用二條線即可連接所有的 I²C 界面晶片，進行全雙工同步資料傳送工作，如下圖所示：

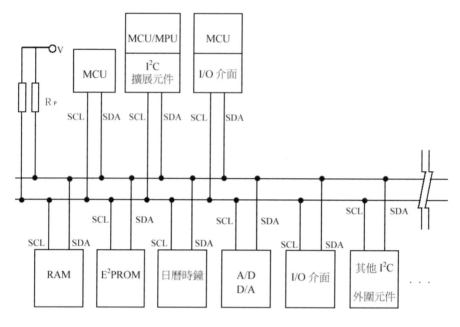

圖 7-18　I²C 工作圖

MG32x02z 的 I²C 模組特性如下：

◎ 標準 I²C BUS 接腳，僅以二條線即可進行全雙工同步資料傳送。

◎ 可程式化的傳輸速率，在同一條 BUS 上可進行不同速率的傳輸。

◎ 可設置為 Master(主)、Slave(僕)或 Master/Slave 來進行雙向傳輸，同時 Master 可控制 Slave 的啟動及關閉，最多可外接 128 個 Slave(僕)元件(device)。

◎ 允許多個 Master(主)同時傳輸，彼此之間可進行協調，避免衝突。

◎ 提供主(master)及從(slave)操作模式。

◎ 提供可規劃時脈速率控制。

◎ 應用於主(master)模式時，提供可規劃的高/低時脈週期控制。

◎ 應用於從(slave)模式時，提供從時模式的時脈延長(stretching)功能。

◎ 提供廣播(general call)功能及提供多主(master)機處理能力。

◎ 提供 Byte 模式和緩衝區模式流控制。

◎ 提供 Byte 模式匯流排(bus)事件代碼(code)，用於單工軔體(firmware)控制。

◎ 提供緩衝器(Buffer)模式，有 4-byte 資料緩衝器和 32-bit 資料暫存器，可用於
　　高速傳輸。

◎ 可透過 DMA 功能進行接收和發送的資料緩衝。

◎ 提供 SMBus 超時(timeout)檢測。

◎ MG32F02A032 有 1 組 I²C 模組(I2C0)。

◎ 064/072/128/132 提供 2 組个完全相同的 I²C 模組(I2C0、I2C1)。

◎ 032/064/128 具有 I²C 喚醒功能。當系統進入 STOP 省電模式時，若輸入 I²C
　　的從機位址檢測相符時，系統會自動喚醒。如下表及下圖所示：

表 7-8　I²C 喚醒功能

| 喚醒功能 | 其他廠牌MCU | 032/064/128的MCU |
|---|---|---|
| 喚醒方式 | CLK接腳狀態改變即喚醒 | I²C地址符合才喚醒 |
| 偵測方式 | 喚醒後再比對I²C地址，地址不符合再去睡 | 睡眠中使用主時脈來比對I²C位址，地址符合才喚醒 |
| 耗電量 | 高 | 低 |

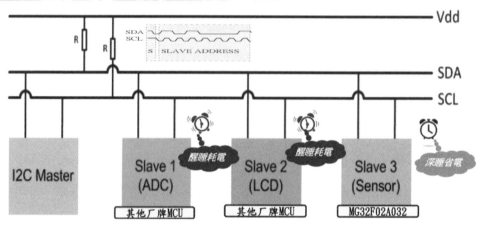

圖 7-19 I²C 喚醒功能(限 032/064/128)

## 7-2.1 串列埠 I²C 界面控制

MG32x02z 系列的 I²C 模組功能,其中 MG32F02A032 與 064/128 功能相同。如下表(a)(b)所示:

表 7-9(a) MG32x02z 系列 I²C 模組功能(1)

| Chip<br>Module Functions | MG32F02A032 | MG32F02A128<br>MG32F02U128<br>MG32F02A064<br>MG32F02U064 | Comment |
|---|---|---|---|
| | I2C0 | I2C0/1 | |
| Master mode | yes | yes | |
| Slave mode | yes | yes | |
| Multi-Master | yes | yes | for Byte mode only |
| General call | yes | yes | command support - Reset , Write programmable slave address , Master address decode |
| Multi-Slave Address | 2 sets | 2 sets | |
| Data Byte mode | yes | yes | 8bit shift buffer + 8bit data register; Software flow control mode |
| Data Buffer mode | yes | yes | 8bit shift buffer + 32bit shadow buffer + 32bit data register |
| Shadow Buffer | 4-byte | 4-byte | internal data control buffer |
| Standard/Fast mode | yes | yes | |
| Fast mode plus (1M/s) | yes | yes | support for Buffer and DMA mode |
| Built-in pre-drive high | yes | yes | pre-drive both SCL and SDA by hardware |
| SCL stretching | optional | optional | ACK cycle SCL stretching; hardware high level checking |
| Address detect wake up | yes | yes | slave address detect and wake up on STOP mode |
| TX NACK ignore | yes | yes | master TX ignore receiving NACK for Buffer mode |

表 7-9(b)　MG32x02z 系列 I²C 模組功能(2)

| Chip<br>Module Functions | MG32F02A032 | MG32F02A128<br>MG32F02U128<br>MG32F02A064<br>MG32F02U064 | Comment |
|---|---|---|---|
| | I2C0 | I2C0/1 | |
| Slave address mask | yes | yes | support slave address mask register |
| Programmable SCL High/Low time | yes | yes | |
| SCL/SDA input filter | by IO Control | by IO Control | |
| SCL/SDA input Schmitt trigger | by IO Control | by IO Control | |
| Time-out detect | yes | yes | SMBus timeout, Detect SCL low or SCL/SDA both high timeout |
| Arbitration lost detect | yes | yes | for Multi-Master mode |
| Bus error detect | yes | yes | Bit-count mismatch error before valid 'Start' or 'Stop'; Data change between SCL high |
| Invalid NACK detect | yes | yes | |
| Data overrun detect | yes | yes | for SCL clock stretching disabled |
| DMA request capability SCL stretching | yes<br>optional | yes<br>optional | ACK cycle SCL stretching; hardware high level checking |
| Address detect wake up | yes | yes | slave address detect and wake up on STOP mode |
| TX NACK ignore | yes | yes | master TX ignore receiving NACK for Buffer mode |

1. I²C 模組一般特性如下：

   (1) 具有握手式(handshake)控制的功能。

   (2) 具有監測(Monitor)功能，可觀察 I²C 的通訊工作。

   (3) I²C 的傳送速率分為三種：標準(Standard)模式為 100k-bps、快速(Fast) 模式為 400k-bps 及高速模式(Fast-mode Plus)為 1M-bps。

   (4) I²C Bus 的介面大部份為開集極(Open collector)輸出,故需在 SCL 及 SDA 線上外加 10KΩ的提升電阻(Rp)提供電壓。

   (5) 每個 I²C 界面 IC 可以使用獨立電源，但須共地。

   (6) 在 SDA 腳每傳輸 1-bit 資料(data)或位址(address),會由 SCL 腳輸出一個 時脈(clock)信號，此兩腳都是雙向傳輸。

   (7) 平時沒有資料傳輸時，SDA 和 SCL 為高準位狀態。只有關閉 I²C Bus

後，才會使 SCL 為低準位。

(8) 資料傳輸時，在 SCL=1 期間，SDA 腳的資料準位須保持穩定。只有在
SCL=0 時，SDA 腳的準位才允許變化，如下圖所示：

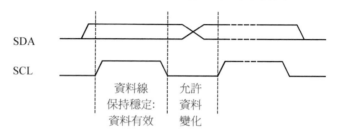

圖 7-20　I²C 資料位元

(9) 在 SCL=1 期間，若是 SDA 準位有負緣變化，表示為起始訊號。若是
SDA 準位有正緣變化，表示為終止(停止)訊號，如下圖所示：

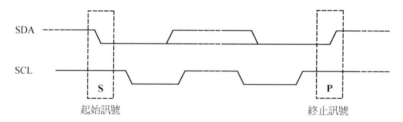

圖 7-21　I²C 的起始與終止位元

2. I²C 主控制器方塊圖，如下圖(a)所示：

(1) 可選擇時脈 CK_I²Cx_PR 或 TM00_TRGO 經預除器(Prescaler)及除頻器
(DIV)成為 I²C 內部時脈(CK_I²Cx_INT)，送到 SCL 控制器產生 SCL 腳串
列時脈。其中 CK_I²Cx_PR 的時脈來源可選擇 CK_APB 或 CK_AHB，如
下圖(b)所示：

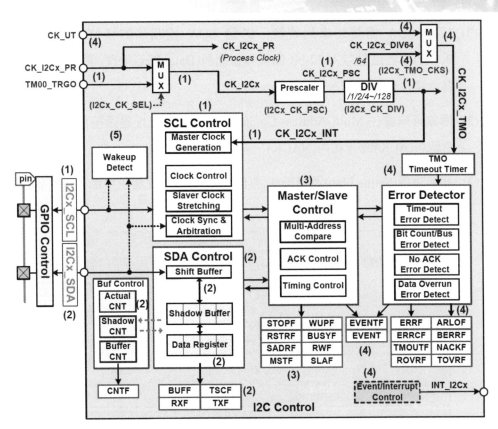

圖 7-22(a)　I²C 主控制器方塊圖

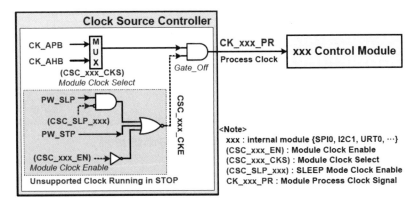

圖 7-22(b)　CK_I2Cx_PR 時脈來源

(2) 接腳 SDA 傳輸的串列資料，送到 SDA 控制器的移位緩衝器(Shift Buffer)，再自動存入 32-bit 的資料緩衝器(Data Register)，同時由在旗標顯示資料存取結果。

(3) 傳輸資料會在(Multi-Address Compare)比較裝置位址是否符合，並加以回應認可(ACK)或非認可(NACK)，同時在狀態旗標(Status Flag)顯示。

(4) 狀態旗標(Status Flag)及錯誤偵測(Error Detector)會產生中斷。如下圖(a)(b)所示：

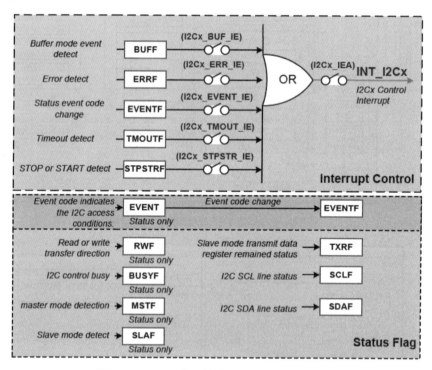

圖 7-23(a)　I²C 的狀態及中斷控制

(5) 當 I²C 界面進入睡眠狀態時，可選擇在 I²C 裝置(Device)地址符合時才會喚醒，但僅 032/064/128 才有此功能。

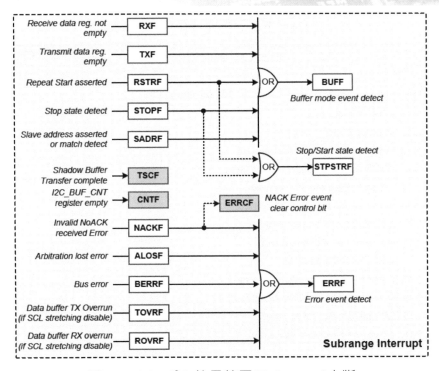

圖 7-23(b)　I²C 的子範圍(Subrange)中斷

3. I²C 的通訊協定(Protocol)，如下圖所示：

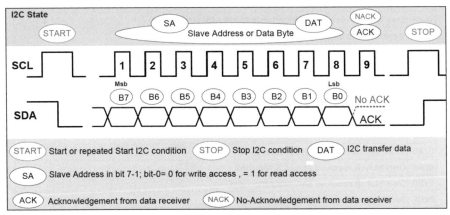

圖 7-24　I²C 的基本通訊協定(Protocol)

4. I²C 的事件碼(Event Code)用於顯示 I²C 的工作狀態。如下表(a)~(i)所示：

表 7-10(a)　I²C 的事件碼(Event Code)表

| Event Code | Hardware and Bus Status | Master/Slave | | | |
|---|---|---|---|---|---|
| | | MT | MR | SR | ST |
| 0x00 | Bus error (due to an illegal START or STOP condition) | V | V | V | V |
| 0x08 | START transmitted | V | V | | |
| 0x10 | Repeated START transmitted | V | V | | |
| 0x18 | SLA+W transmitted and ACK received | V | | | |
| 0x20 | SLA+W transmitted and NoACK received | V | | | |
| 0x28 | DAT transmitted and ACK received | V | | | |
| 0x30 | DAT transmitted and NoACK received | V | | | |
| 0x38 | Arbitration lost in SLA+W or DAT | V | | | |
| | Arbitration lost in SLA+R or DAT | | V | | |
| | Arbitration lost in NACK bit | | V | | |
| 0x40 | SLA+R transmitted and ACK received | | V | | |
| 0x48 | SLA+R transmitted and NoACK received | | V | | |
| 0x50 | DAT received and ACK received | | V | | |
| 0x58 | DAT received and NoACK received | | V | | |

表 7-10(b)　I²C 的事件碼(Event Code)表

| Event Code | Hardware and Bus Status | Master/Slave | | | |
|---|---|---|---|---|---|
| | | MT | MR | SR | ST |
| 0x60 | Own SLA+W received and ACK returned | | | V | |
| 0x68 | Own SLA+W received, Arbitration lost and ACK returned | | | V | |
| 0x70 | General Call address received and ACK returned | | | V | |
| 0x78 | General Call address received and Arbitration lost | | | V | |
| 0x78 | General Call address received and Arbitration lost | | | V | |
| 0x80 | Previously addressed with own SLA, DAT received and ACK returned | | | V | |
| 0x88 | Previously addressed with own SLA, DAT received and NoACK returned | | | V | |
| 0x90 | DAT received and ACK returned (General Call) | | | V | |
| 0x98 | DAT received and NoACK returned (General Call) | | | V | |
| 0xA0 | STOP or Repeated START received | | | V | |
| 0xA8 | Own SLA+R received and ACK returned | | | | V |
| 0xB0 | Own SLA+R received and Arbitration lost | | | | V |
| 0xB8 | DAT transmitted and ACK received | | | | V |
| 0xC0 | DAT transmitted and NoACK received | | | | V |
| 0xC8 | Last DAT transmitted and ACK received | | | | V |
| 0xF8 | STOP or bus is released ; No relevant state information available (EVENTF = 0 and no interrupt asserted) | V | V | V | V |

表 7-10(c)  I²C 的主機發射模式事件碼表

| Event Code | Hardware and Bus Status | To/From I2Cx_DAT | STA | STO | AA | Next Action Taken by Hardware |
|---|---|---|---|---|---|---|
| 0x08 | A START condition has been transmitted | Load SLA+W | X | 0 | X | SLA+W will be transmitted; ACK bit will be received |
| 0x10 | A repeated START condition has been transmitted. | Load SLA+W | X | 0 | X | SLA+W will be transmitted; ACK bit will be received |
| | | Load SLA+R; Clear STA | X | 0 | X | SLA+W will be transmitted; the I2C block will be switched to MASTER receiver mode. |
| 0x18 | SLA+W has been transmitted; ACK has been received. | Load data byte | 0 | 0 | X | Data byte will be transmitted; ACK bit will be received. |
| | | No DAT action | 1 | 0 | X | Repeated START will be transmitted. |
| | | No DAT action | 0 | 1 | X | STOP condition will be transmitted; STO flag will be reset. |
| | | No DAT action | 1 | 1 | X | STOP condition followed by a START condition will be transmitted; STO flag will be reset. |
| 0x20 | SLA+W has been transmitted; NOT ACK has been received. | Load data byte | 0 | 0 | X | Data byte will be transmitted; ACK bit will be received. |
| | | No DAT action | 1 | 0 | X | Repeated START will be transmitted. |
| | | No DAT action | 0 | 1 | X | STOP condition will be transmitted; STO flag will be reset. |

表 7-10(d)  I²C 的主機發射模式事件碼表

| Event Code | Hardware and Bus Status | To/From I2Cx_DAT | STA | STO | AA | Next Action Taken by Hardware |
|---|---|---|---|---|---|---|
| 0x20 | | No DAT action | 1 | 1 | X | STOP condition followed by a START condition will be transmitted; STO flag will be reset. |
| 0x28 | Data byte in DAT has been transmitted; ACK has been received. | Load data byte | 0 | 0 | X | Data byte will be transmitted; ACK bit will be received. |
| | | No DAT action | 1 | 0 | X | Repeated START will be transmitted. |
| | | No DAT action | 0 | 1 | X | STOP condition will be transmitted; STO flag will be reset. |
| | | No DAT action | 1 | 1 | X | STOP condition followed by a START condition will be transmitted; STO flag will be reset. |
| 0x30 | Data byte in DAT has been transmitted; NOT ACK has been received. | Load data byte | 0 | 0 | X | Data byte will be transmitted; ACK bit will be received. |
| | | No DAT action | 1 | 0 | X | Repeated START will be transmitted. |
| | | No DAT action | 0 | 1 | X | STOP condition will be transmitted; STO flag will be reset. |
| | | No DAT action | 1 | 1 | X | STOP condition followed by a START condition will be transmitted; STO flag will be reset. |
| 0x38 | Arbitration lost in SLA+R/W or Data bytes. | No DAT action | 0 | 0 | X | I2C-bus will be released; not addressed slave will be entered. |
| | | No DAT action | 1 | 0 | X | A START condition will be transmitted when the bus becomes free. |

DAT = I2Cx_DAT register (x: module index)

SLA+W/R = slave address with write/read command bit

表 7-10(e)　I²C 的主機接收模式事件碼表

| Event Code | Hardware and Bus Status | To/From I2Cx_DAT | STA | STO | AA | Next Action Taken by Hardware |
|---|---|---|---|---|---|---|
| 0x08 | A START condition has been transmitted. | Load SLA+R | X | 0 | X | SLA+R will be transmitted; ACK bit will be received. |
| 0x10 | A repeated START condition has been transmitted. | Load SLA+R | X | 0 | X | As above. |
| | | Load SLA+W | X | 0 | X | SLA+W will be transmitted; the I2C block will be switched to MASTER/TRX mode. |
| 0x38 | Arbitration lost in NOT ACK bit. | No DAT action | 0 | 0 | X | I2C-bus will be released; the I2C block will enter a slave mode. |
| | | No DAT action | 1 | 0 | X | A START condition will be transmitted when the bus becomes free. |
| 0x40 | SLA+R has been transmitted; ACK has been received. | No DAT action | 0 | 0 | 0 | Data byte will be received; NOT ACK bit will be returned. |
| | | No DAT action | 0 | 0 | 1 | Data byte will be received; ACK bit will be returned. |
| 0x48 | SLA+R has been transmitted; NOT ACK has been received. | No DAT action | 1 | 0 | X | Repeated START condition will be transmitted. |
| | | No DAT action | 0 | 1 | X | STOP condition will be transmitted; STO flag will be reset. |
| | | No DAT action | 1 | 1 | X | STOP condition followed by a START condition will be transmitted; STO flag will be reset. |
| 0x50 | Data byte has been received; ACK has been returned. | Read data byte | 0 | 0 | 0 | Data byte will be received; NOT ACK bit will be returned. |
| | | Read data byte | 0 | 0 | 1 | Data byte will be received; ACK bit will be returned. |
| 0x58 | Data byte has been received; NOT ACK has been returned. | Read data byte | 1 | 0 | X | Repeated START condition will be transmitted. |
| | | Read data byte | 0 | 1 | X | STOP condition will be transmitted; STO flag will be reset. |
| | | Read data byte | 1 | 1 | X | STOP condition followed by a START condition will be transmitted; STO flag will be reset. |

表 7-10(f)　I²C 的從機接收模式事件碼表

| Event Code | Hardware and Bus Status | To/From I2Cx_DAT | STA | STO | AA | Next Action Taken by Hardware |
|---|---|---|---|---|---|---|
| 0x60 | Own SLA+W has been received; ACK has been returned. | No DAT action | X | 0 | 0 | Data byte will be received and NOT ACK will be returned. |
| | | No DAT action | X | 0 | 1 | Data byte will be received and ACK will be returned. |
| 0x68 | Arbitration lost in SLA+R/W as master; Own SLA+W has been received, ACK returned. | No DAT action | X | 0 | 0 | Data byte will be received and NOT ACK will be returned. |
| | | No DAT action | X | 0 | 1 | Data byte will be received and ACK will be returned. |
| 0x70 | General Call address (0x00) has been received; ACK has been returned. | No DAT action | X | 0 | 0 | Data byte will be received and NOT ACK will be returned. |
| | | No DAT action | X | 0 | 1 | Data byte will be received and ACK will be returned. |

表 7-10(g)　I²C 的從機發射模式事件碼表

| Event Code | Hardware and Bus Status | To/From I2Cx_DAT | STA | STO | AA | Next Action Taken by Hardware |
|---|---|---|---|---|---|---|
| 0xA8 | Own SLA+R has been received; ACK has been returned. | Load data byte | X | 0 | 0 | Last data byte will be transmitted and ACK bit will be received. |
| | | Load data byte | X | 0 | 1 | Data byte will be transmitted; ACK will be received. |
| 0xB0 | Arbitration lost in SLA+R/W as master; Own SLA+R has been received, ACK has been returned | Load data byte | X | 0 | 0 | Last data byte will be transmitted and ACK bit will be received. |
| | | Load data byte | X | 0 | 1 | Data byte will be transmitted; ACK will be received. |
| 0xB8 | Data byte in DAT has been transmitted; ACK has been received. | Load data byte | X | 0 | 0 | Last data byte will be transmitted and ACK bit will be received. |
| | | Load data byte | X | 0 | 1 | Data byte will be transmitted; ACK will be received. |
| 0xC0 | Data byte in DAT has been transmitted; NOT ACK has been received. | No DAT action | 0 | 0 | 01 | Switched to not addressed SLAVE mode; no recognition of own SLA or General Call address. |
| | | No DAT action | 0 | 0 | 1 | Switched to not addressed SLAVE mode; Own SLA will be recognized; General Call address will be recognized if ADR[0] = logic 1. |
| | | No DAT action | 1 | 0 | 0 | Switched to not addressed SLAVE mode; no recognition of own SLA or General Call address. A START condition will be transmitted when the bus becomes free. |
| | | No DAT action | 1 | 0 | 1 | Switched to not addressed SLAVE mode; Own SLA will be recognized; General Call address will be recognized if ADR[0] = logic 1. A START condition will be transmitted when the bus becomes free. |
| 0xC8 | Last data byte in DAT has been transmitted (AA = 0); ACK has been received. | No DAT action | 0 | 0 | 0 | Switched to not addressed SLAVE mode; no recognition of own SLA or General Call address. |
| | | No DAT action | 0 | 0 | 1 | Switched to not addressed SLAVE mode; Own SLA will be recognized; General Call address will be recognized if ADR[0] = logic 1. |
| | | No DAT action | 1 | 0 | 0 | Switched to not addressed SLAVE mode; no recognition of own SLA or General Call address. A START condition will be transmitted when the bus becomes free. |
| | | No DAT action | 1 | 0 | 1 | Switched to not addressed SLAVE mode; Own SLA will be recognized; General Call address will be recognized if ADR[0] = logic 1. A START condition will be transmitted when the bus becomes free. |

表 7-10(h)　I²C 的從機接收模式事件碼表

| Event Code | Hardware and Bus Status | To/From I2Cx_DAT | STA | STO | AA | Next Action Taken by Hardware |
|---|---|---|---|---|---|---|
| 0x78 | Arbitration lost in SLA+R/W as master; General Call address has been received, ACK has been returned. | No DAT action | X | 0 | 0 | Data byte will be received and NOT ACK will be returned. |
| | | No DAT action | X | 0 | 1 | Data byte will be received and ACK will be returned. |
| 0x80 | Previously addressed with own SLA address; DATA has been received; ACK has been returned. | Read data byte | X | 0 | 0 | Data byte will be received and NOT ACK will be returned. |
| | | Read data byte | X | 0 | 1 | Data byte will be received and ACK will be returned. |
| 0x88 | Previously addressed with own SLA; DATA byte has been received; NOT ACK has been returned. | Read data byte | 0 | 0 | 0 | Switched to not addressed SLAVE mode; no recognition of own SLA or General Call address. |
| | | Read data byte | 0 | 0 | 1 | Switched to not addressed SLAVE mode; Own SLA will be recognized; General Call address will be recognized if ADR[0] = logic 1. |
| | | Read data byte | 1 | 0 | 0 | Switched to not addressed SLAVE mode; no recognition of own SLA or General Call address. A START condition will be transmitted when the bus becomes free. |
| | | Read data byte | 1 | 0 | 1 | Switched to not addressed SLAVE mode; Own SLA will be recognized; General Call address will be recognized if ADR[0] = logic 1. A START condition will be transmitted when the bus becomes free. |
| 0x90 | Previously addressed with General Call; DATA byte has been received; ACK has been returned. | Read data byte | X | 0 | 0 | Data byte will be received and NOT ACK will be returned. |
| | | Read data byte | X | 0 | 1 | Data byte will be received and ACK will be returned. |
| 0x98 | Previously addressed with General Call; DATA byte has been received; NOT ACK has been returned. | Read data byte | 0 | 0 | 0 | Switched to not addressed SLAVE mode; no recognition of own SLA or General Call address. |
| | | Read data byte | 0 | 0 | 1 | Switched to not addressed SLAVE mode; Own SLA will be recognized; General Call address will be recognized if ADR[0] = logic 1. |
| | | Read data byte | 1 | 0 | 0 | Switched to not addressed SLAVE mode; no recognition of own SLA or General Call address. A START condition will be transmitted when the bus becomes free. |
| | | Read data byte | 1 | 0 | 1 | Switched to not addressed SLAVE mode; Own SLA will be recognized; General Call address will be recognized if ADR[0] = logic 1. A START condition will be transmitted when the bus becomes free. |
| 0xA0 | A STOP condition or repeated START condition has been received while still addressed as Slave Receiver or Slave Transmitter. | No DAT action | 0 | 0 | 0 | Switched to not addressed SLAVE mode; no recognition of own SLA or General Call address. |
| | | No DAT action | 0 | 0 | 1 | Switched to not addressed SLAVE mode; Own SLA will be recognized; General Call address will be recognized if ADR[0] = logic 1. |
| | | No DAT action | 1 | 0 | 0 | Switched to not addressed SLAVE mode; no recognition of own SLA or General Call address. A START condition will be transmitted when the bus becomes free. |
| | | No DAT action | 1 | 0 | 1 | Switched to not addressed SLAVE mode; Own SLA will be recognized; General Call address will be recognized if ADR[0] = logic 1. A START condition will be transmitted when the bus becomes free. |

表 7-10(i)　I²C 的雜項事件碼表

| Event Code | Hardware and Bus Status | To/From I2Cx_DAT | STA | STO | AA | Next Action Taken by Hardware |
|---|---|---|---|---|---|---|
| 0xF8 | No relevant state information available;　Bus is released ; EVENTF = 0　and no interrupt asserted. | No DAT action | | | | Wait or proceed current transfer. |
| 0x00 | Bus error during MASTER or selected slave modes, due to an illegal START or STOP condition. State 0x00 can also occur when interference causes the I2C block to enter an undefined state. | No DAT action | 0 | 1 | x | Only the internal hardware is affected in the MASTER or addressed SLAVE modes. In all cases, the bus is released and the I2C block is switched to the not addressed SLAVE mode. STO is reset. |

5. I²C 界面資料傳輸：有 Master 發射、Master 接收、Slave 發射及 Slave 接收。

(1) Master 發射/Slave 接收模式：Master 發射資料到 Slave 的步驟，如下表所示：

表 7-11　Master 發射/Slave 接收模式

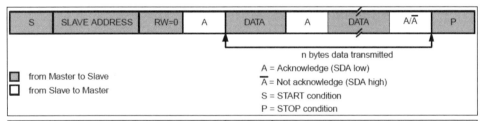

| S | SLAVE ADDRESS | RW=0 | A | DATA | A | DATA | A/A̅ | P |

n bytes data transmitted

☐ from Master to Slave
☐ from Slave to Master

A = Acknowledge (SDA low)
A̅ = Not acknowledge (SDA high)
S = START condition
P = STOP condition

| 步驟 | Master(發射) | 方向 | Slave(接收) |
|---|---|---|---|
| 1 | 送出啟始(S)訊號 | → | |
| 2 | 送出 7-bit 的 Slave 位址 | → | |
| 3 | 送出寫入(R/W=0)命令 | → | |
| 4 | | ← | 回應確認(A)訊號=0 |
| 5 | 送出 1-byte 資料(DATA) | → | |
| 6 | | ← | 回應確認(A)訊號=0 |
| 7 | 送出 1-byte 資料(DATA) | → | |

| | | | |
|---|---|---|---|
| 8 | | ← | 回應非確認(/A)訊號=1(結束) |
| 9 | 送出停止(P)訊號 | → | |

(2) Master 接收/Slave 發射模式：Master 接收的 Slave 資料步驟，如下表所示：

表 7-12　Master 接收/Slave 發射模式

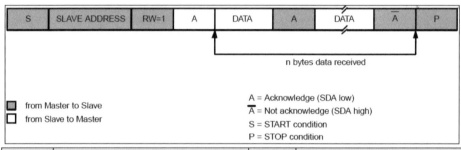

| 步驟 | Master(接收) | 方向 | Slave(發射) |
|---|---|---|---|
| 1 | 送出啟始(S)訊號 | → | |
| 2 | 送出 Slave Address(位址) | → | |
| 3 | 送出讀取(R/W=1)命令 | → | |
| 4 | | ← | 回應確認(A)訊號=0 |
| 5 | | ← | 送出 1-byte 資料(DATA) |
| 6 | 回應確認(A)訊號=0 | → | |
| 7 | | ← | 送出 1-byte 資料(DATA) |
| 8 | 回應非確認(/A)訊號=1(送完) | → | |
| 9 | 送出停止(P)訊號 | → | |

(3) Master 由接收模式轉為發射模式：步驟由左至右，如下表所示：

表 7-13　Master 由接收模式轉為發射模式

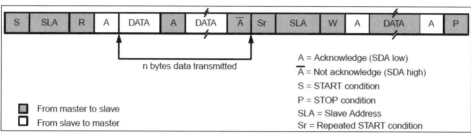

| S | SLA | R | A | DATA | A | DATA | A̅ | Sr | SLA | W | A | DATA | A | P |

n bytes data transmitted

A = Acknowledge (SDA low)
A̅ = Not acknowledge (SDA high)
S = START condition
P = STOP condition
SLA = Slave Address
Sr = Repeated START condition

▨ From master to slave
▢ From slave to master

| 步驟 | Master(接收轉發射) | 方向 | Slave(發射轉接收) |
|---|---|---|---|
| 1 | 送出啟始(S)訊號 | → | |
| 2 | 送出 Slave 位址(SLA) | → | |
| 3 | 送出讀取(R/W=1)命令 | → | |
| 4 | | ← | 回應確認(A)訊號=0 |
| 5 | | ← | 送出 1byte 資料(DATA) |
| 6 | 回應確認(A)訊號=0 | → | |
| 7 | | ← | 送出 1byte 資料(DATA) |
| 8 | 回應確認(A)訊號=0 | → | |
| 9 | 送出連續開始(RS)訊號 | → | |
| 10 | 送出 Slave 位址(SLA) | → | |
| 11 | 送出寫入(R/W=0)命令 | → | |
| 12 | | ← | 回應確認(A)訊號=0 |
| 13 | 送出 1byte 資料(DATA) | → | |
| 14 | | ← | 回應確認(A)訊號=0 |
| 15 | 送出停止(P)訊號 | → | |

## 7-2.2 串列埠 I²C 界面函數式

串列埠 I²C 函數式如下：其中 I²Cx= I²C0~1。

1. I²C 時脈(Clock)：

(1) I²C 時脈來源配置：

| void | I²C_SetClockSource (I²C_Struct *I²Cx, uint8_t Select) |
|---|---|
| 輸入：Select=I²C_ClockSource_PROC(預定) , I²C_ClockSource_TM00_TROG | |
| 範例：I²C_ClockSource_Config(I²C0, I²C_CLK_SRC_PROC); <br> I²C_ClockSource_Config(I²C0, I²C_CLK_SRC_TM00_TROG); | |

(2) I²C 設定時脈預除器：

| void | I²C_SetClockPrescaler (I²C_Struct *I²Cx, uint8_t Select) |
|---|---|
| 輸入：Select= I²C_CLK_PSC_0(預定)~ I²C_CLK_PSC_7 | |
| 範例：I²C_SetClockPrescaler(I²C0, I²C_CLK_PSC_0); | |

(3) I²C 設定時脈除頻器：

| void | I²C_SetClockDivider (I²C_Struct *I²Cx, uint8_t Select) |
|---|---|
| 輸入：Select= I²C_CLK_DIV_1(預定) , I²C_CLK_DIV_2 , I²C_CLK_DIV_4 <br> I²C_CLK_DIV_8 , I²C_CLK_DIV_16 , I²C_CLK_DIV_32 <br> I²C_CLK_DIV_64 , I²C_CLK_DIV_128 | |
| 範例：I²C_SetClockDivider(I²C0, I²C_CLK_DIV_1); | |

(4) I²C 設定 SCL 信號高週期(cycle)時間：

| void | I²C_SetSCLHighTime (I²C_Struct *I²Cx, uint8_t HighTime) |
|---|---|
| 輸入：HighTime= 0 ~ 31 (預定 5) | |
| 範例：I²C_SetSCLHighTime(I²C0, 5); | |

(5) I²C 設定 SCL 信號低週期(cycle)時間：

| void | I²C_SetSCLLowTime (I²C_Struct *I²Cx, uint8_t LowTime) |
|------|------|
| 輸入：LowTime== 0 ~ 31 (預定 5) | |
| 範例：I²C_SetSCLLowTime(I2C0, 4); | |

(6) I²C 設定預先驅動時間：

| void | I2C_SetPreDriveTime (I2C_Struct *I2Cx, uint32_t Select) |
|------|------|
| 輸入：Select= I2C_PDRV_0T(預定)~I2C_PDRV_3T(0~3 個 I2C 時脈) | |
| 範例：I2C_SetPreDriveTime(I2C0, I2C_PDRV_0T); | |

2. I²C 操作模式(Mode)：

(1) I²C 產生共同廣播位址 0 致能：

| void | I2C_GeneralCallAddress_Cmd (I2C_Struct *I2Cx, FunctionalState State) |
|------|------|
| 輸入：State= ENABLE , DISABLE | |
| 範例：I2C_GeneralCallAddress_Cmd(I2C0, ENABLE); | |

(2) I²C 從(slave)位址偵測致能：

| void | I2C_SlaveAddressDetect_Cmd (I2C_Struct *I2Cx, uint8_t I2C_SADRx, FunctionalState State) |
|------|------|
| 輸入：I2C_SADRx= I2C_SADR_0~ I2C_SADR_2 | |
| 輸入：State= ENABLE , DISABLE | |
| 範例 I2C_SlasveAddressDetect_Cmd(I2C0, I2C_SADR_0, ENABLE); | |

(3) I²C 設定從(slave)位址：

| void | I2C_SetSlaveAddress (I2C_Struct *I2Cx, uint8_t I2C_SADRx, uint8_t Address) |
|------|------|
| 輸入：I2C_SADRx= I2C_SADR_0~ I2C_SADR_2 | |
| 輸入：Address= 0x00 ~ 0xFE. (預定 0x00) | |

| |
|---|
| 範例：I2C_SetSlaveAddress(I2C0, I2C_SADR_1, SlaveAddress); |

(4) I²C 設定自已從(slave)位址 1 遮蔽：

| void | I2C_SetSlaveAddress1Mask (I2C_Struct *I2Cx, uint8_t I2C_SlaveAddress1Mask) |
|---|---|
| 輸入：SlaveAddress1Mask= 0x00 ~ 0xFE. (預定 0xFE) | |
| 範例：I2C_SetSlaveAddress1Mask(I2C0, 0xFE); // Compare Address Bit All | |

(5) I²C 抓取從(slave)位址：

| uint8_t | I2C_GetSlaveAddress (I2C_Struct *I2Cx, uint8_t I2C_SADRx) |
|---|---|
| 輸入：I2C_SADRx= I2C_SADR_0~ I2C_SADR_2<br>返回：uint8_t = 0x00 ~ 0xFE，固定 bit0=0 | |
| 範例：uint8_t AddrTemp = I2C_GetSlaveAddress(I2C0, I2C_SADR_0); | |

(6) I²C 功能致能：

| void | I2C_Cmd (I2C_Struct *I2Cx, FunctionalState State) |
|---|---|
| 輸入：State= ENABLE , DISABLE | |
| 範例：I2C_Cmd(I2C0, ENABLE); | |

3. I²C 中斷及事件(Interrupt & Event)：

(1) I²C 中斷配置：

| void | I2C_IT_Config (I2C_Struct *I2Cx, uint32_t I2C_ITSrc, FunctionalState State) |
|---|---|
| 輸入：I2C_ITSrc= I2C_IT_IEA：I2C0 interrupt all enable.<br>　　　　　　　I2C_IT_TMOUT：I2C timeout error interrupt enable.<br>　　　　　　　　(後面省略) | |
| 輸入：State= ENABLE , DISABLE | |
| 範例：I2C_IT_Config(I2C0, I2C_IT_EVENT, ENABLE); | |

(2) I²C 中斷致能：

| void | I2C_ITEA_Cmd (I2C_Struct *I2Cx, FunctionalState State) |
|------|--------------------------------------------------------|
| 輸入：State= ENABLE , DISABLE | |
| 範例：I2C_ITEA_Cmd(I2C0, ENABLE); | |

(3) I²C 抓取中斷來源：

| uint32_t | I2C_GetITSource (I2C_Struct *I2Cx) |
|----------|-------------------------------------|
| 返回：uint32_t= I2C_IT_IEA = I2C0 interrupt all enable.<br><br>I2C_IT_TMOUT = I2C timeout error interrupt enable.<br><br>I2C_IT_EVENT = I2C status event interrupt enable.<br><br>I2C_IT_BUF = I2C buffer mode event Interrupt enable.<br><br>I2C_IT_ERR = I2C no ack error, bus arbitration lost | |
| 範例：if((I2C_GetITSource(I2C0) & I2C_IT_IEA) != 0) | |

(4) I²C 抓取所有中斷旗標狀態：

| uint32_t | I2C_GetAllFlagStatus (I2C_Struct *I2Cx) |
|----------|------------------------------------------|
| 返回：uint32_t= I2C_FLAG_BUSYF : I2C busy flag.<br><br>I2C_FLAG_EVENTF : I2C status event interrupt Flag.<br><br>(後面省略) | |
| 範例：while((I2C_GetAllFlagStatus(I2C0) & I2C_FLAG_BUSYF) == I2C_FLAG_BUSYF); | |

(5) I²C 抓取中斷旗標狀態：

| DRV_Return | I2C_GetFlagStatus (I2C_Struct *I2Cx, uint32_t I2C_FLAG) |
|------------|---------------------------------------------------------|
| 輸入：I2C_FLAG= I2C_FLAG_ROVRF : I2C data buffer receive overrun error flag.<br><br>I2C_FLAG_TOVRF : I2C data buffer transmit underrun error flag.<br><br>(後面省略) | |
| 返回：DRV_Return= DRV_Success , DRV_Failure | |

範例：Example Code here start ...]

   ...

   [Example Code here end ...]

(6) I²C 清除中斷旗標：

| void | I2C_ClearFlag (I2C_Struct *I2Cx, uint32_t I2C_FLAG) |
|---|---|

輸入：I2C_FLAG = I2C_FLAG_EVENTF : status event interrupt Flag.

                 I2C_FLAG_TMOUTF : time-out detect flag.

    （後面省略）

範例：void I2C_ClearFlag(I2C0, I2C_FLAG_TMOUTF); // Any Mode

(7) I²C 抓取狀態事件碼：

| uint8_t | I2C_GetEventCode (I2C_Struct *I2Cx) |
|---|---|

返回：uint8_t=

0x00 : Bus error during MASTER or selected slave modes, due to an illegal START or STOP

     condition. State 0x00 can also occur when interference causes the I2C block to enter

     an undefined state.

0xF8 : No relevant state information available; Bus is released ; EVENTF = 0 and no

     interrupt asserted.(Default)

（後面省略）

範例：if(I2C_GetEventCode(I2C0))

(8) I²C 抓取狀態事件旗標：

| DRV_Return | I2C_GetEventFlag (I2C_Struct *I2Cx) |
|---|---|

返回：DRV_Return= DRV_Success , DRV_Failure

範例：if(I2C_GetEventFlag(I2C0) == DRV_Success)

(9) I²C 清除狀態事件旗標：

| void | I2C_ClearEventFlag (I2C_Struct *I2Cx) |
|------|----------------------------------------|

| 範例：I2C_ClearEventFlag (I2C0); |
|-----------------------------------|

4. I²C 資料傳輸(Data transmission)：

(1) I²C 抓取匹配(Match)從位址：

| uint8_t | I2C_GetSlaveMatchAddress (I2C_Struct *I2Cx) |
|---------|----------------------------------------------|

| 返回：uint8_t=匹配(Match)從位址 0 ~ 127 |
|------------------------------------------|

| 範例 if(I2C_GetSlaveMatchAddress(I2C0) == I2C_GetSlaveAddress(I2C0, I2C_SADR_0)) |
|----------------------------------------------------------------------------------|

(2) I²C 使用 byte 模式發射 SBUF：

| void | I2C_SendSBUF (I2C_Struct *I2Cx, uint8_t TxData) |
|------|-------------------------------------------------|

| 輸入：TxData=發射的 byte 資料 |
|-------------------------------|

| 範例：I2C_SendTxData(I2C0, TxData); |
|--------------------------------------|

(3) I²C 使用 byte 模式接收 SBUF：

| uint8_t | I2C_ReceiveSBUF (I2C_Struct *I2Cx) |
|---------|-------------------------------------|

| 返回：uint8_t=接收的 byte 資料 |
|--------------------------------|

| 範例：uint8_t DataTemp = I2C_ReceiveRxData(I2C0); |
|---------------------------------------------------|

## 7-2.3 串列埠 I²C 界面傳輸實習

I²C 界面串列傳輸實習電路如下圖所示：

圖 7-25(a)　I²C 界面串列傳輸實習電路

I²C 界面串列傳輸接腳設定如下圖所示：

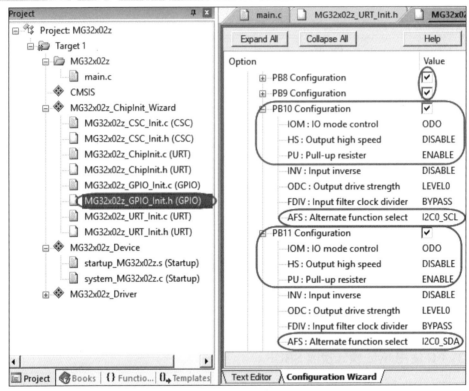

圖 7-25(b)　I²C 界面串列傳輸接腳設定

1.　範例 I2C1_Slave_TX：I2C0 從機中斷發射資料給 Master 控制，I²C 從機發射計數值資料給 Master。

2.　範例 I2C2_Master_RX：I2C0 主機接收傳輸控制，I²C 主機接收 Slave 的資料在 UART 顯示·令 LED 亮·停止傳輸令 LED 暗。UART 顯示如下圖(a)(b)：

| data failMater received data failreceive:0xA1<br>Target device is not readyMater transmited<br>data failMater received data failreceive:0xA1<br>Target device is not readyMater transmited<br>data failMater received data failreceive:0xA1<br>Target device is not readyMater transmited<br>data failMater received data failreceive:0xA1 | receive:0x0E<br>receive:0x0F<br>receive:0x10<br>receive:0x11<br>receive:0x12<br>receive:0x13<br>receive:0x14 |
| --- | --- |

圖 7-26(a) Master 無收到 Slave 回應　圖 7-26(b) Master 收到 Slave 資料

3.  範例 I2C3_TX_RX：I²C 自我傳輸控制，I2C1 從機發射及 I2C0 主機接收資料在 UART 顯示。

## 7-2.4　I²C 界面應用實習(EEPROM)

I²C 界面 EEPROM 24LC16，表示它的記憶容量為 16384-bit，以位元組來計算 16384/8=2048-byte，其包裝以 SOIC 為例其接腳，如下表所示：

表 7-14　24LC16 接腳

| 零件接腳 | | 腳名 | 說明 |
|---|---|---|---|
| | | VCC | 電源電壓 2.2V~5.5V |
| | | WP | 0=無寫入保護，1=寫入保護 |
| | | SDA | I²C-bus 串列資料/位址 |
| | | SCL | I²C-bus 同步時脈信號 |
| | | A0~A2 | 24LC16 無作用 |
| | | VSS | 電源地線 |

◎ 非揮發性(Non-volatile)記憶體：可永久保留記憶內容，總容量為 2048-byte。

◎ I²C 界面：由 SCL(串列時脈)及 SDA(串列資料)來存取其記憶體。

◎ 低消耗功率：正常操作=5mA，待機省電模式=2uA。

◎ 高速的寫入週期時間=5ms，在寫入之前會自動清除記憶體。

◎ 寫入操作分為：byte 寫入及 32-byte 頁寫入模式，可重覆寫入 1,000,000 次。

◎ 讀取操作分為：循序(Sequential)讀取及隨機(Random)讀取。

◎ 可用硬體設定寫入保護。

◎ 低功率 CMOS 技術，工作電壓：2.2V~5.5V，內含開機重置功能。

◎ 工作時脈頻率範圍：0~400 kHz。

3. I²C 界面串列 EEPROM 資料傳輸，24LC16 內部的結構，如下圖所示：

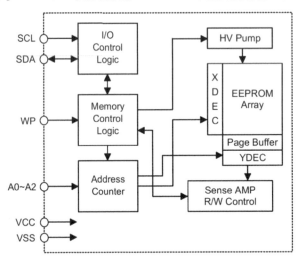

圖 7-27　24LC16 結構圖

24LC16 串列 EEPROM 資料傳輸方式，如下所示：

(1) 元件(Device)位址設定，包括頁(Page)位址(P0~P2)在內，如下：

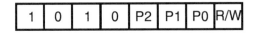

(2) byte 寫入操作模式：如下圖及下表所示：

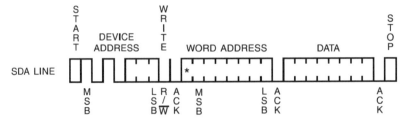

圖 7-28　byte 寫入操作模式

表 7-15　byte 寫入操作步驟

| 步驟 | Master(MCU) | 方向 | Slave(EEPROM) |
|---|---|---|---|
| 1 | 送出啟始(START)訊號 | → | |
| 2 | 送出元件(DEVICE)位址=1010xxx | → | |
| 3 | 送出寫入(R/W=0)命令 | → | |
| 4 | | ← | 回應確認(ACK)=0 |
| 5 | 送記憶體位址 | → | |
| 6 | | ← | 回應確認(ACK)=0 |
| 7 | 寫入資料(Data)，位址自動遞加 | → | |
| 8 | | ← | 回應確認(ACK)=0 |
| 9 | 送出停止(STOP)訊號 | → | |

(3) 頁寫入操作模式：有位址自動遞加功能，如下圖所示：

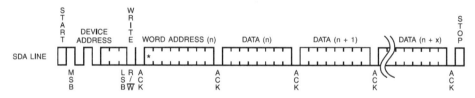

圖 7-29 頁寫入操作模式

(4) 循序(Sequential)讀取步驟，送出元件位址(Device Address)後，將 2-byte
記憶體位址(Word Address)由 0 開始讀取依序讀取資料，如下圖及下表：

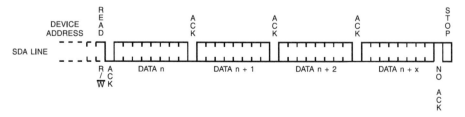

圖 7-30 循序讀取步驟

表 7-16 循序讀取步驟

| 步驟 | Master(MCU) | 方向 | Slave(EEPROM) |
|---|---|---|---|
| 1~7 | 寫入元件及區塊位址(同上) | | |
| 8 | 再送出啟始(START)訊號 | → | |
| 9 | 送出元件(DEVICE)位址 | → | |
| 10 | 送出讀取(R/W=1)命令 | → | |
| 11 | | ← | 回應確認(ACK)=0 |
| 12 | | ← | 讀取 1-byte 資料 |
| 13 | 回應確認(ACK)=0 | → | |
| 14 | | ← | 讀取最後 1-byte 資料 |
| 15 | 回應結束(NO ACK)=1 | → | |
| 16 | 送出停止(STOP)訊號 | → | |

(5) 讀取目前位址：驟如下圖及下表所示：

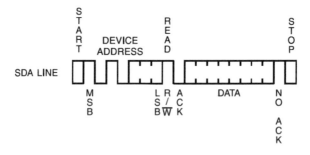

圖 7-31 讀取目前位址步驟

表 7-17 讀取目前位址步驟

| 步驟 | Master(MCU) | 方向 | Slave(EEPROM) |
|---|---|---|---|
| 1 | 送出啟始(START)訊號 | → | |
| 2 | 送出元件(DEVICE)位址 | → | |

| 3 | 送出讀取(R/W=1)命令 | → | |
|---|---|---|---|
| 4 | | ← | 回應確認(ACK)=0 |
| 5 | | ← | 讀取目前記憶體(DATA)位址 |
| 6 | 回應結束(NO ACK)=1 | → | |
| 7 | 送出停止(STOP)訊號 | → | |

(6) 隨機(Random)讀取步驟，先進行無效寫入，再進行讀取操作，如下圖及下表所示：

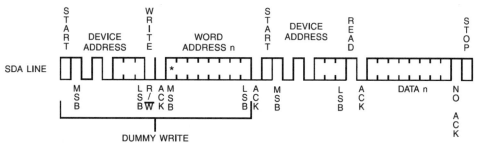

圖 7-32　隨機(Random)讀取步驟

表 7-18　隨機(Random)讀取步驟

| 步驟 | Master(MCU) | 方向 | Slave(EEPROM) |
|---|---|---|---|
| 1 | 送出啟始(START)訊號 | → | |
| 2 | 送出元件(DEVICE)位址 | → | |
| 3 | 送出寫入(R/W=0)命令 | → | |
| 4 | | ← | 回應確認(ACK)=0 |
| 5 | 送出記憶體(WORD)位址(n) | → | |
| 6 | | ← | 回應確認(ACK)=0 |
| 7 | 送出啟始(START)訊號 | → | |

| 8 | 送出元件(DEVICE)位址 | → | |
|---|---|---|---|
| 9 | 送出讀取(R/W=1)命令 | → | |
| 10 | | ← | 回應確認(ACK)=0 |
| 11 | | ← | 讀取資料 DATA(n) |
| 12 | 回應結束(NO ACK)=1 | → | |
| 13 | 送出停止(STOP)訊號 | → | |

4. I²C 界面串列 EEPROM 實習電路，如下圖所示：

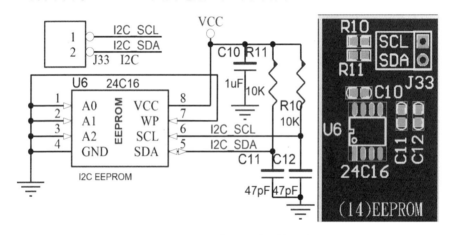

圖 7-33　EEPROM 實習電路

5. I²C 界面串列 EEPROM 實習範例：

(1) 範例 I2C_24C_EEPROM_with_Middleware：藉由程式中間層來存取 EEPROM 24C16 的資料。

(2) 範例 I2C_24cEepromAccess：存取 EEPROM 24C16 的資料。

# 類比電路控制實習

## 本章單元

● 類比比較器(CMP)控制實習

● DAC 控制實習(MG32F02A032 無)

● ADC 控制實習

MG32x02z 系列的類比周邊設備包括：類比比較器(CMP: Analog Comparator)、數位/類比轉換器(DAC: Digital to Analog Converter)及類比/數位轉換器(ADC: Analog to Digital Converter)，其功能如下表 1 所示：

表 8-1　MG32x02z 系列類比周邊設備功能

| Functions Chip | MG32F02A132 | MG32F02A072 | MG32F02A032 | MG32F02A128 MG32F02U128 | MG32F02A064 MG32F02U064 |
|---|---|---|---|---|---|
| ACMP Units | 4 | 4 | 2 | 2 | 2 |
| ACMP IVREF | 64-level *2 | 64-level *2 | 64-level *2 | 64-level *2 selectable VREF+ | 64-level *2 selectable VREF+ |
| ACMP Input Hysteresis | Fixed 9mv | Fixed 9mv | Disable or 10mv | Disable or 10mv | Disable or 10mv |
| DAC | current DAC 10-Bit , 1-CH | current DAC 10-Bit , 1-CH | - | voltage DAC 12-Bit , 1-CH | voltage DAC 12-Bit , 1-CH |
| DAC Conversion Rate | 100Ksps | 100Ksps | - | 1Msps | 1Msps |
| DAC Output Buffer | - | - | - | yes | yes |
| ADC Resolution | 12-Bit | 12-Bit | 12-Bit | 12-Bit | 12-Bit |
| ADC Conversion Rate | 400Ksps | 400Ksps | 800Ksps | 1.5Msps | 1.5Msps |
| ADC Channels | 16-CH | 16-CH | 12-CH | 16-CH | 16-CH |
| ADC Channel Scan | Scan, Loop | Scan, Loop | Scan, Loop | Scan, Loop | Scan, Loop |
| ADC PGA | Gain 1~4 | Gain 1~4 | Gain 1~4 | Gain 1~4 | Gain 1~4 |
| ADC VREF Source | +VREF | +VREF | +VREF | +VREF/IVR | +VREF/IVR |
| ADC Data Accumulate | Max. 64 data | Max. 64 data | Max. 64 data | Max. 64 data | Max. 64 data |
| ADC Data Compare | two threshold Window Detect Code Skip/Clamp | two threshold Window Detect Code Skip/Clamp | two threshold Window Detect Code Skip/Clamp | two threshold Window Detect Code Skip/Clamp | two threshold Window Detect Code Skip/Clamp |
| ADC Differential Mode | support | support | - | - | - |
| ADC DMA Data Length | 32-bit | 32-bit | 32/16-bit | 32/16-bit | 32/16-bit |

# 8-1 類比比較器(CMP)控制實習

類比比較器(CMP)模組內含有 2 組(032/064/128)或 4 組(072/132)獨立類比比較器或 1 個組合視窗類比比較器。類比比較器(CMP)可在 VIN+及 VIN-輸入類比電壓相比較，同時比較結果會在 Vout 輸出，動作原理如下圖所示：

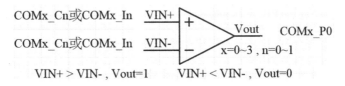

圖 8-1 類比比較器(CMP)動作

類比比較器(CMP)接腳如下圖及下表所示：

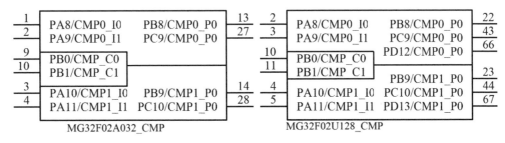

圖 8-2 MG32F02A 的 CMP 接腳

表 8-2 CMP 接腳說明(x=0~1)

| SPI 腳 | IO | 說明 |
|--------|-----|------|
| COMx_I0 | I | 類比比較器 COM0~1 通道 0 輸入接腳 |
| COMx_I1 | I | 類比比較器 COM0~1 通道 1 輸入接腳 |
| COM_C0 | I | 類比比較器 COM 共同(common)通道 0 輸入接腳 |
| COM_C1 | I | 類比比較器 COM 共同(common)通道 1 輸入接腳 |
| COMx_P0 | O | 類比比較器 COM0~1 資料輸出接腳 |

經由交替功能選擇(AFS: Alternate Function Select)及類比功能可將 GPIO 設定

為 CMP 接腳，如下表(a)~(d)所示：

表 8-3(a) MG32F02A032 經 AFS 的 CMP 接腳

| Name | AFS=0 | AFS=1 | AFS=2 | AFS=3 | AFS=4 | AFS=5 | AFS=6 | AFS=7 | AFS=8 |
|------|-------|-------|--------|---------|---------|--------|----------|----------|--------|
| PB8 | GPB8 | CMP0_P0 | RTC_OUT | URT0_TX | | | TM36_OC01 | SPI0_D3 | OBM_P0 |
| PB9 | GPB9 | CMP1_P0 | RTC_TS | URT0_RX | | | TM36_OC02 | SPI0_D2 | OBM_P1 |
| PC9 | GPC9 | CMP0_P0 | I2C0_SDA | URT0_TMO | URT1_RX | | TM36_OC1H | TM36_OC1N | |
| PC10 | GPC10 | CMP1_P0 | | URT0_TX | | URT1_TX | TM36_OC2H | TM36_OC2N | |

表 8-3(b) MG32F02A032 類比功能的 CMP 接腳

| Name | ADC | CMP | Others | Name | ADC | CMP | Others |
|------|-----|-----|--------|------|-----|-----|--------|
| PA0 | ADC_I0 | | | PA11 | ADC_I11 | CMP1_I1 | |
| PA1 | ADC_I1 | | | PA12 | ADC_I12 | | |
| PA2 | ADC_I2 | | | PA13 | ADC_I13 | | |
| PA3 | ADC_I3 | | | PA14 | ADC_I14 | | |
| PA8 | ADC_I8 | CMP0_I0 | VBG_OUT | PA15 | ADC_I15 | | |
| PA9 | ADC_I9 | CMP0_I1 | | PB0 | | CMP_C0 | |
| PA10 | ADC_I10 | CMP1_I0 | ADC_PGA | PB1 | | CMP_C1 | |

表 8-3(c) MG32F02A128/U128 經 AFS 的 CMP 接腳

| Pin | AFS=0 | AFS=1 | AFS=2 | AFS=3 | AFS=4 | AFS=5 | AFS=6 | AFS=7 | AFS=8 | AFS=9 | AFS=10 | AFS=11 |
|------|-------|-------|--------|---------|---------|----------|----------|----------|-------|-------|--------|--------|
| PB8 | GPB8 | CMP0_P0 | RTC_OUT | URT0_TX | URT2_BRO | TM20_OC01 | TM36_OC01 | SPI0_D3 | MAD0 | SDT_P0 | OBM_P0 | URT4_TX |
| PB9 | GPB9 | CMP1_P0 | RTC_TS | URT0_RX | URT2_TMO | TM20_OC02 | TM36_OC02 | SPI0_D2 | MAD1 | MAD8 | OBM_P1 | URT4_RX |
| PC9 | GPC9 | CMP0_P0 | I2C0_SDA | URT0_TMO | URT1_RX | TM20_OC1H | TM36_OC1H | TM36_OC1N | MAD12 | MAD6 | CCL_P1 | URT6_RX |
| PC10 | GPC10 | CMP1_P0 | I2C1_SCL | URT0_TX | URT2_TX | URT1_TX | TM36_OC2H | TM36_OC2N | MAD13 | MAD14 | | URT7_TX |
| PD12 | GPD12 | CMP0_P0 | TM10_CKO | OBM_P0 | TM00_CKO | SPI0_CLK | TM20_OC0H | TM26_OC0H | MA12 | MALE2 | | |
| PD13 | GPD13 | CMP1_P0 | TM10_TRGO | OBM_P1 | TM00_TRGO | NCO_CK0 | TM20_OC1H | TM26_OC1H | MA13 | MCE | | |

表 8-3(d) MG32F02 A128/U128 類比功能的 CMP 接腳

| Pin Name | ADC | CMP | Others | Pin Name | ADC | CMP | Others |
|----------|-----|-----|--------|----------|-----|-----|--------|
| PA8 | ADC_I8 | CMP0_I0 | VBG_OUT | PA11 | ADC_I11 | CMP1_I1 | |
| PA9 | ADC_I9 | CMP0_I1 | | PB0 | | CMP_C0 | |
| PA10 | ADC_I10 | CMP1_I0 | ADC_PGA | PB1 | | CMP_C1 | |

可輸入兩個類比電壓來互相比較，比較結果會在內部狀態位元顯示及輸出上升沿或下降沿改變時會產生中斷，同時輸出結果可以送到外部接腳或內部其他模組作

為觸發事件，其特性如下表所示：

表 8-3(e)　類比功能的 CMP 特性

| Chip<br>Module Functions | MG32F02A132<br>MG32F02A072<br>CMP | MG32F02A032<br>CMP | MG32F02A128<br>MG32F02U128<br>MG32F02A064<br>MG32F02U064<br>CMP | Comment |
|---|---|---|---|---|
| Comparator Units | 4 | 2 | 2 | Rail-to-rail comparators |
| Input Channels of +/- path | 6 | 6 | 6 | Input channel number for each comparator +/- input path |
| Total External Channels | 10 | 6 | 6 | Total external channels of all analog comparators |
| IVREF DAC | IVREF/IVREF2 | IVREF/IVREF2 | IVREF/IVREF2 | Two internal voltage reference R-DAC |
| IVREF DAC Bit Resolution | 6 (64 levels) | 6 (64 levels) | 6 (64 levels) | |
| IVREF DAC Top Voltage | VDD | VDD | VDD/LDO_VR0 | |
| LDO_VRO as Internal Input | yes | yes | - | LDO_VR0 : internal LDO output voltage |
| DAC out as Internal Input | - | - | yes | |
| IVREF as Internal Input | yes | yes | yes | |
| IVREF DAC out to Pin | - | - | yes | IVREF DAC output from CMPn_I0 |
| Hysteresis Voltage | 9mV | 0, 10mV | 0, 10mV | |
| Response time | 200ns, 10us | 200ns, 10us | 200ns, 10us | optimal current consumption |
| Wakeup from SLEEP/STOP | yes | yes | yes | |
| Output as Reset Source | yes | yes | yes | Analog Watch Dog as a reset source |
| Compare output to I/O | yes | yes | yes | Compare output to I/O, interrupt or as internal module trigger event (Timer internal trigger , Capture events , or Break events) |

◎ 內部參考電壓可設定 64 位階準位(level)的臨限值(threshold)提供比較用。

◎ 所有比較器的正端(VIN+)及負端(VIN-)的輸入路徑，可以很靈活的選擇。

◎ 可程式設計回應時間，提供最低電流消耗。

◎ 可使用 2 個類比比較器，組合成視窗(window)比較器，來比較上/下限電壓值。

◎ 可選擇比較結果的輸出(Vout)極性(polarity)。

◎ 提供從省電模式(SLEEP 和 STOP)中喚醒。

◎ 可將比較結果輸出到外部接腳或內部中斷。也可以作為內部模組的觸發事件
(event)，如計時器內部觸發、捕捉事件或馬達停止(Break)等事件。

◎ 可提供類比看門狗(analog watch dog)作為重置來源。

◎ 在 072/132 提供 4 個快速軌對軌(Rail-to-rail)比較器，並為每個比較器提供 10 個
外部輸入通道選擇。

◎ 在 032/064/128 提供 2 個快速軌對軌(Rail-to-rail)比較器，並為每個比較器提供 6 個外部輸入通道選擇。

## 8-1.1　類比比較器(CMP)控制

032/064/128 內含兩組類比比較器(Analog COMP)模組如下：

1. 類比比較器(CMP)模組包含 2 個類比比較器 CMP0~1 和 2 個 R-階梯內部參考電壓 IVREF/IVREF2。其中 IVREF 用於 CMP0，而 IVREF2 用於 CMP1。

2. 每個類比比較器都配有多工器、數位濾波器和數位輸出電路，如下圖所示：

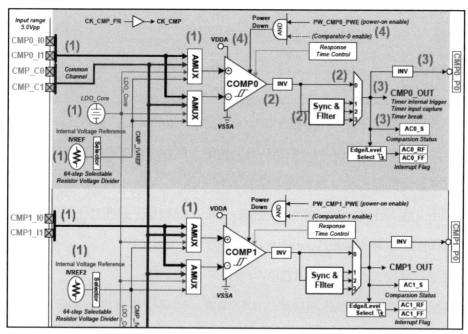

圖 8-3　類比比較器模組控制圖(MG32F02A128/U128)

(1) 每個類比比較器都配有獨立的輸入類比多工器(AMUX)，可選擇由獨立的 COMPx_In(x=0~3、n=0~1)、共同的 COMP_Cn(n=0~1)、穩壓電路(LDO)、IVREF(僅 CMP0)或 IVREF2(僅 CMP1)輸入類比電壓來相比較。輸入方式範例如下圖所示：

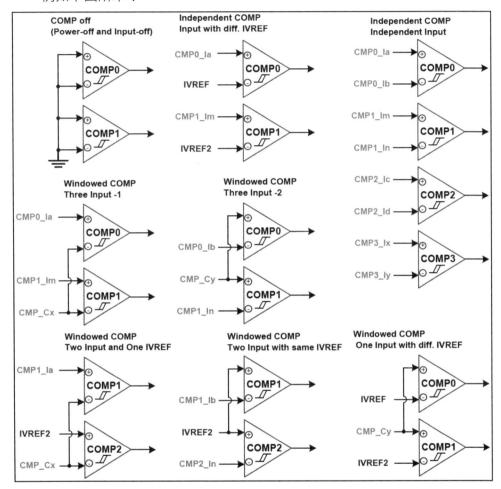

圖 8-4 類比比較器輸入方式

(2) 內部參考電壓(IVREF/IVREF2)為 R-階梯電路可形成 64 階的類比電壓，其中 064/128 可選擇 VREF+為參考電壓，如下圖所示：

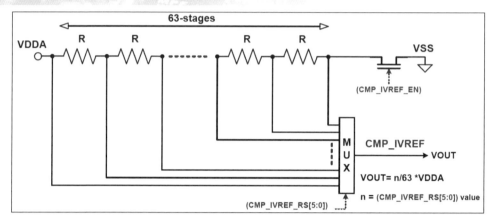

圖 8-5　R-階梯內部參考電壓

(3) 經類比比較器、遲滯(Hysteresis)及相反(INV)後，可選擇是否經過同步濾波器(Sync Filter)來輸出比較結果。其中類比比較器遲滯(Hysteresis)電路在VIN+ > VIN-超過正遲滯(Positive Hysteresis)電壓時輸出為 1，VIN+ < VIN-低於負遲滯(Negative Hysteresis)電壓時輸出為 0，如下圖所示：

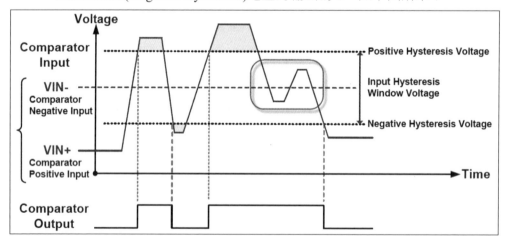

圖 8-6　類比比較器遲滯(Hysteresis)電壓

(4) 比較結果經反相(INV)後由接腳(CMPx_P0)輸出、啟動計時器或產生中斷。

(5) 可設定進入電源下降(Power Down)模式及控制響應(Response)時間。

## 8-1.2 類比比較器(CMP)函數式

類比比較器(CMP)函數式如下：

其中 CMPACx= CMPAC0~3 及 CMPx= CMP0~3。

1. 將 CMP 初始化為預定條件：

| void | CMP_DeInit(void) |
|------|------------------|
| 範例：CMP_DeInit(); | |

2. 致能/禁能 AC0~AC3 巨集(macro)：

    (1) 致能/禁能 CMPACx(0~3)比較巨集(macro)：

| void | CMP_Cmd (CMPAC_Struct *CMPACx, FunctionalState NewState) |
|------|------|
| 輸入：CMPACx = CMPAC0~3 , NewState=ENABLE , DISABLE | |
| 範例：CMP_Cmd (CMPAC0, ENABLE); | |

    (2) 選擇 CMPACx(0~3)響應速度：

| void | CMP_Power_Select (CMPAC_Struct *CMPACx, CMP_PowerLevelDef PowerLevelSel) |
|------|------|
| 輸入：PowerLevelSel= CMP_Normal：fast response<br>　　　　　　　　　　　　 CMP_Slow：slow response (low power mode) | |
| 範例：CMP_Power_Select(CMPAC0, CMP_Normal); | |

3. 配置 CMPACx(0~3)巨集的共同配置：

    (1) 配置 CMPACx(0~3)巨集同步時脈用於比較器輸出：

| void | CMP_FilterClock_Select (CMPAC_Struct *CMPACx,<br>　　　　　　　　　　　 CMP_SynchClockSrcDef SYNCHClockSrc) |
|------|------|
| 輸入：SYNCHClockSrc=CMP_ByPass：bypass (no schronized)<br>　　　　　　　　 CMP_CMPCK：synchronized clock from CMP_PROC<br>　　　　　　　　 CMP_TM00_TRGO：synchronized clock from TM00 TRGO | |

| CMP_TM01_TRGO : synchronized clock from TM01 TRGO |
|---|
| 範例：CMP_FilterClock_Select(CMPAC0, CMP_ByPass); |

(2) 配置 CMPACx 同步濾波器時脈除頻器：

| void | CMP_FilterClockDivider_Select (CMPAC_Struct *CMPACx, CMP_SYNCHClockDivDef SYNCHClockDiv) |
|---|---|
| 輸入：SYNCHClockDiv=CMP_SFDIV1 , CMP_SFDIV2 , CMP_SFDIV4 , CMP_SFDIV8 | |
| 範例：CMP_FilterClockDivider_Select(CMPAC3, CMP_SFDIV2); | |

(3) 配置 CMPACx 的輸出接腳反相：

| void | CMP_InverseOutputPin (CMPAC_Struct *CMPACx, FunctionalState NewState) |
|---|---|
| 輸入：NewState= ENABLE , DISABLE | |
| 範例：CMP_InverseOutputPin(CMPAC2, DISABLE); | |

(4) 設定 CMPACx 輸出極性(Polarity)：

| void | CMP_OutputPolarity_Select (CMPAC_Struct *CMPACx, CMP_OutputPolarityDef OutPorSel) |
|---|---|
| 輸入：OutPorSel=CMP_PositivePolarity(正) , CMP_NegativePolarity(負) | |
| 範例：CMP_OutputPolarity_Select(CMPAC1, CMP_PositivePolarity); | |

4. 配置內部參考(reference)：

(1) 配置 CMPAC0 內部參考(reference)電壓致能/禁能：

| void | CMP_IVREF_Cmd (CMP_Struct *CMPx, FunctionalState NewState) |
|---|---|
| 輸入：NewState= ENABLE , DISABLE | |
| 範例：CMP_IVREF_Cmd(CMP, ENABLE); | |

(2) 配置 CMPAC1/2/3 內部參考(reference)電壓致能/禁能：

| void | CMP_IVREF2_Cmd (CMP_Struct *CMPx, FunctionalState NewState) |
|---|---|

| 輸入：NewState= ENABLE , DISABLE |
|---|

| 範例：CMP_IVREF2_Cmd(CMP, ENABLE); |
|---|

### (3) 選擇 CMPAC0 內部參考電壓 R-ladder 位階準位(level)：

| DRV_Return | CMP_IVREF_Select (CMP_Struct *CMPx, uint8_t RefSel) |
|---|---|

| 輸入：RefSel=0~63 |
|---|
| 返回：DRV_Return=DRV_Failure , DRV_Success |

| 範例：CMP_IVREF_Select(CMP, 12); |
|---|

### (4) 選擇 CMPAC1~3 內部參考電壓 R-ladder 位階準位(level)：

| DRV_Return | CMP_IVREF2_Select (CMP_Struct *CMPx, uint8_t RefSel) |
|---|---|

| 輸入：RefSel=0~63 |
|---|
| 返回：DRV_Return=DRV_Failure : wrong parameter , DRV_Success : config pass |

| 範例：CMP_IVREF2_Select(CMP, 32); |
|---|

## 5. 選擇 CMPACx(0~3)輸入來源：

### (1) 選擇 CMPACx 正端輸入：

| void | CMP_PositivePin_Select (CMPAC_Struct *CMPACx, CMP_ACPinInputDef ACzPPin) |
|---|---|

| 輸入：ACzPPin= CMP_ACzIVREF : select internal reference be input |
|---|
|        CMP_ACz_I0 : select ACz input0 be input |
|        CMP_ACz_I1 : select ACz input1 be input |
|        CMP_ACz_CMPC0 : select CMP common input0 be input |
|        CMP_ACz_CMPC1 : select CMP common input1 be input |
|        CMP_ACzLDO : select LDO be input |

| 範例：CMP_PositivePin_Select(CMPAC0, CMP_ACz_I0); |
|---|

(2)選擇 CMPACx 負端輸入：

| void | CMP_NegativePin_Select (CMPAC_Struct *CMPACx, CMP_ACPinInputDef ACzNPin) |
|------|------|
| 輸入：ACzPPin= CMP_ACzIVREF : select internal reference be input<br><br>CMP_ACz_I0 : select ACz input0 be input<br><br>CMP_ACz_I1 : select ACz input1 be input<br><br>CMP_ACz_CMPC0 : select CMP common input0 be input<br><br>CMP_ACz_CMPC1 : select CMP common input1 be input<br><br>CMP_ACzLDO : select LDO be input | |
| 範例：CMP_NegativePin_Select(CMPAC1, CMP_ACz_I0); | |

6. 中斷及旗標(interrupt and flag)：

(1)配置中斷來源：

| void | CMP_IT_Config (CMP_Struct *CMPx, uint32_t CMP_ITSrc, FunctionalState NewState) |
|------|------|
| 輸入：CMP_ITSrc= AC0_RisingEdge_IE : AC0 Rising edge interrupt enable<br><br>AC0_FallingEdge_IE : AC0 Falling edge interrupt enable<br><br>AC1_RisingEdge_IE : AC1 Rising edge interrupt enable<br><br>AC1_FallingEdge_IE : AC1 Falling edge interrupt enable<br><br>AC2_RisingEdge_IE : AC2 Rising edge interrupt enable<br><br>AC2_FallingEdge_IE : AC2 Falling edge interrupt enable<br><br>AC3_RisingEdge_IE : AC3 Rising edge interrupt enable<br><br>AC3_FallingEdge_IE : AC3 Falling edge interrupt enable | |
| 輸入：NewState= ENABLE , DISABLE | |
| 範例：CMP_IT_Config(CMP, AC0_RisingEdge_IE, ENABLE); | |

(2)致能/禁能所有中斷：

| void | CMP_ITEA_Cmd (CMP_Struct *CMPx, FunctionalState NewState) |
|------|------|
| 輸入：NewState= ENABLE , DISABLE | |

| 範例：CMP_ITEA_Cmd(CMP, ENABLE); |
| --- |

### (3)抓取一個中斷旗標狀態：

| DRV_Return | CMP_GetSingleFlagStatus (CMP_Struct *CMPx, uint32_t CMP_ITSrc) |
| --- | --- |

| 輸入：CMP_ITSrc=AC0_RisingEdge_Flag : Rising edge interrupt flag |
| --- |
| AC0_FallingEdge_Flag : Falling edge interrupt flag |
| AC1_RisingEdge_Flag : Rising edge interrupt flag |
| AC1_FallingEdge_Flag : Falling edge interrupt flag |
| AC2_RisingEdge_Flag : Rising edge interrupt flag |
| AC2_FallingEdge_Flag : Falling edge interrupt flag |
| AC3_RisingEdge_Flag : Rising edge interrupt flag |
| AC3_FallingEdge_Flag : Falling edge interrupt flag |
| 返回：DRV_Return=DRV_Happened : Happen , DRV_UnHappened : Unhappen |

| 範例：if (CMP_GetSingleFlagStatus(CMP, AC2_RisingEdge_Flag) == DRV_Happened) |
| --- |
|    { |
|      // to do ... |
|    } |

### (4)抓取所有中斷旗標狀態：

| uint32_t | CMP_GetAllFlagStatus (CMP_Struct *CMPx) |
| --- | --- |

| 返回：uint32_t = response what happended of STA |
| --- |

| 範例：tmp = CMP_GetAllFlagStatus(CMP); |
| --- |

### (5)清除一個或所有中斷旗標：

| void | CMP_ClearFlag (CMP_Struct *CMPx, uint32_t CMP_ITSrc) |
| --- | --- |

| 輸入：CMP_ITSrc= AC0_RisingEdge_Flag : Rising edge interrupt flag |
| --- |
| AC0_FallingEdge_Flag : Falling edge interrupt flag |
| AC1_RisingEdge_Flag : Rising edge interrupt flag |

| | |
|---|---|
| | AC1_FallingEdge_Flag : Falling edge interrupt flag |
| | AC2_RisingEdge_Flag : Rising edge interrupt flag |
| | AC2_FallingEdge_Flag : Falling edge interrupt flag |
| | AC3_RisingEdge_Flag : Rising edge interrupt flag |
| | AC3_FallingEdge_Flag : Falling edge interrupt flag |

| 範例：CMP_ClearFlag(CMP, (AC0_RisingEdge_Flag│AC1_FallingEdge_Flag)); |
|---|

7. 抓取比較輸出：

　(1) 抓取 CMPACx 比較輸出，含反相：

| DRV_Return | CMP_GetOutput (CMPAC_Struct *CMPACx) |
|---|---|
| 返回：DRV_Return=DRV_Logic1 , DRV_Logic0 | |
| 範例：tmp = CMP_GetOutput(CMPAC2); | |

# 8-1.3 類比比較器(CMP)實習

可調整可變電阻(VR1 及 VR2)輸入類比電壓來進行類比比較，如下圖所示：

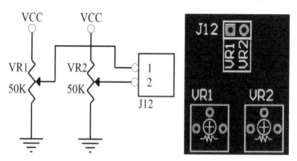

圖 8-7 可變電阻電路及外型

CMP 類比比較器的接腳使用預定的設定即可，範例如下：

1. 範例 CMP1：CMP 類比比較器控制，若正端輸入電壓 PA8(CMP+)大於負端輸入
電壓 PA9 (CMP-)，LED 閃爍。

2. 範例 CMP2：CMP 類比比較器控制，若正端輸入電壓 PA8(CMP+)大於內部參考電壓 IVREF，LED 閃爍。

3. 範例 CMP3：CMP 視窗類比比較器控制，若正端 PB0(CMP+)輸入電壓大於 IVREF，LED1 閃爍。若正端 PB0(CMP+)電壓大於 IVREF2，LED2 閃爍。

# 8-2　DAC 控制實習

　　在 064/072/128/132 內含數位/類比轉換模組(DAC)，可藉由輸入 10-bit(072/132) 或 12-bit(064/128)數位資料經 DAC 轉換後輸出類比電壓。它可以獨立地進行轉換，並且由內部 Vref(與 ADC 共用)作為參考電壓，以獲得更精確的轉換結果，並由接腳 DCA_P0 輸出類比電壓。如下表 4 所示：

表 8-4　DAC 功能

| Functions　　Chip | MG32F02A132 | MG32F02A072 | MG32F02A032 | MG32F02A128 MG32F02U128 | MG32F02A064 MG32F02U064 |
|---|---|---|---|---|---|
| DAC | current DAC 10-Bit , 1-CH | current DAC 10-Bit , 1-CH | - | voltage DAC 12-Bit , 1-CH | voltage DAC 12-Bit , 1-CH |
| DAC Conversion Rate | 100Ksps | 100Ksps | - | 1Msps | 1Msps |
| DAC Output Buffer | - | - | - | yes | yes |

◎ 數位/類比轉換(DAC)：一組 10 或 12-bit DAC，轉換速率最高為 100K 或 1Msps。

◎ 數位資料寫入暫存器，可由外部接腳或內部事件觸發開始轉換。

◎ MG32F02A128/U128 可規劃輸出電流為 0.5mA、1mA 或 2mA，必須要外加電阻才會輸出電壓，且最高的輸出電壓不得超出 VDD-1V，若 VDD=5V，則 DAC 最高輸出 4V。在 064/128 則可直接輸出電壓。

◎ 輸入數位資料可左右對齊，可配置資料寬度為 12-bit(064/128)、10-bit 或 8-bit。

◎ 可應用 DMA 的緩衝器輸出資料到 DAC。

　　DAC 控制接腳，如下圖及下表所示：

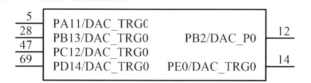

圖 8-8　MG32F02U128AD80 的 DAC 接腳

表 8-5　DAC 接腳說明

| SPI 腳 | IO | 說明 |
|---|---|---|
| DAC_TRG0 | I | DAC 觸發啟動(trigger start)輸入 |
| DAC_P0 | O | DAC 類比電壓輸出 |

經由交替功能選擇(AFS: Alternate Function Select)及類比功能可將 GPIO 設定為 DAC 接腳，如下表(a)(b)所示：

表 8-6(a)　MG32F02A128/U128 經 AFS 的 DAC 接腳

| Pin | AFS=0 | AFS=1 | AFS=2 | AFS=3 | AFS=4 | AFS=5 | AFS=6 | AFS=7 | AFS=8 | AFS=9 | AFS=10 | AFS=11 |
|---|---|---|---|---|---|---|---|---|---|---|---|---|
| PA11 | GPA11 | DAC_TRG0 | SPI0_D3 | I2C1_SDA | URT2_RTS | | TM26_IC1 | SPI0_MOSI | MA11 | MAD3 | TM36_OC3H | URT5_RX |
| PB13 | GPB13 | DAC_TRG0 | TM00_ETR | URT0_CTS | | TM20_ETR | TM36_ETR | URT0_CLK | MAD5 | MAD10 | CCL_P0 | URT4_RX |
| PC12 | GPC12 | | IR_OUT | DAC_TRG0 | URT1_DE | TM10_TRG0 | TM36_OC3 | TM26_OC02 | MAD15 | SDT_P0 | | |
| PD14 | GPD14 | | TM10_ETR | DAC_TRG0 | TM00_ETR | | TM20_IC0 | TM26_IC0 | MA14 | MOE | CCL_P0 | URT5_TX |
| PE0 | GPE0 | OBM_I0 | | URT0_TX | DAC_TRG0 | SPI0_NSS | TM20_OC00 | TM26_OC00 | MALE | MAD8 | | URT4_TX |

表 8-6(b)　MG32F02A128/U128 經類比功能 DAC 接腳

| Pin Name | ADC | CMP | Others |
|---|---|---|---|
| PB2 | | | DAC_P0 |

## 8-2.1　DAC 控制

　　DAC 控制是由 DAC、參考電壓電路、DAC 資料暫存器(DAT0)、DAC 轉換輸出暫存器(DOR0)和 DAC 轉換觸發啟動控制所組成。

1. DAC 控制方塊圖，如下圖(a)(b)所示：

(1) 將數位資料寫入 DAC 資料暫存器(DAT0)，經設定左右對齊後送入 DAC 轉換輸出暫存器(DOR0)。

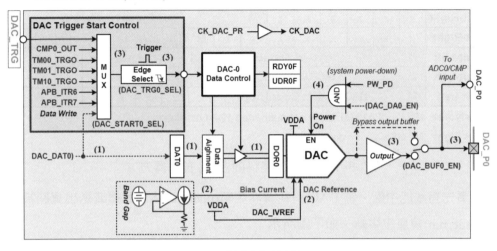

圖 8-9　DAC 控制方塊圖(064/128)

(2) 由內部 Band Gap 提供 DAC 基本電流(Bias Current)，在 64/128 固定以 VDDA 為參考電壓(DAC_IVREF)

(3) 選擇 DAC 觸發啟動(Trigger Start)方式來源為外部接腳(DAC_TRG)、比較器輸出(CMP0_OUT)、計時觸發(TMxx_TRGO)及(APB_ITRx)，再選擇觸發邊緣(Edge)，有觸發輸入時會令 DAC 開始轉換。在 064/128 可選擇經緩衝器(buffer)由接腳(DAC_P0)輸出類比電壓。

(4) 可致能當系統進入電源下降(power-down)時，關閉 DAC 工作。

2. MG32F02A128/U128/A064/U064 資料有 12-bit、10-bit 及 8-bit 向左/向右對齊方式，如下圖所示：

| Alignment | DAC_DAT0 (DAC data register) | | | | | | | | | | | | | | | |
|---|---|---|---|---|---|---|---|---|---|---|---|---|---|---|---|---|
| | B15 | B14 | B13 | B12 | B11 | B10 | B9 | B8 | B7 | B6 | B5 | B4 | B3 | B2 | B1 | B0 |
| 12bit-Right | x | x | x | x | M | DAC Output Code[11:0] | | | | | | | | | | |
| 10bit-Right | x | x | x | x | x | x | M | DAC Output Code[9:0] | | | | | | | | |
| 8bit-Right | x | x | x | x | x | x | x | x | M | DAC Output Code[7:0] | | | | | | |
| 12bit-Left | M | DAC Output Code[11:0] | | | | | | | | | | | x | x | x | x |
| 10bit-Left | M | DAC Output Code[9:0] | | | | | | | | | x | x | x | x | x | x |
| 8bit-Left | M | DAC Output Code[7:0] | | | | | | | x | x | x | x | x | x | x | x |
| <Note> | MG32F02A132/072 are not supported 12-bit resolution | | | | | | | | | | | | | | | |
| <Sign> | M : MSb bit , x : don't care | | | | | | | | | | | | | | | |

圖 8-10　DAC 資料向左/向右對齊方式

3. 若事先有致能中斷，當 DAC 有新資料更新(updated)準備轉換或送出資料被覆蓋 (underrun)會產生中斷，如下圖所示：

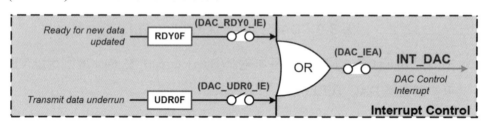

圖 8-11　DAC 中斷控制

4. 在 064/128 可直接輸出電壓，經輸出緩衝器(Buffer)及低通濾波器(LP Filter)可以 獲得更好的輸出表現。以 DAC_TRG0 接腳輸入觸發信號為例。如下圖所示：

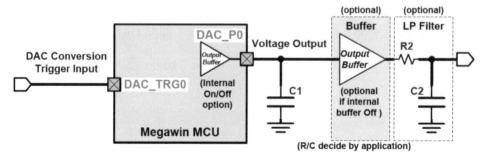

圖 8-12　DAC 經低通濾波器輸出(064/128)

5. 在 064/128 的 DAC 可直接輸出電壓，且以 VDDA 為參考電壓，表示 DAC 輸出最大類比電壓為 VDDA。輸出電壓(Vout)以 10-bit 資料(Data)為例，計算公式為：輸出電壓(Vout)=(VDDA*Data) / 1023。

## 8-2.2　DAC 函數式

DAC 函數式如下：其中 DACx = DAC。

1. 將 ADC 初始化為預定條件：

(1) 將 DACx 周邊設備暫存器初始化為預定重置值：

| void | DAC_DeInit (DAC_Struct *DACx) |
|---|---|
| 範例：DAC_DeInit(DAC); | |

2. 致能/禁能 DAC：

(1) 致能/禁能 DAC 功能：

| void | DAC_Cmd (DAC_Struct *DACx, FunctionalState NewState) |
|---|---|
| 輸入：NewState=ENABLE , DISABLE | |
| 範例：DAC_Cmd(DAC, ENABLE); | |

(2) 抓取 DAC 狀態：

| DRV_Return | DAC_GetDACState (DAC_Struct *DACx) |
|---|---|
| 返回：DRV_Return=DRV_Success | |
| 範例：tmp = DAC_GetDACState(DAC); | |

3. 配置 DAC 輸出能力：

(1) 配置 DAC 輸出電流能力：

| void | DAC_CurrentMode_Select (DAC_Struct *DACx, DAC_CurrentModeDef OutCurr) |
|---|---|

| 輸入：OutCurr=DAC_M0(0.5mA)，DAC_M1(1mA)，DAC_M2 (2mA) |
|---|

| 範例：DAC_CurrentMode_Select(DAC, DAC_M1); |
|---|

## 4. 讀取/寫入 DAC 資料：

### (1) 抓取 DAC 的 DATA0 資料：

| uint16_t | DAC_GetDAT0 (DAC_Struct *DACx) |
|---|---|

| 返回：uint16_t =DATA0 資料 |
|---|

| 範例：tmp = DAC_GetDAT0(DAC); |
|---|

### (2) 設定 DAC 的 DATA0 資料：

| void | DAC_SetDAT0 (DAC_Struct *DACx, uint16_t dat) |
|---|---|

| 輸入：dat=輸出數值 0~1023 |
|---|

| 範例：DAC_SetDAT0(DAC, 512); |
|---|

### (3) 抓取 DAC 的 DOR0 輸出資料：

| uint16_t | DAC_GetOutput (DAC_Struct *DACx) |
|---|---|

| 返回：uint16_t =DOR0 輸出資料 0~1023 |
|---|

| 範例：tmp = DAC_GetOutput(DAC); |
|---|

## 5. DAC 觸發來源進行轉換：

### (1)配置 DAC 觸發事件選擇：

| void | DAC_TriggerSource_Select (DAC_Struct *DACx, DAC_TriggerSourceDef DACTrgSel) |
|---|---|

| 輸入：DACTrgSel= DAC_SoftWare : SW setting to convert<br>　　　　　　　DAC_TRGPin : DAC external trigger pin<br>　　　　　　　DAC_CMP0Out : comparator0 output to convert<br>　　　　　　　DAC_TM00_TRGO : TM00 trigger out to convert<br>　　　　　　　DAC_TM01_TRGO : TM01 trigger out to convert |
|---|

| DAC_TM10_TRGO : TM10 trigger out to convert |
|---|
| DAC_ITR6 : APB ITR6 trigger out to convert |
| DAC_ITR7 : APB ITR7 trigger out to convert |

| 範例：DAC_TriggerSource_Select(DAC, DAC_TM00_TRGO); |
|---|

(2)配置 DAC 觸發邊緣選擇：

| void | DAC_TriggerEdge_Select (DAC_Struct *DACx, DAC_TriggerEdgeDef DACEdgeSel) |
|---|---|

| 輸入：DACEdgeSel= DAC_DisableTrg : SW setting to convert |
|---|
| DAC_AcceptRisingEdge : TM00 trigger out to convert |
| DAC_AcceptFallingEdge : External DAC pin trigger to convert |
| DAC_AcceptDualEdge : comparator0 output to convert |

| 範例：DAC_TriggerEdge_Select (DAC, DAC_TRGPin); |
|---|

6. DAC 輔助控制：

(1) 選擇 DACx 功能資料對齊格式：

| void | DAC_DataAlignment_Select (DAC_Struct *DACx, DAC_DataAlignModeDef AlignMode) |
|---|---|

| 輸入：AlignMode= DAC_RightJustified : Overwritten by new data |
|---|
| DAC_LeftJustified : Preserved old date |

| 範例：DAC_DataAlignment_Select(DAC, DAC_RightJustified); |
|---|

(2) 選擇 DAC 轉換資料解析度：

| void | DAC_DataResolution_Select (DAC_Struct *DACx, DAC_ResolutionDef ResolutionData) |
|---|---|

| 輸入：ResolutionData=DAC_10BitData , DAC_8BitData |
|---|

| 範例：DAC_DataResolution_Select(DAC, DAC_10BitData); |
|---|

7. DAC 中斷及旗標：

(1)配置中斷來源：

| void | DAC_IT_Config (DAC_Struct *DACx, uint32_t DAC_ITSrc, FunctionalState NewState) |
|---|---|
| 輸入:DAC_ITSrc= Underrun_IE : DAC conversion underrun event<br>　　　　　　　　Ready_IE : ready to update new data | |
| 輸入:NewState=ENABLE , DISABLE | |
| 範例:DAC_IT_Config(DAC, Ready_IE, ENABLE); | |

(2) 致能/禁能 DAC 所有中斷:

| void | DAC_ITEA_Cmd (DAC_Struct *DACx, FunctionalState NewState) |
|---|---|
| 輸入:NewState=ENABLE , DISABLE | |
| 範例: DAC_ITEA_Cmd(DAC, ENABLE); | |

(3) 抓取一個 DAC 中斷旗標狀態:

| DRV_Return | DAC_GetSingleFlagStatus (DAC_Struct *DACx, uint32_t DAC_ITSrc) |
|---|---|
| 輸入:DAC_ITSrc= Underrun_Flag : DAC conversion underrun flag<br>　　　　　　　　Ready_Flag : ready flag to update new data | |
| 範例:if (DAC_GetSingleFlagStatus(DAC, Ready_Flag) == DRV_Happened)<br>　　　{<br>　　　　// to do ...<br>　　　} | |

(4) 抓取所有 DAC 中斷旗標狀態:

| uint32_t | DAC_GetAllFlagStatus (DAC_Struct *DACx) |
|---|---|
| 返回:uint32_t=response what happended of STA | |
| 範例:tem=DAC_GetAllFlagStatus(DAC); | |

(5) 清除一個或所有 DAC 中斷旗標狀態:

| void | DAC_ClearFlag (DAC_Struct *DACx, uint32_t DAC_ITSrc) |
|---|---|

| 輸入：DAC_ITSrc= Underrun_Flag : DAC conversion underrun flag |
|---|
| Ready_Flag : ready flag to update new data |

| 範例：DAC_ClearFlag(DAC, Ready_Flag); |
|---|

8. DAC 的 DMA 控制：

  (1)致能/禁能 DAC 的 DMA 功能：

| void | DAC_DMA_Cmd (DAC_Struct *DACx, FunctionalState NewState) |
|---|---|

| 輸入：NewState=ENABLE , DISABLE |
|---|

| 範例：DAC_DMA_Cmd(DAC, ENABLE); |
|---|

## 8-2.3　DAC 實習

1. 範例 DAC1：DAC 軟體轉換控制，由 DAC_P0(PB2)輸出類比電壓。使用預定的
   GPIO 接腳即可，設定如下圖所示：

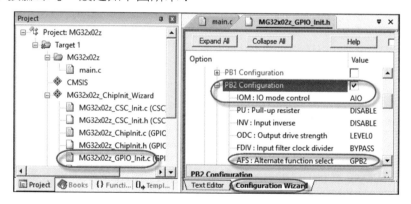

圖 8-13　DAC1 接腳設定

2. 範例 DAC2：由 DAC_P0(PB2)輸出鋸齒波，輸出波形如下圖所示：

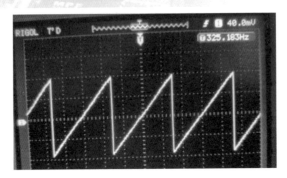

圖 8-14 範例 DAC2 輸出波形

3. 範例 DAC3：使用正弦函數計算，由 DAC_P0(PB2)輸出正弦波。如下：

(1)我們可將數位資料經數學演算後，送到 DAC 輸出類比波形。Keil 系統內的 math.h 含有三角函數提供使用，內容如下：

```
extern _ARMABI double acos(double /*x*/); //反餘弦
extern _ARMABI double asin(double /*x*/); //反正弦
extern _ARMABI_PURE double atan(double /*x*/); //反正切
extern _ARMABI double atan2(double /*y*/, double /*x*/); //正切
extern _ARMABI double cos(double /*x*/); //餘弦
extern _ARMABI double sin(double /*x*/); //正弦
extern _ARMABI double tan(double /*x*/); //正切
extern _ARMABI double cosh(double /*x*/); //餘弦
extern _ARMABI double sinh(double /*x*/); //正弦
extern _ARMABI_PURE double tanh(double /*x*/); //正切
```

(2)以正弦(sin)為例，將角度(0~359)以正弦函數演算為弧度(-1~0~1)，再轉換成 10-bit 的數位資料(0~1023)，送到 DAC 即可輸出正弦波，如下表 7 所示：

表 8-7 正弦波資料的轉換

| 角度 | 弧度 | 數位資料 | 角度 | 弧度 | 數位資料 |
|------|------|---------|------|------|---------|
| 0 | 0 | 512 | 180 | 0 | 512 |
| 15 | 0.2588 | 644 | 195 | -0.2588 | 380 |
| 30 | 0.5 | 767 | 210 | -0.5 | 257 |
| 45 | 0.707 | 873 | 225 | -0.707 | 151 |

| 60 | 0.866 | 955 | 240 | -0.888 | 69 |
| 75 | 0.966 | 1006 | 255 | -0.966 | 18 |
| 90 | 1 | 1023 | 270 | -1 | 1 |
| 105 | 0.966 | 1006 | 285 | -0.966 | 18 |
| 120 | 0.866 | 955 | 290 | -0.888 | 32 |
| 135 | 0.707 | 873 | 315 | -0.707 | 151 |
| 150 | 0.5 | 768 | 330 | -0.5 | 256 |
| 165 | 0.2588 | 644 | 345 | -0.2588 | 380 |

輸出波形如下圖所示：

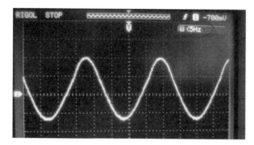

圖 8-15　範例 DAC3 輸出波形(約 2.5Hz)

　　正弦函數演算為浮點運算數值，而 MG32x02z 系列並無內含浮點運算器，僅能以軟體來演算所須時間較長。本實習範例將正弦函數演算 360 次後，產生正弦波的頻率小於 5Hz。若要加快執行速度可使用列表法(Lookup Table)。

4. 範例 DAC4：使用正弦函數計算值存入 RAM，再由寫入 DAC，依序由 DAC_P0(PB2)輸出正弦波。如此可加快執行速度(約 852Hz)，但會佔用大量 RAM 空間。輸出波形如下圖所示：

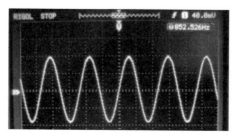

圖 8-16　範例 DAC4 輸出波形(約 852Hz)

5. 範例 DAC5：使用列表法，依序由 DAC_P0(PB2)輸出正弦波。事先進行正弦計算存入 ROM，再依序讀取由 DAC 輸出，如此僅佔用大量 ROM 空間。輸出波形及頻率與上圖相同。

6. 範例 DAC6_WAV：使用 DMA 直接將 Flash 內的資料送到 DAC，具有 DAC 播放音樂功能。如下圖所示：

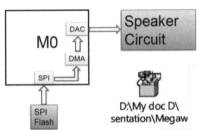

圖 8-17　DAC 播放音樂功能

# 8-3　ADC 控制實習

MG32x02z 系列內含有一組 12-bit 的類比/數位轉換器(ADC：Analog to Digital Converter)，最多可由外部輸入 16 通道或內部輸入 4 通道的類比電壓，輪流送到 12-bit 的 ADC 轉換為數位資料。如下表 8 所示：

表 8-8　MG32x02z 的 ADC 功能

| Functions Chip | MG32F02A132 | MG32F02A072 | MG32F02A032 | MG32F02A128 MG32F02U128 | MG32F02A064 MG32F02U064 |
|---|---|---|---|---|---|
| ADC Resolution | 12-Bit | 12-Bit | 12-Bit | 12-Bit | 12-Bit |
| ADC Conversion Rate | 400Ksps | 400Ksps | 800Ksps | 1.5Msps | 1.5Msps |
| ADC Channels | 16-CH | 16-CH | 12-CH | 16-CH | 16-CH |
| ADC Channel Scan | Scan, Loop | Scan, Loop | Scan, Loop | Scan, Loop | Scan, Loop |
| ADC PGA | Gain 1~4 | Gain 1~4 | Gain 1~4 | Gain 1~4 | Gain 1~4 |
| ADC VREF Source | +VREF | +VREF | +VREF | +VREF/IVR | +VREF/IVR |
| ADC Data Accumulate | Max. 64 data | Max. 64 data | Max. 64 data | Max. 64 data | Max. 64 data |
| ADC Data Compare | two threshold Window Detect Code Skip/Clamp | two threshold Window Detect Code Skip/Clamp | two threshold Window Detect Code Skip/Clamp | two threshold Window Detect Code Skip/Clamp | two threshold Window Detect Code Skip/Clamp |
| ADC Differential Mode | support | support | - | - | - |
| ADC DMA Data Length | 32-bit | 32-bit | 32/16-bit | 32/16-bit | 32/16-bit |

由接腳 ADC_I0~I15 輸入類比電壓，可設定由外部接腳(VREF+)或內部提供參考電壓來決定其輸入的最大類比電壓值，ADC 接腳如下圖及下表所示：

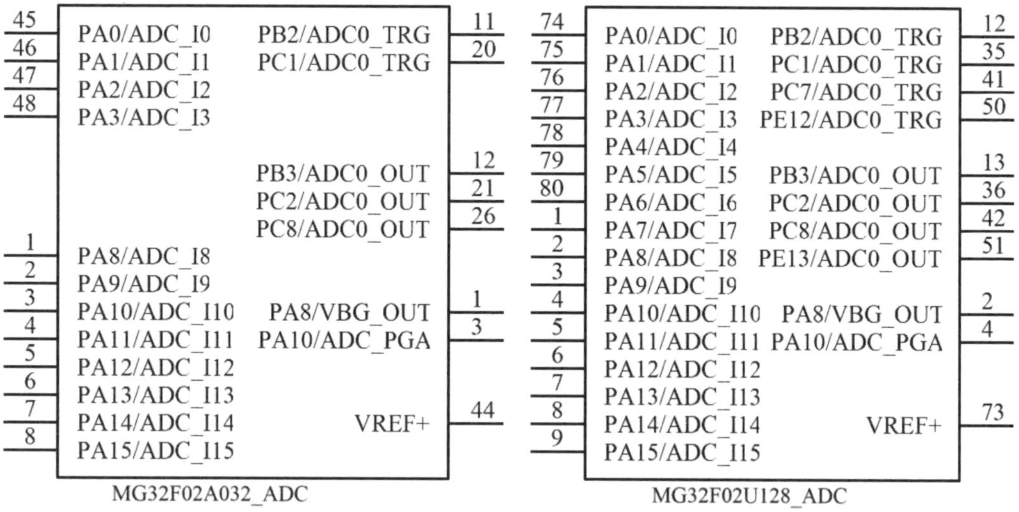

圖 8-18　MG32F02A 的 ADC 接腳

表 8-9　ADC 接腳說明

| ADC 接腳 | IO | 說明 |
|---|---|---|
| ADC_I0~15 | I | 類比電壓輸入及 end/differential(差動式)輸入通道 0~15 |
| ADC0_TRG | I | ADC 觸發(trigger)啟動輸入 |
| ADC0_OUT | O | ADC 臨限(threshold)視窗(window)比較輸出 |
| ADC_PGA | O | ADC PGA 電壓輸出 |
| VBG_OUT | O | 帶隙(Bandgap)電壓輸出 |
| VREF+ | I | 類比參考電壓輸入，表示輸入最高類比電壓值 |

經由交替功能選擇(AFS: Alternate Function Select)及類比功能可將 GPIO 設定為 ADC 接腳，如下表(a)~(d)所示：

表 8-10(a)　MG32F02A032 經 AFS 的 ADC 接腳

| Pin Name | AFS=0 | AFS=1 | AFS=2 | AFS=3 | AFS=4 | AFS=5 | AFS=6 | AFS=7 | AFS=8 |
|---|---|---|---|---|---|---|---|---|---|
| PB2 | GPB2 | ADC0_TRG | SPI0_CLK | TM01_CKO | | TM16_CKO | | I2C0_SDA | URT0_TX |
| PB3 | GPB3 | ADC0_OUT | SPI0_MOSI | | | TM36_CKO | | I2C0_SCL | URT0_RX |
| PC1 | GPC1 | ADC0_TRG | TM01_CKO | TM36_IC0 | URT1_CLK | | TM36_OC0N | I2C0_SDA | URT0_RX |
| PC2 | GPC2 | ADC0_OUT | TM10_CKO | OBM_P0 | | | TM36_OC10 | | |
| PC8 | GPC8 | ADC0_OUT | I2C0_SCL | URT0_BRO | URT1_TX | | TM36_OC0H | TM36_OC0N | |

表 8-10(b)　MG32F02A032 類比功能的 ADC 接腳

| Pin Name | ADC | CMP | Pin Name | ADC | CMP |
|---|---|---|---|---|---|
| PA0 | ADC_I0 | | PA10 | ADC_I10 | CMP1_I0 |
| PA1 | ADC_I1 | | PA11 | ADC_I11 | CMP1_I1 |
| PA2 | ADC_I2 | | PA12 | ADC_I12 | |
| PA3 | ADC_I3 | | PA13 | ADC_I13 | |
| PA8 | ADC_I8 | CMP0_I0 | PA14 | ADC_I14 | |
| PA9 | ADC_I9 | CMP0_I1 | PA15 | ADC_I15 | |

表 8-10(c)　MG32F02A128/U128 經 AFS 的 ADC 接腳

| Pin | AFS=0 | AFS=1 | AFS=2 | AFS=3 | AFS=4 | AFS=5 | AFS=6 | AFS=7 | AFS=8 | AFS=9 | AFS=10 | AFS=11 |
|---|---|---|---|---|---|---|---|---|---|---|---|---|
| PB2 | GPB2 | ADC0_TRG | SPI0_CLK | TM01_CKO | URT2_TX | TM16_CKO | TM26_OC0H | I2C0_SDA | | URT1_CLK | URT0_TX | URT7_TX |
| PB3 | GPB3 | ADC0_OUT | SPI0_MOSI | NCO_P0 | URT2_RX | TM36_CKO | TM26_OC1H | I2C0_SCL | | URT1_TX | URT0_RX | URT7_RX |
| PC1 | GPC1 | ADC0_TRG | TM01_CKO | TM36_IC0 | URT1_CLK | TM20_OC0N | TM36_OC0N | I2C0_SDA | MAD8 | MAD4 | URT0_RX | URT5_RX |
| PC2 | GPC2 | ADC0_OUT | TM10_CKO | OBM_P0 | URT2_CLK | TM20_OC10 | TM36_OC10 | SDT_I0 | MAD9 | MAD12 | | |
| PC7 | GPC7 | ADC0_TRG | RTC_OUT | URT0_DE | URT1_NSS | | TM36_TRGO | | MBW0 | MCE | | |
| PC8 | GPC8 | ADC0_OUT | I2C0_SCL | URT0_BRO | URT1_TX | TM20_OC0H | TM36_OC0H | TM36_OC0N | MAD11 | MAD13 | CCL_P0 | URT6_TX |
| PE12 | GPE12 | ADC0_TRG | USB_S0 | | TM01_CKO | TM16_CKO | TM20_OC10 | TM26_OC10 | MBW0 | | | URT6_TX |
| PE13 | GPE13 | ADC0_OUT | USB_S1 | | TM01_TRGO | TM16_TRGO | TM20_OC11 | TM26_OC11 | MBW1 | | TM36_OC2H | URT6_RX |

表 8-10(d)　MG32F02A128/U128 類比功能的 ADC 接腳

| Pin Name | ADC | CMP | Others | Pin Name | ADC | CMP |
|---|---|---|---|---|---|---|
| PA0 | ADC_I0 | | | PA8 | ADC_I8 | CMP0_I0 |
| PA1 | ADC_I1 | | | PA9 | ADC_I9 | CMP0_I1 |
| PA2 | ADC_I2 | | | PA10 | ADC_I10 | CMP1_I0 |
| PA3 | ADC_I3 | | | PA11 | ADC_I11 | CMP1_I1 |
| PA4 | ADC_I4 | | | PA12 | ADC_I12 | |
| PA5 | ADC_I5 | | | PA13 | ADC_I13 | |
| PA6 | ADC_I6 | | | PA14 | ADC_I14 | |
| PA7 | ADC_I7 | | | PA15 | ADC_I15 | |

MG32F02A 的 ADC 模組功能如下表所示：

表 8-11　MG32F02A 的 ADC 模組功能(1)

| Chip / Module Functions | MG32F02A132 MG32F02A072 | MG32F02A032 | MG32F02A128 MG32F02U128 MG32F02A064 MG32F02U064 | Comment |
|---|---|---|---|---|
| | ADC0 | ADC0 | ADC0 | |
| ADC Bit Resolution | 12-bit | 12-bit | 12-bit | |
| ADC Max. Conversion Rate | 400Ksps | 800Ksps | 1.5Msps | |
| External Input Channels | 16 | 12 | 16 | |
| Internal Input Channels | 4 | 4 | 8 | |
| Differential Input Mode | yes | - | - | default Single-End input mode |
| ADC Reference Top | VREF+ | VREF+ | VREF+/IVR24 | IVR24: internal reference voltage, VREF+: external voltage |
| VBUF, AVSS as ADC Input | yes | yes | yes | internal VBUF (VBG buffer) output |
| VR0 Out as ADC Input | - | yes | yes | internal VR0 LDO output |
| DAC Out as ADC Input | yes | - | yes | internal DAC output |
| ADC VREF as ADC Input | yes | yes | - | internal ADCx_IVREF reference voltage |
| 1/2VDD, VPG as ADC Input | - | - | yes | internal 1/2 VDD voltage |
| V33 Out as ADC Input | - | - | yes | internal V33 LDO output |
| TSO as ADC Input | - | - | yes | internal temperature sensor output |
| PGA with Gain | 1~4 | 1~4 | 1~4 | input buffer with gain ratio 1~4 |
| Configurable sampling time | 0~255 | 0~255 | 0~255 | sampling clock time |
| Channel Scan Conversion | yes | yes | yes | |
| Hardware accumulators | 3 | 3 | 3 | |
| Voltage Window Detect | yes | yes | yes | detect code by the high/low threshold |
| Output Code Limitation | yes | yes | yes | clamp output code or skip the code |
| Code Left/Right Justify | yes | yes | yes | data alignment for output code |
| Signed Code Conversion | yes | - | - | ADC output unsigned code |
| Wait Mode | yes | yes | yes | |
| Auto-Off Mode | - | - | yes | |
| ADC Calibration | Gain/Offset | - | Offset | |
| DMA request capability | yes | yes | yes | |
| DMA transfer Data Pack | 32-bit | 32 or 16-bit | 32 or 16-bit | 16-bit ADC code; 16-bit channel data |

ADC 特性如下：

◎ 可規劃 ADC 轉換後的數位資料解析度為 8-bit、10-bit 或 12-bit。

◎ 可規劃取樣(sampling)時間及內含輸入緩衝器，附旁路(bypass)選項。

◎ 支援透過外部接腳、內部事件和軟體位元來自動取樣(sampling)和觸發。

◎ 轉換後的數位資料可設定為向左或向右對齊。

◎ 可程式電壓增益放大(PGA: Programmable Gain Amplifier)功 能·可將輸入類比信號放大 1~4 倍·才能解析信號的細微變化·如下圖(a)~(c)所示：

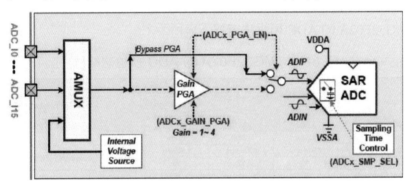

圖 8-19(a)　電壓增益放大(PGA)控制

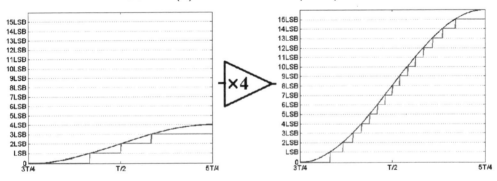

圖 8-19(b)　電壓增益放大(PGA)控制

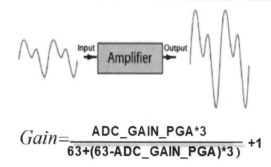

$$Gain=\frac{ADC\_GAIN\_PGA*3}{63+(63-ADC\_GAIN\_PGA)*3)}+1$$

圖 8-19(c)　電壓增益放大(PGA)計算

◎ 在取樣結束、轉換結束或掃描轉換結束後，均可產生中斷。

◎ ADC 內含 3 通道獨立的硬體累加器，可自動將數次連續轉換後的數位資料來累加，再取平均值後輸出，如此可提高輸出的穩定度，如下圖(a)(b)所示：

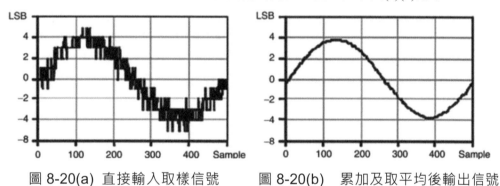

圖 8-20(a)　直接輸入取樣信號　　圖 8-20(b)　累加及取平均後輸出信號

◎ 提供電壓視窗(voltage window)偵測，可設定兩個電壓準位作為電壓視窗的臨限值(threshold)，為 WHB 及 WLB 來限制輸入的上下電壓值。當有突波輸入時，將自動濾除，如下圖所示：

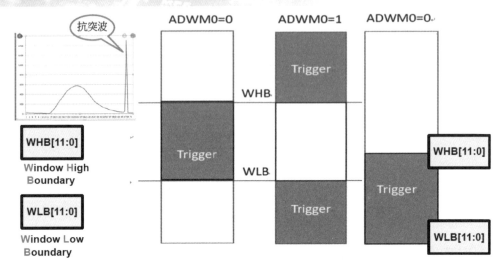

圖 8-21 　ADC 視窗功能

◎ 支援單次轉換、各通道掃描轉換及循環掃描轉換。

◎ ADC 轉換後的數位資料可使用 DMA 傳輸。

◎ 支援等待(Wait)模式，可避免 ADC 的轉換後的數位資料尚未讀取，會有被新資料覆蓋(overrun)的現象。

◎ 在 MG32F02A128/U128 的功能有：

　※ 12-bit 的 SAR ADC 最高轉換速率為 400K-sps。

　※ 提供 16 個外部通道和 4 個內部通道輸入(VBG、VSSA、DAC 輸出及 ADC 參考電壓)，且提供差動式(Differential)模式輸入。

　※ 提供硬體自我校準(calibration)功能，以減少轉換誤差。

　※ 提供自動關閉(Auto-off)模式，當 ADC 停止轉換時會自動關閉。

◎ 在 MG32F02A032 的功能有：

　※ 12-bit 的 SAR ADC 最高轉換速率為 800K-sps。

　※ 提供 12 個外部通道和 4 個內部通道輸入(VBG、VSSA、LDO VR0 輸出及

ADC 參考電壓)。

◎ 在 064/128 的功能有：

※ 12-bit 的 SAR ADC 最高轉換速率為 1.5M-sps。

※ 提供 16 個外部通道和 4 個內部通道輸入(VBG、VSSA、LDO VR0 輸出及 ADC 參考電壓)。

## 8-3.1　ADC 控制

可設定由接腳 ADC_I0~15 輸入 12 通道(032)或 16 通道(064/072/128/132)的類比電壓，經多工器切換，每次僅允許一個通道輸入。

1. 工作方塊圖，如下圖所示：

(1) 可選擇 CK_ADCx_PR、TM00_TRGO、TM01_TRGO 或 CK_PLL 經除頻後成為 ADC 工作時脈(CK_ADCx_INT)。

(2) 可選擇外部通道(ADC_I0~15)或內部通道輸入類比電壓，可設定 0~63 經增益(Gain PGA)電壓放大 1~4 倍，再由外部接腳(VREF+)輸入參考電壓，VREF+=3.3V，也就是說輸入類比電壓為 0~3.3V。若 ADC 為差動式(Differential)輸入，可由接腳(ADC_I4)或內部 VCM 輸入負端信號(ADIN)。

(3) 可由內部軟體或外部 ADC 觸發(ADCx_TRG)接腳及設定取樣時間，來啟動 ADC 開始轉換。

(4) 可進行偏移量調整器(Offset Adjuster)及設定有無正負值(Signed/Unsigned)調整，轉換成 8、10 或 12-bit 數位資料；經上/下限電壓視窗偵測(Voltage Window Detect)並在外部接腳(ADCx_OUT)輸出比較結果，同時將數位資料存入累加器(Accumulation)及 ADC 資料(Data)暫存器。

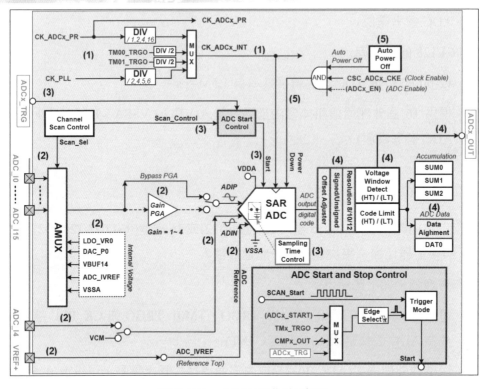

圖 8-22　ADC 工作方塊圖

(5) 當 ADC 轉換完畢,可設定自動關閉電源及時脈,並產生中斷。

2. ADC 循序轉換步驟,如下圖所示:

(1) 由內部軟體或外部接腳觸發啟動(TRG_START)。

(2) 由通道(CH X)輸入類比電壓及取樣(Sampling)。

(3) 將類比電壓持住(Holding)及轉換(Converting)。

(4) 轉換完畢會將數位資料(DX)存入資料暫存器(Data-X)。

(5) 以上四個步驟會令旗標=1,而產生中斷事件(Interrupt Event)。

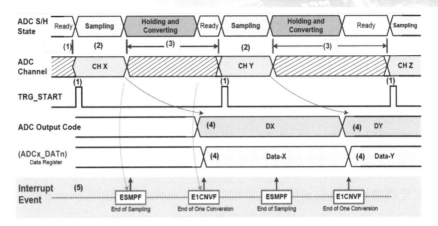

圖 8-23　ADC 循序轉換

3. ADC 中斷控制，如下圖所示：

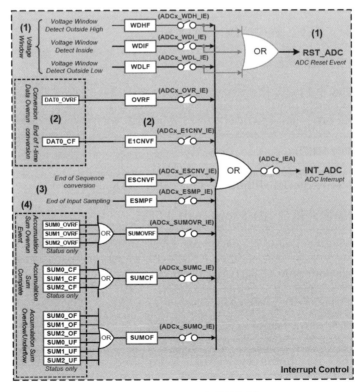

圖 8-24　ADC 中斷控制

(1) 可設定 ADC 輸入上下限電壓視窗(Window Voltage)偵測，會產生 ADC 重置事件(ADC Reset Event)或產生 ADC 中斷(ADC Interrupt)。

(2) 當單次轉換完畢(conversion End of 1-time)或轉換資料覆蓋(Data Overrun conversion)可設定產生中斷，

(3) 當循序轉換完畢(End of Sequence conversion)或輸入取樣完畢(End of Input Sampling)時，可設定產生中斷。

(4) 當連續轉換將數位資料存入累加完畢(Complete)、覆蓋(Overrun)或上/下溢位(Overflow/Underflow)時，可設定產生中斷。

## 8-3.2 ADC 函數式

ADC 函數式如下：其中 ADCx= ADC0

1. 將 ADC 初始化為預定條件：

(1) ADC 初始化為預定條件：

| void | ADC_DeInit (ADC_Struct *ADCx) |
|------|-------------------------------|
| 範例：ADC_DeInit(ADC0); | |

2. 根據 ADC_InitTypeDef 中的指定參數初始化 ADC 周邊設備：

(1) 用預定值填充每個 ADC_InitTypeDef 成員：

| void | ADC_BaseStructure_Init (ADC_InitTypeDef *ADC_BaseInitStruct) |
|------|-------------------------------------------------------------|
| 輸入：ADC_BaseInitStruct=ADC_InitTypeDef 成員 | |
| 範例：ADC_InitTypeDef ADC_BaseInitStruct;<br>　　　ADC_BaseStructure_Init(&ADC_BaseInitStruct); | |

(2) 根據 ADC_BaseInitStruct 中的指定參數初始化 ADC 周邊設備：

| void | ADC_Base_Init (ADC_Struct *ADCx, ADC_InitTypeDef *ADC_BaseInitStruct) |
|------|----------------------------------------------------------------------|

| 輸入：ADC_BaseInitStruct= ADC_InitTypeDef 成員 |
|---|

| 範例：ADC_InitTypeDef ADC_BaseInitStruct;<br>　　ADC_Base_Init(ADC0, &ADC_BaseInitStruct); |
|---|

3. 配置 ADC 時脈：

(1) 配置 ADC 的 PLL 時脈除頻：

| void | ADC_SetPLLClockDivider (ADC_Struct *ADCx, ADC_PLLClockDivDef PLLClockDIV) |
|---|---|

| 輸入：PLLClockDIV= ADC_PLLDIV2 : divided by 2<br>　　　　　ADC_PLLDIV4 : divided by 4<br>　　　　　ADC_PLLDIV5 : divided by 5<br>　　　　　ADC_PLLDIV6 : divided by 6 |
|---|

| 範例：ADC_SetPLLClockDivider(ADC0, ADC_PLLDIV6); |
|---|

(2) 選擇 ADC 計脈來源：

| void | ADC_ClockSource_Select (ADC_Struct *ADCx, ADC_ClockSourceDef ADCClockSrc) |
|---|---|

| 輸入：ADCClockSrc=ADC_CKADC : ADC clock from CK_ADC<br>　　　　　ADC_CKPLL : ADC clock from PLL<br>　　　　　ADC_TM00TRGO : ADC clock from TM00 TRGO<br>　　　　　ADC_TM01TRGO : ADC clock from TM01 TRGO |
|---|

| 範例：ADC_ClockSource_Select(ADC0, ADC_CKADC); |
|---|

(3) 配置 ADC 內部時脈輸入除頻器：

| void | ADC_SetInternalClockDivider (ADC_Struct *ADCx,<br>　　　　　　　　　ADC_INTClockDivDef INTClockSrc) |
|---|---|

| 輸入：INTClockSrc= ADC_IntDIV1 : divided by 1<br>　　　　　ADC_IntDIV2 : divided by 2<br>　　　　　ADC_IntDIV4 : divided by 4 |
|---|

| ADC_IntDIV16 : divided by 16 |
|---|
| 範例：ADC_SetInternalClockDivider(ADC0, ADC_IntDIV2); |

4. 配置 ADC 視窗檢測功能：

(1) 配置視窗檢測功能的下臨限值：

| void | ADC_SetLowerThreshold (ADC_Struct *ADCx, int16_t LThreshold) |
|---|---|
| 輸入：LThreshold=設定下臨限值 | |
| 範例：ADC_SetLowerThreshold(ADC0, 100); | |

(2) 配置視窗檢測功能的上臨限值：

| void | ADC_SetHigherThreshold (ADC_Struct *ADCx, int16_t HThreshold) |
|---|---|
| 輸入：HThreshold=設定上臨限值 | |
| 範例：ADC_SetHigherThreshold(ADC0, 1000); | |

(3) 配置視窗檢測功能應用通道：

| void | ADC_WindowDetectRange_Select (ADC_Struct *ADCx,<br>　　　　　　　　　　　　ADC_WindowDetectApplyDef WINDApply) |
|---|---|
| 輸入：WINDApply= ADC_WINDSingle : window detect function only apply single channel<br>　　　　　　ADC_WINDAll : window detect function apply all channel | |
| 範例：ADC_WindowDetectRange_Select(ADC0, ADC_WINDSingle); | |

(4) 致能/禁能視窗檢測功能：

| void | ADC_WindowDetect_Cmd (ADC_Struct *ADCx, FunctionalState NewState) |
|---|---|
| 輸入：NewState =ENABLE , DISABLE | |
| 範例：ADC_WindowDetect_Cmd(ADC0, ENABLE); | |

(5) 選擇 ADC 輸出屬性：

| void | ADC_Output_Select (ADC_Struct *ADCx, ADC_OutputDef ADCOutSel) |
|---|---|
| 輸入：ADCOutSel= ADC_WDL_Event : WDLF - outside low<br>　　　　　　　ADC_WDI_Event : WDIF - inside<br>　　　　　　　ADC_WDH_Event : WDHF - outside high | |
| 範例：ADC_Output_Select(ADC0, ADC_WDI_Event); | |

5. 配置 PGA 屬性：

(1) 致能/禁能 PGA 功能：

| void | ADC_PGA_Cmd (ADC_Struct *ADCx, FunctionalState NewState) |
|---|---|
| 輸入：NewState =ENABLE , DISABLE | |
| 範例：ADC_PGA_Cmd(ADC0, ENABLE); | |

(2) 設定 PGA 放大增益：

| void | ADC_SetPGAGain (ADC_Struct *ADCx, uint8_t PGAGain) |
|---|---|
| 輸入：PGAGain= x1~x4 | |
| 範例：ADC_SetPGAGain(ADC0, 10); | |

(3) 設定 PGA 偏移量(offset)：

| void | ADC_SetPGAOffset (ADC_Struct *ADCx, uint8_t PGAOFFT) |
|---|---|
| 輸入：PGAOFFT= 0~63 | |
| 範例：ADC_SetPGAOffset (ADC0, 10); | |

(4) 致能/禁能 PGA 偏移量(offset)校準：

| void | ADC_PGAOffsetCalibration_Cmd (ADC_Struct *ADCx, FunctionalState NewState) |
|---|---|
| 輸入：NewState =ENABLE , DISABLE | |
| 範例：ADC_PGAOffsetCalibration_Cmd(ADC0, ENABLE); | |

6.　ADC 校準(Calibration)：

　　(1) 致能/禁能 ADC 校準：

| void | ADC_StartCalibration (ADC_Struct *ADCx, FunctionalState NewState) |
|------|------|
| 輸入：NewState =ENABLE , DISABLE | |
| 範例：ADC_StartCalibration(ADC0, ENABLE); | |

7.　ADC 輔助(Auxiliary)配置：

　　(1) 致能/禁能 ADC 功能：

| void | ADC_Cmd (ADC_Struct *ADCx, FunctionalState NewState) |
|------|------|
| 輸入：NewState =ENABLE , DISABLE | |
| 範例：ADC_Cmd(ADC0, ENABLE); | |

　　(2) 致能/禁能 DMA 存取 ADC 結果：

| void | ADC_DMA_Cmd (ADC_Struct *ADCx, FunctionalState NewState) |
|------|------|
| 輸入：NewState =ENABLE , DISABLE | |
| 範例：ADC_DMA_Cmd(ADC0, ENABLE); | |

　　(3) ADC 已讀取資料，然後開始下一個轉換（用於 MCU 低頻工作時）：

| void | ADC_WaitDataReadOut (ADC_Struct *ADCx, FunctionalState NewState) |
|------|------|
| 輸入：NewState =ENABLE , DISABLE | |
| 範例：ADC_WaitDataReadOut (ADC0, ENABLE); | |

　　(4) 延長 ADC 轉換的取樣時間：

| void | ADC_SetExtendSampling (ADC_Struct *ADCx, uint8_t ADCSampleTime) |
|------|------|
| 輸入：ADCSampleTime= 0~255 (1T~256T) | |
| 範例：ADC_SetExtendSampling(ADC0, 6); | |

8. ADC 轉換模式配置：

(1) 配置 ADC 轉換模式：

| void | ADC_ConversionMode_Select (ADC_Struct *ADCx,<br><br>ADC_ConversionModeDef ADCConvMode) |
|---|---|
| 輸入：ADCConvMode= ADCMode : One channel<br><br>ADCContinueMode : One + Continue<br><br>ScanMode : Scan<br><br>ScanContinueMode : Scan + continue<br><br>LoopMode : Loop | |
| 範例：ADC_ConversionMode_Select(ADC0, ScanContinueMode); | |

(2) 致能/禁能 ADC 連續轉換模式：

| void | ADC_ContinueMode_Cmd (ADC_Struct *ADCx, FunctionalState NewState) |
|---|---|
| 輸入：NewState =ENABLE , DISABLE | |
| 範例：ADC_ContinueMode_Cmd (ADC0, ENABLE); | |

(3) 持住(Hold)ADC 連續轉換模式：

| void | ADC_HoldConversion_Cmd(ADC_Struct *ADCx, FunctionalState NewState) |
|---|---|
| 輸入：NewState =ENABLE , DISABLE | |
| 範例：ADC_HoldConversion_Cmd(ADC0, ENABLE); | |

(4) 設定 ADC 主轉換模式：

| void | ADC_MainConversionMode_Select (ADC_Struct *ADCx,<br><br>ADC_MainConversionModeDef MainCM) |
|---|---|
| 輸入：MainCM= ADC_OneShot : One shot<br><br>ADC_Scan : scan mode<br><br>ADC_Loop : loop mode | |

範例：ADC_MainConversionMode_Select(ADC0, ADC_OneShot);

9. ADC 轉換觸發來源：

(1) 配置 ADC 轉換觸發來源：

| void | ADC_TriggerSource_Select (ADC_Struct *ADCx, ADC_TriggerSourceDef ADCTrgSel) |
|------|------|
| 輸入：ADCTrgSel= ADC_START : SW setting to convert<br><br>ADC_TM00_TRGO : TM00 trigger out to convert<br><br>ADC_TRGPin : External ADC pin trigger to convert<br><br>ADC_CMP0Out : comparator0 output to convert<br><br>ADC_CMP1Out : comparator1 output to convert<br><br>ADC_TM01_TRGO : TM01 trigger out to convert<br><br>ADC_TM20_TRGO : TM20 trigger out to convert<br><br>ADC_TM36_TRGO : TM36 trigger out to convert | |
| 範例：ADC_TriggerSource_Select(ADC0, ADC_START); | |

(2) 致能軟體啟動 ADC 轉換：

| void | ADC_SoftwareConversion_Cmd (ADC_Struct *ADCx, FunctionalState NewState) |
|------|------|
| 輸入：NewState =ENABLE , DISABLE | |
| 範例：ADC_SoftwareConversion_Cmd(ADC0, ENABLE); | |

(3) 選擇 ADC 轉換觸發事件：

| void | ADC_TriggerEdge_Select (ADC_Struct *ADCx, ADC_TriggerEdgeDef ADCExtEdgeSel) |
|------|------|
| 輸入：ADCExtEdgeSel= ADC_DisableExtTrg : disable to convert<br><br>ADC_AcceptRisingEdge : Rising edge trigger out to convert<br><br>ADC_AcceptFallingEdge : Falling edge trigger out to convert<br><br>ADC_AcceptDualEdge : dual edge trigger out to convert | |
| 範例：ADC_TriggerEdge_Select(ADC0, ADC_AcceptRisingEdge); | |

10. 配置 ADC 轉換通道：

(1) 外部配置 ADC 轉換通道 MUX：

| void | ADC_ChannelMUX_Select (ADC_Struct *ADCx, ADC_ChannelMUX_Def ChannelSel) |
|---|---|
| 輸入 : ChannelSel= ADC_ExternalChannel : select external channel, AIN0~15 | |
| | ADC_InternalChannel : select internal channel, ie. VSSA, IVREF... |
| 範例 : ADC_ChannelMUX_Select(ADC0, ADC_ExternalChannel); | |

(2) 選擇 ADC 轉換外部通道：

| void | ADC_ExternalChannel_Select (ADC_Struct *ADCx, ADC_ExtChannelDef ExtCHSel) |
|---|---|
| 輸入 : ExtCHSel=ADC_ExtAIN0~ADC_ExtAIN15 | |
| 範例 : ADC_ExternalChannel_Select(ADC0, ADC_ExtAIN3); | |

(3) 選擇 ADC 轉換內部通道：

| void | ADC_InternalChannel_Select (ADC_Struct *ADCx, ADC_IntChannelDef IntCHSel) |
|---|---|
| 輸入 : IntCHSel= ADC_INT_VSSA : select internal channel VSSA | |
| | ADC_INT_IVREF : select internal channel IVREF |
| | ADC_INT_VBG : select internal channel VBG |
| | ADC_INT_DACP0 : select internal channel DAC_P0 |
| 範例 : ADC_InternalChannel_Select(ADC0, ADC_INT_IVREF); | |

(4) 在掃描/循環模式下致能/禁能通道：

| void | ADC_ScanLoopChannel_Enable (ADC_Struct *ADCx, |
|---|---|
| | uint16_t MSKChannelSel, FunctionalState NewState) |
| 輸入 : MSKChannelSel=AIN0~AIN15 | |
| 輸入 : NewState =ENABLE , DISABLE | |
| 範例: ADC_ScanLoopChannel_Enable(ADC0, (ADC_MskAIN4 | ADC_MskAIN11), ENABLE); | |

11. 配置 ADC 轉換類型模式：

(1) 配置 ADC 差動式轉換型式：

| void | ADC_SingleDifferentMode_Select (ADC_Struct *ADCx, ADC_ConversionTypeDef ADC_ConversionType) |
|------|---------------------------------------------------|
| 輸入：ADC_ConversionType = ADC_SingleMode : Single conversion mode    ADC_DifferentMode : Different conversion mode | |
| 範例：ADC_SingleDifferentMode_Select(ADC0, ADC_SingleMode); | |

12. ADC 轉換資料累積器：

(1) 配置尖峰資料的預處理模式：

| void | ADC_SetLimitFunction (ADC_Struct *ADCx, ADC_LimitModeDef ADCLimitMode) |
|------|---------------------------------------------------|
| 輸入：ADCLimitMode= ADC_LimitNoOperation : No operation for spike ADC conversion data    ADC_LimitSkip : Skip for spike ADC conversion data    ADC_LimitClamp : Clamp for spike ADC conversion data | |
| 範例：ADC_SetLimitFunction(ADC0, ADC_LimitSkip); | |

(2) 選擇累積通道 0：

| void | ADC_SetSum0Channel (ADC_Struct *ADCx, uint8_t Sum0ChannelSel) |
|------|---------------------------------------------------|
| 輸入：Sum0ChannelSel= SAIN0~SAIN15 | |
| 範例：TM_DeADC_SetSum0ChannelInit(ADC0, SAIN3); | |

(3) 選擇累積通道 1：

| void | ADC_SetSum1Channel (ADC_Struct *ADCx, uint8_t Sum1ChannelSel) |
|------|---------------------------------------------------|
| 輸入：Sum1ChannelSel= SAIN0~SAIN15 | |
| 範例：TM_DeADC_SetSum1ChannelInit(ADC0, SAIN5); | |

(4) 選擇累積通道 2：

| void | ADC_SetSum2Channel (ADC_Struct *ADCx, uint8_t Sum2ChannelSel) |
|---|---|
| 輸入：Sum2ChannelSel= SAIN0~SAIN15 | |
| 範例：TM_DeADC_SetSum2ChannelInit(ADC0, SAIN3); | |

### (5) 單通道/所有通道資料的配置累積模式：

| void | ADC_SumChannelMode_Select (ADC_Struct *ADCx, ADC_SumChannelXDef ADCSumChXDef) |
|---|---|
| 輸入：ADCSumChXDef= ADC_SumSpeciallyChannel : specify single channel ADC_SumAllChannel : accumulate all conversion channel data | |
| 範例：ADC_SumChannelMode_Select(ADC0, ADC_SumSpeciallyChannel); | |

### (6) 設定累積通道編號：

| void | ADC_SetSumNumber (ADC_Struct *ADCx, uint8_t ADCSumNumbers) |
|---|---|
| 輸入：ADCSumNumbers= 0~64 | |
| 範例：ADC_SetSumNumber(ADC0, 32); | |

### (7) 配置資料累積超限(Overrun)模式選擇：

| void | ADC_SumOverrunMode_Select (ADC_Struct *ADCx, ADC_SumDataOWDef ADCSumOW) |
|---|---|
| 輸入：ADCSumNumbers= ADC_SumOverWritten : Overwritten by new data ADC_SumKeep : Preserved old date | |
| 範例：ADC_SumOverrunMode_Select(ADC0, ADC_SumKeep); | |

### (8) 抓取累積通道 0 狀態旗標：

| uint16_t | ADC_GetSum0Flags (ADC_Struct *ADCx) |
|---|---|
| 返回：int16_t= OVRF/CF/OF | |
| 範例：tmp = ADC_GetSum0Flags(ADC0); | |

(9) 抓取累積通道 1 狀態旗標：

| uint16_t | ADC_GetSum1Flags (ADC_Struct *ADCx) |
|---|---|
| 返回：int16_t= OVRF/CF/OF | |
| 範例： tmp = ADC_GetSum1Flags(ADC0); | |

(10) 抓取累積通道 2 狀態旗標：

| uint16_t | ADC_GetSum2Flags (ADC_Struct *ADCx) |
|---|---|
| 返回：int16_t= OVRF/CF/OF | |
| 範例： tmp = ADC_GetSum2Flags(ADC0); | |

(11) 清除累積通道 0 狀態旗標：

| void | ADC_ClearSum0Flags (ADC_Struct *ADCx, uint8_t ADC_SUMxFlag) |
|---|---|
| 輸入：ADC_SUMxFlag=ADC_SUMxOVRF：ADC0 data sum-0,1,2 register overrun flag<br>　　　　　　　　ADC_SUMxCF：ADC0 data sum-0,1,2 accumulation complete flag<br>　　　　　　　　ADC_SUMxOF：ADC0 data sum-0,1,2 accumulation overflow flag<br>　　　　　　　　ADC_SUMxUF：ADC0 data sum-0,1,2 accumulation underflow flag | |
| 範例：ADC_ClearSum0Flags(ADC0, ADC_SUMxCF); | |

(12) 清除累積通道 1 狀態旗標：

| void | ADC_ClearSum1Flags (ADC_Struct *ADCx, uint8_t ADC_SUMxFlag) |
|---|---|
| 輸入：ADC_SUMxFlag=ADC_SUMxOVRF：ADC0 data sum-0,1,2 register overrun flag<br>　　　　　　　　ADC_SUMxCF：ADC0 data sum-0,1,2 accumulation complete flag<br>　　　　　　　　ADC_SUMxOF：ADC0 data sum-0,1,2 accumulation overflow flag<br>　　　　　　　　ADC_SUMxUF：ADC0 data sum-0,1,2 accumulation underflow flag | |
| 範例：ADC_ClearSum1Flags(ADC0, ADC_SUMxCF); | |

(13) 清除累積通道 2 狀態旗標：

| void | ADC_ClearSum2Flags (ADC_Struct *ADCx, uint8_t ADC_SUMxFlag) |
|---|---|
| 輸入：ADC_SUMxFlag=ADC_SUMxOVRF : ADC0 data sum-0,1,2 register overrun flag<br>ADC_SUMxCF : ADC0 data sum-0,1,2 accumulation complete flag<br>ADC_SUMxOF : ADC0 data sum-0,1,2 accumulation overflow flag<br>ADC_SUMxUF : ADC0 data sum-0,1,2 accumulation underflow flag ||
| 範例：ADC_ClearSum2Flags(ADC0, ADC_SUMxCF); ||

(14) 抓取累積通道 0 資料：

| int16_t | ADC_GetSum0Data (ADC_Struct *ADCx) |
|---|---|
| 返回：int16_t= 累積資料 ||
| 範例：tmp = ADC_GetSum0Data(ADC0); ||

(15) 抓取累積通道 1 資料：

| int16_t | ADC_GetSum1Data (ADC_Struct *ADCx) |
|---|---|
| 返回：int16_t= 累積資料 ||
| 範例：tmp = ADC_GetSum1Data(ADC0); ||

(16) 抓取累積通道 2 資料：

| int16_t | ADC_GetSum2Data (ADC_Struct *ADCx) |
|---|---|
| 返回：int16_t= 累積資料 ||
| 範例：tmp = ADC_GetSum2Data(ADC0); ||

(17) 設定累積通道 0 資料：

| void | ADC_SetSum0Data (ADC_Struct *ADCx, int16_t ADCSum0Initial) |
|---|---|
| 輸入：ADCSum0Initial=累積初始資料 0~65535 ||
| 範例：ADC_SetSum0Data(ADC0, 255); ||

(18) 設定累積通道 1 資料：

| void | ADC_SetSum1Data (ADC_Struct *ADCx, int16_t ADCSum1Initial) |
|---|---|
| 輸入：ADCSum1Initial=累積初始資料 0~65535 | |
| 範例：ADC_SetSum1Data(ADC0, 25); | |

(19) 設定累積通道 2 資料：

| void | ADC_SetSum2Data (ADC_Struct *ADCx, int16_t ADCSum2Initial) |
|---|---|
| 輸入：ADCSum2Initial=累積初始資料 0~65535 | |
| 範例：ADC_SetSum2Data(ADC0, 1000); | |

13. ADC 轉換資料選擇：

(1) 選擇 ADC 轉換資料對齊模式：

| void | ADC_DataAlignment_Select (ADC_Struct *ADCx, <br>                                       ADC_DataAlignModeDef AlignMode) |
|---|---|
| 輸入：AlignMode= ADC_RightJustified : Overwritten by new data <br>                       ADC_LeftJustified : Preserved old date | |
| 範例：ADC_DataAlignment_Select(ADC0, ADC_RightJustified); | |

(2) 選擇 ADC 轉換資料解析度：

| void | ADC_DataResolution_Select (ADC_Struct *ADCx, ADC_ResolutionDef ResolutionData) |
|---|---|
| 輸入：ResolutionData=ADC_12BitData , ADC_10BitData , ADC_8BitData | |
| 範例：ADC_DataResolution_Select(ADC0, ADC_12BitData); | |

(3) 選擇 ADC 轉換資料超限(Overrun)模式選擇：

| void | ADC_DataOverrunMode_Select (ADC_Struct *ADCx, ADC_DataOWDef DataOW) |
|---|---|
| 輸入：DataOW= ADC_DataOverWritten : Overwritten by new data <br>                       ADC_DataKeep : Preserved old date | |
| 範例：ADC_DataOverrunMode_Select(ADC0, ADC_DataOverWritten); | |

(4) 抓取 ADC 轉換資料狀態旗標：

| uint8_t | ADC_GetDAT0Flags (ADC_Struct *ADCx) |
|---|---|
| 返回：uint8_t=ADC_DAT0_WDLF：ADC voltage window detect outside low event flag<br>　　　　　　ADC_DAT0_WDIF：ADC voltage window detect inside event flag<br>　　　　　　ADC_DAT0_WDHF：ADC voltage window detect outside high event flag<br>　　　ADC_DAT0_CF：ADC0 conversion data-0 complete in 1-time and data ready status bit<br>　ADC_DAT0_OVRF：ADC0 conversion data register-0 overwrite/overrun indication status bit | |
| 範例：tmp = ADC_GetDAT0Flags(ADC0); | |

(5) 抓取 ADC 轉換通道：

| uint8_t | ADC_GetDAT0Channel (ADC_Struct *ADCx) |
|---|---|
| 返回：uint8_t=通道數 0~2 | |
| 範例：tmp = ADC_GetDAT0Channel(ADC0); | |

(6) 抓取 ADC 轉換資料：

| int16_t | ADC_GetDAT0Data (ADC_Struct *ADCx) |
|---|---|
| 返回：uint8_t=ADC 轉換資料 | |
| 範例：tmp = ADC_GetDAT0Data(ADC0); | |

(7) 配置具有數位偏移量的 ADC 輸出程式碼：

| void | ADC_SetDigitalOffset (ADC_Struct *ADCx, int8_t sDigiOffset) |
|---|---|
| 輸入：sDigiOffset=+15~-16 | |
| 範例：ADC_SetDigitalOffset(ADC0, 0); | |

(8) 配置 ADC 轉換資料格式：

| void | ADC_SetOutputCodeFormat (ADC_Struct *ADCx,<br>　　　　　　　　　　　　ADC_OutputCodeFormatDef DatFormat) |
|---|---|

| |
|---|
| 輸入：DatFormat = ADC_UnsignedFormat：ADC output unsigned data format<br>　　　　　　　　ADC_2sCompletementFormat：ADC output 2's complement data format |
| 範例：ADC_SetOutputCodeFormat(ADC0, ADC_UnsignedFormat); |

## 14. ADC 中斷及旗標(interrupt and flag)：

### (1) 配置中斷來源：

| void | ADC_IT_Config (ADC_Struct *ADCx, uint32_t ADC_ITSrc, FunctionalState NewState) |
|---|---|

| |
|---|
| 輸入：ADC_ITSrc= ADC_SUMOVR_IE：ADC0 data sum-0,1,2 overrun event interrupt enable<br>　　　　　　　　ADC_SUMC_IE：ADC0 data sum-0,1,2 accumulation complete interrupt<br>　　ADC_SUMO_IE：ADC0 data sum-0,1,2 accumulation overflow or underflow interrupt enable<br>　　ADC_WDH_IE：ADC0 voltage window detect outside high event interrupt enable<br>　　　　　　　　ADC_WDI_IE：ADC0 voltage window detect inside event interrupt enable<br>　　ADC_WDL_IE：ADC0 voltage window detect outside low event interrupt enabl<br>　　　　　　　　ADC_OVR_IE：ADC0 conversion overrun event interrupt enable<br>　　　　　　　　ADC_ESCNV_IE：ADC0 channel scan conversion end interrupt enable<br>　　　　　　　　ADC_E1CNV_IE：ADC0 one-time conversion end interrupt enable<br>　　　　　　　　ADC_ESMP_IE：ADC0 sampling end interrupt enable |
| 輸入：NewState =ENABLE , DISABLE |
| 範例：ADC_IT_Config(ADC0, ADC_WDI_IE, ENABLE); |

### (2) 致能/禁能所有中斷：

| void | ADC_ITEA_Cmd (ADC_Struct *ADCx, FunctionalState NewState) |
|---|---|

| |
|---|
| 輸入：NewState =ENABLE , DISABLE |
| 範例：ADC_ITEA_Cmd(ADC0, ENABLE); |

### (3) 抓取一個中斷來源旗標狀態：

| DRV_Return | ADC_GetSingleFlagStatus (ADC_Struct *ADCx, uint32_t ADC_ITSTAFlag) |
|---|---|

輸入：ADC_ITSTAFlag= ADC_SUMOVRF：ADC0 data sum-0,1,2 register overrun flag

ADC_SUMCF：ADC0 data sum-0,1,2 accumulation complete flag

ADC_SUMOF：ADC0 data sum-0,1,2 accumulation overflow or underflow flag

ADC_WDHF：ADC0 voltage window detect outside high event flag

ADC_WDIF：ADC0 voltage window detect inside event flag

ADC_WDLF：ADC0 voltage window detect outside low event flag

ADC_OVRF：ADC0 conversion overrun event flag

ADC_ESCNVF：ADC0 channel scan conversion end flag

ADC_E1CNVF：ADC0 one-time conversion end flagg

ADC_ESMPF：ADC0 sampling end flag

返回：DRV_Return= DRV_Happened：Happened

DRV_UnHappened：Unhappened

---

範例：if(ADC_GetSingleFlagStatus(ADC0, ADC_WDIF) == DRV_Happened)

{    // to do ...    }

(4) 抓取所有中斷來源旗標狀態：

| uint32_t | ADC_GetAllFlagStatus (ADC_Struct *ADCx) |

返回：uint32_t=response what happended of STA

範例：tmp = ADC_GetAllFlagStatus(ADC0);

(5) 清除一個或所有中斷來源旗標狀態：

| void | ADC_ClearFlag (ADC_Struct *ADCx, uint32_t ADC_ITSTAFlag) |

輸入：ADC_ITSTAFlag=ADC_SUMOVRF：ADC0 data sum-0,1,2 register overrun flag

ADC_SUMCF：ADC0 data sum-0,1,2 accumulation complete flag

ADC_SUMOF：ADC0 data sum-0,1,2 accumulation overflow or underflow flag

ADC_WDHF：ADC0 voltage window detect outside high event flag

ADC_WDIF：ADC0 voltage window detect inside event flag

ADC_WDLF：ADC0 voltage window detect outside low event flag

| |
|---|
| ADC_OVRF : ADC0 conversion overrun event flag |
| ADC_ESCNVF : ADC0 channel scan conversion end flag |
| ADC_E1CNVF : ADC0 one-time conversion end flagg |
| ADC_ESMPF : ADC0 sampling end flag |

| |
|---|
| 範例：ADC_ClearFlag(ADC0, ADC_E1CNVF); |

## 8-3.3 ADC 實習

ADC 實習電路以 VDD(3V3)為參考電壓，外接可變電阻輸入類比電壓，如下：

1. 範例 ADC1：由 ADC4(PA4)輸入類比電壓，在 UART 顯示數位資料，同時 LED 閃爍。接腳設定及 UART 顯示，如下圖(a)~(c)所示：

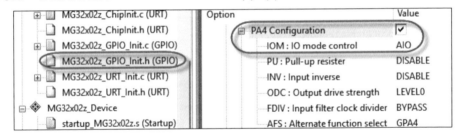

圖 8-25(a)　範例 ADC1 的接腳設定

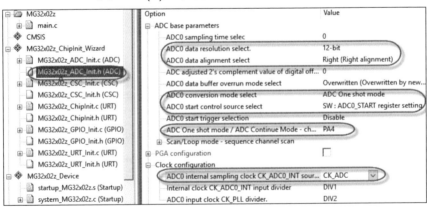

圖 8-25(b)　範例 ADC1 的 ADC 設定

```
Data= 870 ,  Data= 870 ,  Data= 870 ,  Data= 871 ,  Data= 868 ,  Data= 867
Data= 871 ,  Data= 869 ,  Data= 867 ,  Data= 867 ,  Data= 870 ,  Data= 871
Data= 869 ,  Data= 869 ,  Data= 868 ,  Data= 868 ,  Data= 869 ,  Data= 869 ,
```

圖 8-25(c)　範例 ADC1 的 UART 顯示

2. 範例 ADC2：由 ADC4(PA4)輸入類比電壓，在 UART 顯示數位資料及電壓值，同時 LED 閃爍。UART 顯示如下圖所示：

```
Data= 867 , Vol= 1058mV ,  Data= 869 , Vol= 1060mV ,  Data= 867 , Vol= 1058mV ,
Data= 872 , Vol= 1064mV ,  Data= 866 , Vol= 1057mV ,  Data= 870 , Vol= 1062mV ,
Data= 868 , Vol= 1059mV ,  Data= 870 , Vol= 1062mV ,  Data= 871 , Vol= 1063mV ,
```

圖 8-26　範例 ADC2 的 UART 顯示

3. 範例 ADC3_INT：ADC 軟體轉換中斷控制，由 ADC4(PA4)輸入類比電壓，ADC 單次轉換完畢產生中斷，在 UART 顯示數位資料及電壓，LED 閃爍。

4. 範例 ADC4_Accumulation_SW：ADC 軟體累加轉換中斷控制，上述 ADC 轉換後的數值會浮動較不穩定，可將數位資料累加 10 次，取平均後輸出，如此可提高輸出的穩定度。UART 顯示如下圖所示：

```
SUM= 8707 , AVG= 870 , VOL= 1062mV ,  SUM= 8702 , AVG= 870 , VOL= 1062mV ,
SUM= 8702 , AVG= 870 , VOL= 1062mV ,  SUM= 8705 , AVG= 870 , VOL= 1062mV ,
SUM= 8701 , AVG= 870 , VOL= 1062mV ,  SUM= 8702 , AVG= 870 , VOL= 1062mV ,
```

圖 8-27　範例 ADC4_Accumulation_SW 的 UART 顯示

5. 範例 ADC5_Accumulation_HW：ADC 硬體累加轉換中斷控制，使用硬體累加器，將 ADC 自動連續轉換及累加 10 次後產生中斷，再取平均值，在 UART 顯示數位資料及電壓，同時 LED 閃爍。設定及 UART 顯示如下圖(a)(b)所示：

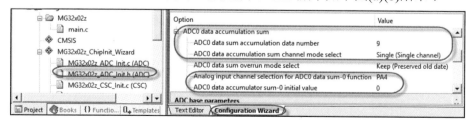

圖 8-28(a)　範例 ADC5_Accumulation_HW 設定

```
SUM= 8674 , AVG=0867 , VOL=1058mV  ,  SUM= 8681 , AVG=0868 , VOL=1059mV  ,
SUM= 8679 , AVG=0867 , VOL=1058mV  ,  SUM= 8685 , AVG=0868 , VOL=1059mV  ,
SUM= 8681 , AVG=0868 , VOL=1059mV  ,  SUM= 8680 , AVG=0868 , VOL=1059mV  ,
```

圖 8-28(b)　範例 ADC5_Accumulation_HW 的 UART 顯示

6. 範例 ADC6_PGA：ADC 的 PGA 增益放大控制，由 PGA 將輸入信號放大 2 倍，
使用硬體累加器，將 ADC 連續轉換及累加 10 次後產生中斷再取平均，在 UART
顯示數位資料及電壓，同時 LED 閃爍。設定及 UART 顯示如下圖(a)(b)所示：

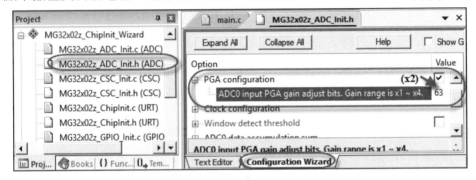

圖 8-29(a)　範例 ADC6_ PGA 放大 2 倍設定

```
SUM= 17363 , AVG=1736 , VOL=2119mV  ,  SUM= 17363 , AVG=1736 , VOL=2119mV  ,
SUM= 17369 , AVG=1736 , VOL=2119mV  ,  SUM= 17365 , AVG=1736 , VOL=2119mV  ,
SUM= 15638 , AVG=1563 , VOL=1907mV  ,  SUM= 17368 , AVG=1736 , VOL=2119mV  ,
```

圖 8-29(b)　範例 ADC6_ PGA 放大 2 倍的 UART 顯示

7. 範例 ADC7_Scan：ADC 掃瞄轉換控制，由 ADC4(PA4)~ADC6(PA6)輸入類比電
壓，在 UART 顯示電壓，同時 LED 閃爍。UART 顯示及設定如下圖(a)(b)所示：

```
ADC4 = 2093mV , ADC5 = 1655mV , ADC6 = 3322mV ,
ADC4 = 2094mV , ADC5 = 1655mV , ADC6 = 3326mV ,
ADC4 = 2089mV , ADC5 = 1662mV , ADC6 = 3325mV ,
```

圖 8-30(a)　範例 ADC7_Scan 的 UART 顯示

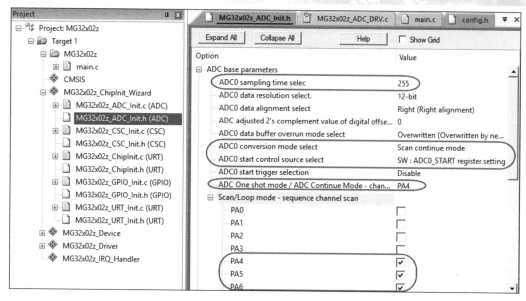

圖 8-30(b)　範例 ADC7_Scan 設定

8. 範例 ADC8_PWM_TRG：ADC 定時轉換控制，PWM 定時觸發 AD4(PA4)轉換，在 UART 顯示電壓值。設定如下圖(a)(b)所示：

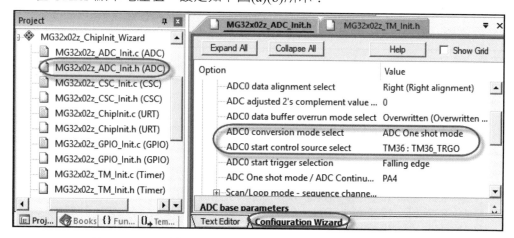

圖 8-31(a)　範例 ADC8_PWM_TRG 的 ADC 定時設定

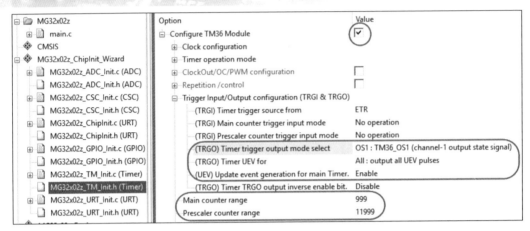

圖 8-31(b) 範例 ADC8_PWM_TRG 定時設定

9. 範例 ADC8_PWM_TRG_DMA：定時 ADC 轉換及 DMA 傳輸控制，PWM 定時觸發 AD4(PA4)轉換及 DMA 傳輸，在 UART 顯示電壓值。

10. 範例 ADC9_window：ADC 視窗檢測功能控制，由 ADC4(PA4)輸入類比電壓，以 ADC 視窗檢測功能，過濾上下限電壓值，調整輸入電壓，令數位資料(Data) 在 ADC 視窗範圍內(100~1000)之間即可產生中斷，並在 UART 顯示數位資料及電壓，同時 LED 閃爍，設定及 UART 顯示如下圖(a)(b)所示：

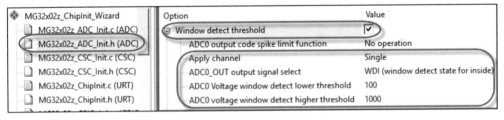

圖 8-32(a) ADC9_window 視窗功能設定

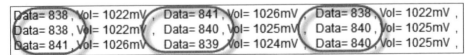

圖 8-32(b) ADC9_window 視窗功能 UART 顯示

CHAPTER

9

# 即時作業系統(RTOS)控制
# 實習

## 本章單元

● 即時作業系統(RTOS)介紹

● 即時作業系統(RTOS)實習

　　uCOS_II 是個公開原始碼的作業系統，使用者可自行修改使用，在 V2.5.2 版(含)之後，可以免費使用，不過如果產品商品化時須向公司購買一次授權。

　　uCOS_II 作業系統可以在 8-bit、16-bit、32-bit 甚至 64-bit 的微處理機、DSP 與 ARM 上執行。

　　uCOS_II 作業系統特性如下：

◎ 可攜性(portable)：uCOS_II 使用 ANSI C 標準來撰寫的 C 語言系統程式；再加上工作於微處理器，使用組合語言或 C 語言所撰寫的目標程式，一起編(組)譯及連結即可執行，所以可攜性非常高。

◎ 可 ROM 化(ROMmable)：uCOS_II 系統主要應用於嵌入式系統，所以產生的程式碼可以燒錄 ROM 中，只要另外搭配少許的 RAM 作為變數及堆疊記憶體的空間，就能夠直接從 ROM 中執行系統程式。

◎ 可裁剪性(scalable)：就像 Linux 一樣，可以依實際所需裁剪系統，只要更改 OS_CFG.H 檔的#define 設定，把不需要的功能刪去，如此可以減少 ROM 的需求。也可以更改一些堆疊大小，任務數目等參數，來減少 RAM 的容量需求。

◎ 全佔式(Preemptive)優先權：uCOS_II 為全佔式優先權即時核心。因此總是執行已在準備狀態的最高優先權任務。

◎ 多工任務(multi task)：系統可以管理高達 64 個任務，除了系統本身使用 8 個任務外，還有 56 個任務提供使用者。每個任務均擁有唯一的優先權來決定其工作順序，也就是說系統不支援循環排程(round robin scheduling)。

◎ 可決定工作時間：可設定系統內每一個功能或服務的執行時間，也就是說你可以知道要多少時間來執行你的功能或服務。且與任務數的多寡無關。

◎ 任務堆疊：每一個任務均有自己的堆疊，其大小可不同，如果系統堆疊檢查有錯，你可以加大，不過相對需要較多的 RAM。

◎ 系統服務：系統本身提供一些服務，包括郵件盒(mail box)、佇列、信號量(鑰匙)、固定大小的記憶分割和一些與時間相關函數。

◎ 中斷管理：中斷可以暫停執行中的任務，如果有更高優先的任務被喚醒，其結果就像中斷一樣。最高優先的任務將在所有中斷完成後立刻被執行，巢狀中斷可達 255 層。

◎ 穩定與可靠：uCOS_II 從 1992 年來已在上百種商業應用上使用，已千鎚百鍊非常可靠。

# 9-1 即時作業系統(RTOS)介紹

微處理機使用 uCOS_II 作業系統的主要條件，如下。

◎ 必須能提供堆疊指標，讓暫存器可以存到堆疊記憶體。

◎ 具有計時器做為系統計時用與提供中斷的能力。

◎ 使用的 C 編譯器，需提供內譯組合語言或延伸語言，讓你可以從 C 語言中開啟中斷與關閉中斷。

◎ 所編譯的程式碼必需是可重入性。

◎ 具有即時作業系統(RTOS：Real Time Operation System)功能。

## 9-1.1 即時作業系統(RTOS)概念

即時作業系統(RTOS)須有以下幾個概念：

1. 前景與背景設計：一般嵌入式系統大都屬於此類設計，也就是整個系統設計成一個大迴圈，此為背景程式(主程式)。當系統有中斷發生時，會去執行相對應的前景程式(副程式)。例如使用者按了一個鈕(中斷發生或輪詢發現)，系統就執行該鈕的前景功能程式，如下圖所示：

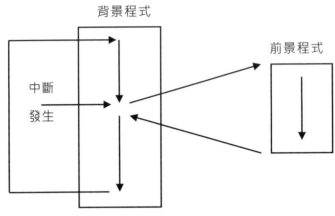

圖 9-1 前景與背景設計

2. 臨界區(Critical section)：臨界區是指不允許中斷發生的區域，通常是在系統對整體變數存取時，此時必須進入臨界區，避免在讀寫還沒有完成時，就被其他中斷的讀寫動作來打斷，而造成錯誤。通常進入臨界區前須關閉中斷，離開臨界區後才開啟中斷。

3. 資源(Resource)：由 CPU 管理的記憶體與 IO 設備都稱為資源，這些資源可以被任務所使用。

4. 共用資源(Shared Resource)：有些資源只有一個或少數個，但許多任務都有可能用到這些資源，稱為『共用資源』。使用時須注意不可有 2 個以上(含)任務同時使用共用資源。因此必須由人工透過一些機制來管理，如使用『信號量』來管理。

5. 多工(Multitasking)：所謂多工是指系統同時執行 2 個以上任務，利用排程來分配 CPU 的使用時機。如此使得 CPU 的使用率可以提高。

6. 任務(Task)：Task 本書翻譯成『任務』，也有書翻譯成『工作』或『執行緒』。

每個任務可以是一個無限迴圈，或是由任務自己結束的有限迴圈。每個任務有自己的堆疊，使用自己的暫存器集，此外任務本身也可以建立新任務，也可以結束自己。

任務一般是由 C 程式組成，不可有返回值，常用的型式有兩種，分別說明如下：

(1)無限迴圈，沒有返回值。

```
void YourTask(void    *pdata)
{
    for(   ;   ;   ) //無限迴圈
    {
            (使用者程式碼)
    }
}
```

(2)有限迴圈，僅執行一次，沒有返回值，自行結束任務。

```
void YourTask(void *pdata)
{
        (使用者程式碼)

        ......
        OSTaskdel();    //結束任務，停止執行

}
```

7.任務狀態圖：uCOS_II 有 5 種狀態，來描述任務的狀態，如下圖所示：

(1)DORMANT(睡眠狀態)：執行 OSTaskDel()時任務會被刪除，雖然任務仍在記

憶體中，但不會被執行。

(2)READY(備妥狀態)：執行 OSTaskCreate()建立任務或恢復任務 OSTaskRusume()
時，會進入備妥佇列中等待執行。

(3)RUNNING(執行狀態)：執行 OSStart ()任務會立即執行。

(4)ISR(中斷狀態)：表示目前中斷發生了，直到在副程執行 OSIntExit()才會退出
中斷，回到執行狀態。

(5)WAITING(等待狀態)：執行延時任務 OSTimeDly()或等待任務 OSQPend()時會
進入等待狀態。直到執行恢復任務 OSTaskRusume()或取得信號量
OSSemPost()時，才回到備妥狀態。

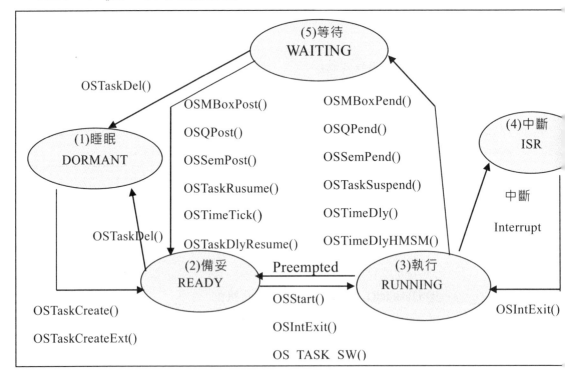

圖 9-2 任務狀態圖

所有狀態轉換可由圖上得知，只要熟悉上述狀態圖，撰寫任務時必能得心

應手。其他的系統函數不必花太多時間，因為用到的機會不多，除非你想深入了解。常用的作業作系統(OS)函數如下表所示：

表 9-1 作業作系統(OS)函數

| 函數名稱 | 動作說明 |
|---|---|
| OSTaskCreate() | 建立任務的函數 |
| OSTaskCreateExt() | 另一種建立任務的函數 |
| OSTaskDel() | 結束任務 |
| OSStart() | 啟動 uCOS_II 系統，此函數永遠不會結束啟動 |
| OSIntExit() | 系統已離開中斷狀態。 |
| OS_TASK_SW() | 系統執行任務切換。 |
| Preempted | 目前任務被更高優先權任務所佔，故被切換到備妥佇列 |
| Interrupt | 中斷發生了，系統進入中斷服務程式 |
| OSMBoxPend() | 任務等待訊息郵件盒，故進入等待狀態 |
| OSQPend() | 任務等待佇列 |
| OSSemPend() | 任務等待信號量，拿到信號量才能取得對週邊的控制權 |
| OSTaskSuspend() | 任務自己暫時擱置 |
| OSTaskResume() | 任務重新開始 |
| OSTimeDly() | 任務延遲一段時間，以時間節拍為單位 |
| OSTimeDlyHMSM() | 任務延遲一段時間，以時、分、秒為單位 |
| OSMBoxPost() | 任務收到所等待訊息郵件盒 |
| OSQPost() | 任務收到佇列 |
| OSSemPost() | 任務交出信號量 |
| OSTaskDlyResume() | 任務延遲取消 |

8. 任務切換(Content Switch or Task Switch)：在多工任務環境下，每個任務均會有獨立的堆疊記憶體空間，用來儲存工作暫存器的內容，當要進行任務的切換時，其步驟如下圖所示：

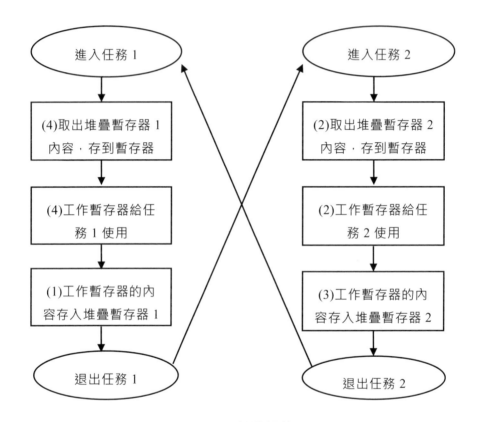

圖 9-3 任務切換

(1) 當要退出任務 1 時，須將工作暫存器的內容存入(push)到堆疊記憶體 1 內，並讓出工作暫存器給其它任務使用。

(2) 切換到任務 2 時，須取出(pop)堆疊記憶體 2 的內容存到工作暫存器，提供該任務使用。

(3) 退出任務 2 時，須將工作暫存器的內容存入(push)到堆疊記憶體 2 內，並讓出工作暫存器給其它任務使用。

(4) 切換到任務 1 時，須取出(pop)堆疊記憶體 1 的內容存到工作暫存器，並從上次被切換的地方繼續執行。

(5) 此任務之間的切換時間越短越好。

9. 全佔式核心(Preemptive Kernel)：當優先權高的任務要執行時，可以立刻將優先權低的任務暫停，此時 ISR 會將切換到高優先權任務，等高優先權任務完成後切回。uCOS_II 屬於此類核心，如下所示：

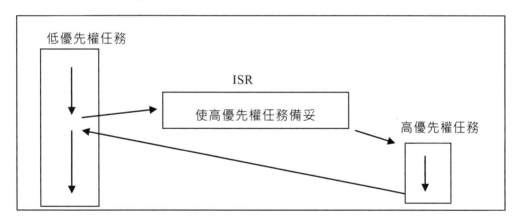

圖 9-4 全佔式核心

10. 非全佔式核心(Non Preemptive Kernel)：當一個低優先權任務在執行時，不會被一個高優先權任務中斷，也就是說要等低優先權任務完成後，才輪到高優先全任務執行，如下圖所示：

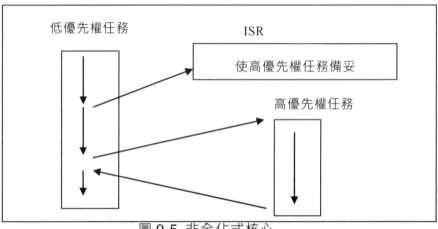

圖 9-5 非全佔式核心

11. 可重入(Reentrancy)：函數的可重入性非常重要，因為一個多工系統會使用到相同的函數，如果某一個任務進入函數時被中斷，此時另一個任務也使用此函數，如果函數不是可重入性時，函數所使用的變數將被破壞，所以設計時函數內部要使用區域變數，如果非使用整體變數不可，則須於前後加上臨界區使用函數。

12. 共用排斥：共用資源包括有整體變數、指標、緩衝區及連結序列等，使用時必須以『共用排斥』來處理，以避免同時有 2 個以上任務同時使用共用資源，一般常用方法有 3 種：

(1) 關閉中斷

```
void Function (void)
{
    OS_ENTER_CRITICAL();    //中斷除能
    (存取共用資源程式)
    OS_EXIT_CRITICAL();     //中斷致能
```

```
    }
```

(2) 排程鎖定

```
void Function (void)

{

    OSSchedLock()        //排程鎖定

     (存取共用資源程式)

    OSSchedUnlock()    //排程解鎖

}
```

(3)使用信號量(鑰匙)

```
OS_EVENT *SharedDataSem;

void Function (void)

{

     INT8U err;

    OSSemPend(SharedDataSem, 0, &err); //等待拿到鑰匙

    (拿到鑰匙後可以存取共用資源)

    OSSemPost(SharedDataSem);                //交出鑰匙

}
```

13.信號量(semaphore)：semaphore 主要是提供多工任務核心的一種保護機制，它的功能有：共用資源的存取控制、事件產生的指示信號及令兩個任務之間保持同步關係。

(1)信號量就像一把鑰匙，當任務 1 得到鑰匙時，才可以繼續執行程式。如果任務 2 需要鑰匙時，將被擱置在等待狀態。直到任務 1 將鑰匙釋放出來後，由任務 2 取得鑰匙才可以執行程式。

(2)信號量有兩種格式：二進位及連續值，其中二進位格式表示時只有 0 或 1 值。

(3)連續值的範圍則依其宣告類型來決定，操作方法有三種：初始化、等待及釋放，工作方式如下：

　(a)初始化：每個任務一開始必須給予信號量的初始值，表示其執行的長短。

　(b)等待：在等待佇列內的任務，其初始信號量預定為 0。再在執行中的任務其信號量>0，當有任務需要執行時，系統會將信號量-1，若信號量>0 則任務繼續執行。

　(c)釋放：當信號量為 0 時，任務會交出鑰匙及進入等待狀態。任務交出鑰匙時，如果沒有其它任務在等待，則信號量+1，同時繼續執行。但若有其它任務在等待時，信號量不會加 1。

(4)當同時有許多任務在等同一把鑰匙，系統會將鑰匙分給在等待佇列中最高優先權的任務(uCOS_II 使用)，或分給最先進入等待佇列的任務。例如有兩個任務同時要使用印表機，但系統只有一部印表機，因此系統會建立與初始化一把鑰匙，當任務需要印表時須先取得鑰匙才能使用印表機。沒有拿到的任務必須等待拿到鑰匙後才可以使用印表機，如下圖所示：

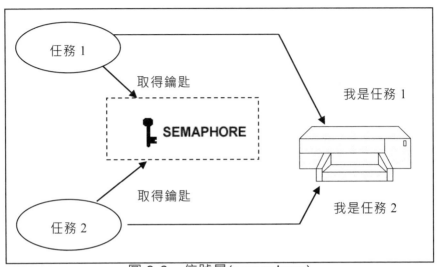

圖 9-6　信號量(semaphore)

(5)有些函數會將信號量封裝起來，如此任務使用該函數時可以不用去管理。

如函數 CommSendcmd()如下：

```
INT8U CommSendCmd(char *cmd, char *response, INT16U timeout)
{
    取得信號量;
    送命令(cmd)到設備;
    等待設備的回應(response)，等待超過一段時間(time out);
    if (時間到仍未回應) {
    釋放信號量;
    return (錯誤碼);
}
else {
    釋放信號量;
```

```
            return (無錯誤);

        }

    }
```

示意圖如下圖所示：

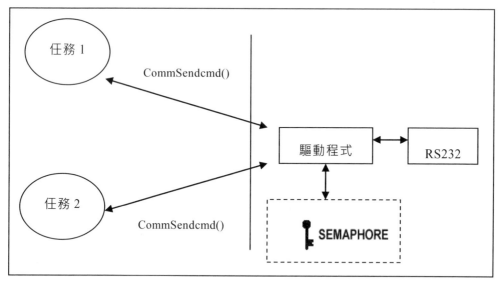

圖 9-7 函數 CommSendcmd()工作示意圖

14. 死結(dead lock)：死結現象在多工系統常常會出現，其現象是有兩個任務彼此

等待對方完成一件事，造成你等我完成，我等你完成，結果永遠不會完成。

另一個是循環等待發生，也就是任務 1 等待任務 2；任務 2 等待任務 3；任務

3 等待任務 1，也會造成死結現象。

　　至於為何會造成此現象，一般而言是 2 個任務都要求 2 個以上資源時，但

任務各自卻僅取得其中一個資源，而兩者都在等對方釋放資源，此時就會產生

『死結現象』。那要如何避免此現象發生，方法如下：

(1) 任務執行前必須先取得所有資源。

(2) 如果取不到則釋放所有資源。

(3) 或先釋放已取得資源，再同時一次取得所有資源。

15.另外跟死結類似的叫『互阻現象』，也就是你阻止我，我阻止你，結果都無法執行。一般會發生在對整體變數存取時，沒有禁止中斷而發生此現象。

16.同步(synchronization)：同步在多工系統中佔非常重要，因為兩個任務會因優先權不同，而使得執行速度不同，因此如果某一個任務必須等另一個任務完成一件事後才能繼續執行，此時就需要同步機制來執行，一般使用旗標(Flag)，在 uCOS_II 中可使用信號量。同步示意圖如下圖所示：

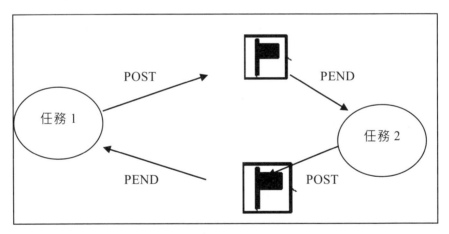

圖 9-8　同步(synchronization)

17.內部任務通信(inter task communication)：用於任務與任務之間，或任務與 ISR 之間交換訊息，它可以透過整體變數或送出訊息來完成，而所謂訊息就是使用訊息郵件盒(message mailbox)或訊息佇列(message queue)。

18.訊息郵件盒(message mailbox)：訊息可以透過核心服務送到任務手中，且訊息的大小是可變。一般只需傳遞訊息給所在指標即可。核心會送到指定的郵件盒中，因此會有一個或一個以上任務可以收到此訊息。如果任務希望收到郵件,但郵件盒是空的,則會進入等待狀態,收到郵件後才恢復執行。通常核心允許任務等待一段固定時間後,如沒有收到就離開等待狀態。

　　示意圖下圖所示:任務 2 等任務 1 的郵件 10 秒鐘,若沒收到就離開等待狀態。

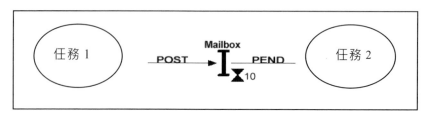

圖 9-9　訊息郵件盒

19. 訊息佇列(message queues):訊息佇列可以送一個或一個以上的訊息給任務。一個訊息佇列通常也是一個訊息郵件盒陣列,透過服務任務或 ISR,可以將訊息指標放入訊息佇列。同樣任務可以透過核心服務來存取訊息,訊息佇列可以是 FIFO(先入先出)或 LIFO(後入先出),核心提供的服務如下:

(1) 初始化訊息佇列,初始化後為空的佇列

(2) 使用 POST 將訊息放入佇列。

(3) 如要等待訊息佇列,則使用 PEND。

(4) 從佇列取得訊息,如果有一封而且寄信者沒有擱置則取出(ACCEPT),當訊息被取出後用一個返回碼通知寄信者。

20. 時間節拍(Time Click):時間節拍可以描述中斷發生的週期,此中斷可以當成系統的心跳。一般設為 10ms~200ms,核心使用此來計算任務延遲時間是否已達或某個事件已逾時,若時間太小會使切換太頻繁,而造成系統負載過重。如下圖所示:

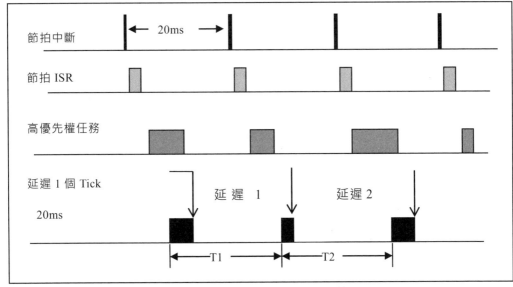

圖 9-10　時間節拍與任務間的關係

　　由上圖可以發現所謂延遲 1 個節拍，其實只是說任務會在下一個節拍的某個時間被執行，而不是延遲 20ms，因此 T1 與 T2 時間長短會受優先權任務影響，此稱為任務執行的抖動現象(jitter)。

## 9-1.2　uCOS_II 核心結構

　　　　本節主要探討各種系統使用的資料結構，包括任務控制區塊(TCB：Task Control Block)、事件控制區塊(Event Control block)、佇列控制區塊(Queue Control Block)，以及備妥序列(Ready List)與系統如何使用此結構。

　　任務控制區塊(TCB)：建立一個新的任務時，會指定一個 TCB 用來維護整個任務的狀態。所有的 TCB 都存於 RAM 中，且是靜態分配，同時其容量大小在建立時就已決定了。

　　(1)任務目前狀態，狀態數值如下：

```
OS_STAT_RDY          0x00        //備妥執行

OS_STAT_SEM          0x01        //等待信號量

OS_STAT_MBOX         0x02        //等待郵件盒

OS_STAT_Q            0x04        //等待佇列

OS_STAT_SUSPEND 0x08            //任務被擱置
```

(2)以下四個值是被用來加速決定任務從備妥到執行，或讓任務等待事件。
當任務建立時與改變優先權後被計算，計算方法如下：

```
OSTCBY = priority >> 3;

OSTCBBitY = OSMapTbl[priority >> 3];

OSTCBX = priority & 0x07;

OSTCBBitX = OSMapTbl[priority & 0x07];
```

整個 TCB 序列，如下圖所示：

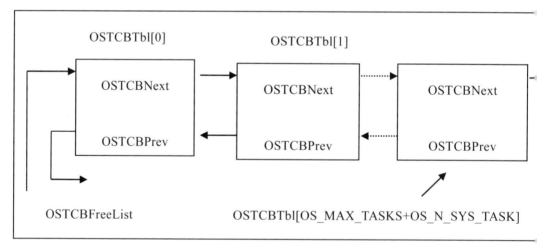

圖 9-11　TCB 序列

1. 排程：uCOS_II 總是執行在備妥佇列中最高優先的任務，因此排程要決定那

   一個任務優先權最高。何時排程可使用 3 種函數：任務級排程使用 OSSched()

、系統啟動時用 OSStart()及中斷程式級排程使用 OSIntExit()。

2. 閒置任務(Idle Task)：此任務由系統自己建立，當其他任務都沒有在備妥佇列時，本任務將被執行，其優先權為系統所設的最低優先權(OS_LOWEST_PRIO)。此任務會將閒置計數器 OSIdleCtr 整體變數加 1。程式碼如下：

```
void OSTaskIdle (void *pdata)

{
pdata = pdata;
for (;;) {        //無限迴圈
    OS_ENTER_CRITICAL();      //中斷除能
    OSIdleCtr++;    //閒置計數器+1
    OS_EXIT_CRITICAL();        //中斷致能
}
    }
```

3. 統計任務(Statistics Task)：核心提供此功能，不過是選項功能。如果組態時將 OS_TASK_STAT_EN 設為 1，則可以使用本功能。也就是說 OSTaskStat()每秒會被系統執行 1 次，計算 CPU 的使用率。這個值會放到整體變數 OSCPUUsage 中。

如果你的應用程式要使用本任務，必須先執行 OSStatInit()來初始化。下面為參考程式

```
void main (void)

    {
```

```
OSInit();              //初始化uCOS_II

……

OSTaskCreate(Taskstart)    //建立開始任務TaskStart()

…….

OSStart();             // 啟動多工

   }


  void TaskStart (void *pdata)    //建立開始任務

  {

    OSStatInit(); //初始化統計任務

    for (;;) {       //無限迴圈

           (使用者程式碼)


       }

  }
```

## 9-1.3 任務管理(Task Management)

本節探討任務建立函數、任務堆疊結構、堆疊檢查、任務刪除、要求任務刪除、任務擱置、任務恢復與取得任務資訊等函數使用方法。

1. 建立任務使用 OSTaskCreate()：本函數是用來建立新任務，須傳入 4 個參數，程式碼如下：

```
INT8U OSTaskCreate(void(*task)(void *pd),   //任務進入點

          void *pdata,     //任務的代號

          OS_STK *ptos, //任務堆疊指標指到堆疊頂端
```

```
                    INT8U prio)      //優先權

    {
```

2. 建立任務使用 OSTaskCreateExt()：此函數為建立任務擴充函數，要傳入 9 個
   參數，程式碼如下：

```
OSTaskCreateExt (void (*task)(void *pd),    //任務進入點

                void *pdata ,       //任務的代號

                OS_STK *ptos,       //任務堆疊指標指到堆疊頂端

                INT8U prio,         //優先權

                INT16U id,          //任務識別碼

                OS_STK *pbos,       //指到堆疊底部

                INT32U stk_size,    //堆疊長度

                void *pext,         //使用者資料額外指標

                INT16U opt)         //允許堆疊檢查選項

    {
```

此函數讓使用者建立任務時更有彈性。主要增加對堆疊的操作，其餘大致
與前節函數相同。

3. 任務堆疊(Task Stack)：uCOS_II 的任務堆疊，可使用靜態堆疊，也可以使用
   動態堆疊。一般使用靜態法較多，方法如下：

   (1)靜態法

```
    OS_STK MyTaskStack[stack_size];
```

   (2)動態法

```
    OS_STK *pstk;
    pstk = (OS_STK *)malloc(stack_size);    //要求記憶體
```

```
if (pstk != (OS_STK *)0)    //確定有足夠空間

{Create the task;}
```

堆疊成長方向可分為：由高往低及由低往高，根據所使用的 CPU 特性來決定。移植可以在 OS_CPU.H 中定義，若 OS_STK_GROWTH=1 表示由高往低成長，反之為 0。

此成長的方向與建立任務函數有關，也就是堆疊頂端指標會有所不同，因為由低往高成長時頂端在 [0]；而由高往低成長時頂端在 [TASK_STACK_SIZE-1]，參考以下程式：

```
OS_STK TaskStack[TASK_STACK_SIZE];
#if OS_STK_GROWTH == 0
 OSTaskCreate(task, pdata, &TaskStack[0], prio);
#else
 OSTaskCreate(task, pdata, &TaskStack[TASK_STACK_SIZE-1], prio);
#endif
```

在建立任務擴充函數中，可提供對堆疊的操作，至於是否要做由以下設定決定 opt 的設定，OS_TASK_OPT_STK_CHK 堆疊檢查及用 OS_TASK_OPT_STK_CLR 堆疊清除。

4. 任務刪除 OSTaskDel()：由任務狀態圖可以得知，任務在 REDAY、WAITING、RUNNING 狀態下，若任務刪除時，任務都會回到睡眠狀態(DORMANT)。刪除任務並不是把程式碼刪除，只是不再執行而已。傳入參數為欲刪除任務的優先權，

5. 任務刪除要求 OSTaskDelReq()：當有些任務擁有一些資源，而另一個任務想要刪除此任務時，會造成這些資源無法回收。因此需要用信號告訴擁有資源

的任務，要求它刪除自己，把資源釋放出來。

6. 改變優先權 OSTaskChangePrio()：任務建立的時候已經指定了優先權，uCOS_II 允許動態優先權，也就是說在執行時也可以更改優先權。

7. 任務擱置 OSTaskSuspend()：任務在執行狀態時，可以被擱置到等候佇列中，一直等待到被恢復才回到備妥佇列中。任務可被自己或其他任務擱置。

8. 任務恢復 OSTaskResume()：被擱置任務只能用此函數恢復。程式碼如下：

9. 取得任務資訊 OSTaskQuery()：取得任務的任務控制區塊資訊，可以取得自己或其他任務的資訊，須傳送兩個參數：優先權(prio)及存放取得資訊結購指標。

10. 使用時機，參考範例如下：

```
OS_TCB MyTaskData;
void MyTask (void *pdata)
{
 pdata = pdata;
 for (;;) {        //無限迴圈
      (使用者程式)
      err = OSTaskQuery(10, &MyTaskData);      //取得優先權10的任務TCB
      (Examine error code ..)
      (使用者程式)
    }
  }
```

## 9-1.4 時間管理(Time Management)

　　uCOS_II 要求使用週期中斷來追蹤時間延遲與逾時，這個週期性的中斷稱為 Time Tick(時間節拍)。系統利用此節拍計算任務的延遲是否已到，以便把任務恢復。當任務執行 OStimeDly()後，任務會被切換到等候狀態；直到延遲時間到，系統會自動恢復到備妥佇列(備妥狀態)中。

1. 任務延遲使用 OSTimeDly()：此函數傳入欲延遲的節拍個數，範圍(1~65535)。注意指的是經過幾個節拍，不是延遲時間長度。例如節拍週期為 10ms，若延遲 3 個節拍，其真正延遲不是 30ms，而是系統經過三個節拍後的某個時間才被恢復。：

2. 任務延遲使用 OSTimeDlyHMSM()：前節延遲最大只能 65535 個節拍，如果要長時間延遲可使用本函數。系統本身有定義每秒幾個節拍 (OS_TICKS_PER_SEC)，程式碼如下：

```
INT8U OSTimeDlyHMSM (    //任務延遲

INT8U hours,    //傳入時參數

INT8U minutes, //傳入分參數

INT8U seconds, //傳入秒參數

INT16U milli)    //傳入毫秒參數

{
```

3. 任務延遲取消 OSTimeResume()：uCOS_II 允許任務本身將延遲取消，也允許別的任務取消。傳入欲取消延遲的優先權，

4. 取得系統時間與設定時間 OSGettime()與 OSSetTime()：應用程式可使用此兩函數取得系統時間與設定時間。

5. 當系統啟動後 OSStart()及 OSTime 初始為 0，每經過一個節拍後其內容加 1
。OSTime 為 32 位元計數器，取得的時間值須再換算成自己所需的格式。

## 9-1.5　內部任務通訊與同步

uCOS_II 提供許多機制來保護共用資料與內部通訊用，之前已談過的有關閉
中斷 OS_ENTER_CRITICAL()與打開中斷 ON_EXIT_CRITICAL()，還有排程鎖
定函數 OSSchedLock()與開鎖 OSSchedUnlock()。

除此之外，還有信號量(Semaphores)、訊息佇列(Message queue)、訊息郵件
盒(Message mailboxes)等。這 3 個信號可以透過事件控制區塊(ECB:Event Control
Block)來管理。如下圖顯示任務與任務，任務與 ISR 的互動情形。

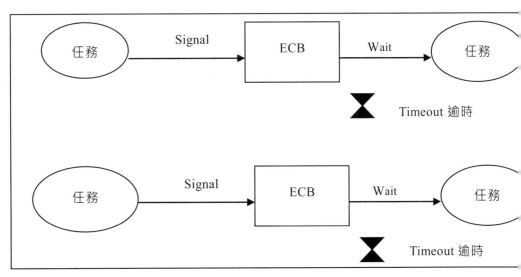

上圖可知任務與 ISR 可以將信號送到 ECB(事件控制區塊)，任務可以等待
另一個任務或 ISR。因此只有任務可以等待事件，ISR 不會等待事件。當事件發
生了，ECB 負責將事件通知給任務。或等待事件逾時(Timeout)了也會通知任務。

另一種方式，可能有兩個任務都送信號到 ECB，同時也有兩個任務在等待

事件，不過只有目前最高優先任務會收到事件通知。也就是任務同時送信號，
也同時在等待事件發生，如下所示：

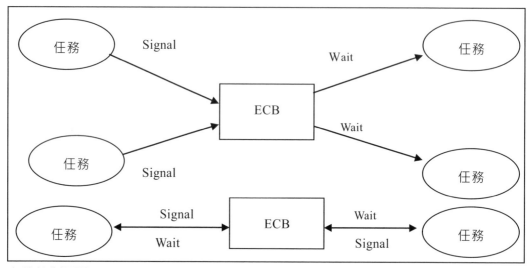

1.  事件控制區塊(ECB:Event Control Block)：此區塊與 TCB 非常類似，操作方
    式也雷同，也就是說事件就如同任務一樣。事件控制區塊有 4 個常用的操作
    ，分別為：初始化 ECB、使任務備妥、使任務等待事件及如果逾時則使任務
    備妥。

2.  初始化 ECB：此函數可以被信號量建立(OSSemCreate)、訊息郵件盒建立
    (OSMboxCreate()、訊息佇列建立(OSQCreate)所呼叫。

3.  事件任務備妥：此函數被信號量通知(OSSemPost)、郵件盒通知(OSMboxPost)
    、佇列通知(OSQPost)所呼叫，當 ECB 要通知最高優先任務時，需要先該任
    務備妥。因此使用本函數，方法與 TCB 的備妥佇列一樣，不再說明，

4.  事件任務等待：此函數被信號量等待(OSSemPend)、郵件盒等待
    (OSMboxPend)、佇列等待(OSQPend)所呼叫，表示某個任務要等待事件發生

，其實就是將該任務從備妥佇列移出，並將其優先權加入事件等待佇列中。

5. 使逾時任務備妥：當任務等待事件發生逾時的時候，此函數會被呼叫使得任務重新放入備妥佇列，

# 9-2 即時作業系統(RTOS)實習

即時作業系統(RTOS)最大的功能可進行多個任務(task)的執行緒，令每個任務能夠獨立運作，具有多工的特性。

## 9-2.1 即時作業系統(RTOS)實習範例

1. 範例 uCOSII_TASK：令三個 TASK 分別控制三個 LED，各自閃爍。

2. 範例 uCOSII_UART：令三個 TASK 各自在 UART 顯示字串

3. 範例 uCOSII_Suspend：任務的暫停及恢復動作，

   (1) TaskStart:LED2 閃兩次，自我暫停，進入 Task1
   (2) Task1:按 SW3(PB10)鍵，LED2 閃一次，恢復 TaskStart。

10

CHAPTER

# USB 控制實習

## 本章單元

- USB 結構與控制
- USB 應用實習

通用串列匯流排(USB：Universal Serial Bus)是目前市面上很流行的串列傳輸界面，版本分為 USB1.1、USB2.0 及 USB3.x，其標記及傳輸速度，如下表所示：

表 10-1　USB 版本

| USB 版本 | Logo 標記 | 傳輸速度 |
|---|---|---|
| USB1.1 | CERTIFIED USB | 低速：1.5M-bps<br>全速：12M-bps |
| USB2.0 | HI-SPEED CERTIFIED USB | 低速：1.5M-bps<br>全速：12M-bps<br>高速：480M-bps |
| USB3.x | SUPERSPEED CERTIFIED USB | 低速：1.5M-bps<br>全速：12M-bps<br>高速：480M-bps<br>超速：5G-bps |

# 10-1 USB 結構與控制

USB 的規格非常複雜，本章僅加以簡略介紹，詳細內容請至 USB 協會網站下載規格書。網址為：http://www.usb.org/

## 10-1.1 USB 硬體架構

USB 的硬體架構有上下層分別，由電腦主機經連接 USB 裝置或透過 USB HUB 連接 USB 裝置。USB 的硬體匯流排為階梯式星狀結構，它分成四部份：分別為電腦主機(根集線器 Boot HUB)、USB 集線器(HUB)、USB 裝置(device)及每個裝置均有的輸出入端點(Endpoint)，如下圖所示：

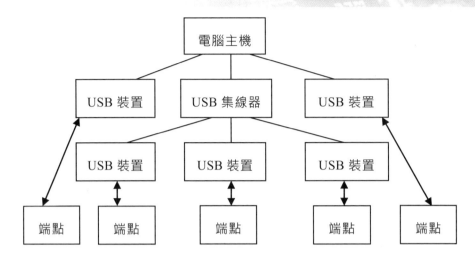

圖 10-1　USB 的基本結構

1. USB 位址：為 USB 裝置及 HUB 的位址，它的位址有 7-bit，以 27=128 計算，除了位址 0 外，最多可連接 127 個 USB 裝置及 HUB。

2. 開機時所有的 USB 裝置及 HUB 的位址均預定為 0，而後主機會由上而下掃瞄所有的 USB 裝置及 HUB，並分配位址以便利存取。

3. 當有新的 USB 裝置插入時，預定位址為 0，等待分配新位址後，才會去尋找驅動程式，來與 PC 主機連線。

4. 端點(Endpoint)位址：USB 的每個裝置均內含有 8-bit 的端點位址，其中 bit7 用於設定為輸出(bit7=0)或輸入(bit7=1)端點，而 bit3-0 用於設定每個 USB 裝置或 HUB 內部的 16 個端點位址，每個端點代表裝置內部的一個 USB 的 FIFO(先入先出)或 RAM 緩衝器(buffer)記憶空間。

5. MG32F02U064/128 的端點(End Point)有 8 個(EP0~EP7)，其中 EP0 為半雙工傳輸，可隨時切換為發射或接收。而 EP1~7 僅有單工傳輸，一旦設定為發射或接收後不得改變。

6. USB 接頭：有 A 型(偏平型)連接上游(upstream)電腦，B 型(方型)、mini USB、
   micro USB 及 Type C 連接下游(downstream)USB 裝置(device)，如下圖：

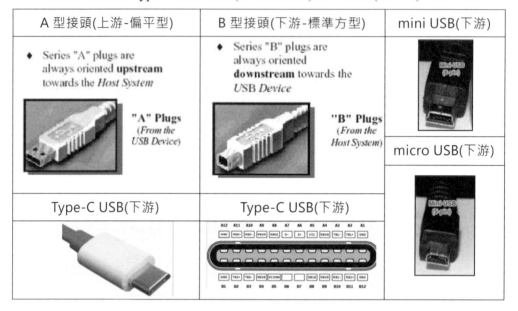

| A 型接頭(上游-偏平型) | B 型接頭(下游-標準方型) | mini USB(下游) |
|---|---|---|
| ◆ Series "A" plugs are always oriented **upstream** towards the *Host System*  "A" Plugs *(From the USB Device)* | ◆ Series "B" plugs are always oriented **downstream** towards the *USB Device*  "B" Plugs *(From the Host System)* | micro USB(下游) |
| Type-C USB(下游) | Type-C USB(下游) | |

圖 10-2 　USB 接頭

標準 USB 埠有 4 條線為 VCC(紅)、D-(白)、D+(綠)及 GND(黑)，而 mini USB
及 micro USB 多一條 ID(識別)線，其中 VBUS(VCC)及 GND 為 USB 電源，而
D-及 D+為差動式資料傳輸，在全速時 D-及 D+必須為雙絞線，且具有屏障保護
才可以確保資料傳輸無誤，如下圖(a)(b)所示：

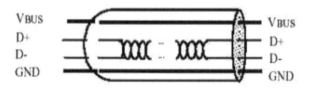

圖 10-3(a) USB 埠接線

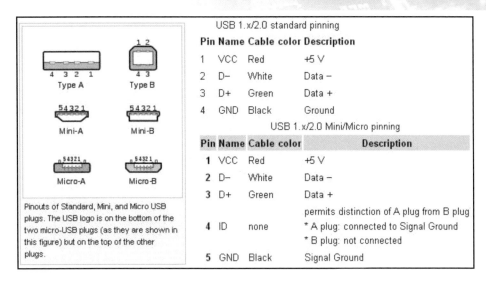

圖 10-3(b) USB 埠接腳說明

7. USB 裝置速率判斷：主機 USB 埠會定時檢查 D+及 D-的電壓準位，平時沒
插入 USB 裝置時為低電位。當插入 USB 裝置時，會令主機 USB 埠的 D+
或 D-準位產生變化，並由此準位來判斷新加入 USB 裝置的傳輸速率，如
下：

(1) 無連接 USB 裝置時，在主機的 D+(DP)端及 D-(DM)端以 15K 電阻接地，
故均為低電位，如下圖所示：

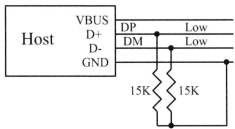

圖 10-4(a) USB 主機(Host)無連接裝置(Device)時

(2) 插入低速(Low Speed)USB 裝置時，在裝置由 VDD 經提升電阻(1.2K)送到 D-(DM)腳，再經雙絞線和主機 D-(DM)的 15K 接地電阻形成分壓，令主機的 D-(DM)腳為高電位(Hi)，使傳輸速度為 1.5M-bps，如下圖所示：

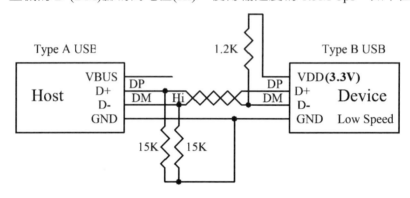

圖 10-4(b)　主機與低速 USB 裝置連線

(3) 插入全速(Full Speed)USB 裝置時，在裝置由 VDD 經提升電阻(1.2K)送到 D+(DP)腳，再經雙絞線和主機 D+(DP)的 15K 接地電阻形成分壓，令主機的 D+(DP)腳為高電位(Hi)，使傳輸速度為 12M-bps，如下圖所示：

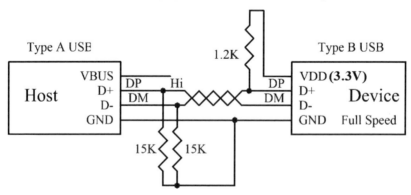

圖 10-4(c)　主機與全速 USB 裝置連線

(4) MG32F02U064/U128 的 USB 內部工作電壓 V33=3V~3.6V，以全速(Full Speed)USB 裝置為例，傳輸速度為 12M-bps，如下圖所示：

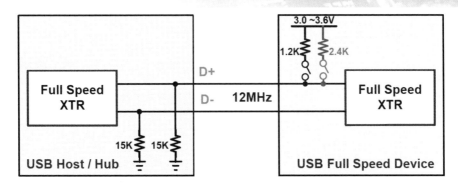

圖 10-5　MG32F02U064/128 的 USB 全速裝置連線

8. USB 傳輸距離：USB 埠的傳輸距離在全速時為 5 公尺，慢速時為 3 公尺。
距離逾長傳輸的延遲時間會增長，資料的可靠性及即時性會逾差。

9. USB 電源管理：USB 裝置大部份由 PC 主機提供電源，而由 PC 主機或 HUB
來管控所有的電源：

(1) 主機的每個 USB2.0 埠可提供 500mA 及 USB3.x 埠可提供 900mA 的電流。

(2) HUB 工作時，本身最多消耗 100mA，最多可再往下游提供 4 個 USB 裝
置，且限制每個 USB 裝置的消耗電流為 100mA。

(3) 當連接主機的 USB 裝置消耗電流超過 500mA(2.0)或 900mA(3.x)及連接
HUB 的 USB 裝置消耗電流超過 100mA 時，必須另外連接+5V 電源來分
擔消耗電流。

(4) 主機及 HUB 均有電流過載保護功能，當 USB 裝置消耗電流超過時，USB
埠會斷電停止供應電源。等待重新開機後，該 USB 埠才能恢復供電。

(5) 所有的 USB 裝置均須支援中止(Suspend)工作模式，此時耗電流不得超過
0.5mA。以及能夠喚醒(wake-up)恢復正常工作。

## 10-1.2 USB 控制

MG32F02U064/128 可選擇時脈經 PLL 倍頻後產生 48MHz，如下圖所示：

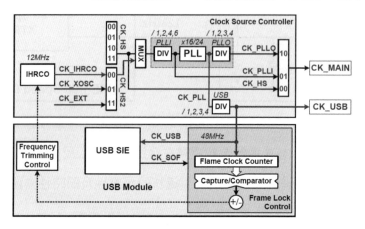

圖 10-6(a)　USB 工作時脈產生

MG32F02U064/128 內含 USB2.0 全速的串列傳輸界面，其實體(Physical)界面與主(Main)方塊圖，如下圖(b)~(d)所示：

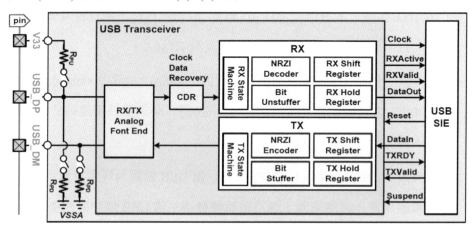

圖 10-6(b)　USB 實體(Physical)界面方塊圖

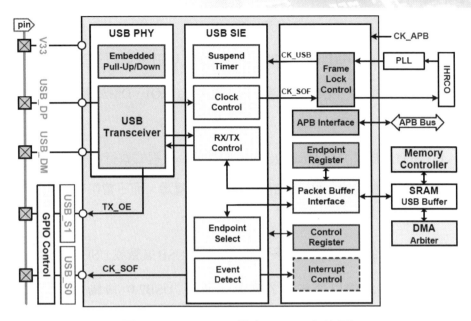

圖 10-6(c)　USB 的主(Main)方塊圖

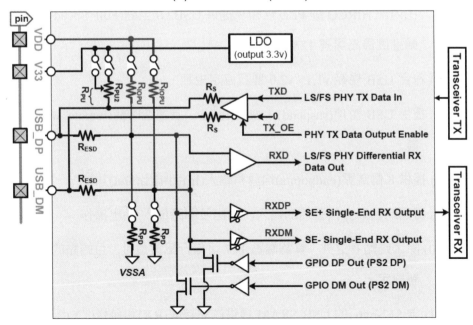

圖 10-6(d)　USB 類比前端(Analog Front End)工作圖

1. USB 界面的主要特性如下所示：

   (1) 具有即插即用(Plug and Play)功能，接上 USB 裝置時，主機會自動偵測。

   (2) 它不佔用 PC 主機的資源，如中斷要求(IRQ)、DMA 要求(DRQ)及 IO 位址。

   (3) 具有熱插拔(Hot Attach & Detach)功能，在程式執行中隨時可插入或拔除 USB 接頭。PC 會自動偵測並分配資源，而不會影響 PC 主機的工作。

   (4) 有 7-bit 的定址能力，最多可連接 127 個 USB 裝置或 USB 集線器(HUB)。

   (5) 使用雙絞線以差動方式傳輸，其中 USB2.0 傳輸速率分成低速(1.5M-bps)、全速(12M-bps)及高速(480M-bps)。而 MG32F02U064/128 由內部 HIRCO 經 PLL 倍頻，提供 USB2.0 全速(Full Speed)模組，傳輸速度最高可達 12M-bps。

   (6) 符合 USB 規範 v1.1 / v2.0 通訊協定規範。

   (7) 提供 USB 暫停(suspend)、恢復(resume)及遠端喚醒(remote wake-up)功能。

   (8) 提供 8 個端點(endpoints)均具有輸入(In)和輸出(Out)功能。

   (9) 每個端點都支持靈活的輸入、輸出及同時輸入/輸出操作

   (10) 除了端點 0 之外，其餘端點 1~7 可自行配置位址，且端點的位址可重新設定。

   (11) 含 512-byte 的 USB SRAM 提供端點接收(RX)和發送(TX)緩衝(buffer)記憶體。

(12) 接收(RX)和發送(TX)的資料透過 DMA 與緩衝(buffer)進行傳輸功能。

(13) 內含 8 個端點(EP0~EP7)，其中 EP0 用於控制(control)模式傳輸，EP1~7
提供中斷(interrupt)、巨量(bulk)模式及等時(isochronous)模式傳輸。如
下表所示：

表 10-2　MG32F02U064/128 的 USB 端點功能

| Function | USB Endpoint | | | | | | | |
|---|---|---|---|---|---|---|---|---|
| | EP0 | EP1 | EP2 | EP3 | EP4 | EP5 | EP6 | EP7 |
| **Control Transfer** | V | | | | | | | |
| **Interrupt Transfer** | | V | V | V | V | V | V | V |
| **Bulk Transfer** | | V | V | V | V | V | V | V |
| **ISO Transfer** | | V | V | V | V | V | V | V |
| **Double Buffer** | | V | V | V | V | V | V | V |
| **DMA** | | | | V | V | | | |
| **Programmable Endpoint Address** | | V | V | V | V | V | V | V |
| **Relocated Buffer Address** | V | V | V | V | V | V | V | V |
| **Receiving Overflow Detect** | V | V | V | V | V | V | V | V |

(14) USB 工作於+3.3V 電壓及 48MHz 頻率，其接腳如下表所示：

表 10-3　串列埠 USB 接腳說明

| USB 接腳 | | 信號腳 | IO | USB 界面說明 |
|---|---|---|---|---|
| D+ ── V33(PD6)<br>　　　DP(PD5)　[USB]<br>D- ── DM(PD4) | | V33 | O | 內部穩壓(LDO)輸出 3.3V |
| | | DP | I/O | USB 界面正端(D+)資料 |
| | | DM | I/O | USB 界面負端(D-)資料 |

2. USB 中斷管理：USB 的中斷及子範圍(Subrange)控制如下圖(a)~(d)所示：

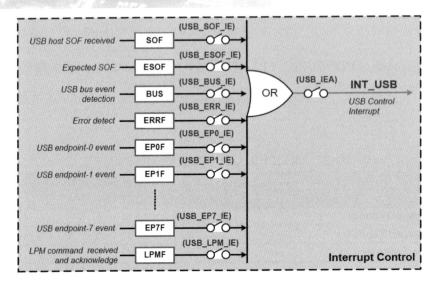

圖 10-7(a)　USB 中斷控制

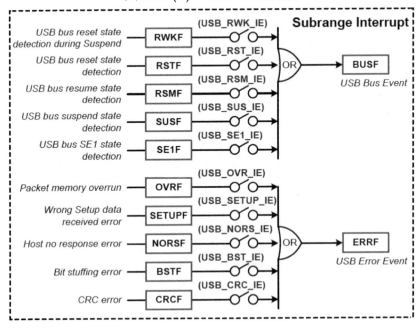

圖 10-7(b)　USB 的子範圍(Subrange)中斷

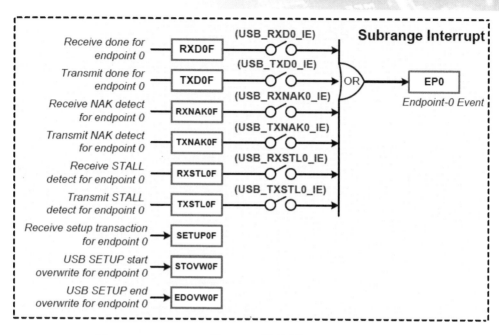

圖 10-7(c)　USB 的 EP0 子範圍(Subrange)中斷

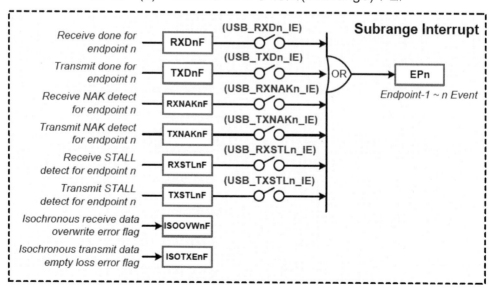

圖 10-7(d)　USB 的 EP1~7 子範圍(Subrange)中斷

## 10-1.3　USB 介面通信協定

PC 主機與 USB 裝置之間執行通信協定及 USB 傳輸架構，如下圖(a)(b)所示：

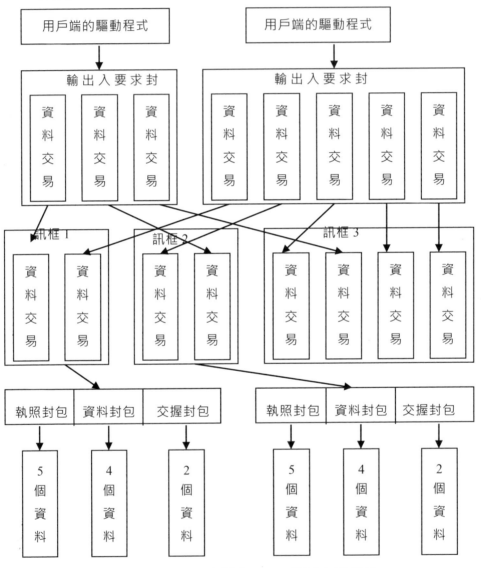

圖 10-8(a)　PC 主機與 USB 裝置之間傳輸

1. USB 傳輸架構(Construction)如下圖所示：

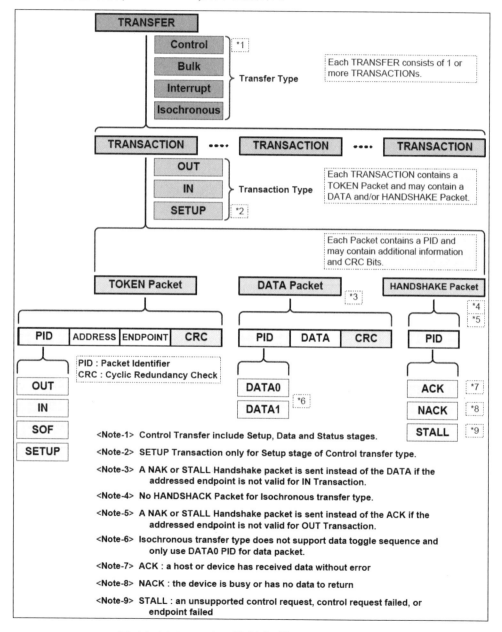

圖 10-8(b)　USB 傳輸架構(Construction)

(1) 用戶端的驅動程式要進行 USB 傳輸工作時，必須配合 USB 裝置的輸出入要求來傳輸封包。

(2) 其中每個輸出入要求會有若干個資料交易，它會分別和其它要求封包內有相關聯的資料交易組成一個訊框，也就是傳輸的基本單位。

(3) 在訊框時內會再加入通訊協定的訊息，形成執照封包、資料封包及交握封包。

(4) 每個封包均是由若干個資料欄所組成，再將這些資料欄以串列方式遂一傳輸出去。

2. 封包與識別碼：主機的 USB 埠要傳輸資料時，會有四個步驟，如下圖所示：

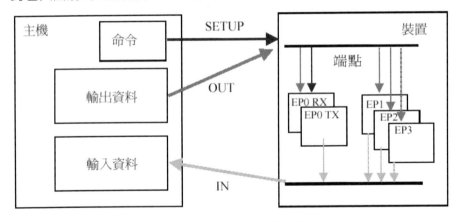

圖 10-9　USB 資料傳輸

(1) 首先主機送出 SETUP 封包來設定 USB 裝置內端點(節點)的工作。

(2) 主機送出 OUT 封包及輸出資料封包，由 USB 裝置內的端點(節點)EP0~3 來接收(RX)，然後會回傳一個交握封包給主機，表示端點是否接收正確。

(3) 主機送出 IN 封包，令 USB 裝置內的端點(節點)EP0~3 發射(TX)資料封包,由主機輸入資料,然後會回傳一個交握封包給裝置,表示端點是否發射正確。

(4) 在這些 USB 資料交易中,有特定的封包格式,它內含封包識別碼(PID:Packet Identifier)來表示傳輸封包的型態,如下表所示:

表 10-4　PID 型態

| PID 型態 | PID 名稱 |
|---|---|
| 執照封包 | IN(主機←裝置)、OUT(主機→裝置)、SETUP(主機設定裝置) |
| 資料封包 | DATA0、DATA1(兩筆資料交替傳輸) |
| 交握封包 | ACK(確認)、NAK(忙碌)、STALL(停止) |
| 特殊封包 | PRE(低速 1.5M-bps 專用) |

3. 每一筆資料交易有三個封包,以主機傳送資料到 USB 裝置為例,如下圖所示:

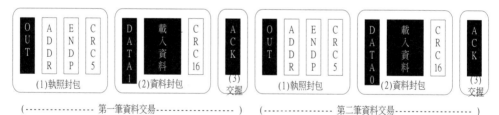

圖 10-10　資料交易傳輸範例

(1) 執照封包:內含控制命令(IN、OUT 或 SETUP)、USB 裝置位址(ADDR)、USB 裝置端點位址(ENDP:end point)及 5-bit 的偵錯碼(CRC5)。

(2) 資料封包:用於設定資料的格式(DATA0、DATA1)、傳輸的載入資料及16-bit 的偵錯碼(CRC16)。

(3) 其中在傳輸兩筆以上資料時,先 DATA1 再 DATA0 交替傳輸,如此多了一層錯誤偵測，可增加資料傳輸的正確性。

(4) 交握封包：USB 裝置收到資料後，會回應主機一個信號，其種類如下表所示：

表 10-5　交握封包的種類

| 交握封包 | 說明 |
|---|---|
| ACK | 認可，已正確的接收到資料 |
| NAK | 忙碌，請再傳一次 |
| STALL | 停止，表示 USB 裝置不瞭解主機的要求 |

4. USB 傳輸類型：USB 的傳輸類型有控制型(Control)、巨量型(Bulk)、中斷型(Interrupt)及等時型(Isochronous)等四種傳輸類型。其中慢速裝置僅支援控制型傳輸與中斷型傳輸。同時控制型傳輸、巨量型傳輸及中斷型傳輸的資料交易均有三個階段。如下：

| 執照封包 | 資料封包 | 交握封包 |
|---|---|---|

而等時型傳輸的資料交易只有二個階段，如下：

| 執照封包 | 資料封包 |
|---|---|

(1) 控制型傳輸：由主機送出命令及位址給 USB 裝置，控制型傳輸又可分為控制讀取、控制寫入及無資料控制。資料交易型態分成 2~3 階段，有設定階段、資料階段(可有或無)及狀態階段，如下圖所示：

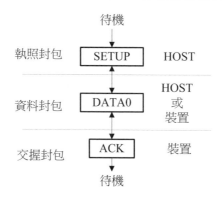

圖 10-11(a) 控制型傳輸

(a) 設定階段：包含 SETUP 執照封包、DATA0 資料封包及 ACK 交握封包，由主機輸出設定(SETUP)命令，送出 USB 裝置位址(ADDR)及端點(ENDP)，再送出載入資料來設定其工作，若 USB 裝置有正確收到，則回應 ACK 給主機，表示同意連線，如下圖所示：

圖 10-11(b) 控制型傳輸-設定階段

(b) 資料階段：用來傳輸主機與裝置之間的資料。它以 8-bit 的 DATA1 開始傳送(因為設定階段已使用了 DATA0 的資料封包)。由主機送出 IN 命令給指定 USB 裝置位址內的端點，再讀取(輸入)其資料(描述元)，來判斷 USB 裝置的種類，若主機有正確收到，則回應 ACK 給 USB 裝置，如下圖所示：

圖 10-11(c) 控制型傳輸-資料階段

如果是「控制型讀取」會由主機讀取裝置的資料,在資料階段中,主機將會送出一個 IN 執照封包,表示要讀取資料。然後裝置將資料用 DATA1 回傳給主機。

如果是「控制型寫入」會由主機將資料寫入到裝置。主機會送出一個 OUT 執照封包,表示資料要輸出。然後主機將會資料由 DATA1 傳送至裝置。

如果是無資料控制傳輸,則是不具有資料階段。

(c) 狀態階段:主機輸出資料給指定 USB 裝置位址內的端點,表示整個傳輸的過程已經結束了,若 USB 裝置有正確收到,則回應 ACK 給主機,如下圖所示:

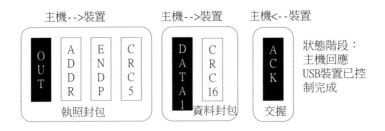

圖 10-11(d) 控制型傳輸-狀態階段

其傳輸資料的順序如下圖所示：

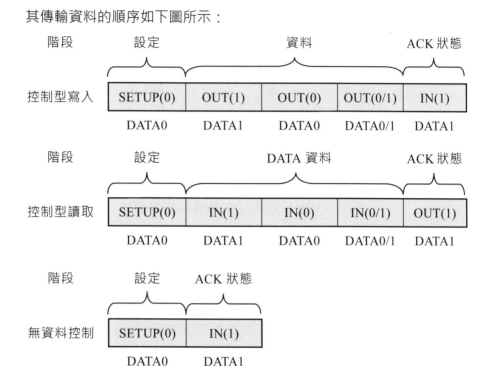

圖 10-11(e) 控制型傳輸-讀取及寫入的順序

(2) 巨量型(Bulk)傳輸：適用適用於大量資料的傳輸，每筆資料交易可以用 8、16、32 或 64-byte 的封包，每次至少會傳輸兩筆以上的資料交易，此時必須將 DATA1 及 DATA0 交替傳輸。它並沒有傳輸速度上的限制，如果因錯誤而發生傳送失敗，就重新再傳送一次。

應用於筆碟、印表機、掃描器及數據機等。其資料交易格式，如下圖所示：

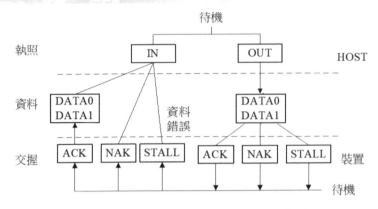

圖 10-12(a) 巨量型封包資料交易格式

在傳輸過程中有任何狀態交握封包會回應到主機：

(a) ACK 交握封包：表示沒有錯誤。

(b) NAK 交握封包：裝置暫時無法執行主機的要求，要求再傳。

(c) STALL 交握封包：表示裝置有錯誤發生，須要主機軟體的介入。

以主機輸入 USB 裝置內的資料為例，如下圖所示：

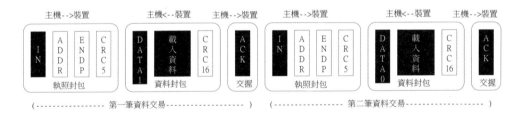

圖 10-12(b) 巨量型傳輸封包

(3) 中斷型(Interrupt)傳輸：由於 USB 不支援硬體的中斷，所以必須由 PC 主機定時不斷的加以輪詢。

(a) 中斷型輪詢的週期時間與傳輸的資料量是有關，如果間隔時間太長資料可能會流失，時間太短則會佔據太多的匯流排頻寬。

(b) 一般在全速裝置時，每個端點的輪詢間隔時間為 1~255ms。在低速裝置時，每個端點的輪詢間隔時間為 10~255ms。

(c) 如果因錯誤而發生傳送失敗，可在下一個輪詢時會再重送一次。應用實例有鍵盤、搖桿、滑鼠。

(d) 其資料交易格式和巨量型傳輸相同。以主機輸入 USB 裝置內的資料為例，如下圖所示：

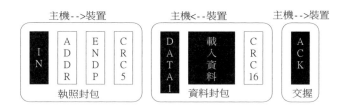

圖 10-13 中斷型傳輸封包

(4) 等時型傳輸：只需執照與資料兩個封包就可形成一個資料交易的動作，它不支援交握封包，所以發生錯誤不會再重傳一次。它維持一定的傳輸速度，且可以容許錯誤發生。它採用與主機協定好的固定時間頻寬，以確保發送端與接收端的速度吻合。應用於麥克風、喇叭。其資料交易格式，如下圖所示：

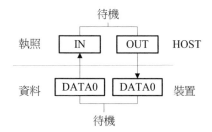

圖 10-14(a) 等時型封包資料交易格式

以主機輸入 USB 裝置內的資料為例，如下圖所示：

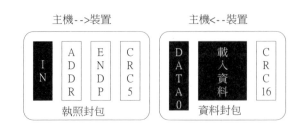

圖 10-14(b) 等時型傳輸封包

5.  ISO 型傳輸：可在 Flash 驅動器或 USB、DVD 存儲設備上，經 USB 界面存取及啟動 ISO 映像(image)檔案。

6.  資料欄格式：各項傳輸封包內資料欄的數量與型態均不同。但它的串列資料位元都是以最低位元(LSB)先傳輸。其各種資料欄的規格與架構如下圖所示：

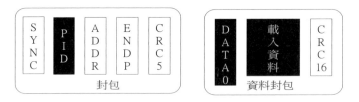

圖 10-15 封包內的資料欄格式

(1)  同步列(SYNC)資料欄：用於每一個資料封包的前導(preamble)，以便作為同步之用，SYNC 資料欄為 8-bit 固定為 00000001。

(2)  封包辨識(Packet Identifier , PID)資料欄：PID 為 8-bit 用來表示資料封包的類型及格式。

(3)  位址(ADDR)資料欄：為 7-bit 用來定址 127 個 USB 裝置或 HUB。當有新的 USB 裝置加入時，預設位址為 0，然後主機會給予新的位址。

(4)  端點(ENDP：Endpoint)資料欄：為 4-bit 可設定 16 個輸入(IN)端點與 16 個輸出(OUT)端點，共 32 個端點。它僅能用在 IN、OUT 及 SETUP 執照

封包中。

(5) 循環多餘檢核(CRC：Cycle Redundancy Checks)資料欄：用於錯誤偵測，其中資料封包採用 CRC16 的資料欄(16-bit)，而其餘的封包則採用 CRC5 的資料欄(5-bit)。

(6) 資料(Data)欄：僅資料封包才有，隨著不同的傳輸型態，可設定 0~1023-byte，而且僅能在等時型傳輸時設定。

(7) 訊框號碼(Frame Number)資料欄：為 11-bit 僅 SOF 封包才有，這對於等時傳輸是非常重要的訊息資料。

(8) 閒置(idle)欄：在每一個封包的結尾處，當無 USB 裝置加入時，會令 D＋ 與 D-皆為低電位。

7. 封包格式：USB 的封包均由主機所控制，再將資料欄組成各種不同的封包型態，來執行 USB 通訊協定。各種封包型態內的資料欄，介紹如下：

(1) 執照(Token)封包：由主機送出，作為通信協定的前導工作，資料欄有：SYNC、PID、ADDR、ENDP 及 CRC5，其中會自動將 ADDR 及 ENDP 的內容計算後形成 CRC5 作為偵錯之用，在此不再詳細介紹，如下圖：

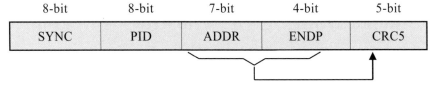

圖 10-16(a)　執照(Token)封包格式

其中 PID 包含 OUT、IN、SETUP 等 3 種執照封包，例如一開始執行控制型傳輸時，若有新加入 USB 裝置，主機會先執行 SETUP 執照封包來設定裝置描述元，此時預設 USB 裝置的位址及端點位址均為 "00 "，作為每一次控制傳輸的開始，範例如下所示：

| SYNC | PID | ADDR | ENDP | CRC5 |
|------|-----|------|------|------|
| 00000001 | 0xB4 | 0x00 | 0x00 | 0x08 |
| 同步 | SETUP | 預設位址 | 預設端點 | 循環多餘檢核 |

(2) 資料(Data)封包：主機透過資料封包將命令及資料送到 USB 裝置。包含

四個資料欄：SYNC，PID，DATA 與 CRC16，如下圖所示：

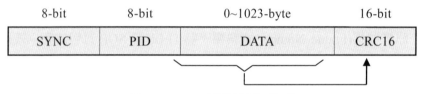

圖 10-16(b)  資料封包格式

資料(Data)封包內含 DATA0 與 DATA1 兩種資料型態，傳輸時交替輪流傳送，如此就可確保整個傳輸過程中，主機能與裝置維持同步，且做為偵錯之用。

例如，若主機要針對特定的裝置端點，送出取得裝置描述元的命令時，以控制型傳輸為例，資料欄中僅有 8-byte，如下所示：

| SYNC | PID | DATA | CRC16 |
|------|-----|------|-------|
| 00000001 | 0xC3 | 80 06 00 01 00 00 00 12 | 0x08 |
| 同步 | DATA0 | 欲載入的 8-byte 傳輸資料 | 循環多餘檢核 |

(3) 交握(Handshake)封包：它僅有一個 PID 資料欄，用於回應動作。如下。

PID 資料欄包含 ACK、NAK 及 STALL。當 USB 裝置已收到主機要執行輸入裝置描述元命令時，USB 裝置會用交握封包來回應。如果裝置已準備接收就以 ACK 回應，若尚未就緒以 NAK 回應、若是發生錯誤而停滯就以

STALL 回應。例如：如果裝置已準備好接收就以 ACK 交握封包回應，如下所示：

| SYNC | PID |
|------|-----|
| 000000001 | 0x4B |
| 同步 | ACK |

(4) 特殊(Special)封包：它僅有一個 PRE 欄，僅用於主機設定將 USB 裝置由高速轉變成低速。如下所示：

| SYNC | PRE |
|------|-----|
| 000000001 | 0x3C |

(5) 啟始(SOF)封包：SOF 封包屬於執照封包的一種，但專用於等時型傳輸，它用於辨識一個訊框(Frame)的起點。也就是在 1ms 的訊框開始時，等時型傳輸會送出 SOF 封包，啟動開始傳輸，以達到同步傳輸的作用。如下圖所示：

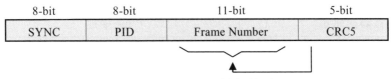

圖 10-16(c) 啟始(SOF)封包格式

8. USB 描述元：USB 描述元表示裝置內的各種訊息，USB 描述元中必須包括裝置描述元、配置描述元、介面描述元及端點描述元。若要使用符合微軟的 HID 格式，則必須再增加 HID 描述元、群組描述元及報告描述元。而字串描述元則用於顯示在視窗畫面上的文字，如下圖及下表所示：

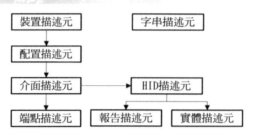

圖 10-17 描述元架構與類型

表 10-6 描述元型態值

| 描述元型態 | 數值 | 長度 | 說明 |
|---|---|---|---|
| 裝置描述元 | 0x01 | 18-byte | 主機傳送到裝置，一般裝置的設定 |
| 配置描述元 | 0x02 | 9-byte | 裝置傳送到主機，表示裝置的訊息 |
| 字串描述元 | 0x03 | | 顯示的文字 |
| 介面描述元 | 0x04 | 9-byte | 描述裝置的介面 |
| 端點描述元 | 0x05 | 7-byte | 端點屬性 |
| HID 描述元 | 0x21 | | 附合微軟驅動程式的格式 |
| 報告描述元 | 0x22 | | 資料內容的描述 |
| 實體描述元 | 0x23 | | 硬體特性的描述 |

(1) 裝置描述元(Device Descriptor)：為主機向裝置要求的第一個描述 元。包含裝置的一般資訊及設定此裝置的預設訊息。

(2) 配置描述元(Configuration Descriptor)：是 USB 裝置內部的所設定配置訊息，每個裝置可能不只一個配置型態。

(3) 介面描述元(Interface Descriptor)：描述每一個裝置的介面。每個裝置可能不只一個介面型態。

(4) 端點描述元(Endpoint Descriptor)：描述端點的屬性，每個端點可能不只一個端點型態。

(5) HID 描述元：當要使用附合微軟標準的 USB 驅動程式，所須設定的描述元，它包括報告及實體描述元。

(6) 串描述元(string descriptor)：若要在 USB 驅動程式內顯示字串，所須設定的描述元。

本書範例.. \MG32F02U128\CH10_USB 內備有 USB 觀察軟體 usbview.exe，執行後可觀察所有 USB 埠在主機工作的描述元，例如在主機中入滑鼠、鍵盤及隨身碟時，會顯示畫面如下圖所示：

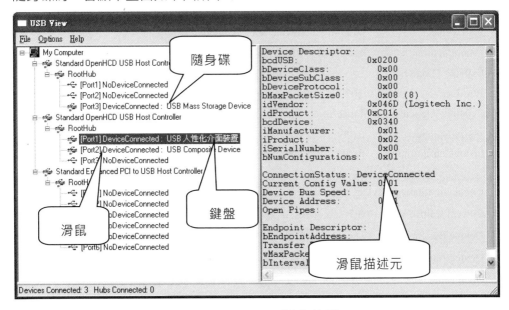

圖 10-18　USB 觀察軟體

同時在命令行選擇 Options→Config Descriptors 會增加顯示配置描述元的內容，如下所示：

Options
✔ Auto Refresh
✔ Config Descriptors

當點選 USB 滑鼠時，會顯示滑鼠各項描述元的內容，如下所示：

```
Device Descriptor:    (滑鼠裝置描述元)
bcdUSB:              0x0200      ;版本 USB2.0
bDeviceClass:        0x00        ;Class code
bDeviceSubClass:     0x00        ;Sub Class code
bDeviceProtocol:     0x00        ;Protocol code
bMaxPacketSize0:     0x08 (8)    ;封包最大資料容量 8-byte
idVendor:   0x046D (Logitech Inc.) ;Vender ID=廠家識別碼：羅技公司
idProduct:           0xC016      ;Product ID=產品識別碼
bcdDevice:           0x0340      ;Device release number 裝置發行編號
iManufacturer:       0x01        ;Mfr string descriptor index
0x0409: "Logitech"               ;顯示廠商名稱字串
iProduct:            0x02        ;Product string descriptor index
0x0409: "Optical USB Mouse"      ;顯示產品名稱字串
iSerialNumber:       0x00        ;Serial Number string descriptor index
bNumConfigurations:  0x01        ;Number of possible configurations


ConnectionStatus: DeviceConnected (滑鼠裝置連接狀態)
Current Config Value: 0x01       ;目前配置描述元型態，0x01 為裝置
Device Bus Speed:    Low         ;低速 USB 裝置
Device Address:      0x01        ;裝置位址
Open Pipes:          1           ;有 1 個端點


Endpoint Descriptor: (滑鼠端點描述元)
bEndpointAddress:    0x81        ;輸入端點位址 01
Transfer Type:       Interrupt   ;中斷傳輸
wMaxPacketSize:      0x0004 (4)  ;封包最大資料容量
bInterval:           0x0A        ;輪詢掃瞄時間 Polling interval
```

Configuration Descriptor: (滑鼠配置描述元)

wTotalLength:　　　　　0x0022　;配置描述元總長度

bNumInterfaces:　　　　0x01　　;配置內提供幾個界面描述元

bConfigurationValue:　　0x01　　;Configuration value 配置數值

iConfiguration:　　　　　0x00　　;Index of string descriptor

bmAttributes:　　　　　0xA0 (Bus Powered Remote Wakeup) ;屬性(遠端喚醒)

MaxPower:　　　　　　0x32 (100 Ma) ;最大消耗電流 100mA


Interface Descriptor: (滑鼠界面描述元)

bInterfaceNumber:　　　0x00　;Number of interface

bAlternateSetting:　　　0x00　　;Alternate setting

bNumEndpoints:　　　　0x01　　;Number of interface endpoint 有 1 個端點位址

bInterfaceClass:　　　　0x03 (HID) ;Class code (HID:附合微軟驅動程式)

bInterfaceSubClass:　　 0x01　　;Subclass code (Boot Interface 含開機界面)

bInterfaceProtocol:　　　0x02　 ;Protocol code (0x01=Keyboard，0x02=Mouse)

iInterface:　　　　　　0x00　 ;Index of string


HID Descriptor:　　　　(HID 描述元)

bcdHID:　　　　　　　0x0110

bCountryCode:　　　　　0x00

bNumDescriptors:　　　 0x01

bDescriptorType:　　　 0x22

wDescriptorLength:　　 0x0034


Endpoint Descriptor:　　　(滑鼠端點描述元)

bEndpointAddress:　　　0x81　　;輸入端點位址 01

Transfer Type:　　　　Interrupt　　;中斷傳輸

wMaxPacketSize:　　　0x0004 (4)　;封包最大資料容量

bInterval:　　　　　　0x0A　　　;輪詢掃瞄時間 Polling interval

當點選隨身碟時，會顯示隨身碟各項描述元的內容，如下所示：

Device Descriptor:(隨身碟裝置描述元)

bcdUSB:　　　　　　　0x0110　 ;版本 USB1.1

bDeviceClass:　　　　0x00　　　;Class code
bDeviceSubClass:　　　0x00　　　;Sub Class code
bDeviceProtocol:　　　0x00　　　;Protocol code
bMaxPacketSize0:　　　0x40 (64)　;封包最大資料容量 64-byte
idVendor:　　　　　　0x0EA0　　;Vender ID=廠家識別碼
idProduct:　　　　　　0x6803　　;Product ID=產品識別碼
bcdDevice:　　　　　　0x0100　　;Device release number
iManufacturer:　　　　0x01　　　;Mfr string descriptor index
0x0409: "USB"　　　　　　　　　;顯示廠商名稱字串
iProduct:　　　　　　　0x02　　　;Product string descriptor index
0x0409: "Solid state disk"　　　　;顯示產品名稱字串
iSerialNumber:　　　　0x03　　　;Serial Number string descriptor index
0x0409: "121F16093EC84BBB"　;顯示產品序號字串
bNumConfigurations:　　0x01　　　;Number of possible configurations

ConnectionStatus: DeviceConnected (隨身碟裝置連接狀態)
Current Config Value: 0x01　　;目前配置描述元型態=0x01 為裝置
Device Bus Speed:　　Full　　;全速
Device Address:　　　0x02　　;裝置位址
Open Pipes:　　　　　3　　　;有 3 個端點位址

Endpoint Descriptor: (隨身碟端點 01 描述元)
bEndpointAddress:　　　0x81　　　;輸入端點位址 01
Transfer Type:　　　　Bulk　　　;巨量傳輸
wMaxPacketSize:　　　0x0040 (64)　;最大封包資料容量
bInterval:　　　　　　0x00　　　;輪詢掃瞄時間 Polling interval

Endpoint Descriptor: (隨身碟端點 02 描述元)
bEndpointAddress:　　　0x02　　　;輸出端點位址 02
Transfer Type:　　　　Bulk　　　;巨量傳輸
wMaxPacketSize:　　　0x0040 (64)　;最大封包資料容量
bInterval:　　　　　　0x01　　　;輪詢掃瞄時間 Polling interval

Endpoint Descriptor: (隨身碟端點 03 描述元)

bEndpointAddress:　　　0x83　　　　;輸入端點位址 03

Transfer Type:　　　　　Interrupt　　;中斷傳輸

wMaxPacketSize:　　　　0x0002 (2)　;封包最大資料容量

bInterval:　　　　　　　0x01　　　　;輪詢掃瞄時間 Polling interval


Configuration Descriptor: (隨身碟配置描述元)

wTotalLength:　　　　　0x0027　　;配置描述元總長度

bNumInterfaces:　　　　0x01　　　;配置內提供幾個界面描述元

bConfigurationValue:　　0x01　　　;Configuration value 配置數值

iConfiguration:　　　　　0x00　　　;Index of string descriptor

bmAttributes:　　　　　0x80 (Bus Powered ) ;屬性(使用 USB 電源)

MaxPower:　　　　　　0x32 (100 Ma) ;最大消耗電流 100mA


Interface Descriptor:　　(隨身碟界面描述元)

bInterfaceNumber:　　0x00　　;Number of interface

bAlternateSetting:　　0x00　　;Alternate setting

bNumEndpoints:　　　0x03　　;Number of interface endpoint

bInterfaceClass:　　　0x08　　;Class code (非 HID，無 HID 描述元)

bInterfaceSubClass:　　0x06　　;Subclass code (非開機界面)

bInterfaceProtocol:　　0x50　　;Protocol code (0x50=隨身碟)

iInterface:　　　　　　0x00　　;Index of string


Endpoint Descriptor: (隨身碟端點 01 描述元)

bEndpointAddress:　　　0x81　　　　;輸入端點位址 01

Transfer Type:　　　　　Bulk　　　;巨量傳輸

wMaxPacketSize:　　　　0x0040 (64)　;最大封包資料容量

bInterval:　　　　　　　0x00　　　　;輪詢掃瞄時間 Polling interval


Endpoint Descriptor: (隨身碟端點 02 描述元)

bEndpointAddress:　　　0x02　　　　;輸出端點位址 02

```
Transfer Type:          Bulk        ;巨量傳輸
wMaxPacketSize:         0x0040 (64)  ;最大封包資料容量
bInterval:              0x00        ;輪詢掃瞄時間 Polling interval

Endpoint Descriptor: (隨身碟端點 03 描述元)
bEndpointAddress:       0x83        ;輸入端點位址 03
Transfer Type:          Interrupt   ;中斷傳輸
wMaxPacketSize:         0x0002 (2)   ;封包最大資料容量
bInterval:              0x01        ;輪詢掃瞄時間 Polling interval
```

9.USB 傳輸設定範例：

(1) 自定(Vender)命令，如下圖所示：

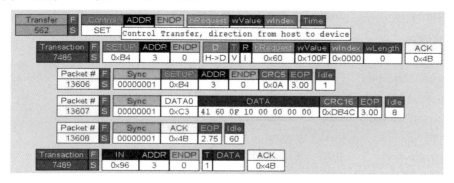

圖 10-19(a)  自定(Vender)命令

(2) 以中斷型輸入傳輸，主機向 USB 裝置取得資料，如下圖所示：

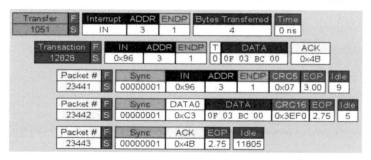

圖 10-19(b)  主機向 USB 裝置取得資料

(3) 以中斷型輸出傳輸，主機送資料到 USB 裝置，如下圖所示：

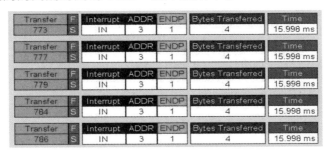

圖 10-19(c) 主機送資料到 USB 裝置

(4) 設定輪詢的間隔時間為 16ms，如下圖所示：

圖 10-19(d) 設定輪詢的間隔時間

# 10-2 USB 控制實習

　　USB 的控制非常複雜，須要了解很多 USB 的原理，才能設計其應用程式。笙泉公司提供以 USB 程式庫的方式來設計程式，如此即可不必花太多時間在設計與學習 USB 的規格，讓不懂 USB 規格的使用者也可設計 USB 應用程式。

　　要令 USB 埠工作，在電腦主機及 USB 裝置均須選寫程式，USB 主機與裝置的通訊關係，如下圖所示：

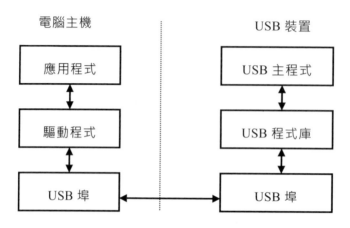

圖 10-20　USB 主機與裝置的通訊關係

(5)　電腦主機部份：

　(a) 應用程式：電腦的人機界面程式，可在顯示器上進行 USB 的操控動作。

　(b) 驅動程式：USB 埠的硬體控制程式(*.DLL)，其中使用 HID 驅動程式，表示符合微軟(Microsoft)公司的規格，如此即可使用微軟內含的驅動程式。若使用非 HID 驅動程式，則必須再外掛驅動程式。

　(c) USB 埠：含有關 USB 的硬體電路，其中在主機端為 A(扁平)型接頭及裝置端為 B(方)型接頭。

(6)　USB 裝置部份：在 MG32F02U064/128 內必須撰寫 USB 埠的驅動程式及操控程式。為減輕使用者的負擔，可將程式分成主程式及程式庫，其中程式庫內包括主檔、模組程式及設定檔，提供主程式使用；如此對 USB 內部的硬體設定不須很深入了解，也可以撰寫 USB 韌體程式。

## 10-2.1 USB 實習範例

使用 usbview.exe 可觀察 MLink 的 USB 描述元訊息,如下圖所示:

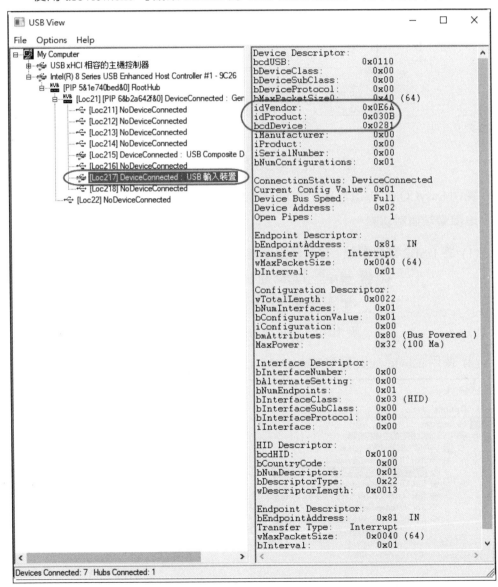

圖 10-21 MLink 的 USB 描述元訊息

本章限 MG32F02U128/64 才有 USB 功能，實習電路如下圖所示：

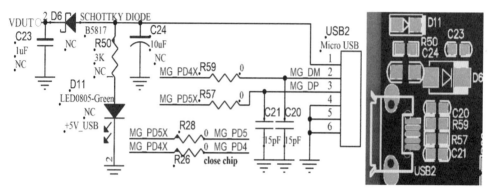

圖 10-22　USB 裝置電路及外型

1. 範例 EasyCOM_UART：使用 PD4(DM)及 PD5(DP)的 USB 界面來生虛擬 COM 埠與電腦傳輸資料。

(1) 將 USB2 連接電腦，在裝置管理員顯示 USB 虛擬 COM 埠，如下圖所示：

圖 10-23　顯示 USB 虛擬 COM 埠

(2) 使用 usbview.exe 觀察 EasyCOM_UART 的 USB 描述元訊息，如下圖所示：

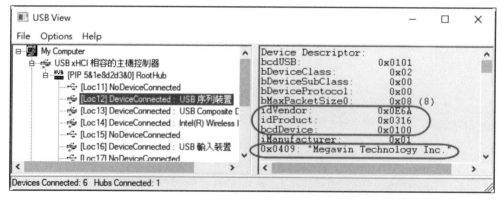

圖 10-24　觀察 EasyCOM_UART 的 USB 描述元訊息

(3) 在 MG32x02z_USBD_Descriptor_API.h 及 MG32x02z_USBD_Descriptor_ API.c 可設定或修改 EasyCOM_UART 的 USB 描述元，再重新觀察 USB 描述元，如下圖(a)(b)所示：

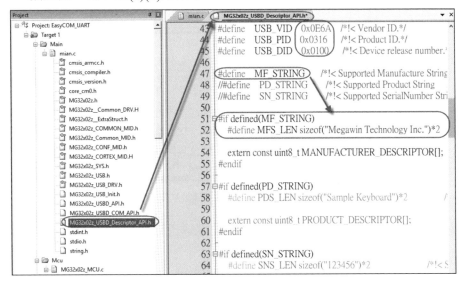

圖 10-25(a)　設定 EasyCOM_UART 的 USB 描述元(計算字數)

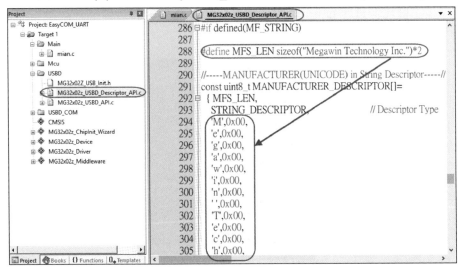

圖 10-25(b)　設定 EasyCOM_UART 的 USB 描述元(修改字元)

(4) 將 PB8(TXD)與 PB9(RXD)短路，在 UART 軟體(如 SSCOM)畫面輸入與回傳字元，如下圖所示：

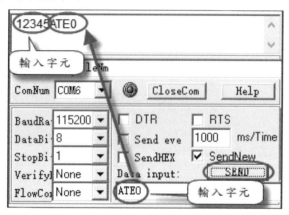

圖 10-26　UART 軟體畫面輸入與回傳字元

2. 範例 Keyboard Sample Code：4*4 掃描按鍵透過 USB 界面來控制電腦編輯器的游標。

(1) 使用 usbview.exe，觀察 USB 的描述元。

(2) 4*4 掃描按鍵按 0~9，控制編輯器上的遊標與電腦鍵盤的九宮鍵相同，如下圖所示：

圖 10-27　電腦鍵盤九宮鍵